动物疾病诊治彩色图谱经典系列

禽病诊治彩色图谱（第三版）

崔治中◎主编

中国农业出版社
农村设物出版社
北　京

第三版参编单位和人员

（按提供照片数量排序）

山东农业大学（共465张）

崔治中（272） 刁有祥（136） 朱瑞良（25） 孙淑红（14） 刘思当（9）
赵 鹏（4） 杨金宝（4） 常维山（1） 李宏梅（1） 唐珂心（1）
张兴晓（1）

扬州大学（共303张）

许益民（142） 陶建平（28） 王永坤（24） 焦库华（15） 万洪全（13）
陈义平（10） 刘秀梵（9） 石火英（9） 许金俊（8） 朱坤熹（6）
秦爱建（6） 王春仁（6） 焦新安（5） 高 崧（5） 王小波（4）
潘志明（3） 潘宝良（3） 刘岳龙（2） 段玉友（1） 王 芳（1）
潘志明、焦新安（1）

中国农业科学院家禽研究所（共54张）

张知良、黄建芳（45） 李新华（9）

福建省农业科学院（共61张）

程由铨（42） 黄 瑜（11） 陈少莺（8）

中国农业大学（共41张）

苏敬良（17） 潘国庆（11） 郭玉璞（6） 范国雄（3） 甘孟侯（2）
郑世军、甘孟侯（2）

中国农业科学院哈尔滨兽医研究所（共30张）

李 成（21） 王笑梅（5） 王笑梅、王秀荣（4）

四川农业大学（共13张）

彭广能、程安春（10） 程安春、汪铭书（3）

中国动物卫生与流行病学中心（共20张）

杜元钊（13）　范根成（4）　朱士盛（3）

华南农业大学（共20张）

辛朝安（20）

山东益生种畜禽股份有限公司（14）

郭龙宗（14）

黑龙江八一农垦大学（共12张）

朴范泽（12）

西南大学（共8张）

蔡家利（8）

东北农业大学（共6张）

李广兴（4）刘忠贵（1）曲连东（1）

山东省农业科学院（共5张）

秦卓明（4）张秀美（1）

中国农业科学院北京畜牧兽医研究所（共5张）

姜北宇（5）

广西大学（共4张）

李康然（4）

北京大风家禽育种公司（2）

孟凡峰（2）

第三版前言
FOREWORD

《禽病诊治彩色图谱》第二版从2010年出版以来，又有十多年过去了。随着我们对禽病的认识逐渐深入，收集的病理照片也越来越多、越来越广泛。而且，随着水禽规模化养殖的发展，鸭鹅的疫病也开始日趋严重，受到的关注程度也逐渐增加。为了满足读者的需要，我们在第二版的基础上，又从近几年收集的病理照片中选择了一些新的照片补充进第三版。除了增添了一些鸭鹅病外，更多补充了主要家禽的寄生虫病。考虑到篇幅的限制，本书删除了第二版中某些少见的偶发病或病因尚未确定的疾病及其相关的照片。在第三版中，所涉及的病从37个增加到45个，而照片从原来的823幅增加到1 052幅。鉴于本书将大多数常见的细菌病和寄生虫病都补充进来了，所以在章节的编排上做了很大变动；又考虑到有些病毒、细菌或寄生虫可感染不同种类的家禽，因此本书按病毒病、细菌病、寄生虫病编列章节。

在本书中，共有全国17个单位的67位专家学者提供了照片，在此我要再次对他们的合作表示感谢。其中既有新中国成立后我国第一代禽病专家，也是我的老师辈的老专家了，也有年轻一代的学者专家，年龄跨度60多年。其中，扬州大学朱堃喜教授已于2020年95岁高龄时去世，本书包含了他的小鹅瘟相关病理照片，这20世纪60年代拍摄的黑白照片，也是对他的一个纪念。

崔治中

2022年1月

目　录
CONTENTS

Chapter 2 第二章 细菌性和真菌性疾病

Chapter 3 第三章 寄生虫病

Chapter 1 第一章
病毒性传染病

第一节 新 城 疫

新城疫（ND）也称亚洲鸡瘟或伪鸡瘟，是由病毒引起的鸡、鸽和火鸡急性高度接触性传染病，在未经疫苗预防的鸡群，常呈败血经过，主要表现呼吸困难，腹泻，神经紊乱，黏膜和浆膜出血。近年来发现，鸭、鹅等水禽感染该病后也会造成严重病理变化。

（一）病原

新城疫病毒（NDV）属于副黏病毒科，腮腺炎病毒属。完整的病毒粒子近圆形，直径120 ~ 300nm，有不同长度的细丝。有囊膜，在囊膜的外层成放射状排列的突起物或纤突，具有能刺激宿主产生抑制红细胞凝集素和病毒中和抗体的抗原成分。病毒核酸类型为RNA。

从不同地区和鸡群分离到的NDV，对鸡的致病性有明显差异，从高致病性、低致病性至无致病性，即从强毒至弱毒。此外，根据F基因序列，NDV可分为二十多个基因型，其与致病性有密切关系。其中，在鸡、鸭、鹅等家禽中流行的强毒株主要是基因Ⅶ型，而引起鸽发病的主要是基因Ⅵ型。

（二）流行病学

鸡、鹅、鸭、火鸡、珍珠鸡及鸽对本病都有易感性，以鸡最为易感。哺乳动物对本病有很强的抵抗力。本病的传播途径主要是呼吸道和消化道，鸡蛋也可带毒传播本病。创伤及交配也可引起传染，非易感的野禽、外寄生虫、人畜均可机械地传播病原。本病一年四季均可发生，冬春季节多发。

（三）临床症状

自然感染的潜伏期一般为3 ~ 5d，人工感染2 ~ 5d，根据临床表现和病程的长短，可分为最急性、急性、亚急性或慢性三型。

最急性型：突然发病，常无特征症状而迅速死亡。多见于流行初期和雏鸡。

急性型：病初体温高达43 ~ 44℃，食欲减退或废绝，有渴感，精神萎靡，不愿走动，垂头缩颈或翅膀下垂，眼半开或全闭，状似昏睡，鸡冠及肉髯渐变暗红色或暗紫色。母鸡产蛋停止或产软壳蛋。随着病程的发展，出现比较典型的症状，病鸡咳嗽，呼吸困难，有黏液性鼻漏，常伸头，张口呼吸，并发出“咯咯”的喘鸣声或尖锐的叫声。嗉囊内充满液体内容物，倒提时有大量酸臭的液体从口内流出。粪便稀薄，呈黄绿色或黄白色，有时混有少量血液，后期排出蛋清样的排泄物。有的病鸡还出现神经症状，如翅腿麻痹等，最后体温下降，不久在昏迷中死亡。病程约2 ～ 5d。1月龄内的小鸡病程较短，症状不明显，病死率高。

亚急性或慢性型：初期症状与急性相似，不久渐见减轻，但同时出现神经症状，患鸡翅腿麻痹，跛行或站立不稳，头颈向后或向一侧扭转，常伏地旋转，动作失调，反复发作，终于瘫痪或半瘫痪，一般经10 ～ 20d死亡。此型多发生于流行后期的成年鸡，病死率较低。个别患鸡可以康复，部分不死的病鸡遗留有特殊的神经症状，表现翅腿麻痹或头颈向外歪斜。有的鸡状似健康，但若受到惊扰刺激或抢食时，突然后仰倒地，全身抽搐，就地旋转，数分钟后又恢复正常。

在免疫水平不够高的产蛋鸡群引起产蛋下降。

免疫鸡群中发生新城疫，是由于雏鸡的母源抗体高，接种新城疫疫苗后，不能获得坚强免疫力，当有NDV侵入时，仍可发生新城疫，但症状不很典型，仅表现呼吸道和神经症状，其发病率和病死率较低。

鸽感染NDV时，其临床症状是腹泻和神经症状，还可诱发呼吸道症状。幼龄鹌鹑感染NDV，表现神经症状，死亡率高，成年鹌鹑多为隐性感染。火鸡和珠鸡感染NDV后，一般与鸡相同，但成年火鸡症状不明显或无症状。

鹅不仅可以感染NDV，而且新城疫能在鹅群中暴发流行，并引起很高的死亡率。

鸭感染NDV后，也会有一定的发病率和死亡率，特别是雏鸭。

（四）病理变化

本病的主要病变是全身黏膜和浆膜出血，淋巴系统肿胀，出血和坏死，尤其以消化道和呼吸道为明显。嗉囊充满酸臭味的稀薄液体和气体。腺胃黏膜水肿，其乳头间有鲜明的出血点，或有溃疡和坏死，这是比较特征的病变。肌胃角质层下也常见有出血。

由小肠到盲肠和直肠黏膜有大小不等的出血点，肠黏膜上有枣核状出血或纤维性坏死性病变。有的形成假膜，假膜脱落后即成溃疡。盲肠扁桃体常见肿大出血和坏死。

气管出血或坏死，周围组织水肿。肺有时可见淤血或水肿。心冠状沟脂肪有细小如针尖状大的出血点。产蛋母鸡的卵泡和输卵管显著充血，卵泡变形、极易破裂以致卵黄流入腹腔引起卵黄性腹膜炎。脑膜充血或出血，而脑实质无眼观变化，仅于组织学检查时见明显的非化脓性脑炎病变。免疫鸡群发生新城疫时，仅见黏膜卡他性炎症，喉头和气管黏膜充血，腺胃乳头出血少见，但多剖检数只，可见有的病鸡腺胃乳头有少数出血点，直肠黏膜和盲肠扁桃体多见出血。

鸽新城疫多表现为亚急性，其死后病变类似于鸡新城疫，但出血性病变不如鸡严重。近年来发生的鹅新城疫，除了内脏出血性变化外，常出现脾脏肿大并伴有坏死灶，而且在肠道各段黏膜上常出现坏死和溃疡性病变。

（五）诊断

根据本病的流行病学、症状和病变进行综合分析，可做出初步诊断。本病应注意与禽霍乱、传染性支气管炎和禽流感相区别。

实验室检查有助于对NDV的确诊。病毒分离和鉴定是诊断ND最可靠的方法，常用的是鸡胚接种、红细胞凝集试验（HA）和红细胞凝集抑制试验（HI）、中和试验及荧光抗体试验。但应注意，从鸡分离出的NDV不一定是强毒，还不能证明该鸡群流行ND。因为，有的鸡群存在弱毒和中等毒力的NDV，所以分离出NDV还应结合流行病学、症状和病变进行综合分析，必要时对分离的毒株做毒力测定后，才能确诊。新城疫病毒毒株间差异的区别标准，是依据鸡胚平均死亡时间（MDT）；1日龄雏鸡脑内接种致病指数（ICPI）；6周龄鸡静脉注射致病指数（IVPI）等进行区别。

NDV一个很重要的生物学特性就是能吸附于鸡、火鸡、鸭、鹅及某些哺乳动物（人、豚鼠）的红细胞表面，并引起红细胞凝集，这种特性与病毒囊膜纤突上所含的血凝素和神经氨酸酶有关。这种血凝现象能被抗NDV的抗体所抑制，因此，可用HA和HI来鉴定病毒和进行流行病学调查。

（六）防控

严格禁止从发病地区、养禽场、孵化场引进种禽或雏（苗）禽；管控养禽场的人流、物流，实施严格的生物安全措施。

根据对NDV母源抗体水平不同，在适当的日龄对雏（苗）禽实施弱毒疫苗免疫接种，经不同的间隔后，还要用弱毒苗及灭活苗强化接种。

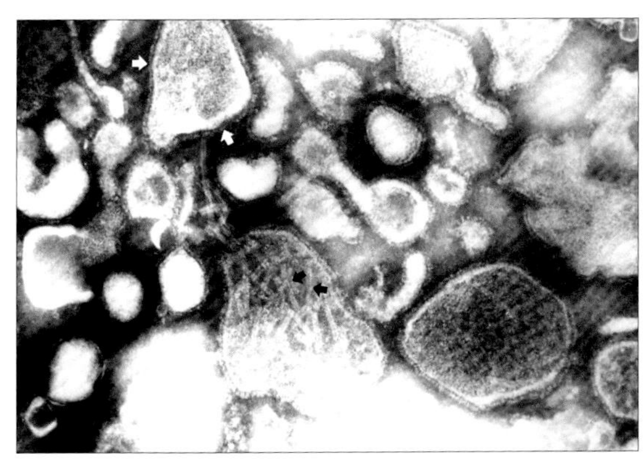

图1-1-1 鸡新城疫病毒，图中可见病鸡粪便中有大小不等、形态不一的病毒粒子。在这些病毒粒子周围可看到纤突结构（白箭头）和囊膜内部核衣壳（黑箭头），负染色。

（李成）

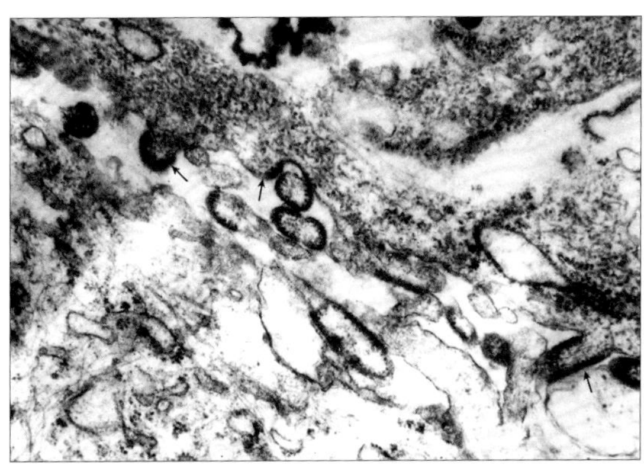

图1-1-2 鸡新城疫病毒，在鸡胚成纤维细胞培养物中可见到两细胞间隙有多形态的病毒粒子，有的正在“出芽”（箭头），超薄切片。

（李成）

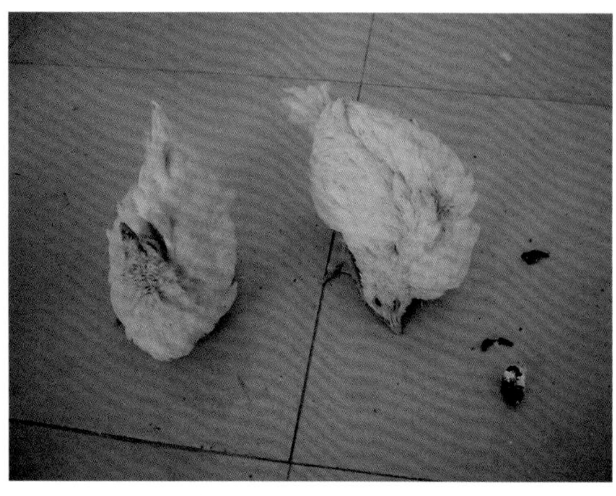

图1-1-3　1月龄商品代蛋用型鸡在接种NDV强毒后出现神经症状，头颈后仰或头颈歪曲。（崔治中）

图1-1-4　1月龄商品代蛋用型鸡在接种NDV强毒后出现神经症状，3只正在发作的病鸡表现头颈后仰朝天，其他3只处在发作间隙期。（崔治中）

图1-1-5　1月龄商品代蛋用型鸡在接种NDV强毒后出现神经症状，昏睡状，同时头颈歪曲。（崔治中）

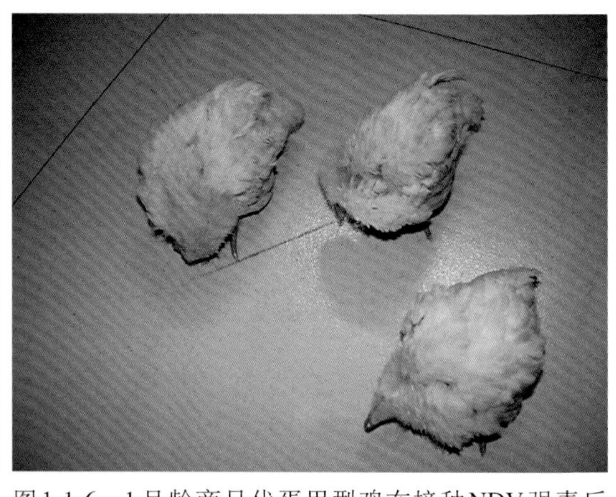

图1-1-6　1月龄商品代蛋用型鸡在接种NDV强毒后出现神经症状，表现不同的头颈歪曲。（崔治中）

图1-1-7　3月龄商品代蛋用型鸡在接种NDV强毒后出现的神经症状，头颈歪曲。（崔治中）

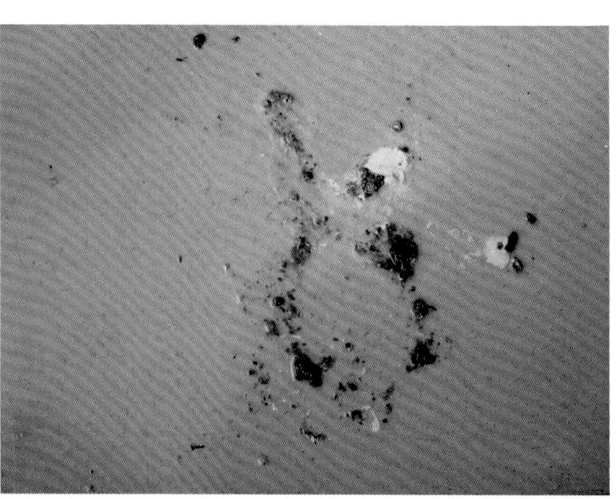

图1-1-8　1月龄商品代蛋用型鸡在接种NDV强毒后，排出绿色稀薄粪便。（崔治中）

图1-1-9　1月龄商品代蛋用型鸡在接种NDV强毒后出现神经症状死亡鸡，剖检见大脑脑膜出血斑。（崔治中）

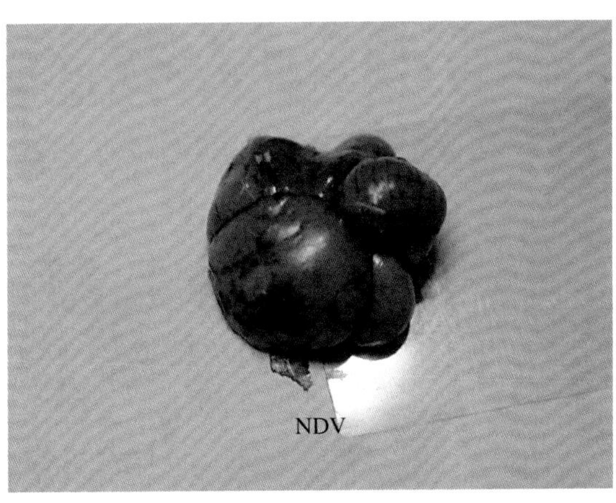

图1-1-10　1月龄商品代蛋用型鸡在接种NDV强毒后出现神经症状死亡鸡，大脑脑膜出血斑。（崔治中）

图1-1-11　1月龄商品代蛋用型鸡在接种NDV强毒后死亡鸡，腺胃黏膜部分乳头出血，乳头基部黏膜淤血。（崔治中）

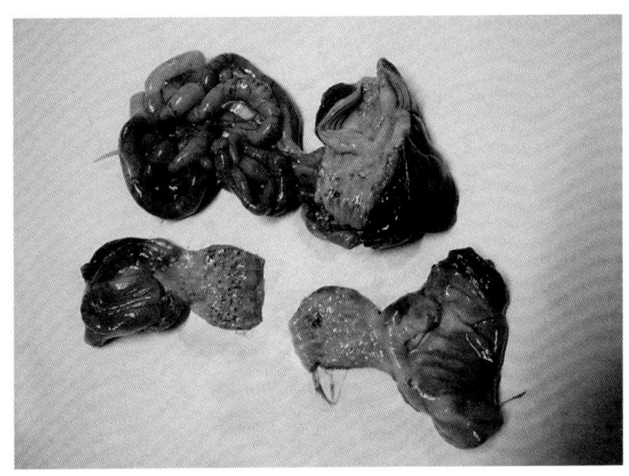

图1-1-12　3月龄商品代蛋用型鸡在接种NDV强毒后死亡鸡，显示腺胃黏膜几种不同形式的出血，以及肠道浆膜面出血。（崔治中）

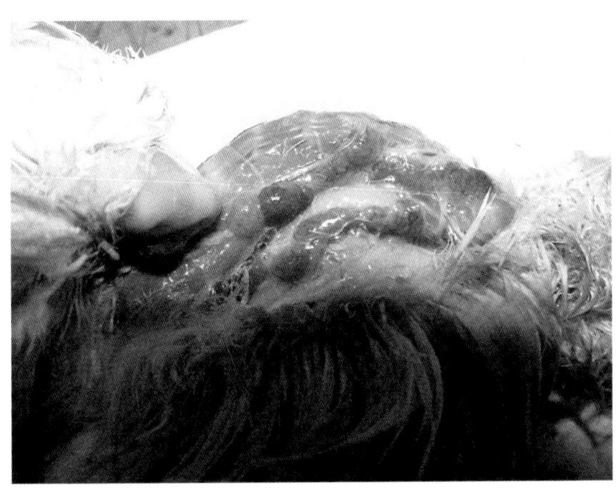

图1-1-13　1月龄商品代蛋用型鸡在接种NDV强毒后死亡鸡，胸腺有出血条带。（崔治中）

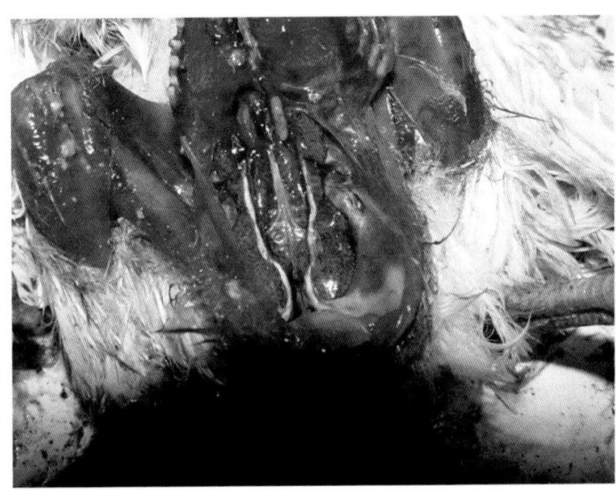

图1-1-14　3月龄商品代蛋用型鸡在接种NDV强毒后死亡鸡，肾脏病变，可见由于肾小管尿酸盐沉积产生的花斑肾。（崔治中）

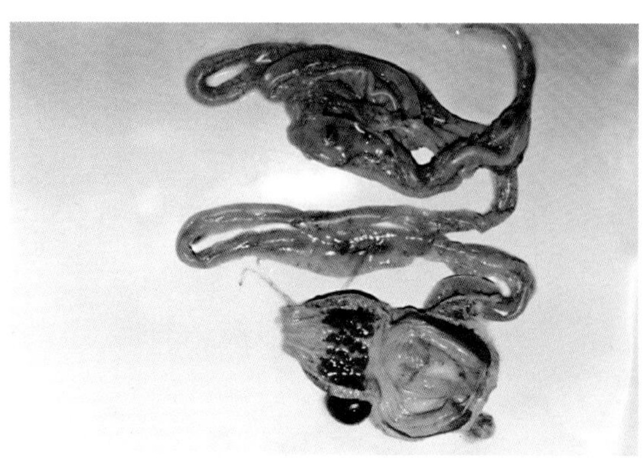

图1-1-15　新城疫自然发病死亡鸡，见腺胃黏膜严重出血，一些肠段黏膜出现出血和溃疡。（崔治中）

图1-1-16　2月龄鸽人工接种鸽型NDV强毒后，表现的亚急性新城疫的神经症状，一侧翅膀麻痹。（崔治中）

图1-1-17　2月龄鸽人工接种鸽型NDV强毒后，表现的亚急性新城疫的神经症状，一侧翅膀麻痹。（崔治中）

图1-1-18　2月龄鸽人工接种鸽型NDV强毒后，表现的亚急性新城疫的神经症状，一侧翅膀麻痹。（崔治中）

图1-1-19　2月龄鸽人工接种鸽型NDV强毒后，表现的亚急性新城疫的神经症状，一侧翅膀麻痹。（崔治中）

图1-1-20　2月龄鸽人工接种鸽型NDV强毒后，表现的亚急性新城疫的神经症状，一侧翅膀麻痹，同时头颈歪曲。（崔治中）

图1-1-21　2月龄鸽人工接种鸽型NDV强毒后，表现的亚急性新城疫的神经症状，由于共济失调，将患鸽背面置地后，患鸽失去正常平衡能力，不能自行翻身起立。同时翅羽上沾满绿色粪便。（崔治中）

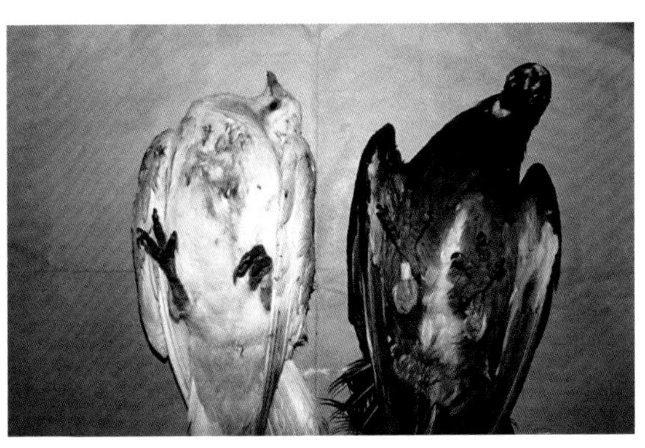

图1-1-22　2月龄鸽人工接种鸽型NDV强毒后，表现的亚急性新城疫的神经症状，由于共济失调，将患鸽背面置地后，患鸽失去正常平衡能力，不能自行翻身起立。同时翅羽上沾满绿色粪便。（崔治中）

图1-1-23　出现神经症状的亚急性新城疫患鸽，脑膜有出血斑。（崔治中）

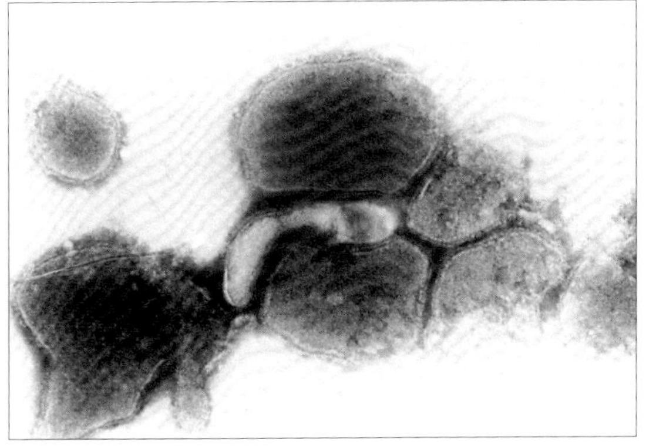

图1-1-24　从鹅分离的NDV病毒颗粒的电镜照片，病毒呈椭圆形，为100 ~ 250nm。（王永坤）

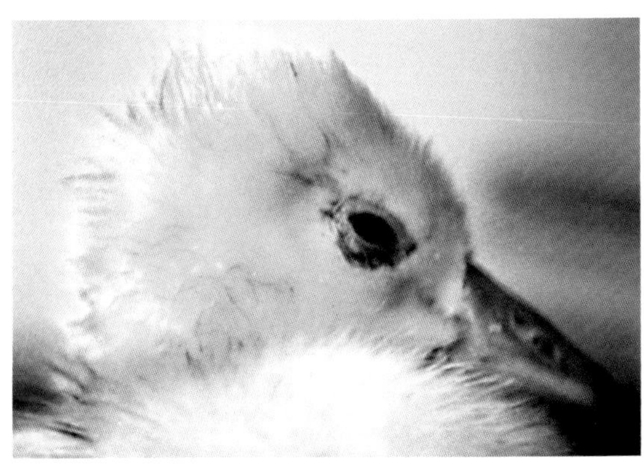

图1-1-25　NDV感染病雏鹅眼有分泌物，眼睑周围湿润，绒毛被污染。（王永坤）

图1-1-26　NDV感染患病鹅扭颈、转圈、仰头等神经症状。（王永坤）

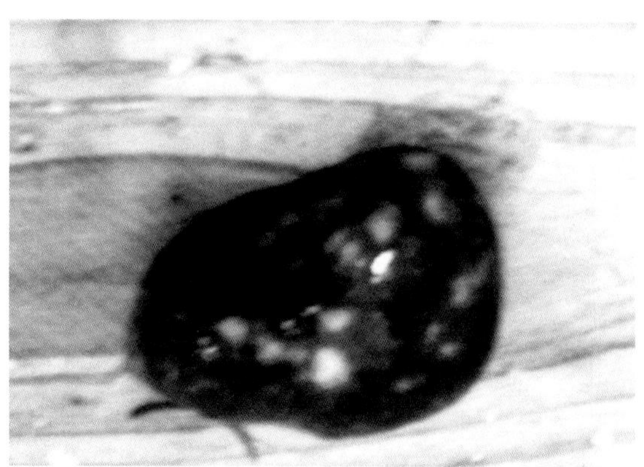

图1-1-27　NDV感染患鹅脾脏肿大，有大小不一的灰白色坏死灶。（王永坤）

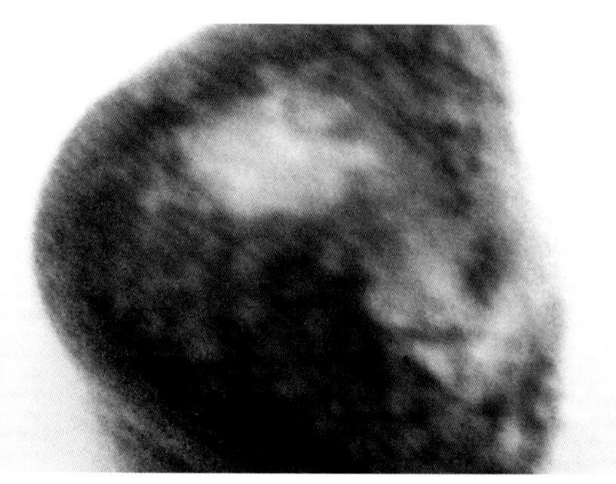

图1-1-28　NDV感染患鹅脾脏肿大，有大小不一的灰白色坏死灶。（王永坤）

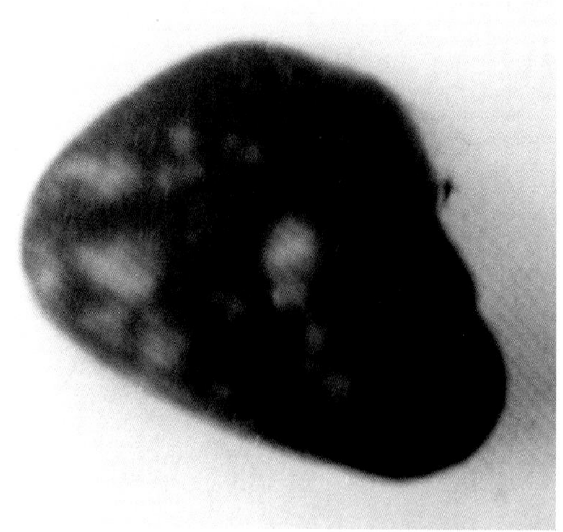

图1-1-29　NDV感染患鹅脾脏肿大，有大小不一的灰白色坏死灶。（王永坤）

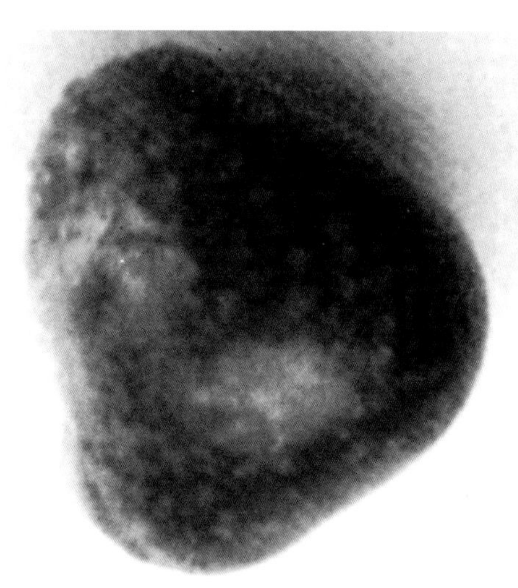

图1-1-30　NDV感染患鹅脾脏肿大，有大小不一的灰白色坏死灶。（万洪全）

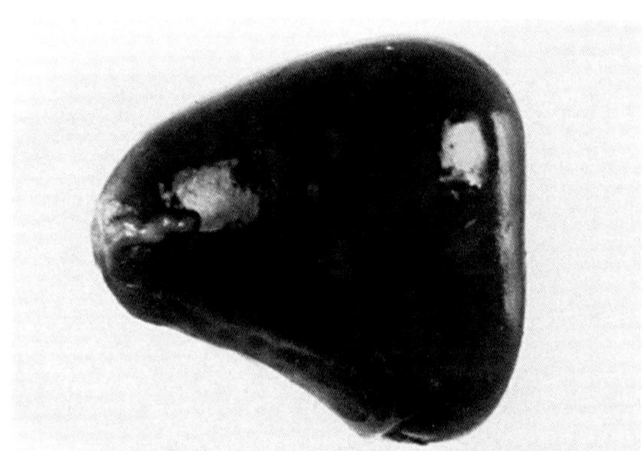

图1-1-31　NDV感染患鹅脾脏上有一些坏死病变。（万洪全）

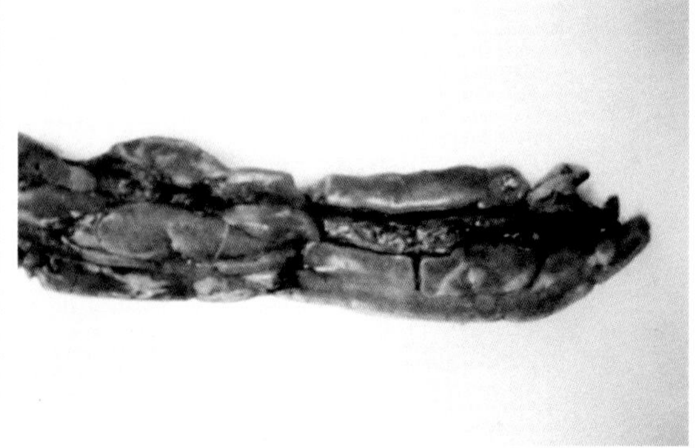

图1-1-32　NDV感染患鹅胰脏肿大，有大小不一的灰白色坏死灶。（王永坤）

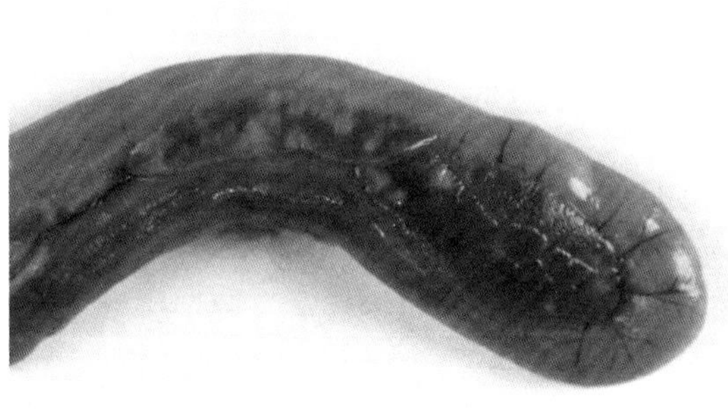

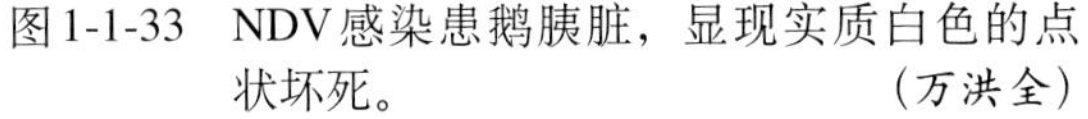

图1-1-33　NDV感染患鹅胰脏，显现实质白色的点状坏死。（万洪全）

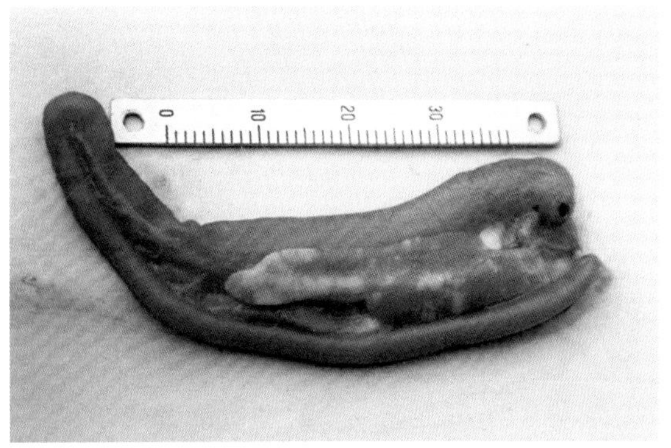

图1-1-34　NDV感染患鹅胰脏实质白色的坏死性病变。（万洪全）

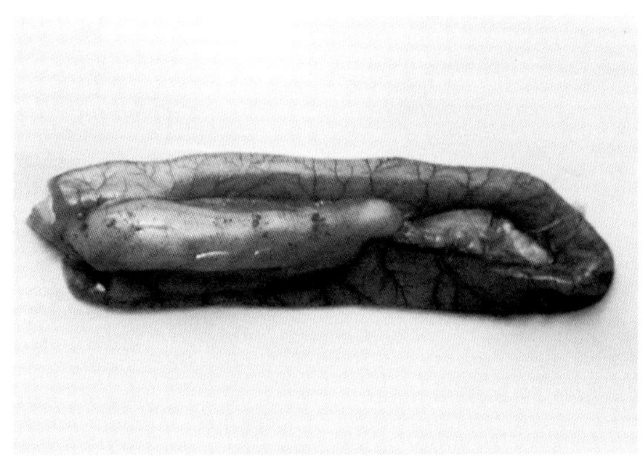

图1-1-35　NDV感染患鹅胰脏表面的点状出血。（万洪全）

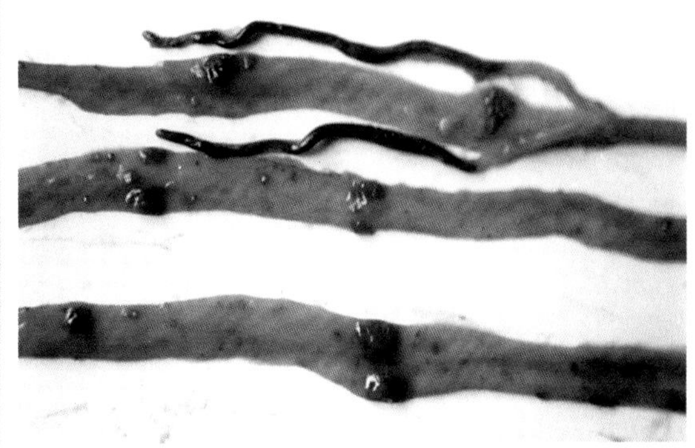

图1-1-36　NDV感染患鹅小肠黏膜不同表现的出血性病变。（万洪全）

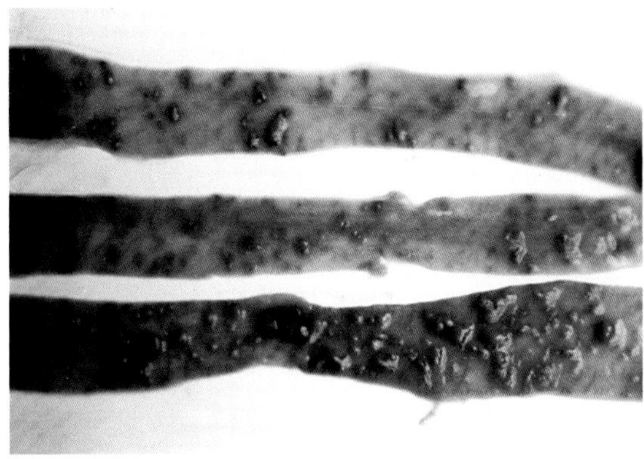

图1-1-37　NDV感染患鹅小肠黏膜的出血性和坏死性病变。（万洪全）

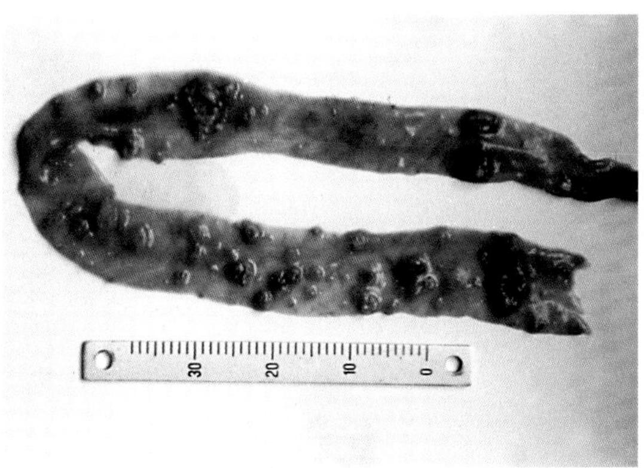

图1-1-38　NDV感染患鹅小肠黏膜不同形状的坏死性病变。（万洪全）

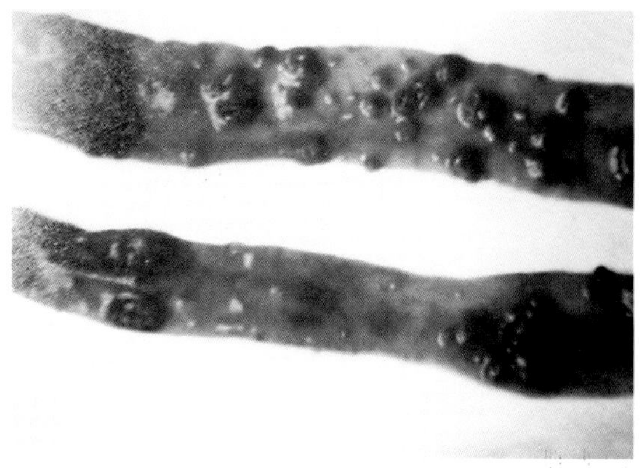

图1-1-39　NDV感染患鹅肠道黏膜有大小不等出血斑和溃疡灶。（王永坤）

图1-1-40　NDV感染患鹅肠道浆膜有散在性黄豆大小出血性溃疡灶。（王永坤）

图1-1-41　NDV感染患鹅肠道黏膜有大的坏死性溃疡灶。（王永坤）

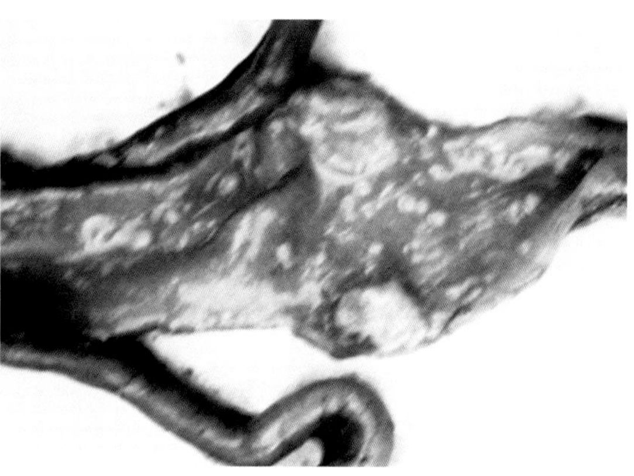

图1-1-42　NDV感染患鹅结肠和盲肠黏膜有大小不一的溃疡灶，表面覆盖着纤维素形成的结痂。（王永坤）

图1-1-43　NDV感染患鹅直肠和泄殖腔黏膜有弥漫性大小不一的结痂病灶。（王永坤）

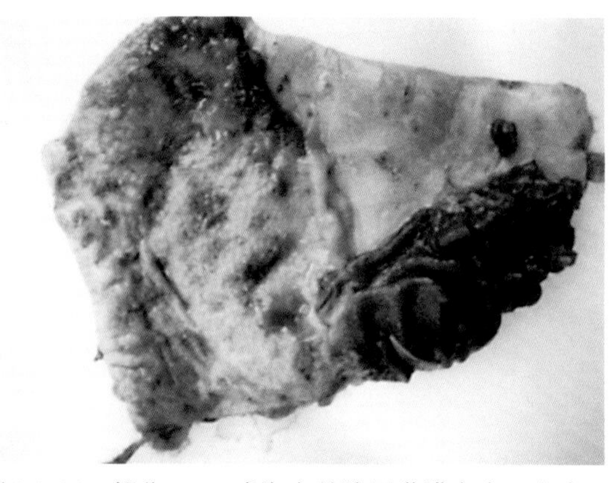

图1-1-44　部分NDV感染患鹅腺胃黏膜充血，出血。（王永坤）

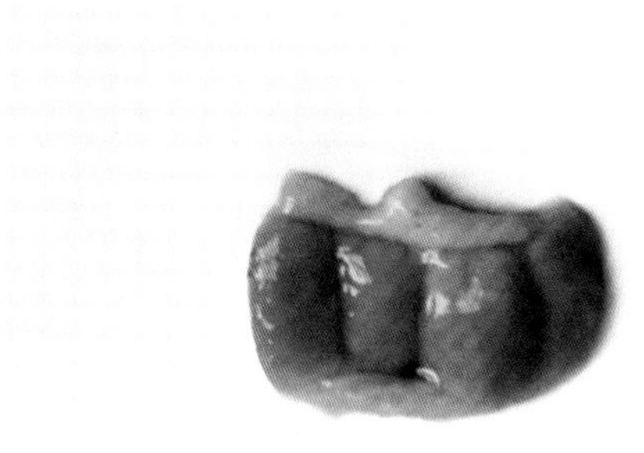

图1-1-45 NDV感染患鹅腺胃黏膜显著水肿，乳头突起消失。（万洪全）

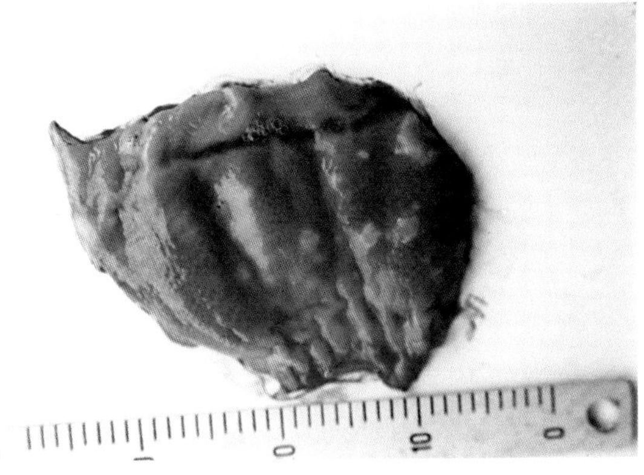

图1-1-46 NDV感染患鹅腺胃黏膜表面的白色坏死灶。（万洪全）

图1-1-47 NDV感染患鹅腺胃黏膜下层可见许多坏死灶。（万洪全）

图1-1-48 NDV鸡胚绒尿液毒人工感染SPF鸡，肠道黏膜上有弥漫性出血和大小不一暗红色或紫红色的出血斑和坏死灶，或出血性溃疡病灶。（王永坤）

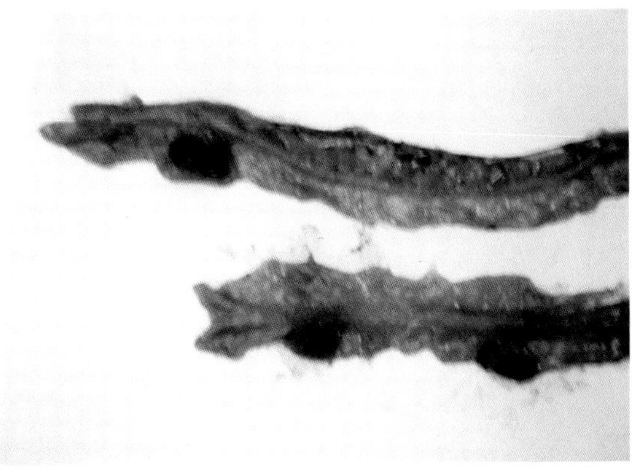

图1-1-49 NDV鸡胚绒尿液毒人工感染SPF鸡，肠道黏膜上紫红色的出血斑坏死灶，或出血性溃疡病灶。（王永坤）

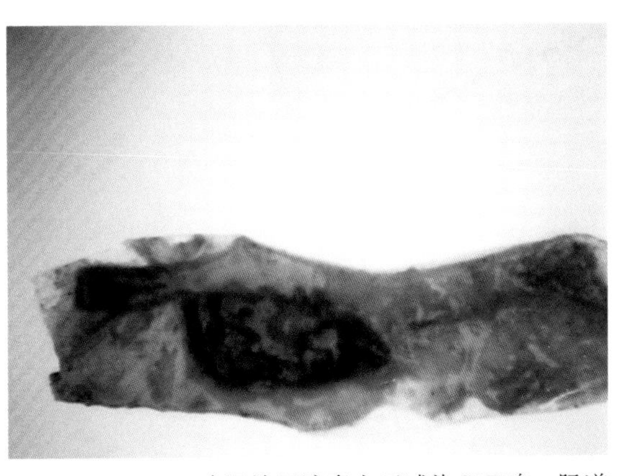

图1-1-50 NDV鸡胚绒尿液毒人工感染SPF鸡，肠道黏膜上有紫红色的出血斑和坏死灶，或出血性溃疡病灶。（王永坤）

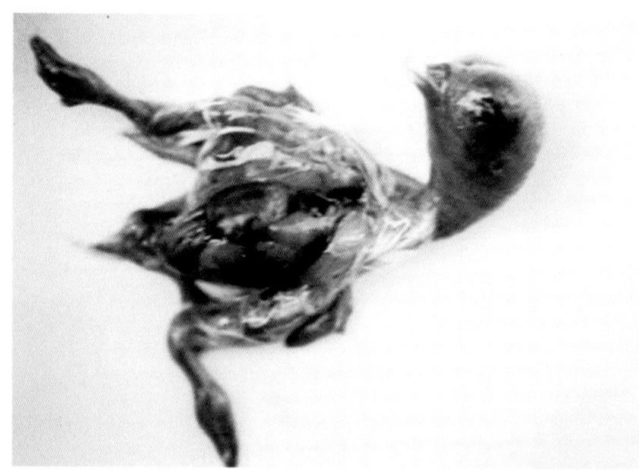

图1-1-51　NDV病毒致死鸡胚，胚体皮肤充血，头、翅等处皮肤严重出血。（王永坤）

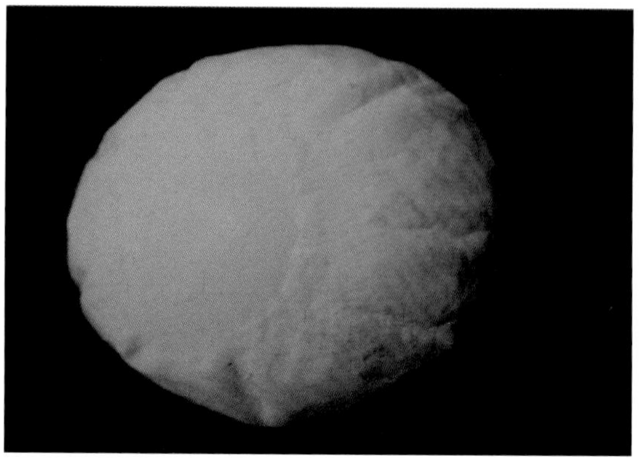

图1-1-52　产蛋期感染NDV后在产蛋下降的同时，产畸形蛋。（崔治中）

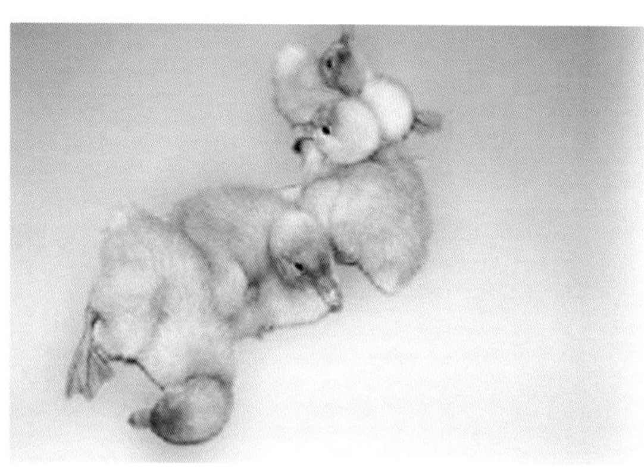

图1-1-53　病雏鸭出现扭头、仰头等神经症状。

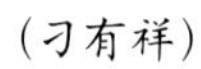

（刁有祥）

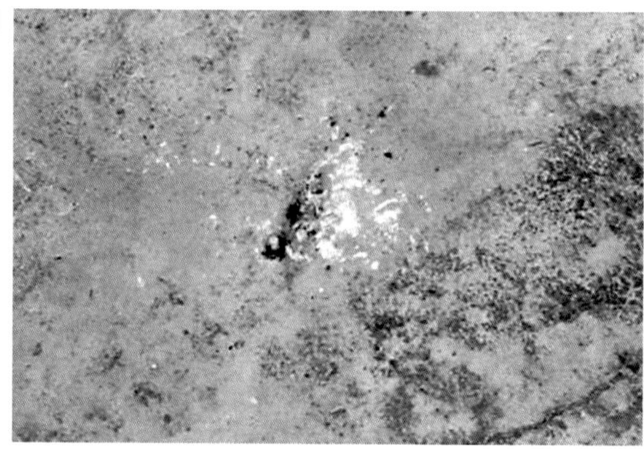

图1-1-54　病鸭排绿色稀便。（刁有祥）

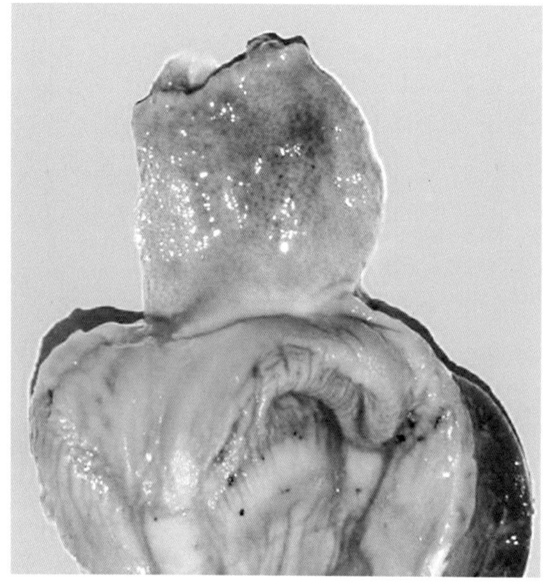

图1-1-55　病鸭腺胃乳头出血。

（刁有祥）

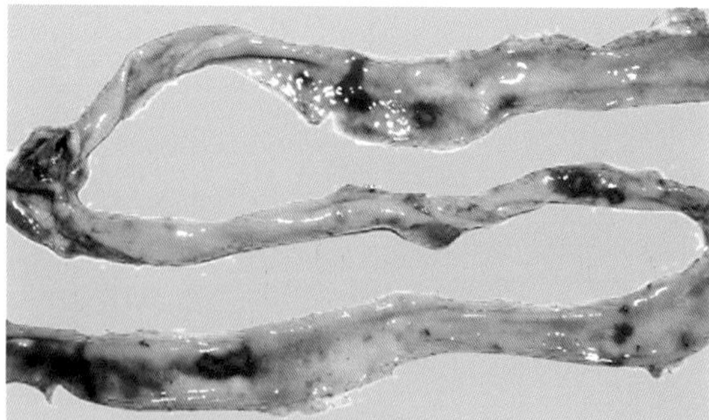

图1-1-56　病鸭小肠黏膜局灶性出血。（刁有祥）

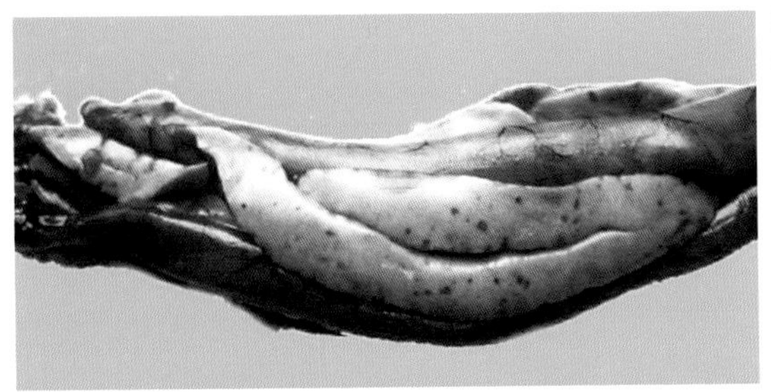

图1-1-57　病鸭胰腺有大小不一的出血点。

（刁有祥）

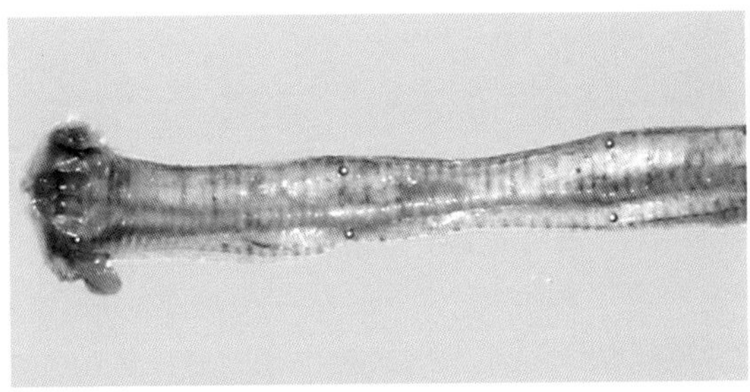

图1-1-58　病鸭气管环出血。（刁有祥）

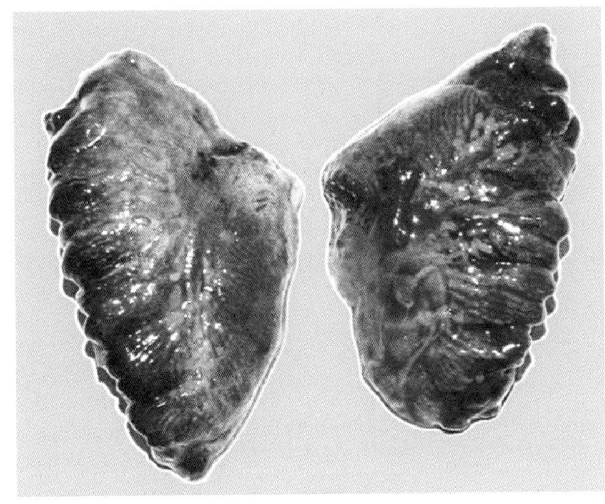

图1-1-59　病鸭肺脏出血呈紫黑色。（刁有祥）

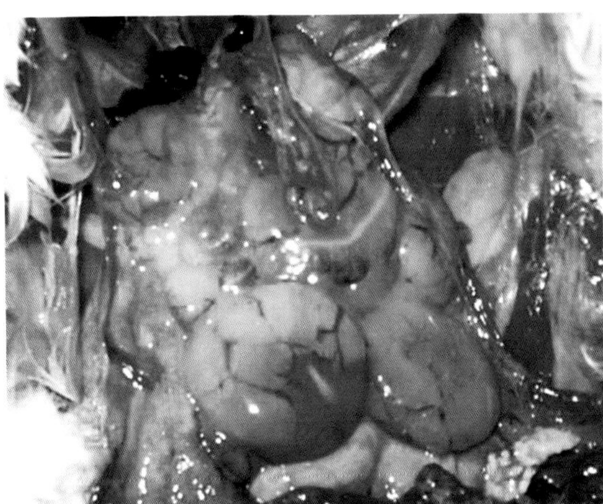

图1-1-60　病鸭卵泡充血，卵泡变形。（刁有祥）

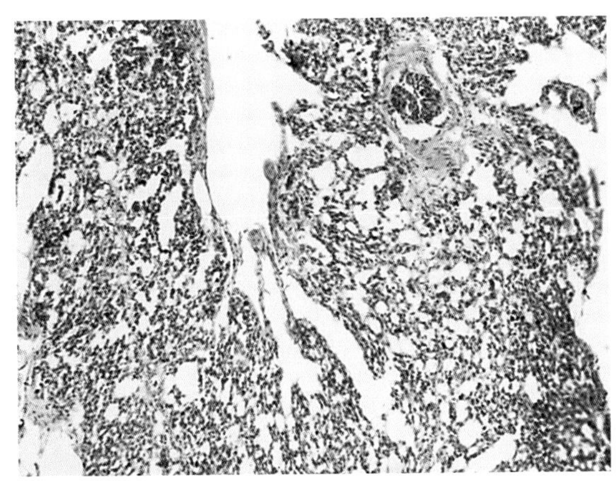

图1-1-61　病鸭肺组织淤血和出血。（HE，×200）

（刁有祥、吴焕荣）

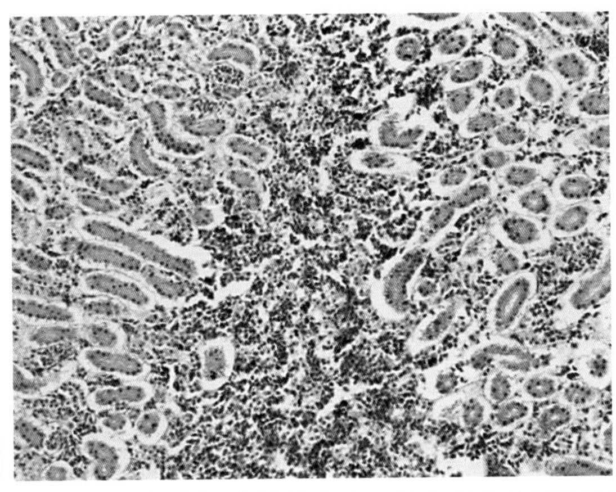

图1-1-62　病鸭肾脏间质出血，肾小管上皮细胞变性、坏死。（HE，×200）

（刁有祥、吴焕荣）

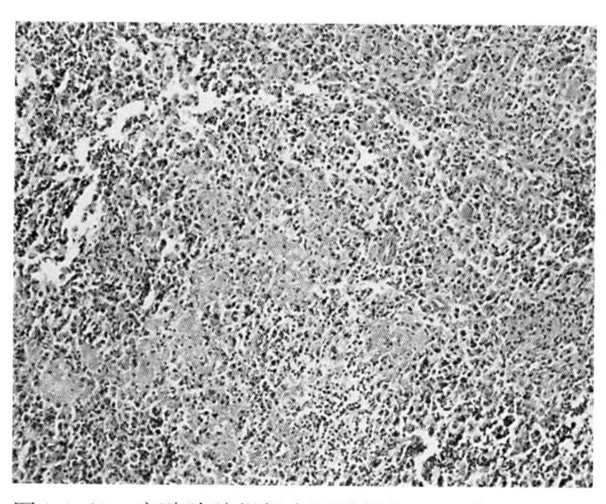

图1-1-63　病鸭脾脏组织内局灶性坏死，淋巴细胞数量减少。(HE，×200)

（刁有祥、吴焕荣）

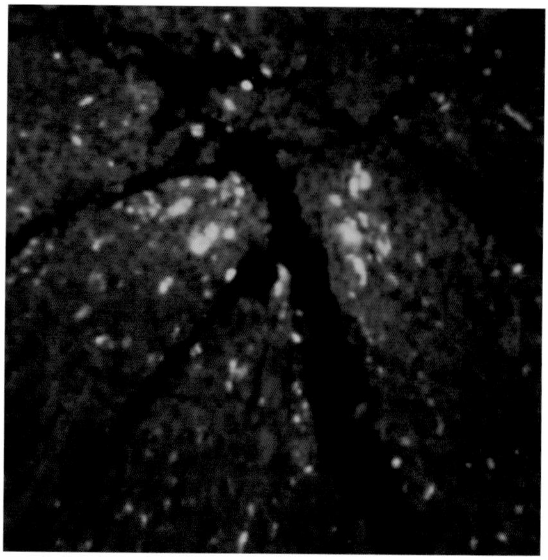

图1-1-64　病鸭空肠上皮细胞副黏病毒荧光信号。

（刁有祥、吴焕荣）

图1-1-65　病鸭心肌细胞副黏病毒荧光信号。

（刁有祥）

图1-1-66　雏鹅感染后流鼻液。　（许益民、万洪全）

图1-1-67　病鹅呈扭颈、转圈等神经症状。

（焦库华）

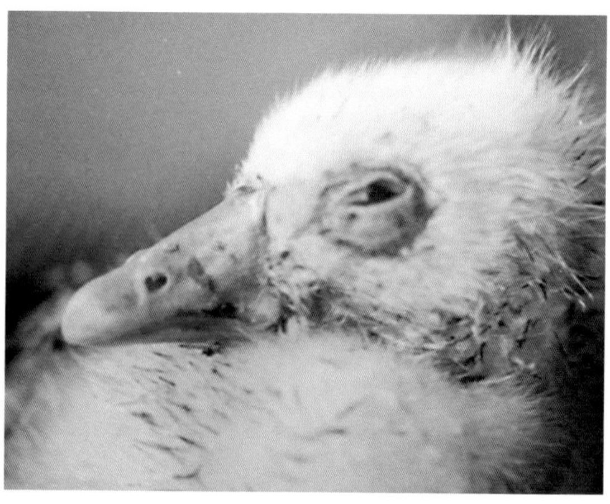

图1-1-68　病雏鹅眼睛流泪。　（许益民、万洪全）

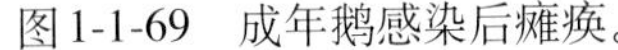

图1-1-69 成年鹅感染后瘫痪。（许益民）

图1-1-70 病鹅神经症状：曲颈、扭头。（许益民）

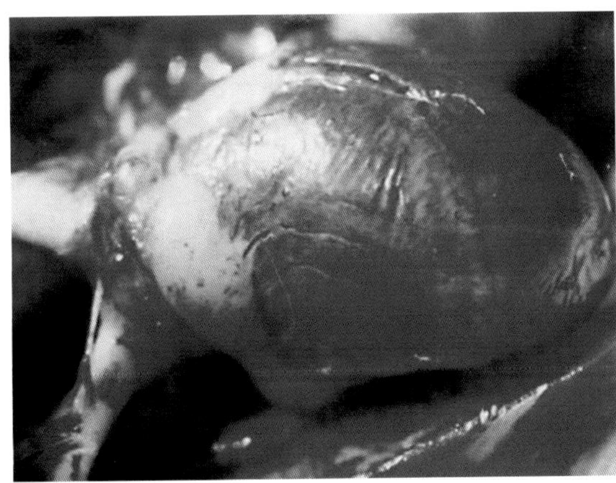

图1-1-71 病鹅心脏冠状沟脂肪出血。（许益民）

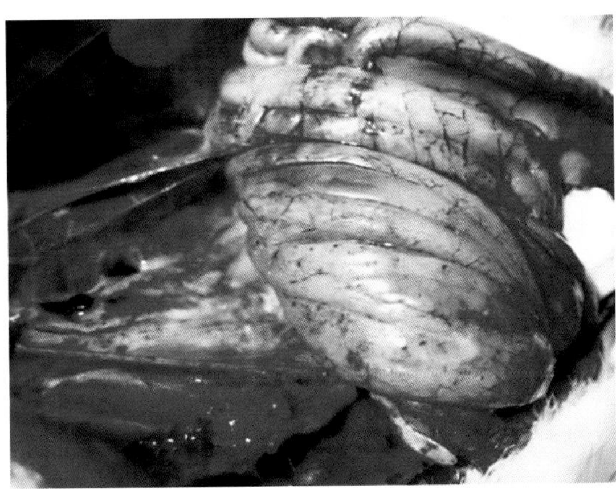

图1-1-72 病鹅肠系膜出血。（许益民）

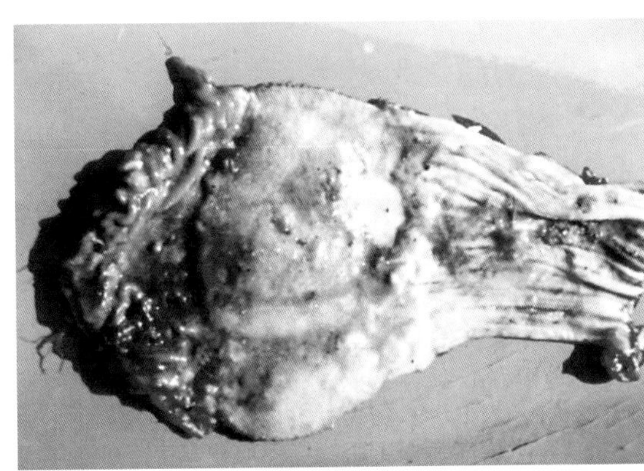

图1-1-73 病鹅腺胃黏膜脱落。（许益民）

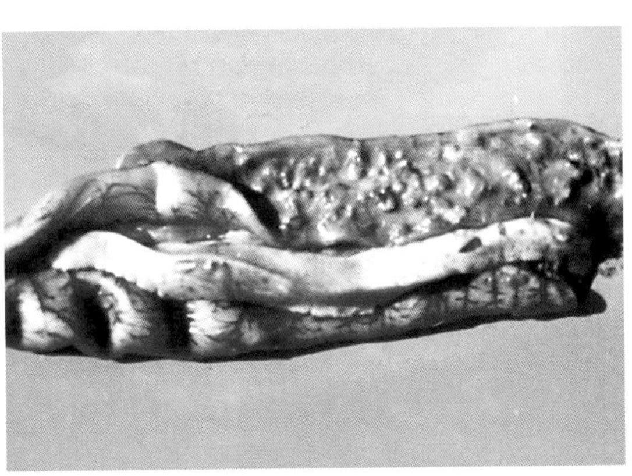

图1-1-74 雏鹅十二指肠黏膜坏死病灶。（许益民）

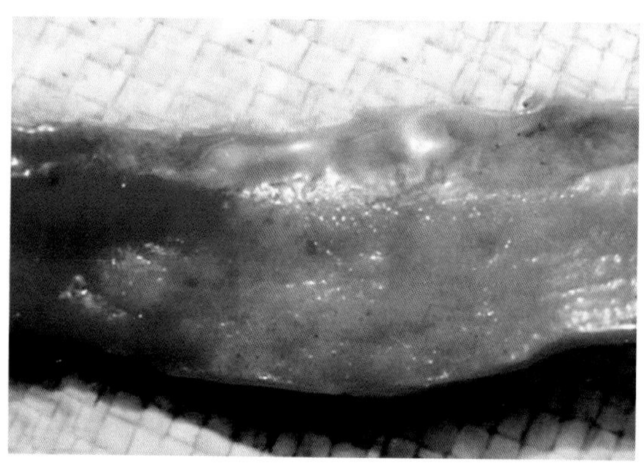

图1-1-75　病鹅空肠黏膜出血，黏液分泌增多。
（许益民）

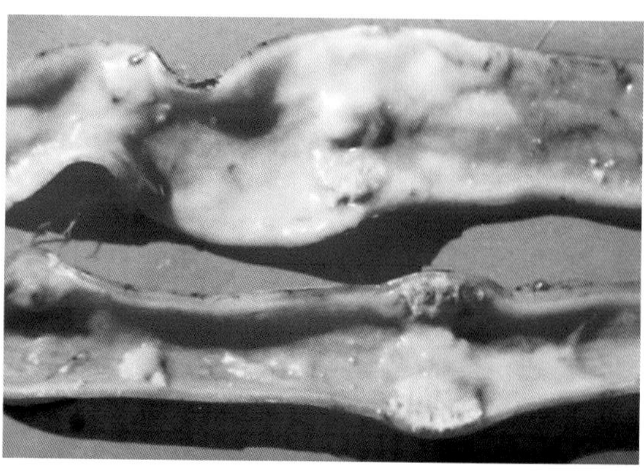

图1-1-76　雏鹅小肠黏液分泌增强，可见黏膜坏死灶。
（许益民）

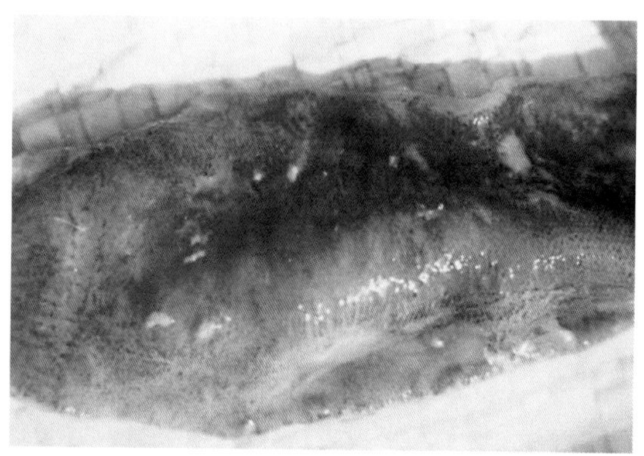

图1-1-77　病鹅病变轻微的肠段，经过水洗，可见形态较好的绒毛和微小坏死灶并存。
（许益民）

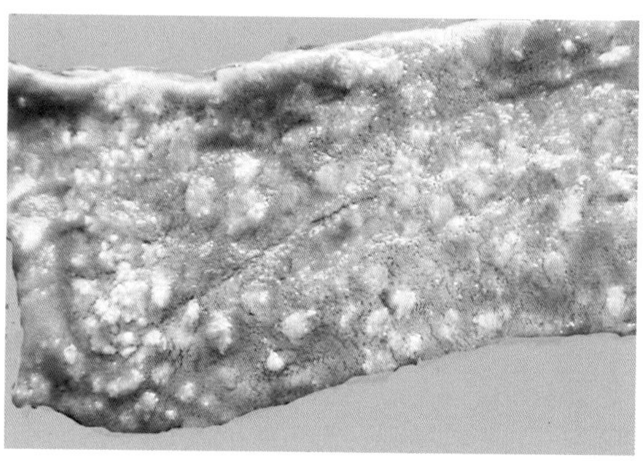

图1-1-78　有些病鹅的肠道黏膜层弥漫性分布灰白色坏死灶。（王小波）

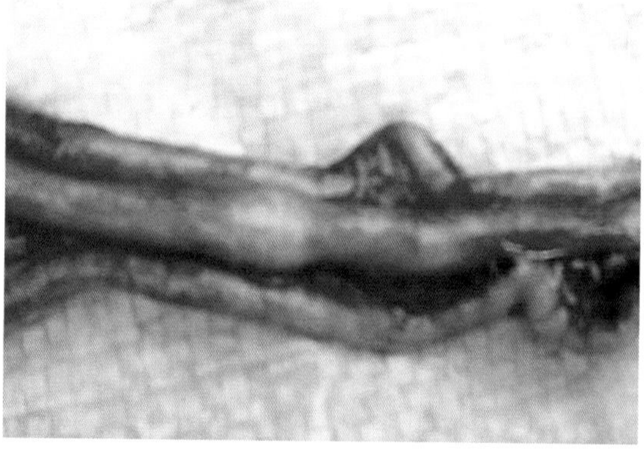

图1-1-79　病鹅回肠下段浆膜层可见溃疡病变隆起。
（许益民）

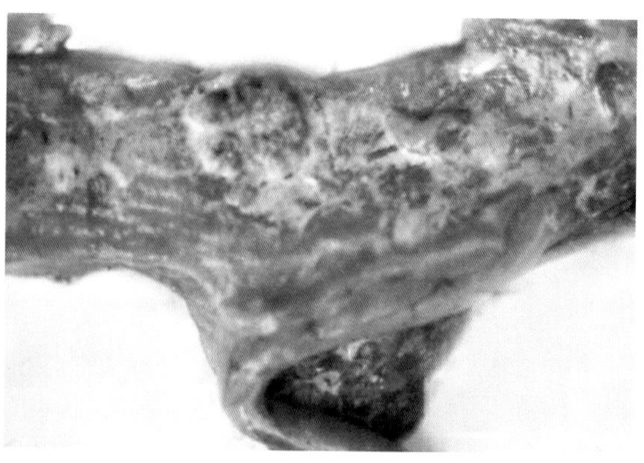

图1-1-80　病鹅回肠下段回盲口附近的坏死灶。
（许益民）

图1-1-81　病鹅泄殖腔黏膜坏死。（许益民）

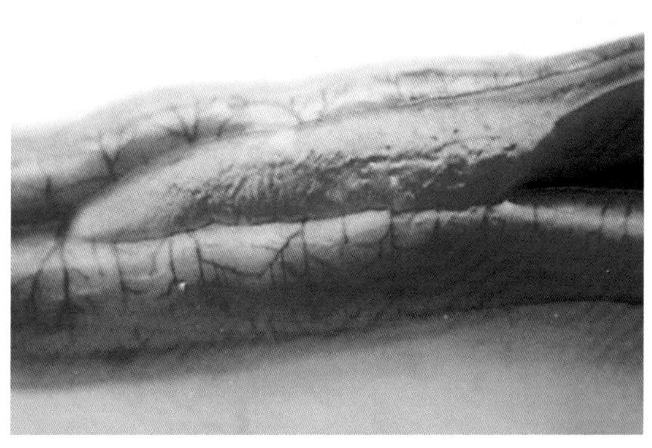

图1-1-82　病鹅胰腺散在分布白色坏死灶。（许益民）

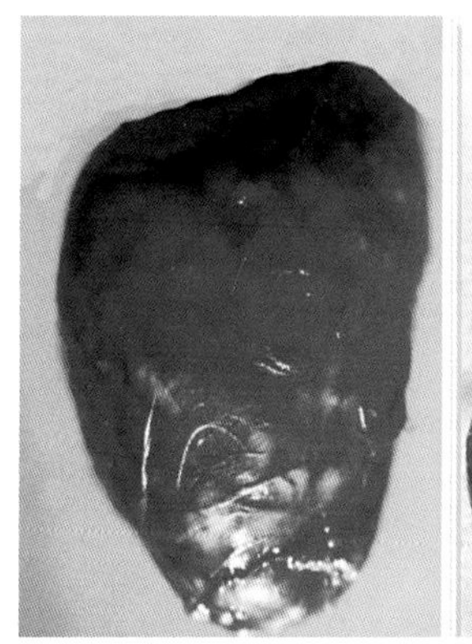

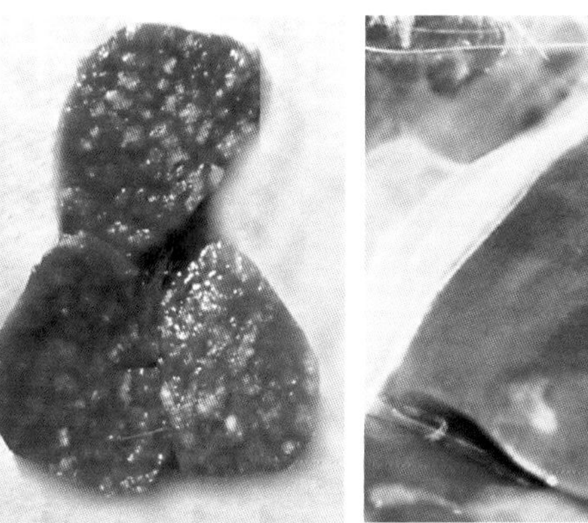

图1-1-83　病鹅脾脏表面和切面的坏死灶。（许益民）

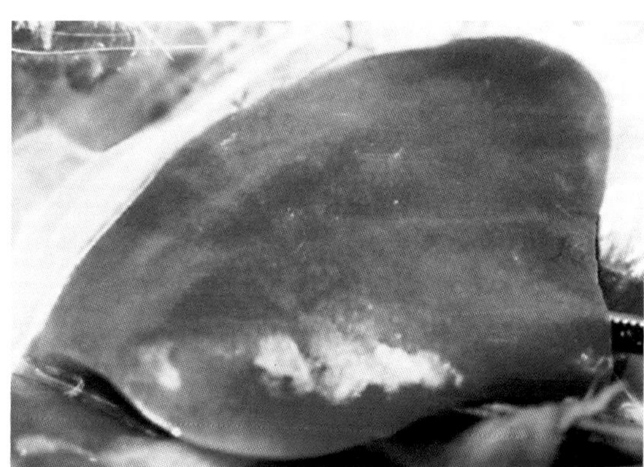

图1-1-84　病鹅肝脏散在分布白色坏死灶。（许益民）

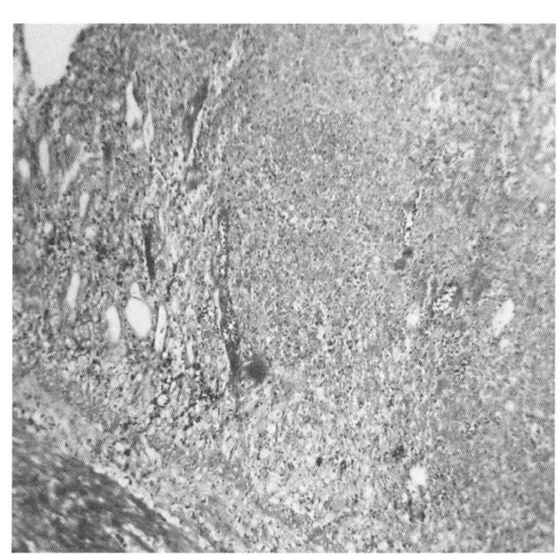

图1-1-85　病鹅肠道黏膜层及固有层组织坏死，肠腺结构消失。（HE，×200）（王小波）

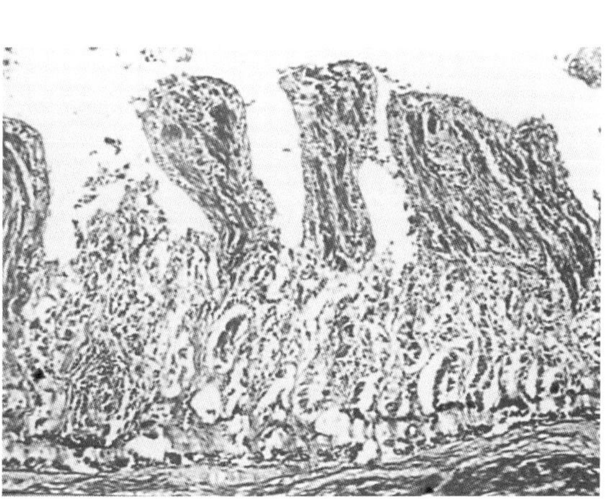

图1-1-86　病鹅肠道黏膜上皮细胞坏死、脱落，绒毛裸露。（HE，×200）（许益民）

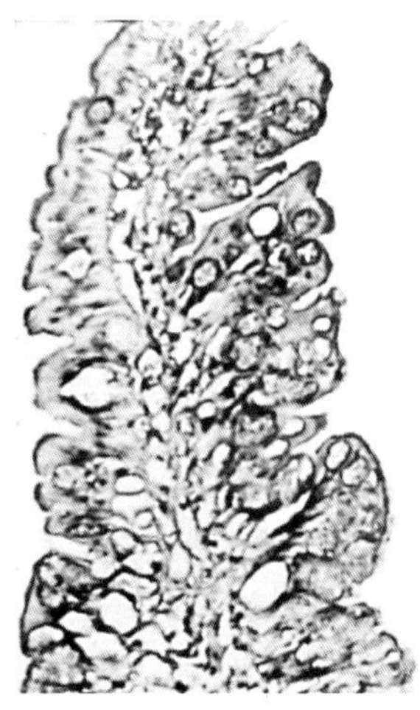
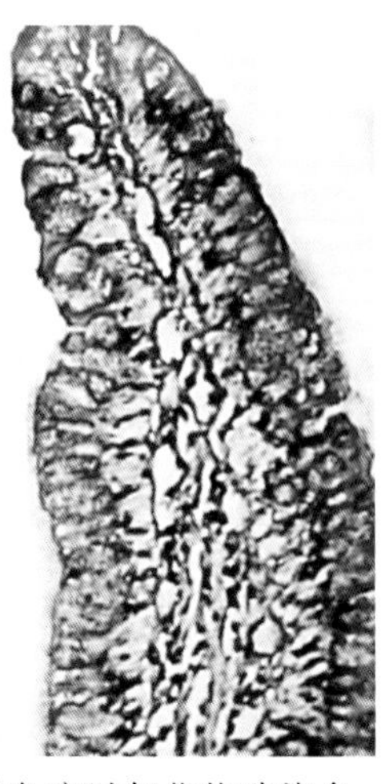

图1-1-87　病鹅十二指肠肠道免疫过氧化物酶染色：肠绒毛上皮细胞强烈阳性。（HE，×100）

（万洪全、许益民）

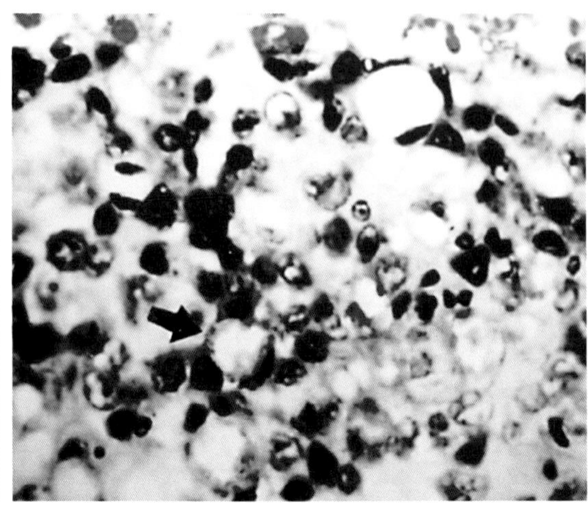

图1-1-88　病鹅脾脏免疫过氧化物酶染色，网状细胞阳性。（HE，×1000）

（万洪全、许益民）

第二节　禽　流　感

（一）病原

病原为正黏病毒科的A型流感病毒（AIV），是一种基因组为RNA的多形性病毒，直径80 ~ 120nm，有囊膜。根据其囊膜上的血凝素（HA）和神经氨酸酶（NA）的抗原性，又可分为不同的亚型。迄今为止，已知HA有16个亚型，NA有10个亚型，二者不同的组合又构成了更多的病毒亚型。但近几十年中，世界各国发生的高致病性禽流感病毒还仅限于H5N1、H5N2、H7N3、H7N4、H7N7等几个有限的亚型中。H9亚型低致病性AIV在鸡群中也广泛流行。

（二）流行病学

禽流感病毒能感染许多种类的家禽和野鸟，有些能引起疾病。天然病例见于鸡、火鸡、鸭、鹅及多种野鸟，其中以火鸡最敏感。鸭是禽流感的天然宿主，病毒长期存在于鸭的肠道，并随粪便排出污染水源等，所以鸭在禽流感的流行病学中具有非常重要的作用。其他许多野鸟，包括捕获野鸟、迁移鸟等，也是禽流感病毒的传染源。

（三）临床症状和病理变化

根据临床表现及病理变化可以分为两个类型：典型禽流感是由高致病力禽流感病毒引起，最急性病例没有先兆症状而突然死亡，剖检也未见明显病理变化。急性病例病禽精神沉郁，冠和肉垂暗红色，头部和眼睑肿胀。一部分病禽，可在小腿有鳞片部出现界限分明的出血区，还有一些在爪部的背面或掌面呈现出血或严重的淤血，呈紫红色。青年鸡患急性禽流感死亡后，内部脏器的病理变化不太明显，但在成年鸡，各种不同器官组织的浆膜和黏膜面都会出现不同程度的出血，有的非常严重。

非典型禽流感是由非高致病力禽流感毒株（如H9亚型）感染引起，或由高致病力毒株感染了已有一定免疫力的家禽群体。在蛋鸡和种鸡，主要表现为产蛋量突然下降，有时有轻微呼吸道症状，死亡率正常或略有上升。主要病理变化为腹膜炎。在肉鸡或后备鸡，主要表现为不同程度的呼吸道症状，剖检病变主要是上呼吸道不同程度的炎症，气囊炎、肝周炎、腹膜炎等，偶尔可见到肌胃和腺胃出血。

（四）诊断

由于禽流感病毒感染引起的症状和病变非常广泛，常常与其他病原感染相混淆，必须用病毒学和血清学方法才能做出确切诊断。在鉴别诊断中必须考虑其他病原的混合感染，如新城疫病毒和其他副黏病毒、衣原体、支原体、其他细菌，以及传染性支气管炎病毒和传染性喉气管炎病毒等。

1.病毒分离与鉴定 通常在感染初期或发病急性期采集病料，而感染后期因机体已形成大量抗体，往往不易分离到病毒。病料可以用活禽的气管和泄殖腔拭子或死禽的肝脏、肺脏、胰脏、脑等脏器，病料研磨后加抗生素或用细菌过滤器除菌，接种9 ～ 11胚龄SPF鸡胚尿囊腔。鸡胚于35 ～ 37℃培养2 ～ 4d后，弃去24h内死亡鸡胚，收获其余鸡胚的尿囊液和绒毛尿囊膜。然后用尿囊液做鸡红细胞凝集（HA）试验，如有血凝活性，则用鸡新城疫阳性血清做鸡红细胞凝集抑制（HI）试验，如HI试验呈阴性，再用绒毛尿囊膜制成抗原后与标准的A型流感阳性血清做琼脂扩散（AGP）试验，出现阳性结果时方能确定为AIV。接着可通过针对不同血凝素和神经氨酸酶的单克隆抗体鉴定病毒的HA和NA亚型。

2.血清学诊断 目前，国际通用的两种标准方法是AGP和HI试验。前者主要利用A型流感病毒的核蛋白抗原检查禽只血清中相应的抗体。其优点是简便快捷、特异性强，且不受病毒亚型的限制，但它的灵敏性较低。

HI试验主要用来鉴定流感病毒的HA亚型，或直接检测某一特定亚型流感病毒的感染。但对HI试验的结果要仔细分析和验证，慎重得出结论。其中，采集急性期和康复期（发病后2 ～ 4周）的禽只血清做比较很重要。

（五）防控

为预防H5和H7引起的高致病性禽流感，必须做好养殖环境的生物安全防控，严防从疫区引入各种禽类。同时要严格按照各地动物疫病预防控制中心建议，及时使用相关H5或H7亚型灭活疫苗免疫接种。为防止由H9诱发的产蛋下降，蛋鸡应在开产前接种2次H9 AIV灭活疫苗。

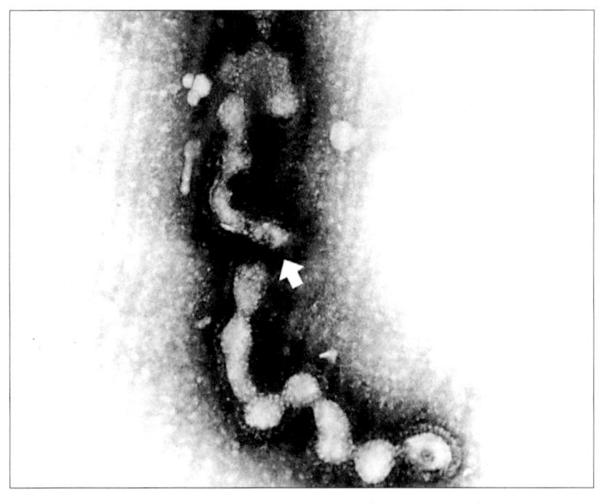

图1-2-1　流感病毒，在感染的鸡胚尿囊液中，发现病毒丝状体（箭头），负染色。

（李成）

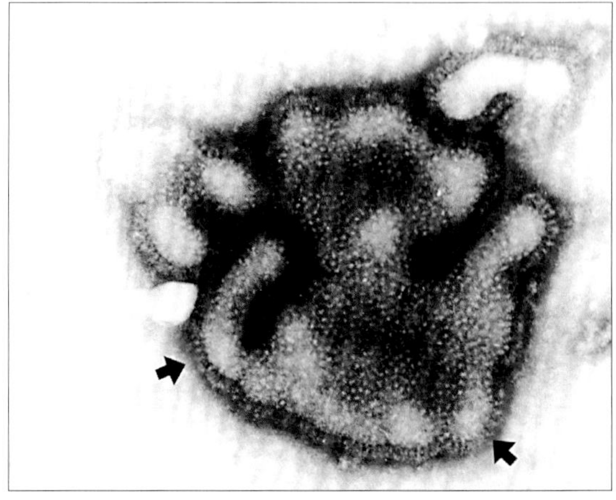

图1-2-2　流感病毒，在感染的鸡胚尿囊液中，观察到多形态的病毒粒子（箭头），负染色。

（李成）

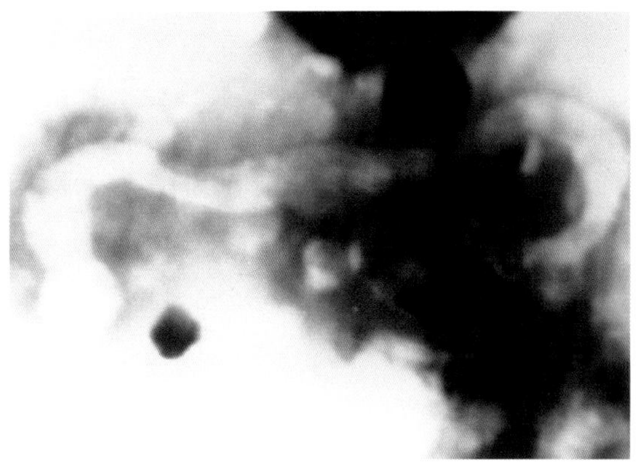

图1-2-3　禽流感病毒透射电镜下呈丝状的AIV粒子。（×150 000）　（辛朝安）

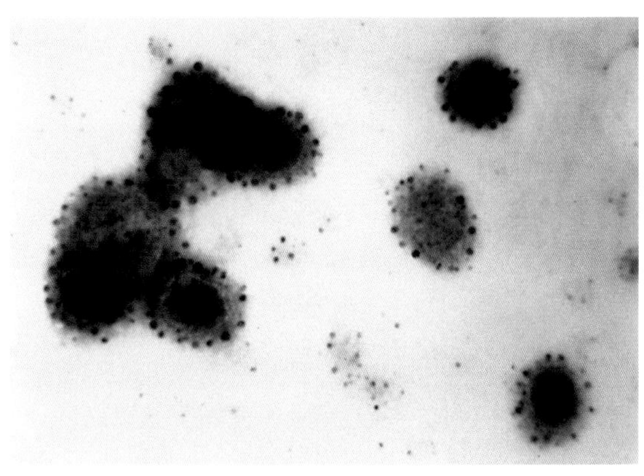

图1-2-4　禽流感病毒透射电镜下呈圆形，其表面有纤突。（×60 000）　（辛朝安）

图1-2-5　感染AIV的雏鸭，呈现神经症状，扭头，两腿劈开。　（辛朝安）

图1-2-6　感染AIV的小鹅，呈现明显的神经症状，头颈扭曲，头肿，流眼泪。　（辛朝安）

图1-2-7 感染AIV的山鸡，眼睑肿胀，右眼已完全闭合。（辛朝安）

图1-2-8 感染AIV的小鸡呈明显的神经症状，扭头，呈观星状。（辛朝安）

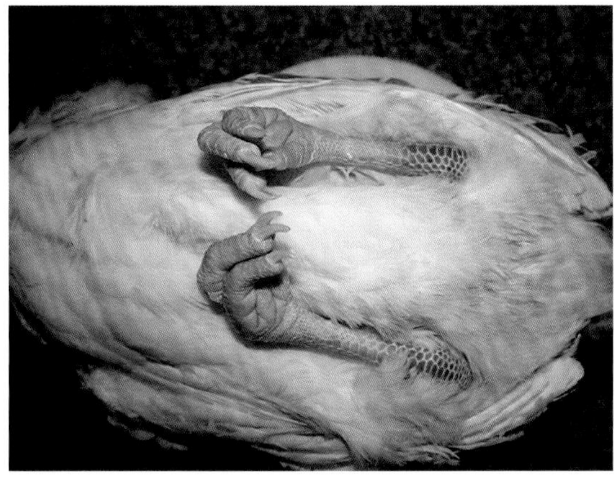

图1-2-9 6周龄SPF鸡感染高致病性禽流感病毒36h后，爪部皮肤鳞片出血。（崔治中）

图1-2-10 6周龄SPF鸡感染高致病性禽流感病毒36h后，爪部皮肤呈不规则的出血、淤血。（崔治中）

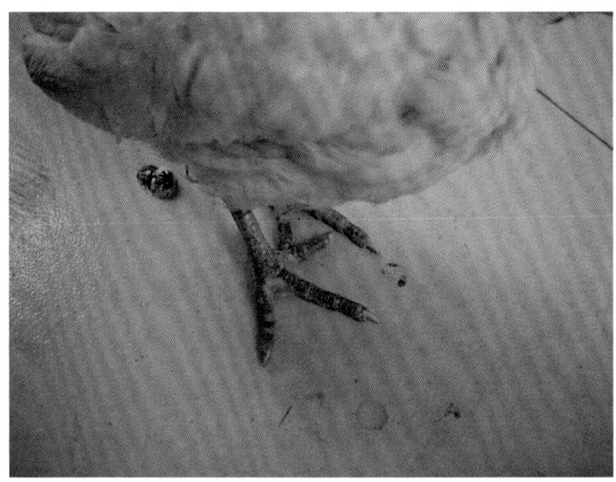

图1-2-11 6周龄SPF鸡感染高致病性禽流感病毒36h后，爪部皮肤呈不规则的出血、淤血。（崔治中）

图1-2-12 6周龄SPF鸡感染高致病性禽流感病毒36h后，出现鸡冠发紫，爪部皮肤呈不规则的出血、淤血。（崔治中）

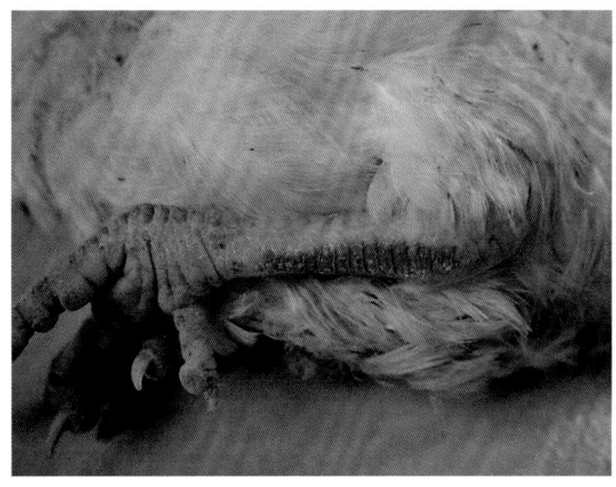

图1-2-13　6周龄SPF鸡感染高致病性禽流感病毒36h后，爪部皮肤呈不规则的出血、淤血。

（崔治中）

图1-2-14　6周龄SPF鸡感染高致病性禽流感病毒36h后，爪部皮肤呈不规则的出血、淤血。

（崔治中）

图1-2-15　6周龄SPF鸡感染高致病性禽流感病毒36h后，爪部皮肤呈不规则的出血、淤血。

（崔治中）

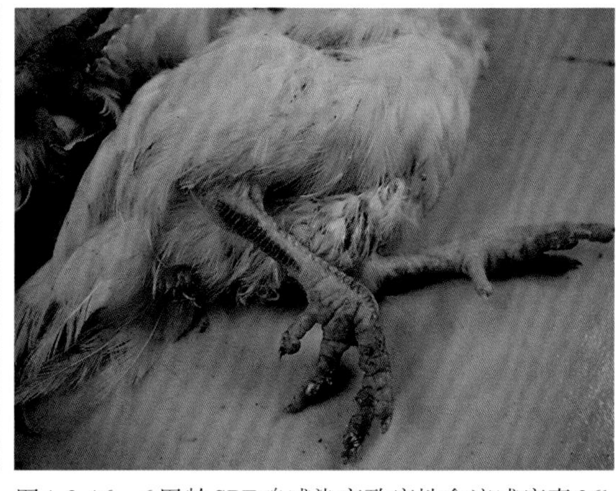

图1-2-16　6周龄SPF鸡感染高致病性禽流感病毒36h后，爪部皮肤呈不规则的出血、淤血。

（崔治中）

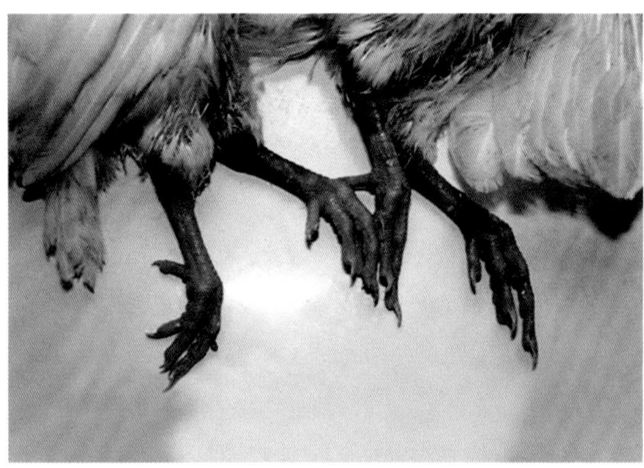

图1-2-17　感染AIV的鸡，爪部鳞片下出血。

（辛朝安）

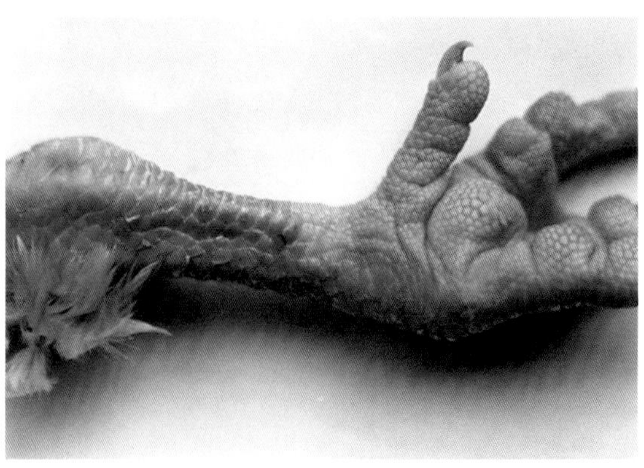

图1-2-18　感染AIV的鸡，爪部鳞片下出血。

（辛朝安）

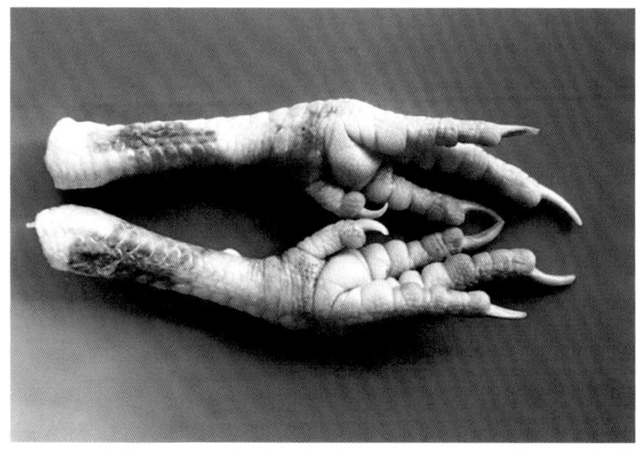

图1-2-19　感染AIV的鸡，爪部鳞片下出血。

（刁有祥）

图1-2-20　6周龄SPF鸡感染高致病性禽流感病毒38h后，感染鸡精神极度沉郁，昏睡状。

（崔治中）

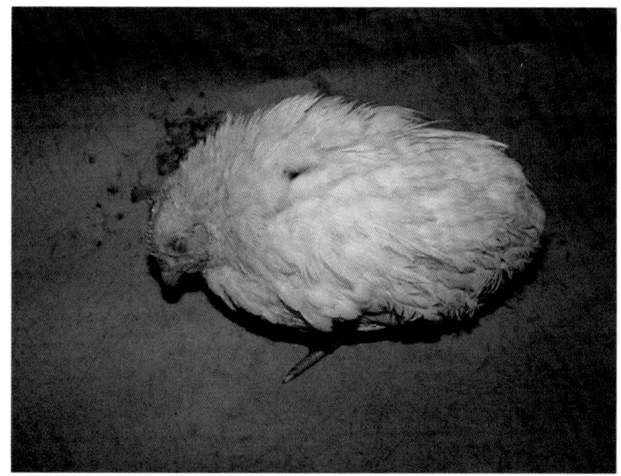

图1-2-21　6周龄SPF鸡感染高致病性禽流感病毒48h后，精神极度沉郁，昏睡状。

（崔治中）

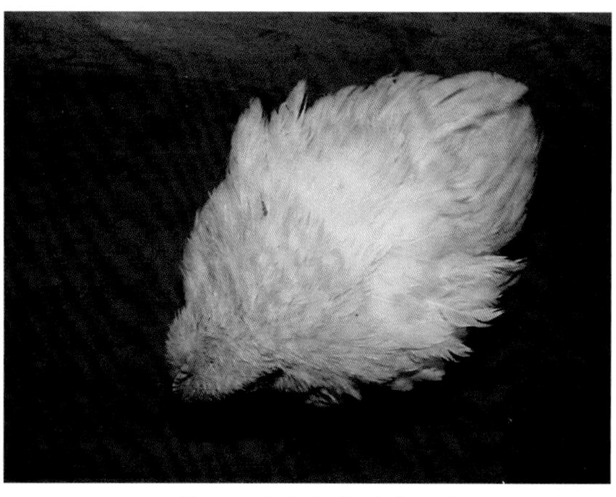

图1-2-22　6周龄SPF鸡感染高致病性禽流感病毒48h后，精神极度沉郁，羽毛竖立。

（崔治中）

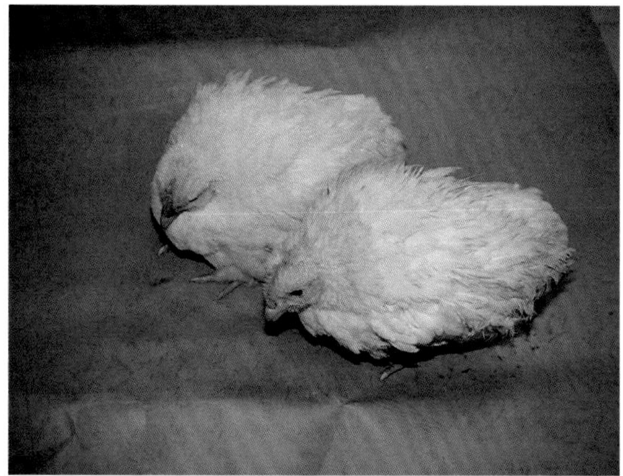

图1-2-23　6周龄SPF鸡感染高致病性禽流感病毒48h后，精神极度沉郁，羽毛竖立。

（崔治中）

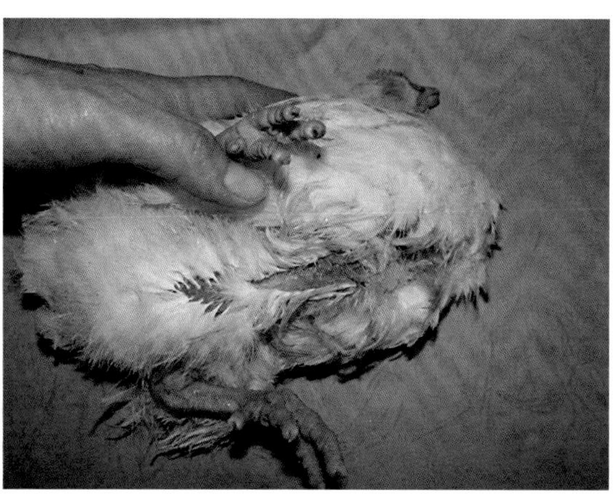

图1-2-24　6周龄SPF鸡感染高致病性禽流感病毒48h后，腹部皮肤淤血。（崔治中）

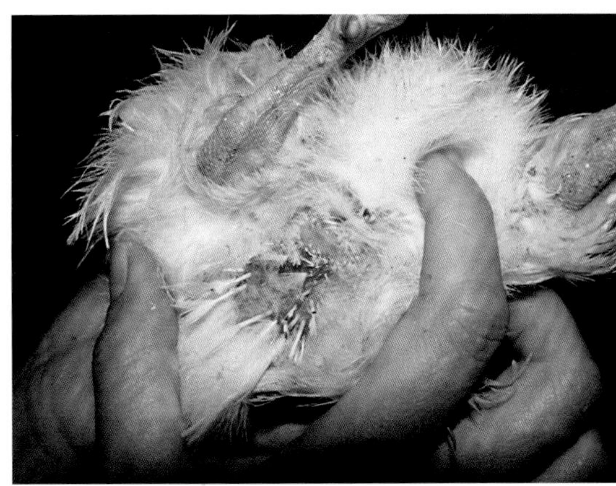

图1-2-25　6周龄SPF鸡感染高致病性禽流感病毒48h后，肛门周围淤血。（崔治中）

图1-2-26　6周龄SPF鸡感染高致病性禽流感病毒48h后，显出神经症状，头颈后仰，类似于慢性或亚急性新城疫。（崔治中）

图1-2-27　感染AIV 7d后的鸡，冠和肉垂出血，多灶性的点状或块状坏死。（辛朝安）

图1-2-28　急性禽流感病鸡，鸡冠和肉垂出血坏死。（刁有祥）

图1-2-29　急性禽流感病鸡，鸡冠和肉垂出血坏死。（刁有祥）

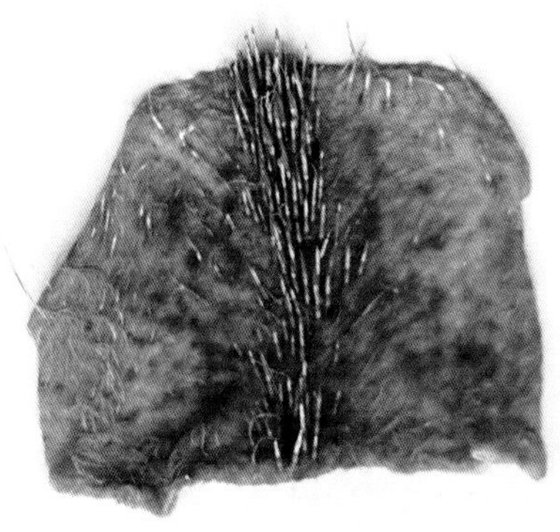

图1-2-30 感染AIV的小鸡，背部皮下点状和块状出血。（辛朝安）

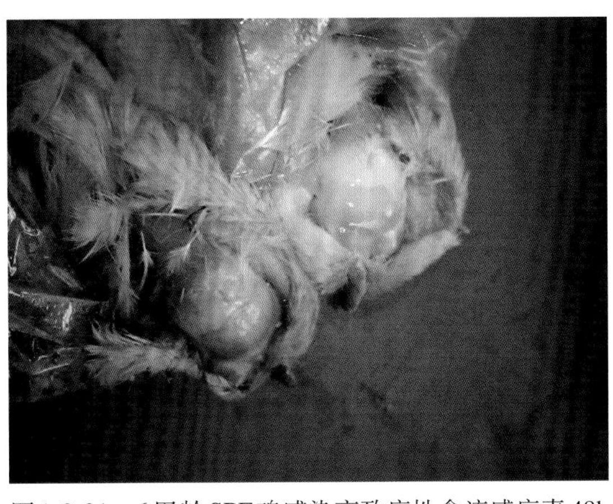

图1-2-31 6周龄SPF鸡感染高致病性禽流感病毒48h后，脑部皮下水肿。（崔治中）

图1-2-32 6周龄SPF鸡感染高致病性AIV48h后，脑部皮下水肿。（崔治中）

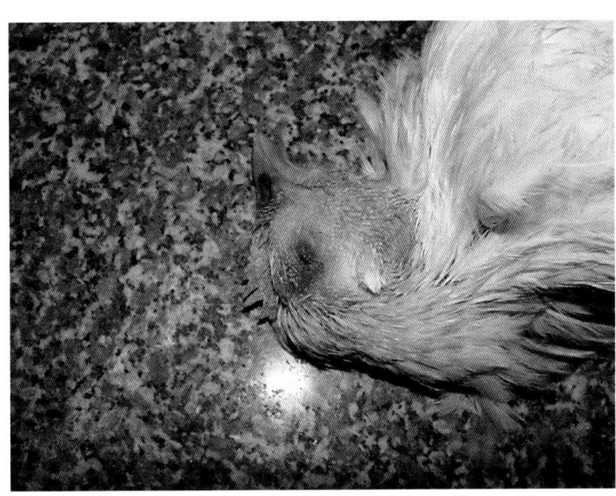

图1-2-33 自然发病成年鸡，眼眶皮肤及鼻孔出血。（崔治中）

图1-2-34 人工感染高致病性禽流感病毒鸡，鸡冠发紫，眼睑肿胀。（崔治中）

图1-2-35 人工感染高致病性禽流感病毒鸡，脸部皮肤发紫。（崔治中）

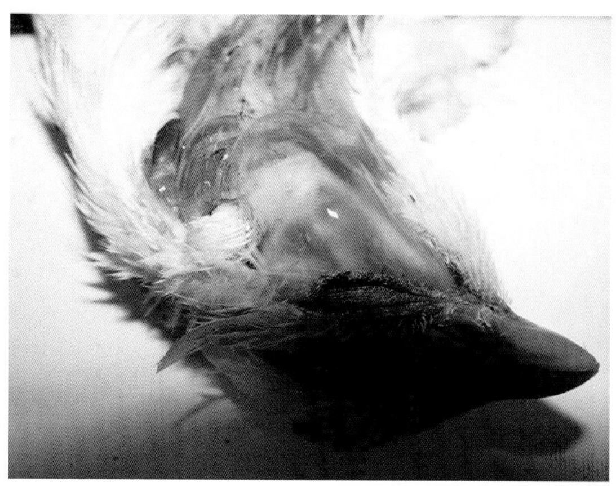

图1-2-36　人工感染高致病性禽流感病毒鸡，脸部皮下胶冻样水肿。（崔治中）

图1-2-37　人工感染高致病性禽流感病毒鸡，腿部皮下胶冻样水肿。（崔治中）

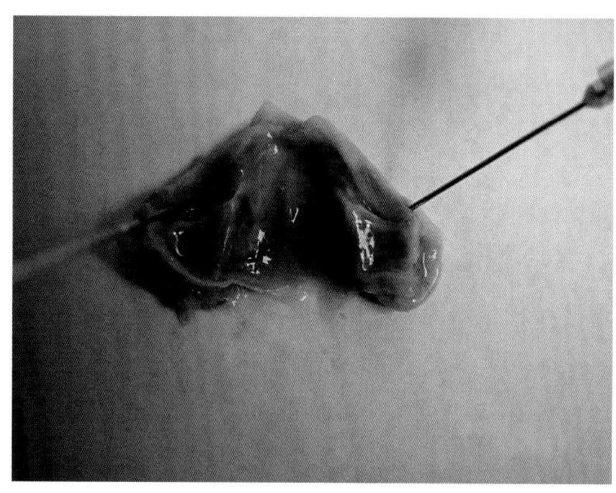

图1-2-38　人工感染高致病性禽流感病毒鸡，喉头黏膜出血斑及散在的出血、溢血斑点。（崔治中）

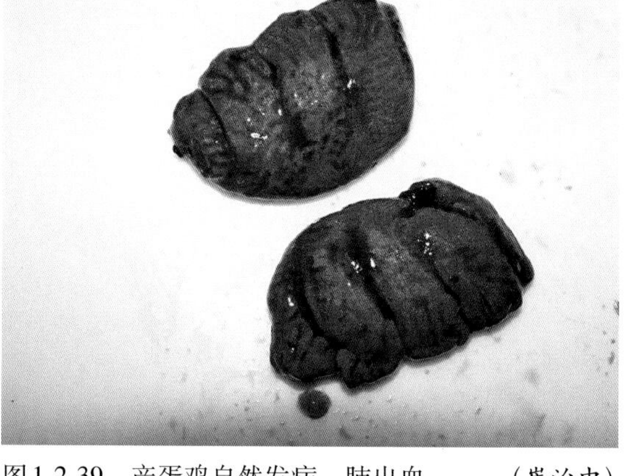

图1-2-39　产蛋鸡自然发病，肺出血。（崔治中）

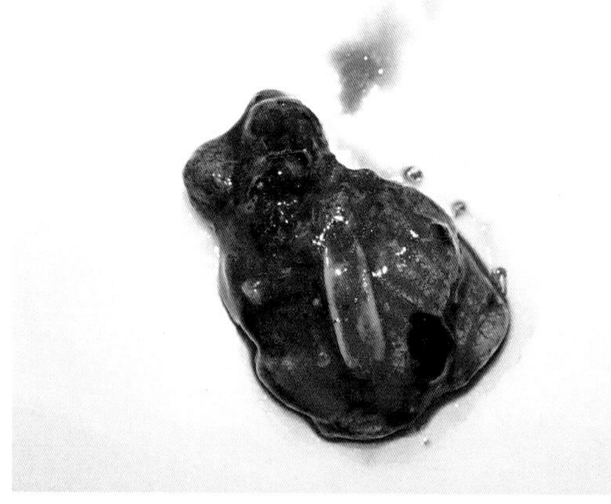

图1-2-40　产蛋鸡自然发病，肺出血，肺切面见不同程度的出血。（崔治中）

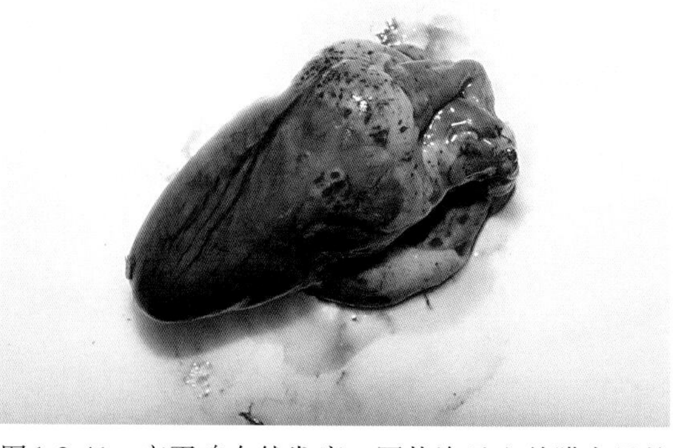

图1-2-41　产蛋鸡自然发病，冠状沟及心外膜大量的出血斑点。（崔治中）

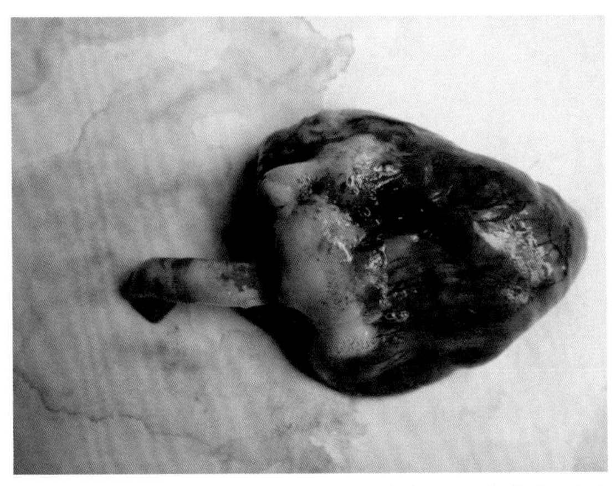
图1-2-42　产蛋鸡自然发病，冠状沟及心外膜大量的出血斑点，心肌深层大片出血。（崔治中）

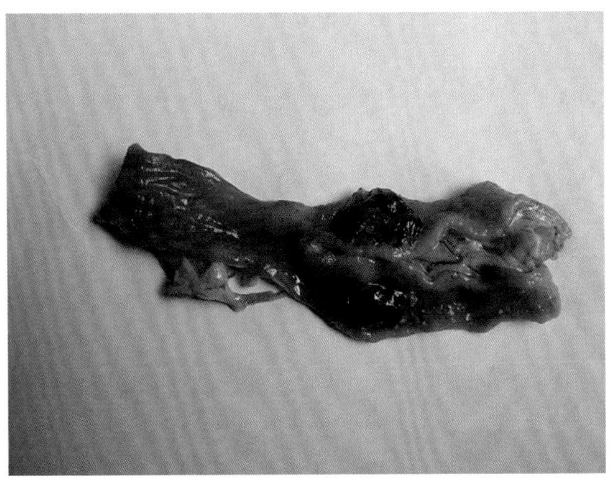
图1-2-43　产蛋鸡自然发病，盲肠、扁桃体肿大，黏膜呈不同程度出血。（崔治中）

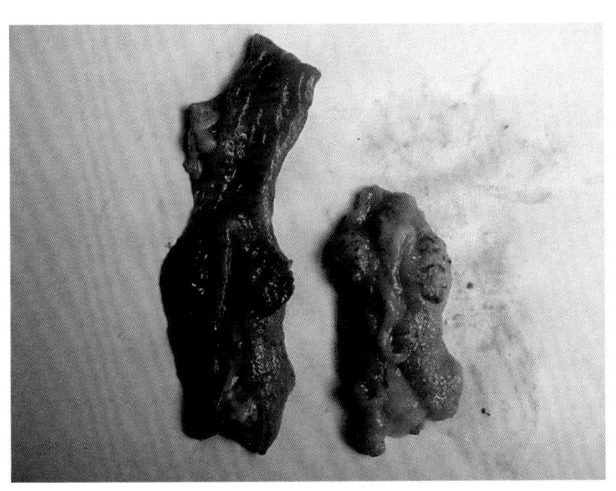
图1-2-44　产蛋鸡自然发病，盲肠、扁桃体肿大，黏膜呈不同程度出血。（崔治中）

图1-2-45　产蛋鸡自然发病，腺胃黏膜轻度出血，肌腺胃交界处黏膜轻度出血。（崔治中）

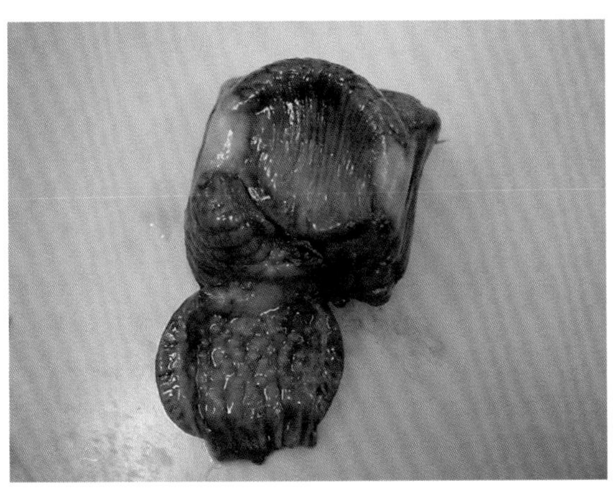
图1-2-46　产蛋鸡自然发病，部分腺胃乳头出血，肌胃黏膜出血。（崔治中）

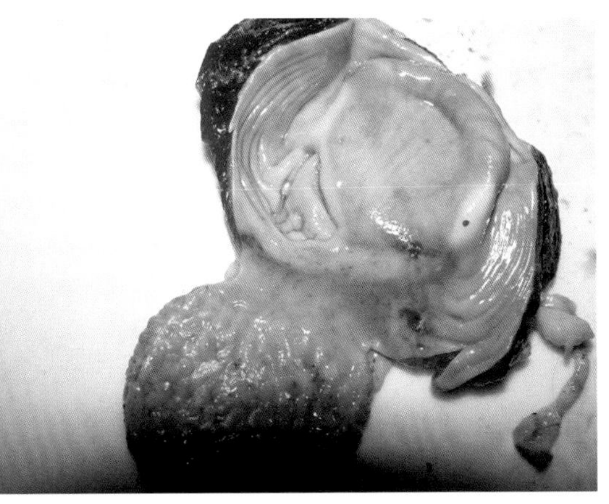
图1-2-47　产蛋鸡自然发病，腺胃黏膜轻度出血，肌腺胃交界处黏膜轻度出血。（崔治中）

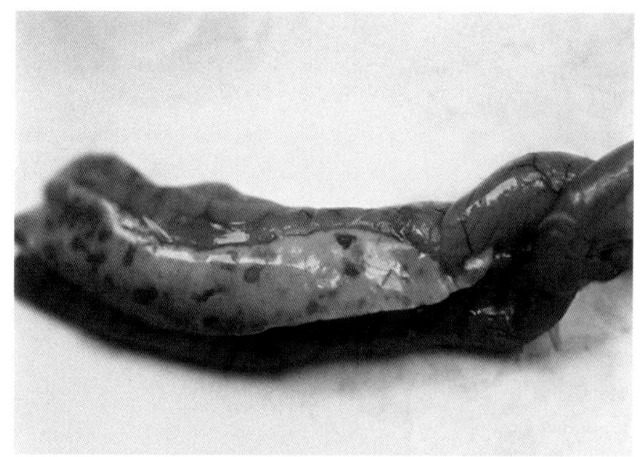

图1-2-48　感染AIV的鸡，胰腺有出血点或出血斑，以及坏死点。（辛朝安）

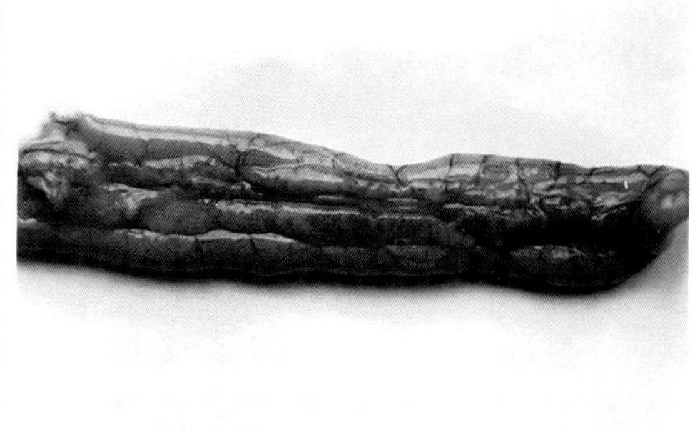

图1-2-49　感染AIV的鸡，胰腺有出血点或出血斑，以及坏死点。（辛朝安）

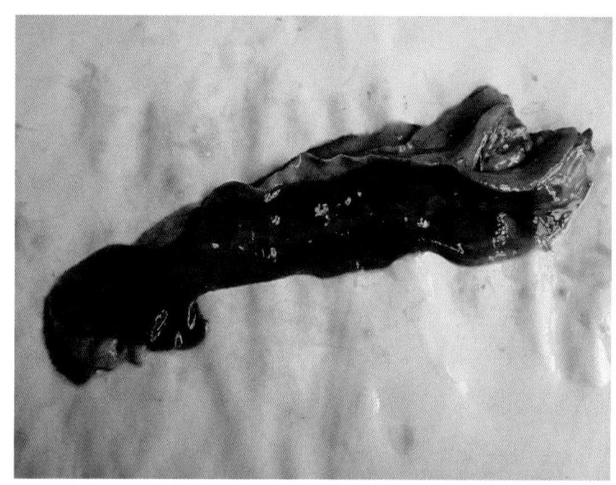

图1-2-50　产蛋鸡自然发病，十二指肠黏膜成年鸡自然感染弥漫性出血，胰腺有散在出血斑点。（崔治中）

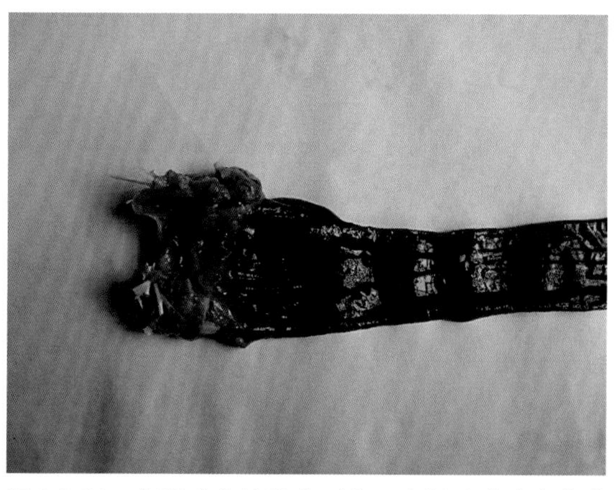

图1-2-51　产蛋鸡自然发病死亡，直肠及泄殖腔黏膜呈弥漫性出血。（崔治中）

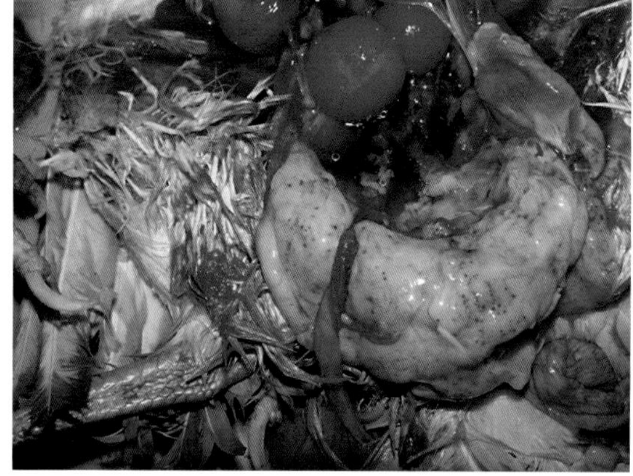

图1-2-52　产蛋鸡自然发病死亡，腹脂浆膜大量的出血点，发育卵泡充血。（崔治中）

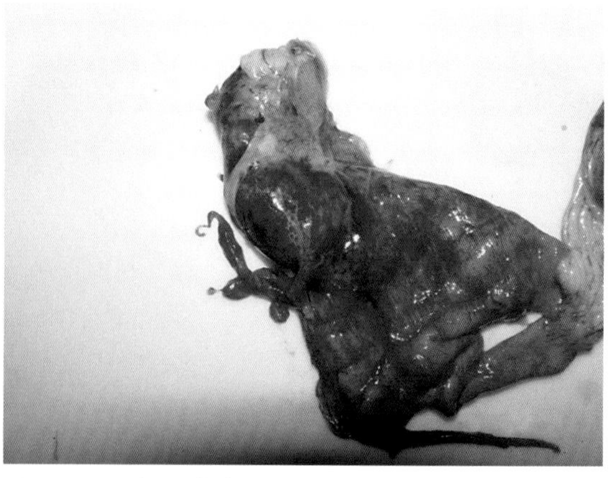

图1-2-53　产蛋鸡自然发病死亡，子宫外膜弥漫性出血。（崔治中）

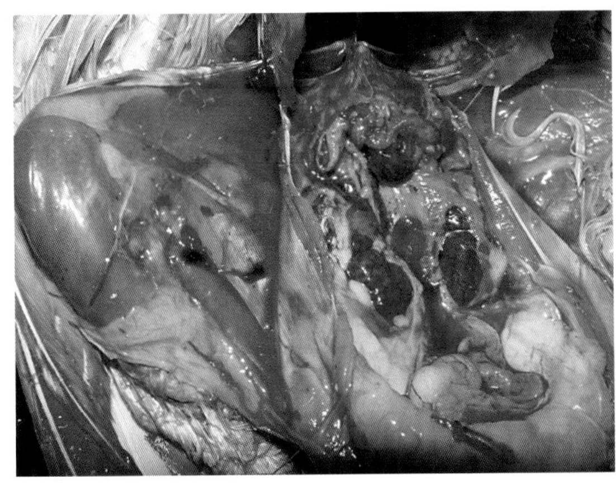

图1-2-54 产蛋鸡自然发病死亡，肾肿大，出现白色纹理。 （崔治中）

图1-2-55 产蛋鸡自然发病死亡，不同个体的腺胃显示不同程度的出血。 （崔治中）

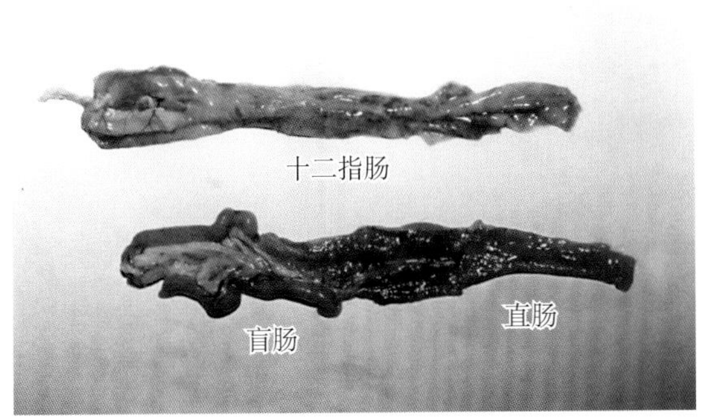

图1-2-56 产蛋鸡自然发病死亡，显示十二指肠（浆膜面）、盲肠（浆膜面）和直肠（黏膜面）的出血。 （崔治中）

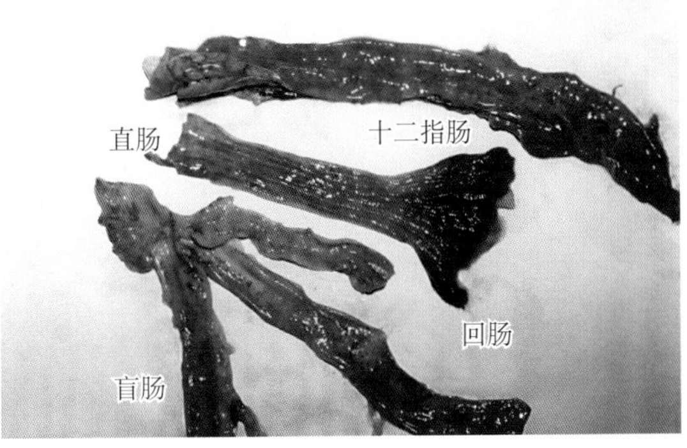

图1-2-57 产蛋鸡自然发病死亡，显示十二指肠、盲肠、回肠和直肠黏膜面的出血。

（崔治中）

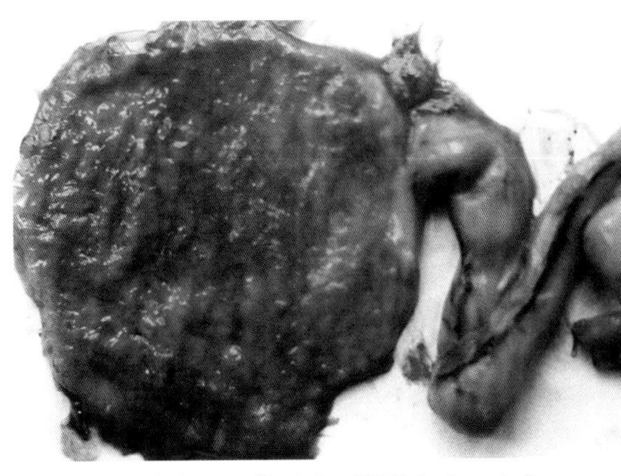

图1-2-58 感染AIV的蛋鸭，阴道充血、出血。

（辛朝安）

图1-2-59 感染AIV的蛋鸭，卵泡充血、出血。

（辛朝安）

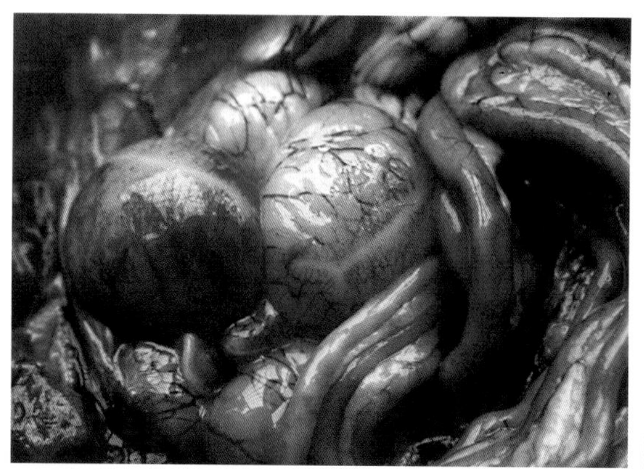

图1-2-60 感染AIV的蛋鸭，卵泡充血、出血。
（辛朝安）

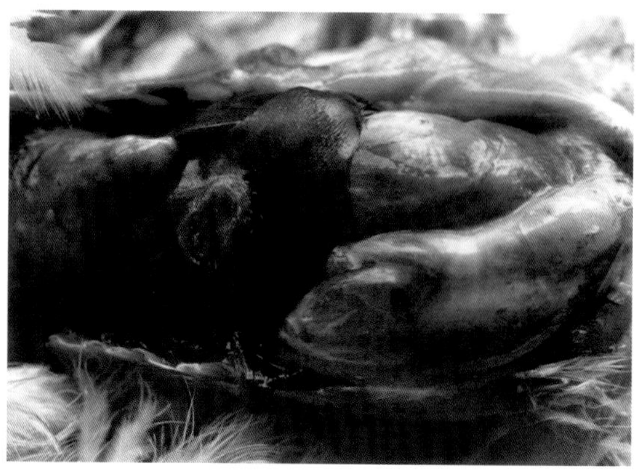

图1-2-61 感染AIV的鸡，呈现明显的心包炎和肝周炎。 （辛朝安）

图1-2-62 感染AIV的鸡，呈现明显的心包炎症状。
（辛朝安）

图1-2-63 感染AIV的鸡，气囊炎，气囊膜上有浆液性和粟米粒大小的黄色干酪样炎性分泌物。
（辛朝安）

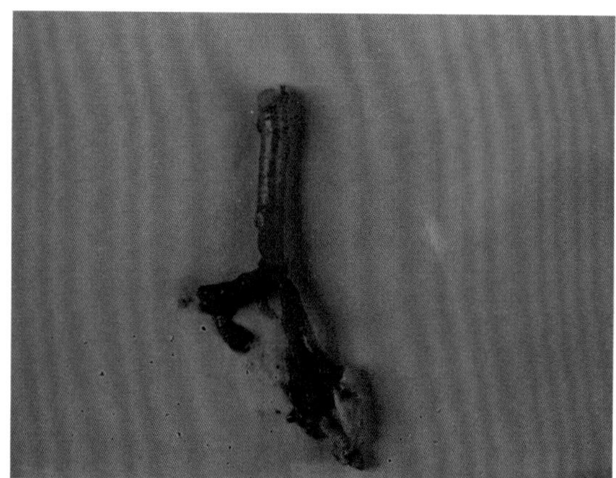

图1-2-64 高致病性禽流感病毒自然感染青年鸡，二级支气管内充满卵黄样渗出物。
（刘岳龙）

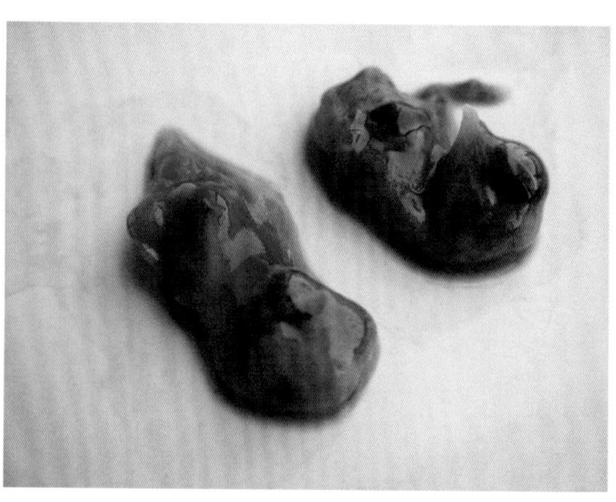

图1-2-65 高致病性禽流感病毒接种11日龄SPF鸡胚后，在1 ~ 2d内死亡，胚体出血。
（崔治中）

图1-2-66 高致病性AIV接种11日龄SPF鸡胚后，在1～2d内死亡，胚体出血。 （刘岳龙）

图1-2-67 禽流感实验室诊断方法，实验室用HI试验诊断AI的典型结果。 （辛朝安）

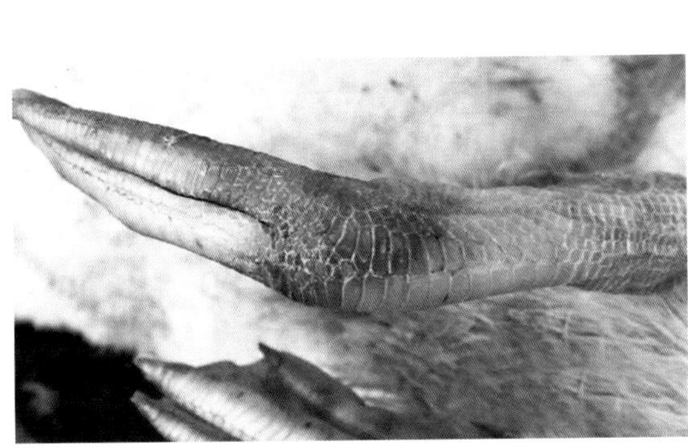

图1-2-68 病鸭腿足部皮肤出血。 （刁有祥）

图1-2-69 病鸭眼肿胀，流泪。 （刁有祥）

图1-2-70 病鸭出现扭头、歪头、瘫痪等神经症状。 （刁有祥）

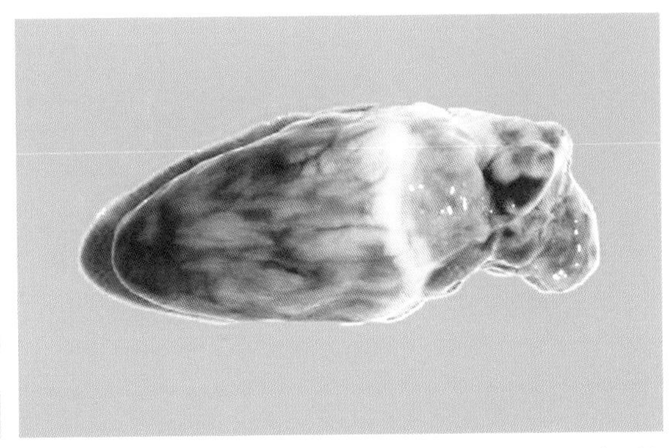

图1-2-71 病鸭心肌黄白色条纹状坏死。 （刁有祥）

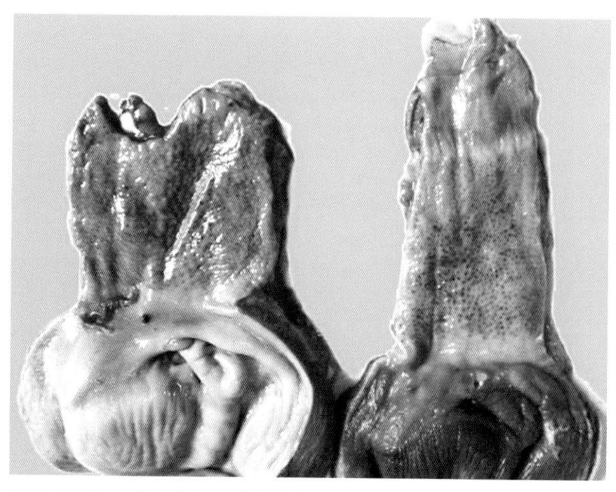

图1-2-72　病鸭腺胃黏膜出血。　（刁有祥）

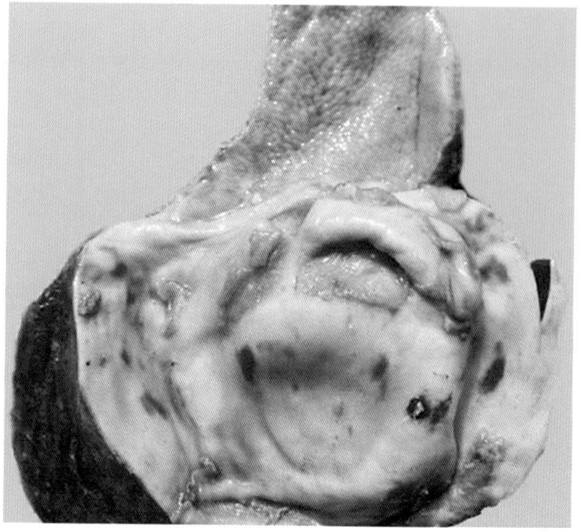

图1-2-73　病鸭肌胃角质膜下出血。　（刁有祥）

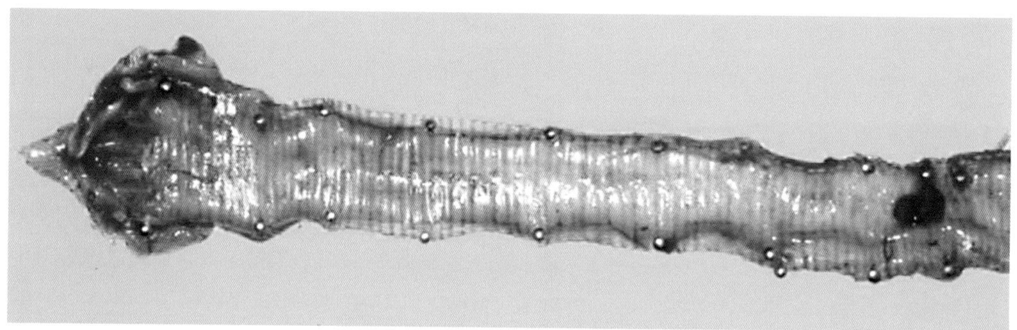

图1-2-74　病鸭气管环出血。　（刁有祥）

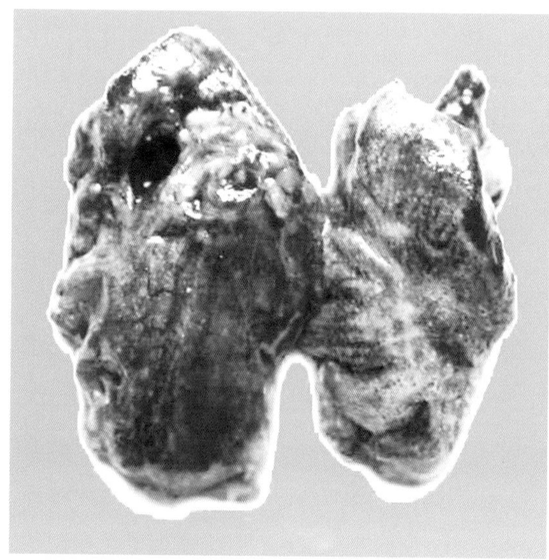

图1-2-75　病鸭肺脏出血、水肿。　（刁有祥）

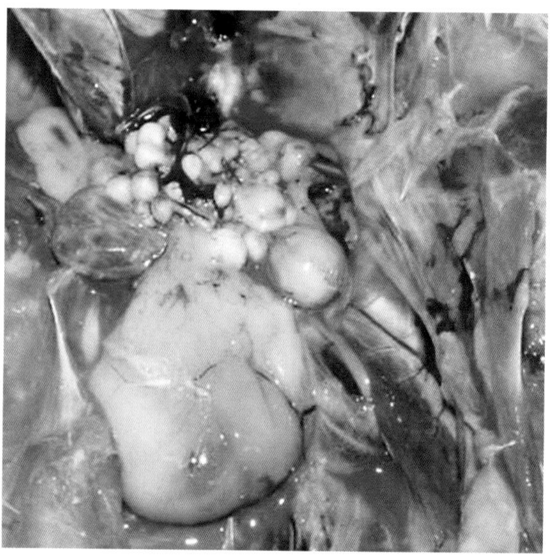

图1-2-76　病鸭卵泡变形。　（刁有祥）

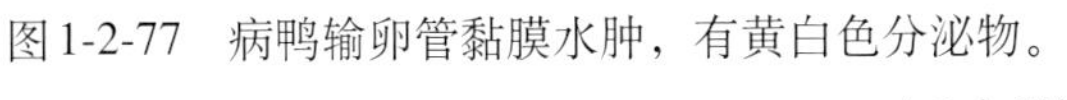

图1-2-77　病鸭输卵管黏膜水肿，有黄白色分泌物。（刁有祥）

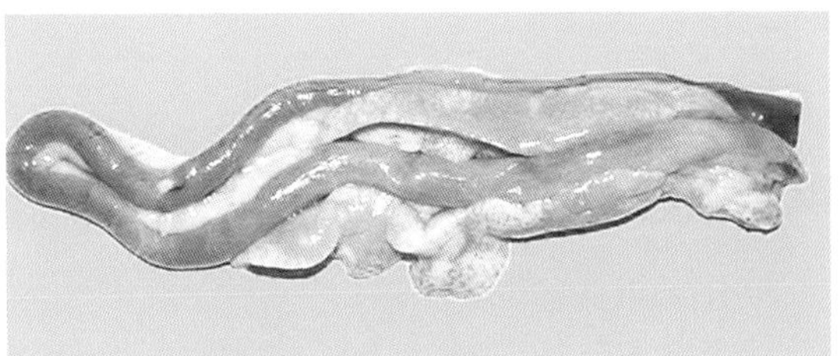

图1-2-78　病鸭胰腺水肿、坏死。（刁有祥）

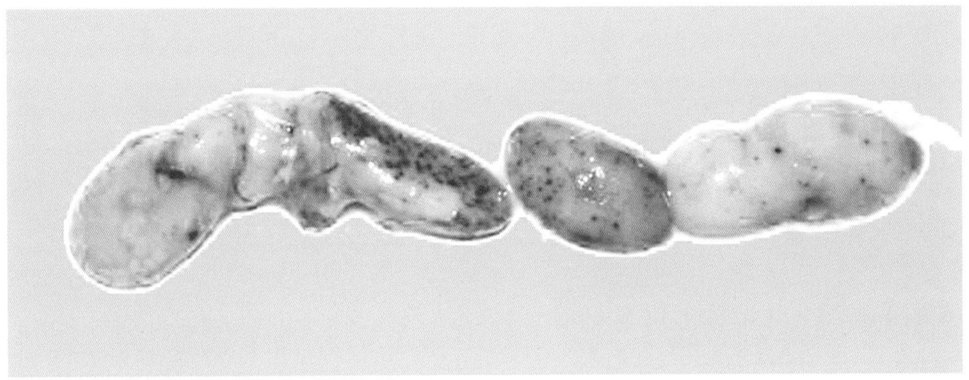

图1-2-79　病鸭胸腺表面有大小不一的出血点。（刁有祥）

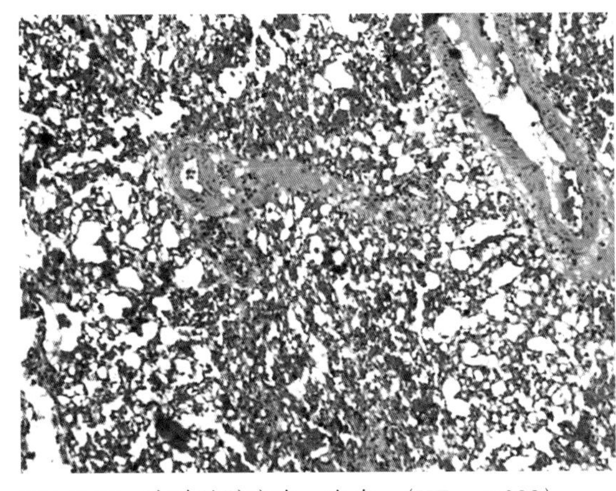

图1-2-80　病鸭肺脏充血、出血。（HE，×200）（刁有祥）

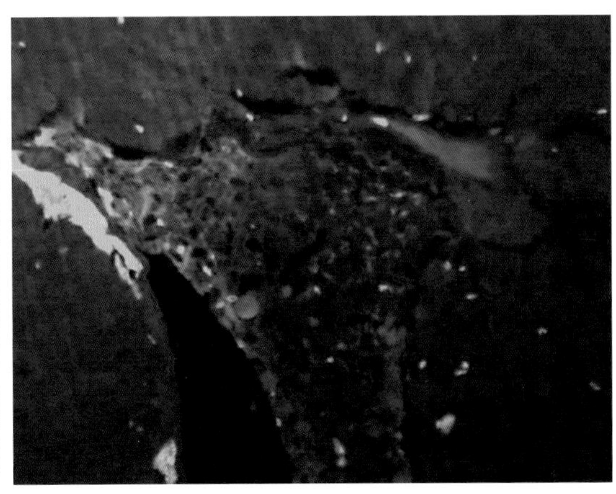

图1-2-81　病鸭胰脏组织内的流感病毒荧光信号。（刁有祥）

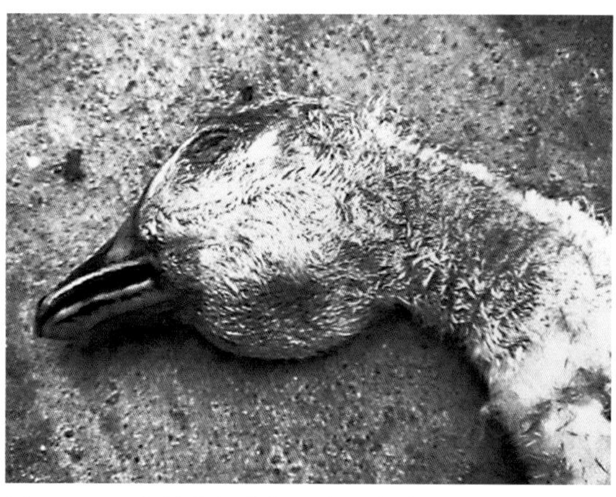
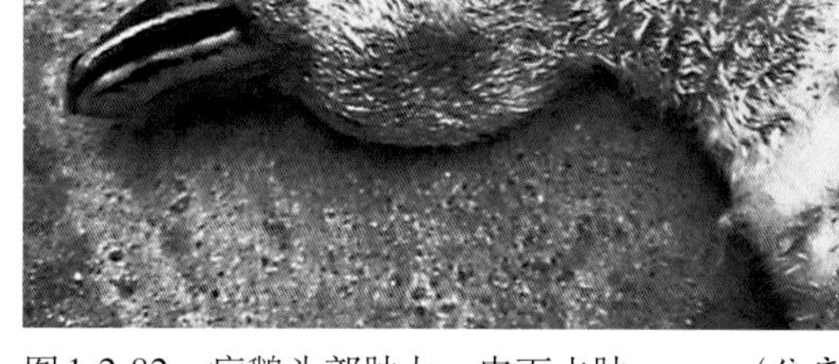

图1-2-82　病鹅头部肿大，皮下水肿。　（焦库华）

图1-2-83　病鹅眼结膜出血。　（焦库华）

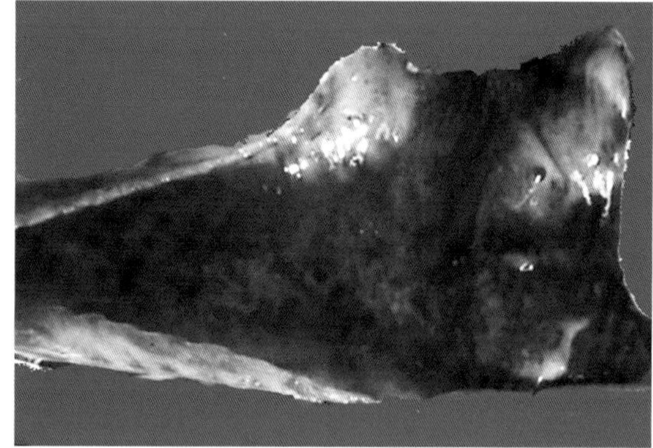

图1-2-84　病鹅喉头、气管严重出血。　（焦库华）

图1-2-85　病鹅胰腺有大小不等的坏死灶。　（焦库华）

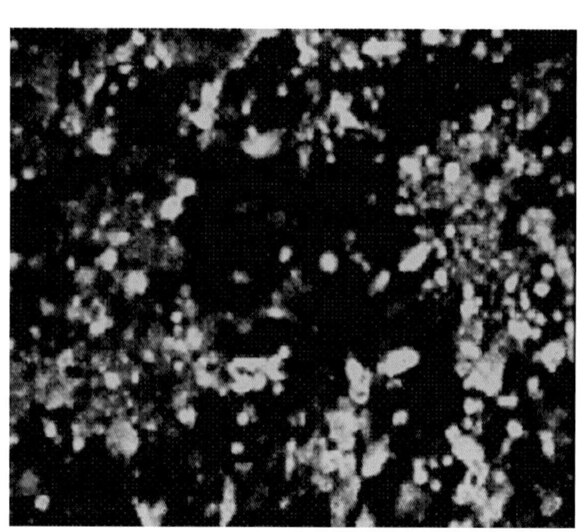

图1-2-86　抗A型流感病毒特异性单抗检测鸡胚成纤维细胞感染的病毒。　（秦爱建）

第三节 禽 痘

禽痘是由禽痘病毒引起的一种急性、接触性传染病。该病的主要特征是在禽无毛如禽冠、肉垂或者其他少毛的皮肤上出现痘疹。有的在口腔、咽喉部黏膜形成纤维素性坏死性假膜。除了鸡痘以外，其他多种家禽和鸟类也会感染禽痘病毒而发生痘样病变。

（一）病原

病原为痘病毒科禽痘病毒属中的一群病毒。该病毒为双链DNA病毒，有囊膜，病毒粒子呈砖形。病毒主要存在于病变部位的上皮细胞内和病鸡呼吸道的分泌物中。禽痘病毒对干燥具有强大的抵抗力，脱落痂皮中的病毒可以存活几个月。在−15℃以下的环境里，保存多年仍有传染力。但消毒药物在常用消毒的浓度下大约10min内可将其灭活。

（二）流行病学

本病主要发生于鸡和火鸡，还能感染鸽及多种野鸟，鹅偶尔感染。不同鸟类的禽痘病毒有交叉感染，但致病性是否相同尚不清楚。各种品种的及日龄的鸡均可感染，但以成鸡和育成鸡最易感。近年来，小日龄鸡发生较严重。病鸡脱落和破碎的痘痂是传播本病的主要传染源。本病主要通过皮肤或黏膜的伤口感染，一般不能经健康皮肤和消化道感染。多种蚊子可通过叮咬成为鸡群中鸡痘传播的载体和媒介，这是夏秋季易流行鸡痘的主要原因。此外，还有多种双翅目昆虫和一些螨类如鸡皮刺螨也能作为媒介传播鸡痘。

（三）临床症状和病理变化

1.皮肤型 主要发生在鸡体无毛或者鸡毛稀少的部位，特别是鸡冠、肉髯、眼睑、喙角和趾部等处。常在感染后5 ～ 6d出现灰白色的小丘疹，8 ～ 10d出现明显的斑疹，3周左右痂皮脱落。破溃的皮肤易感染葡萄球菌，使病情加重。眼睑发痘后易感染葡萄球菌或者是大肠杆菌而引起严重的眼炎。

2.黏膜型 在喉头和气管黏膜处出现黄白色痘状结节或干酪样假膜，假膜不易剥离。随着病情的发展，假膜逐渐扩大和增厚，阻塞在口腔和咽喉部，使鸡呼吸和吞咽困难，张口呼吸，发出“嘎嘎”的声音。此类症状的鸡群死亡率较高。

3.混合型 在同一鸡群中有的是全身皮肤的毛囊出现痘疹，有的是喉头出现黏膜痘性结痂，也有的鸡是两种都有，死亡率较高。

（四）诊断

通常根据临床和病理变化即可做出诊断。必要时也可制作病理组织切片观察细胞内包涵体。

（五）防控

主要通过弱毒疫苗免疫来预防禽痘。鸡痘鹌鹑化疫苗，适合于20日龄以上的鸡接种；某些细胞培养的鸡痘弱毒疫苗，毒力较弱，适合于小日龄鸡免疫，但至少要1周龄以上鸡才能免疫接种。开产前再做第二次免疫。

图 1-3-1　布满痘痂的鸡冠。（崔治中）

图 1-3-2　鸡冠和肉垂上的痘痂。（崔治中）

图 1-3-3　鸡冠和肉垂上的痘痂。（崔治中）

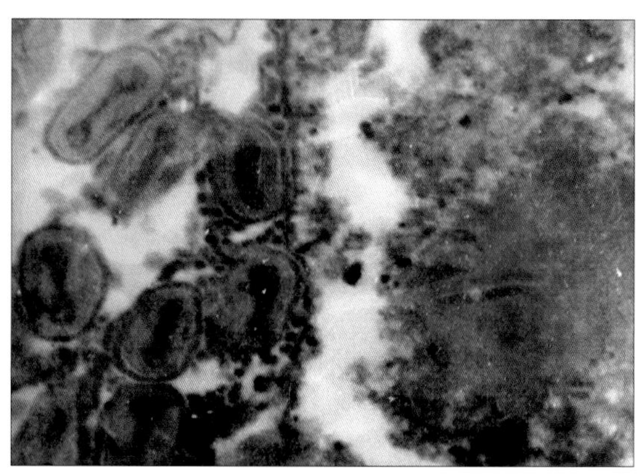

图 1-3-4　电子显微镜下，包涵体内含有大量痘病毒颗粒。病毒周围有囊膜，中心为电子密度高的核芯，两面凹盘状，具有典型痘病毒特征。大小为（298 ～ 324）nm×（143 ～ 192）nm。（×48 400）（许益民）

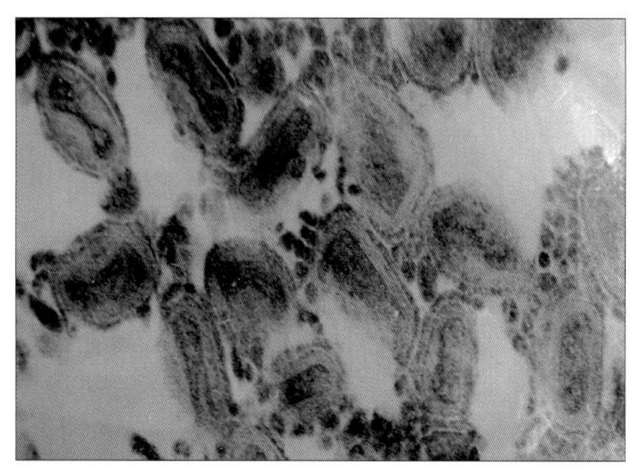

图 1-3-5　电子显微镜下，包涵体内含有大量痘病毒颗粒。病毒周围有囊膜，中心为电子密度高的核芯，两面凹盘状，具有典型痘病毒特征。大小为（298 ～ 324）nm×（143 ～ 192）nm。（×48 400）（许益民）

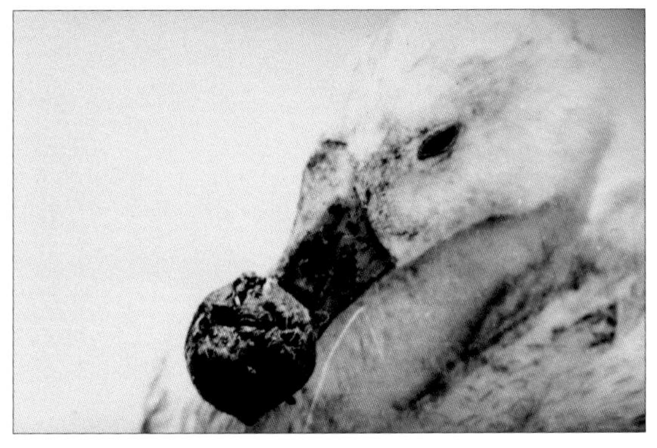

图1-3-6　典型痘病毒自然感染鹅，生长不良，体型较小，可能因为喙部巨大肿瘤样病变影响采食。喙部前上方生长一个大小在20mm×20mm×15mm的黑色或深红色肿块，表面高低不平，呈花菜状，肿块开裂、流血、结痂，裂沟深达2mm以上。口腔有类似病变。就诊3日后死亡。（许益民）

图1-3-7　病鹅的喙部前上方同样生长肿瘤样肿块，但是体积较小，开裂、流血程度轻微。饲养于干燥地面后，几日内脱落。

（许益民）

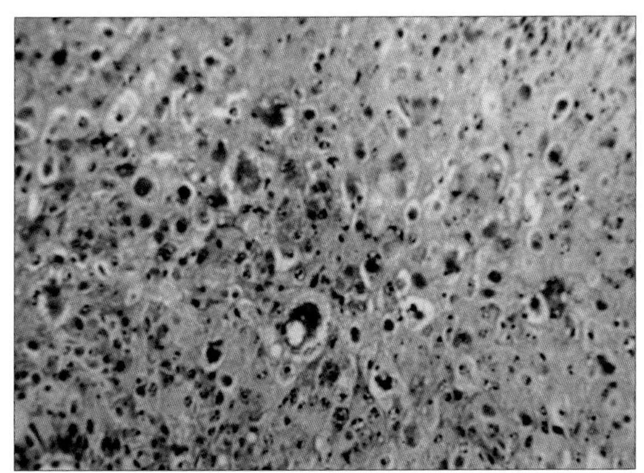

图1-3-8　病鹅喙部肿块，已没有正常皮肤结构。肿块上皮细胞普遍含有胞质包涵体，细胞大小不一，包涵体大小不一。(HE，×400)

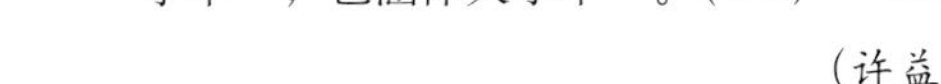

（许益民）

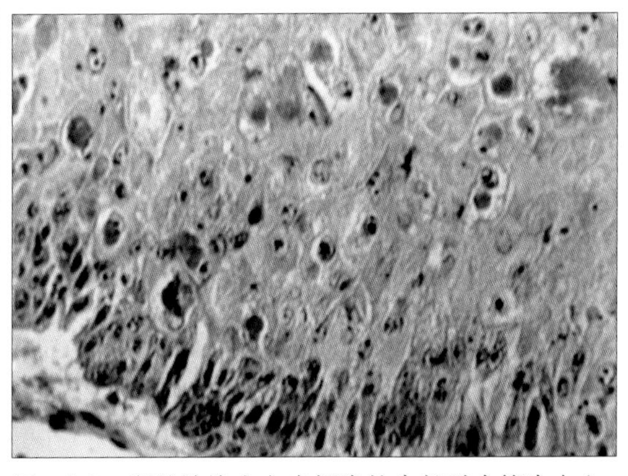

图1-3-9　病鹅肿块内上皮细胞的生长以血管为中心。接近血管部位是新生的小型上皮细胞，远离血管的细胞，体积逐步增大，胞质包涵体的体积也逐渐加大，但是细胞体积大小不一致。(HE，×400)　（许益民）

图1-3-10　病鹅肿块内的上皮细胞的生长以血管为中心。接近血管部位是新生的小型上皮细胞，远离血管的细胞，体积逐步增大，胞质包涵体的体积也逐渐加大，但是细胞体积大小不一致。(HE，×400)　（许益民）

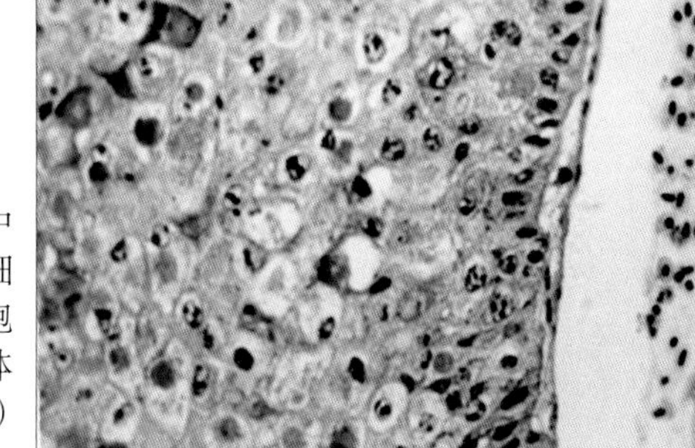

第四节　禽网状内皮增生病

（一）病原

禽网状内皮增生病病毒（REV）是反转录病毒科的一个成员。病毒颗粒呈圆形，直径约100nm，带囊膜。囊膜表面有直径为10nm，长度为6nm的纤突。

（二）流行病学

禽网状内皮增生病病毒通常在火鸡和鸭群中自然流行，诱发肿瘤等病理变化并导致死亡。该病毒对鸡群的致病性相对温和。然而，前些年我国鸡群中该病毒的感染相当普遍，几乎90%以上鸡群都有不同程度的感染。主要原因是弱毒疫苗中污染了该病毒，在应用某种弱毒疫苗的同时也人为地普遍接种了该病毒。如果雏鸡在1 ～ 3日龄内感染该病毒，会在一部分雏鸡中导致持续性的病毒血症及不同程度的免疫抑制，致使对其他疫苗的免疫反应显著下降。由于弱毒疫苗中污染该病毒，在雏鸡群人为造成感染有可能在今后数月内诱发网状内皮增生病肿瘤，如此现象在美国曾有报道。在我国，一些弱毒疫苗中污染REV及其造成的免疫抑制也已被证实。自从农业部在2006年规定所有弱毒疫苗的生产原料必须来源于SPF鸡，该问题已基本解决。一般来说，2周龄以上鸡感染该病毒后只会产生短暂的病毒血症，随即产生抗体，并不引起临床症状。如在种鸡性成熟后才感染该病毒，短暂病毒血症期间会造成垂直传播（种蛋或精子）。

蚊虫很容易在鸡或其他鸟类中通过叮咬传播REV。此外，有些痘病毒基因组中带有REV的全基因组，感染了这类痘病毒后，鸡、鸭产生有复制能力和传染性的REV病毒粒子。

（三）临床症状和病理变化

一般无明显的典型症状。但如果垂直感染鸡或在出壳后不久被感染，雏鸡生长迟缓，并表现出精神沉郁、羽毛蓬乱等非特异性表现，特别是当与其他病毒共感染（如鸡传染性贫血病毒、马立克氏病病毒或禽白血病病毒）时。在鸭子，可引起脾坏死、肿大，或一些脏器的肿瘤。

REV感染的鸡群，最常见的病理变化是中枢性免疫器官如法氏囊和胸腺的不同程度萎缩或其他淋巴器官的萎缩，特别是当与其他免疫抑制性病毒共感染时。REV感染后也会引起腺胃肿大或腺胃炎，但很可能同时还有其他致病因子的共感染。

网状内皮增生病肿瘤可发生于不同器官组织。

（四）诊断

需从血液或病料中分离病毒，通常从可疑病鸡采血清或血浆，接种于鸡胚成纤维细胞上，继续培养5 ～ 6d后，用抗网状内皮增生病病毒的单克隆抗体做间接免疫荧光反应，可见感染的细胞显示黄绿色荧光。网状内皮增生病肿瘤可能是网状细胞性肿瘤，但也可能表现为B淋巴细胞肿瘤或T淋巴细胞肿瘤，在这种情况下，很难与马立克氏病肿瘤或经典白血病肿瘤相区别。在这种情况下，必须靠病毒分离，或从肿瘤组织中检出病毒特异性抗原及病毒特异性核酸。

（五）防控

目前本病尚无疫苗用于预防。重要措施是在接种弱毒疫苗防控其他疾病时，必须选择应用经检测无REV污染的疫苗，防止通过疫苗感染。

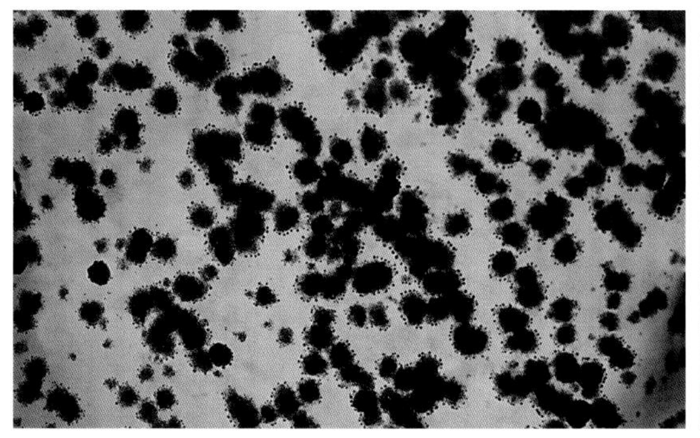

图1-4-1 在电子显微镜下观察到的禽网状内皮增生病病毒，在经对囊膜蛋白的单克隆抗体和免疫金染色后的病毒颗粒。病毒颗粒表面一圈的小颗粒为免疫金颗粒。（崔治中）

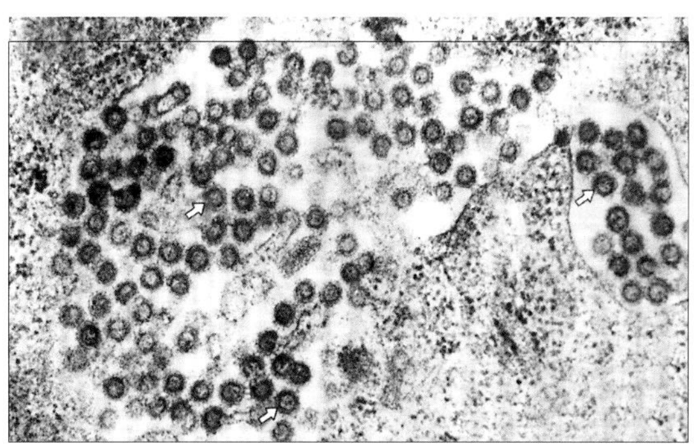

图1-4-2 禽网状内皮增生病病毒（REV），在感染MDV鸡胚成纤维细胞胞质中，发现了REV粒子（箭头），超薄切片。（李成）

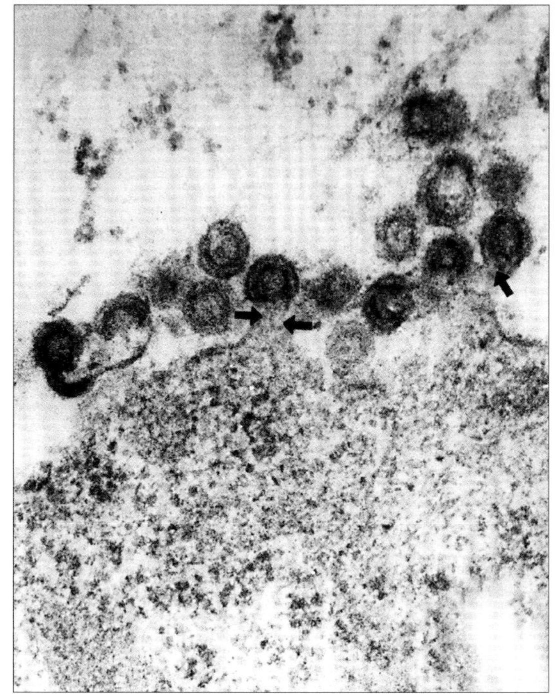

图1-4-3 禽网状内皮增生病病毒，与图1-4-2同批材料，图中可观察到从感染细胞膜上“出芽”过程的蒂样结构（箭头），超薄切片。

（李成）

图1-4-4 一群后备种鸡感染禽网状内皮增生病病毒后又并发鸡贫血病毒感染，表现为精神沉郁和羽毛蓬乱。（崔治中）

图1-4-5 一群后备种鸡感染禽网状内皮增生病病毒后又并发鸡贫血病毒感染，表现为精神沉郁和羽毛蓬乱。（崔治中）

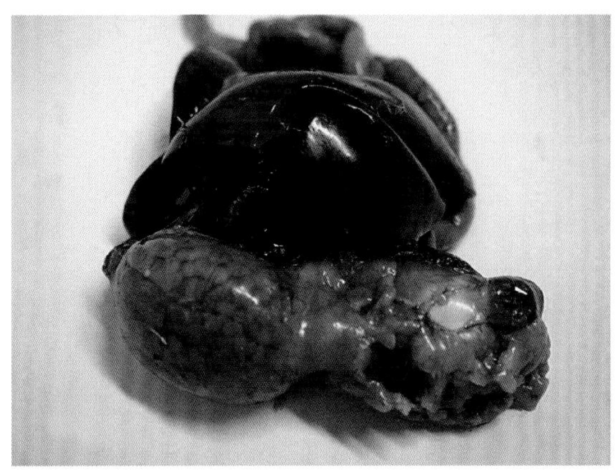

图1-4-6　1日龄SPF鸡人工感染REV+ALV-J 1个月后死亡鸡，腺胃肿大。（崔治中）

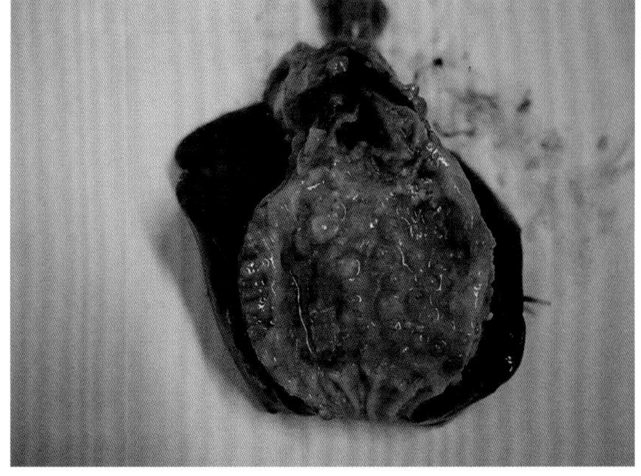

图1-4-7　图1-4-6中肿大腺胃切面，见腺胃壁增厚，腺胃乳头增大，有的周围有一圈出血。（崔治中）

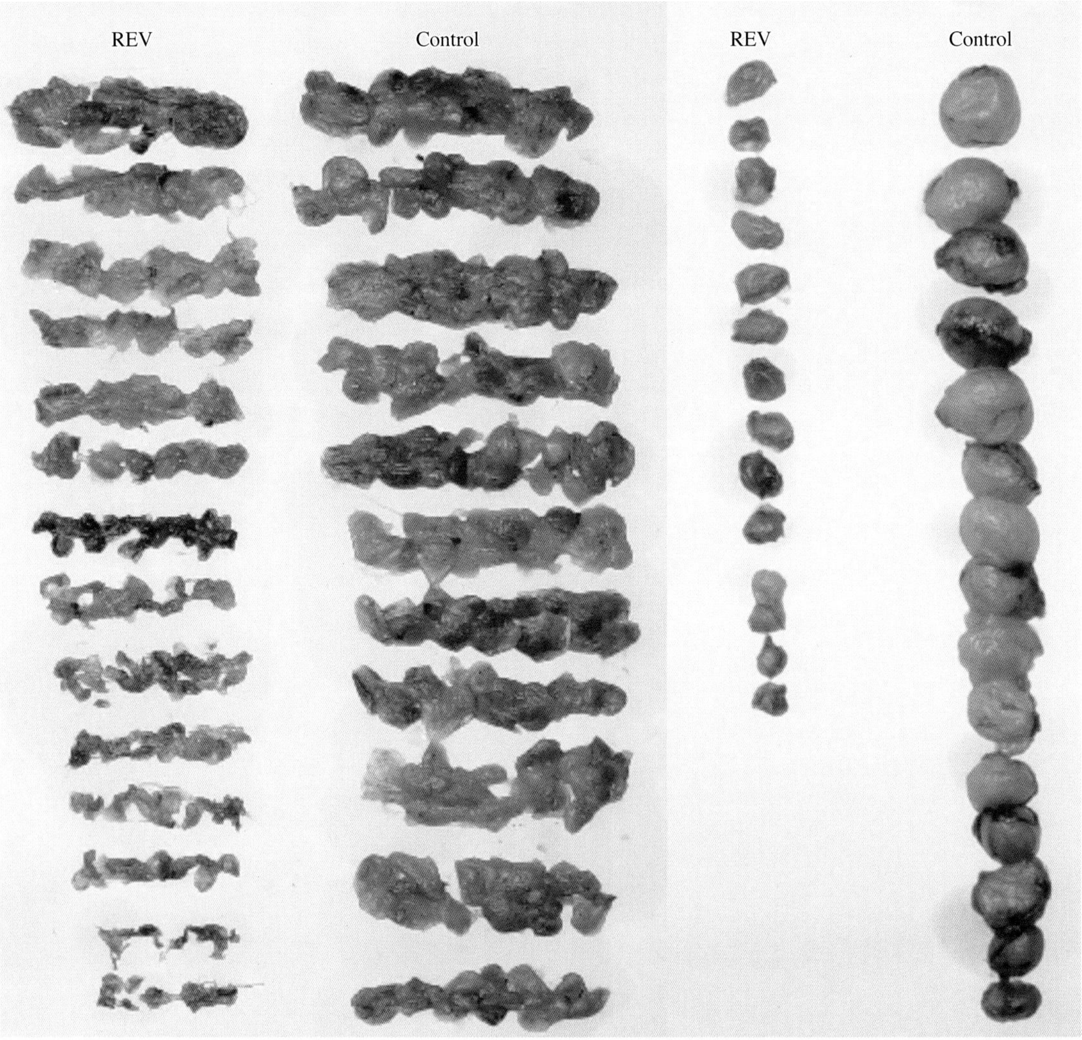

图1-4-8　1日龄SPF鸡人工接种REV后引起的法氏囊和胸腺萎缩（上两图左侧均为攻毒组，右侧均为对照组）。（崔治中）

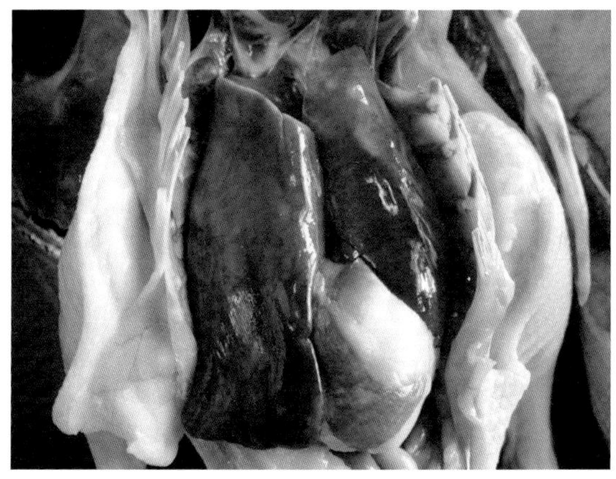

图1-4-9　1日龄樱桃谷鸭人工接种REV后肝脏肿大、变性。（崔治中）

图1-4-10　1日龄樱桃谷鸭人工接种REV后肝脏、脾脏肿大、变性。（崔治中）

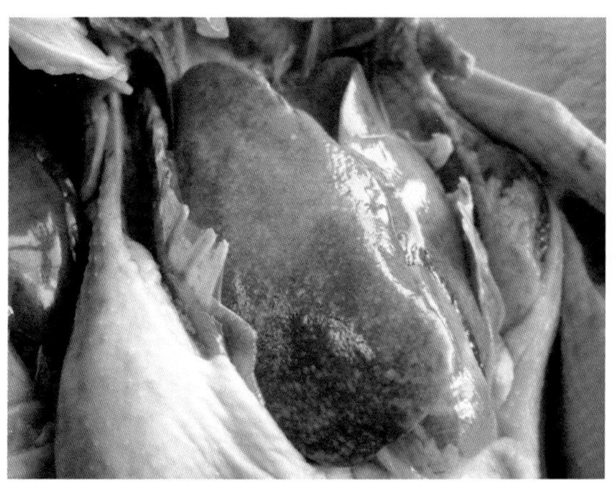

图1-4-11　1日龄樱桃谷鸭人工接种REV后肝脏肿大、变性，并有许多白色增生性结节。（崔治中）

图1-4-12　1日龄樱桃谷鸭人工接种REV后肝脏、脾脏肿大、变性，并有许多白色增生性结节。（崔治中）

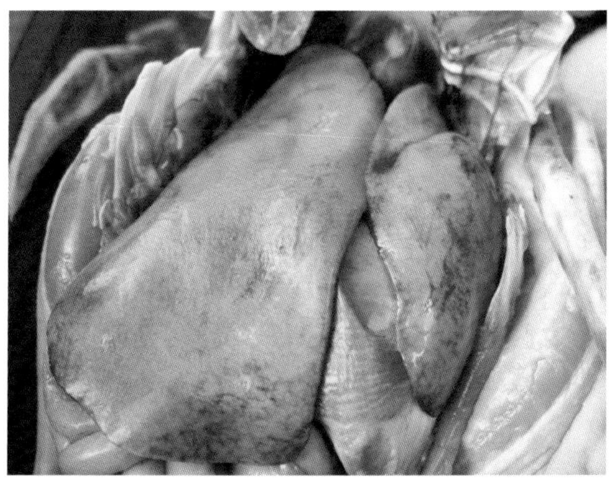

图1-4-13　1日龄樱桃谷鸭人工接种REV后肝脏肿大、变性，色泽变淡。（崔治中）

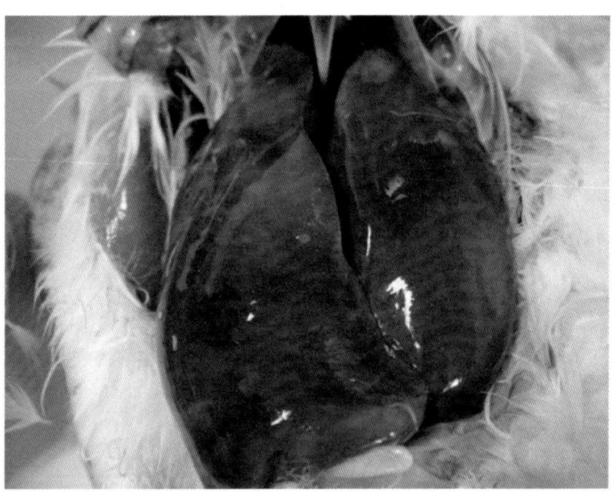

图1-4-14　1日龄樱桃谷鸭人工接种REV后肝脏肿大、变性。（崔治中）

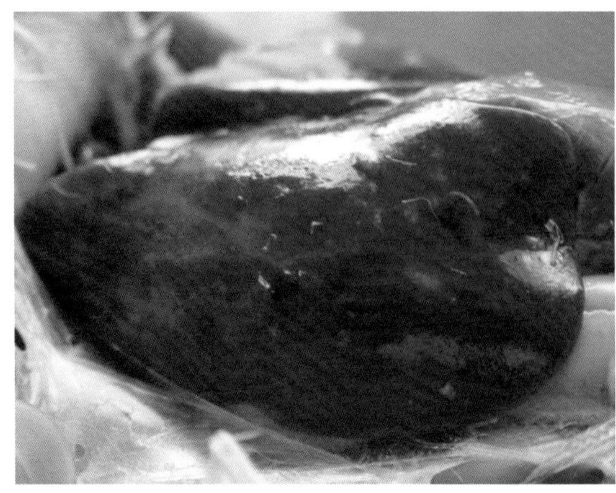

图1-4-15　1日龄樱桃谷鸭人工接种REV后肝脏肿大、变性，局部有增生性结节，表面凹凸不平。（崔治中）

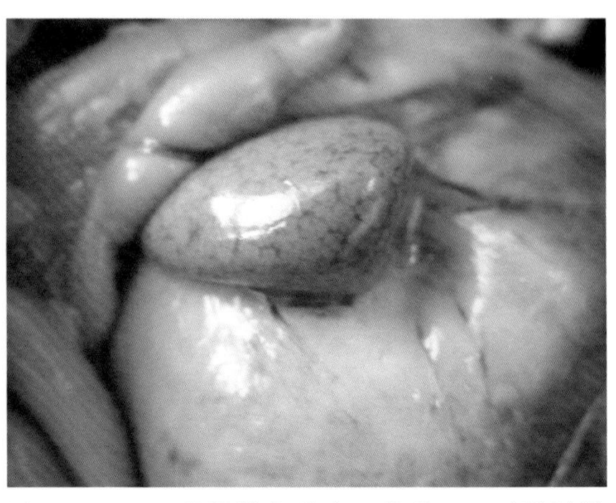

图1-4-16　1日龄樱桃谷鸭人工接种REV后脾脏肿大、变性，呈红白相间花纹。（崔治中）

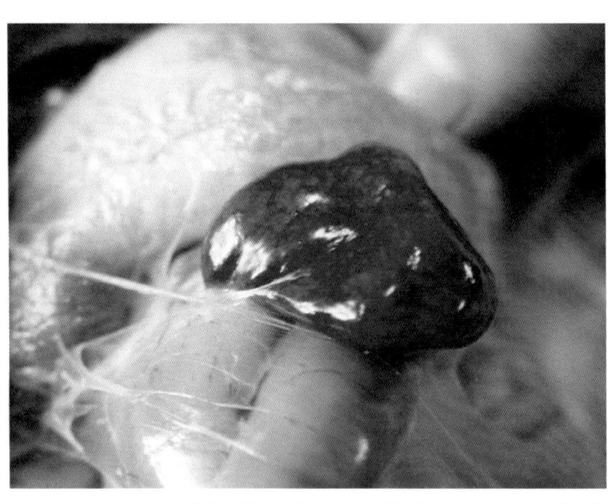

图1-4-17　1日龄樱桃谷鸭人工接种REV后脾脏肿大、变性。（崔治中）

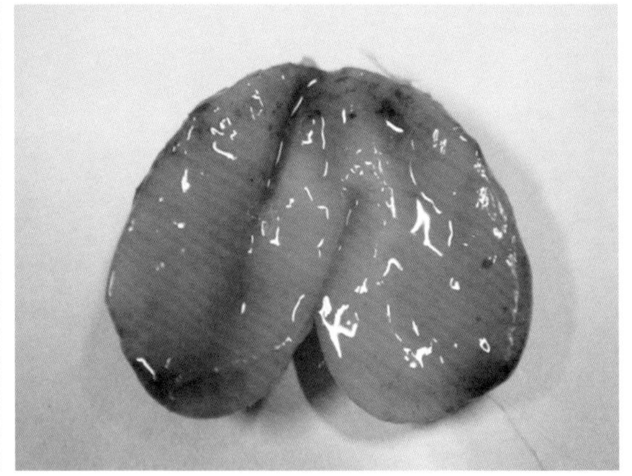

图1-4-18　1日龄樱桃谷鸭人工接种REV后胸腺肿大。（崔治中）

图1-4-19　1日龄樱桃谷鸭人工接种REV后，肠壁外膜出现肿瘤样病变。（崔治中）

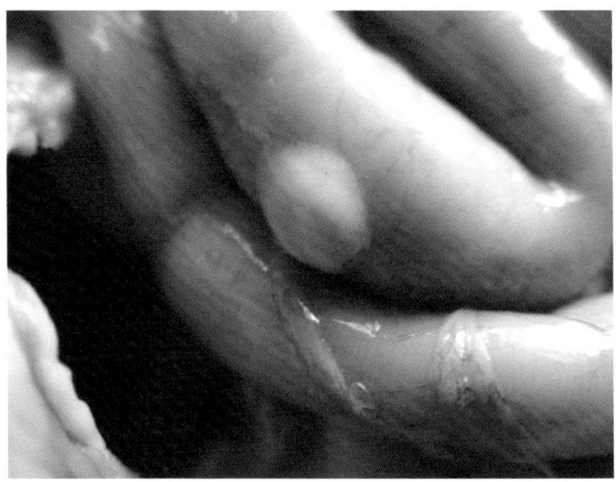

图1-4-20　1日龄樱桃谷鸭人工接种REV后，肠壁外膜出现肿瘤样病变。（崔治中）

图1-4-21　1日龄樱桃谷鸭人工接种REV后，腺胃壁上出现肿瘤样病变。（崔治中）

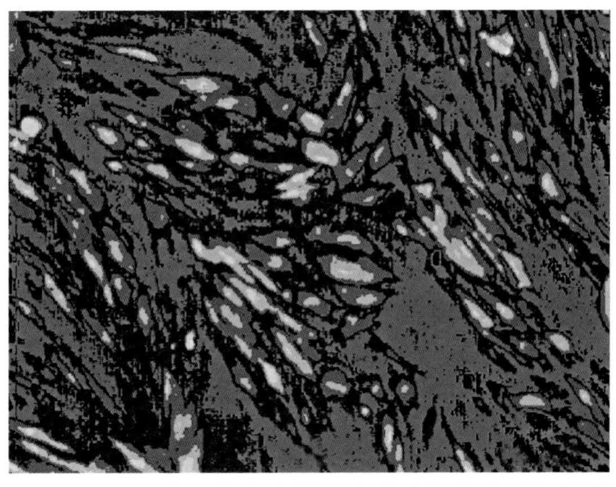

图1-4-22　用抗网状内皮增生病病毒的单克隆抗体做间接免疫荧光反应，可见感染的细胞显示黄绿色荧光。（崔治中）

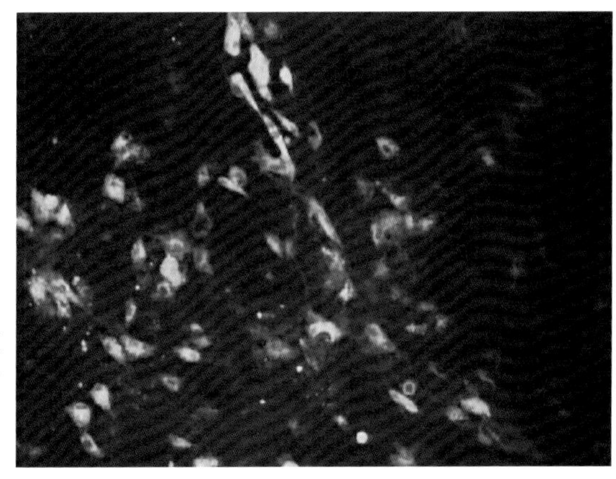

图1-4-23　用抗网状内皮增生病病毒的单克隆抗体做间接免疫荧光反应，可见感染的细胞显示黄绿色荧光。（崔治中）

第五节　禽白血病（J-亚型）

（一）病原

禽白血病病毒（ALV）是一种反转录病毒，呈圆形或椭圆形，有囊膜，直径80～120nm。根据囊膜蛋白的抗原性不同，ALV现有A、B、C、D、E、F、G、H、I、J、K等亚群，仅A～E和J亚群从鸡分离到，其余亚群见于其他鸟类。A、B、C、D和K可引起经典的以淋巴样细胞瘤为主的白血病，也有少数表现其他细胞类型的肿瘤，如纤维素性肉瘤、红细胞增生病、骨瘤等。20世纪80年代以来，全世界各大蛋用型种鸡公司都对该病毒感染采取了严格的清除规划，已基本上消除了该病的流行和传播。而E亚型病毒对鸡是低致病性的，通常不会引起病理表现和经济损失。但是，从20世纪80年代末在肉用型鸡群中出现的鸡的J-亚群病毒则成为主要问题。J-亚群病毒主要引起肉用型鸡的以骨髓细胞瘤为主的白血病，称之为鸡的J-亚型白血病。在蛋用型鸡和我国地方品种鸡中，ALV-J感染还常引起体表皮肤血管瘤，特别是在腿和翅部。在我国地方品种鸡中还普遍存在着K亚群感染。

（二）J- 亚型白血病的发病和流行病学特点

患鸡除表现出精神食欲较差，体况较弱外，无特殊临床表现。但该病仅自然发生于肉用型鸡。一般来说，在育雏期后，经过一段稳定的健康发育期后，如在开产前后（18 ～ 22周）鸡群死亡率开始不断升高，死亡鸡剖检可见肝、脾呈显著的增生性肿大和白色弥漫性增生性结节，又找不出其他特殊原因，就应怀疑是J-亚型白血病。但在自然感染时，该病最早也可发生于5 ～ 6周龄的后备种鸡或商品代肉鸡。过去10多年，蛋用型鸡和我国地方品种鸡中对ALV-J的自然感染率和死淘率明显升高。最近几年，由于各种鸡都采取了净化措施，发病率逐渐下降。

（三）病理变化

在自然发病鸡，肿瘤最常见于肝脏，但也可见于其他器官和组织，如心脏、脾脏、睾丸、卵巢、肾脏等。特别有特征性的是，在一些鸡群，肿瘤常表现于胸骨和肋骨的内表面。与马立克氏病引起的肝脏肿瘤不同，在J-亚型白血病时，肿瘤结节多表现为弥漫性的细小的白色结节。

在显微镜下观察病理组织切片，其病理组织学特征是非常显著的。在不同器官组织中，均可见到以髓样细胞为主的肿瘤结节。随肿瘤结节大小不同，每个肿瘤结节中髓样细胞瘤细胞的数量也不一。少则十多个，多至几百个不等。但在典型的肿瘤结节中，在相当比例的髓样细胞瘤细胞的细胞质中，均可见到红色的嗜酸性颗粒或紫色的嗜碱性颗粒。

（四）诊断

根据流行病学特点和大体病理变化，可做出初步诊断。如果再加上病理组织学检查，在肿瘤结节中发现一定比例的在细胞质中含有嗜酸性或嗜碱性颗粒的髓样细胞瘤细胞，则基本可确定为J-亚型白血病。但是，最终的确诊还有待于将病料接种于鸡胚成纤维细胞做病毒分离鉴定。通常，需将病料接种于细胞上继续培养8 ～ 12d。然后，或者用ALV-J特异性单克隆抗体做间接免疫荧光试验或者以感染细胞的DNA为模板用ALV-J特异性引物做PCR扩增相应的核酸片段并用测序证实。对鸡群ALV的抗体检测只能表明鸡群被ALV感染过，但ALV抗体阳性的个体不能表明是病鸡。实际上，抗体阳性的鸡不一定会发病，而发生典型J-亚型白血病肿瘤的鸡不一定出现ALV-J抗体。

（五）防控

彻底净化种鸡群或选择已完成白血病净化的种鸡场引进鸡苗。

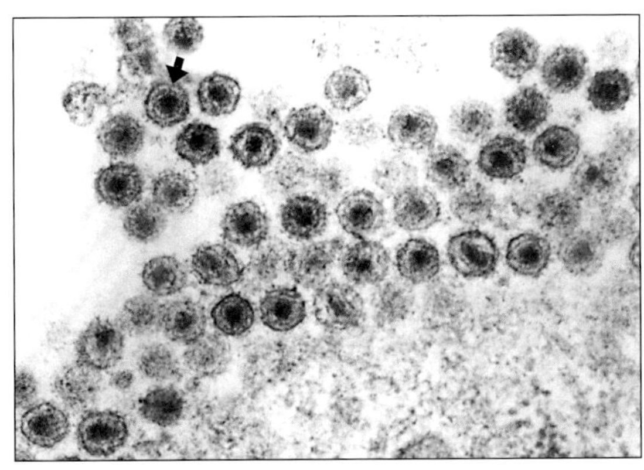

图1-5-1　在感染了禽白血病病毒的鸡成纤维细胞外间隙，见到圆形的病毒核芯位于粒子中央部（箭头），超薄切片。（李成）

图1-5-2　35周龄肉用型种鸡自然发病，肝脏肿大，显示弥漫性增生性肿瘤结节。（崔治中）

图1-5-3　35周龄肉用型种鸡自然发病，肝肿大，显示弥漫性白色增生性结节。（崔治中）

图1-5-4　35周龄肉用型种鸡自然发病，肝肿大，显示弥漫性增生性肿瘤结节及出血灶。（崔治中）

图1-5-5　35周龄肉用型种鸡自然发病，肝肿大，显示许多散在的大小不一的白色肿瘤结节，个别肿瘤结节较大，这种表现易与马立克氏病肿瘤相混淆。（崔治中）

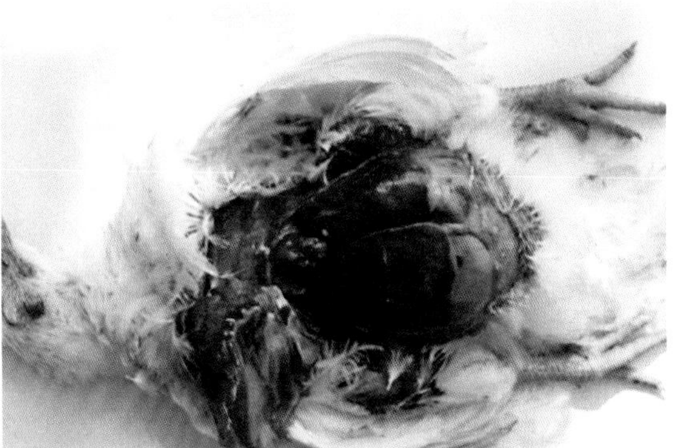

图1-5-6　1日龄商品代肉鸡人工感染ALV-J后，于30日龄死亡，肝脏显著肿大，几乎覆盖整个腹腔表面。（崔治中）

图1-5-7 与图1-5-6同一样品，放大。可见肿大的肝脏表面弥漫性白色增生性结节。同时可见心脏有几个较大的肿瘤结节。（崔治中）

图1-5-8 图1-5-6中肿大的肝脏（左）与相同年龄但体重要大1倍的健康鸡肝脏（右）形态比较。同时见病鸡的心脏表面凹凸不平（左），而健康鸡心脏表面光滑（右）。（崔治中）

图1-5-9 35周龄肉用型种鸡自然发病，脾脏极度肿大，显示弥漫性白色增生性结节。（崔治中）

图1-5-10 35周龄肉用型种鸡自然发病，脾脏极度肿大，显示弥漫性白色增生性结节。（崔治中）

图1-5-11 35周龄肉用型种鸡自然发病，脾脏极度肿大，显示弥漫性白色增生性结节。（崔治中）

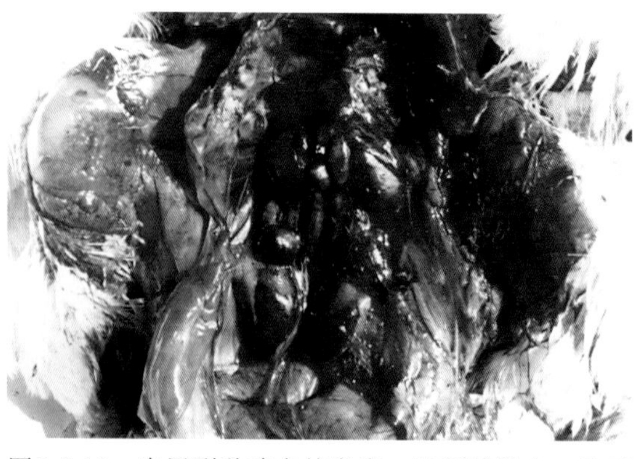

图1-5-12 肉用型种鸡自然发病，见肾脏肿大，且可见明显的乳白色肿瘤组织。（崔治中）

图1-5-13 肉用型种鸡自然发病，见肾脏肿大，且可见弥漫性白色增生性结节。

（崔治中）

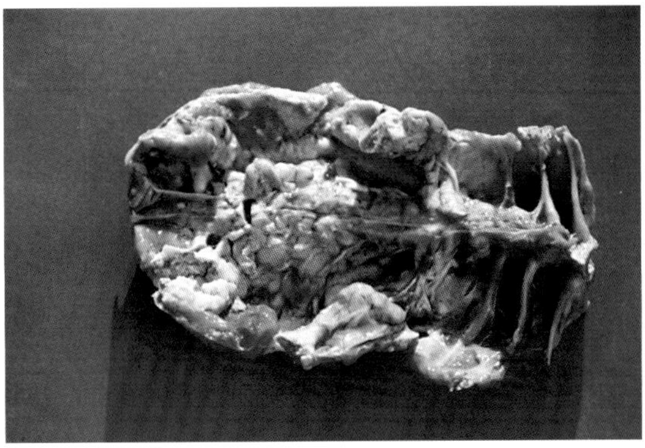

图1-5-14 肉用型种鸡自然发病，脊椎骨肿瘤。

（刘思当）

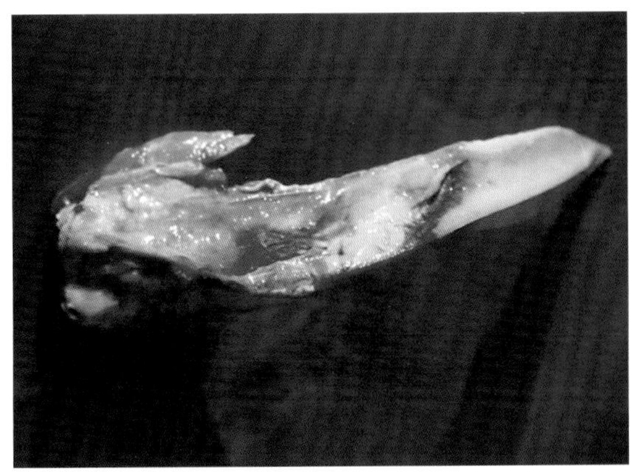

图1-5-15 肉用型种鸡自然发病，胸骨腹面肿瘤。

（刘思当）

图1-5-16 肉用型种鸡自然发病，睾丸肿大，可见散在的白色增生性肿瘤结节。（刘思当）

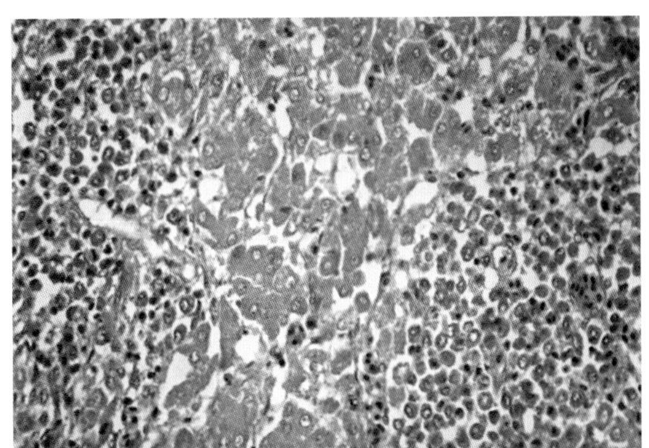

图1-5-17 肉用型种鸡自然发病肝脏骨髓细胞瘤细胞结节，中间为被挤压的正常肝细胞索，两边为骨髓样细胞瘤细胞结节。（HE，×400） （崔治中）

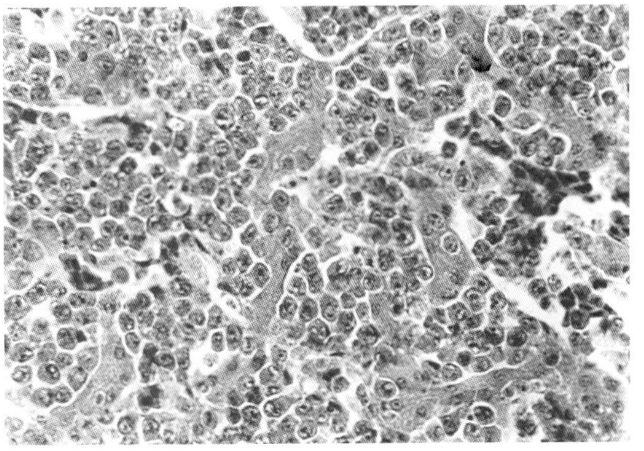

图1-5-18 肉用型种鸡自然发病肝脏骨髓细胞瘤细胞结节，正常肝细胞索已被肿瘤细胞挤压失去正常结构。在大多数肿瘤细胞的细胞质中均可见红色的嗜酸性颗粒。（HE，×400）

（许益民）

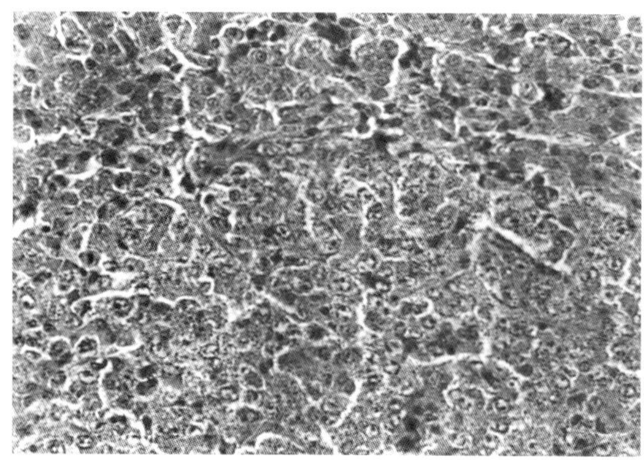

图1-5-19　肉用型种鸡自然发病肝脏中的骨髓样细胞瘤细胞结节，肿瘤细胞的细胞质中均可见非常典型的红色嗜酸性颗粒。（HE，×400）　（许益民）

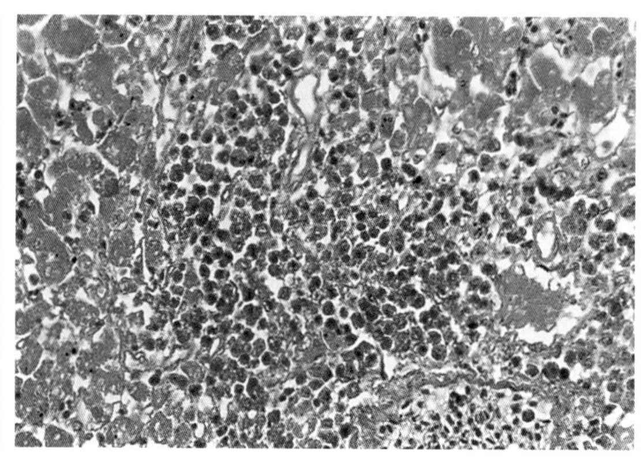

图1-5-20　1日龄商品代肉鸡人工感染ALV-J后，于30日龄死亡肝脏组织切片。切片中央为1个典型的骨髓样细胞瘤细胞肿瘤结节。（HE，×400）　（崔治中）

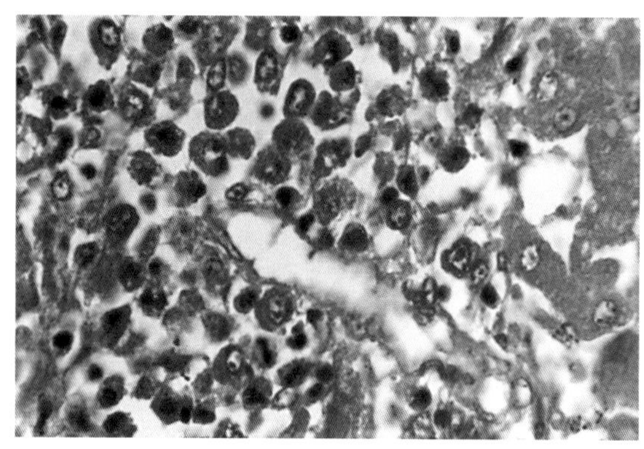

图1-5-21　同图1-5-20，肝脏骨髓样细胞瘤细胞肿瘤结节的中心区，肿瘤细胞的细胞质中均可见非常典型的红色嗜酸性颗粒。（HE，×1 000）　（崔治中）

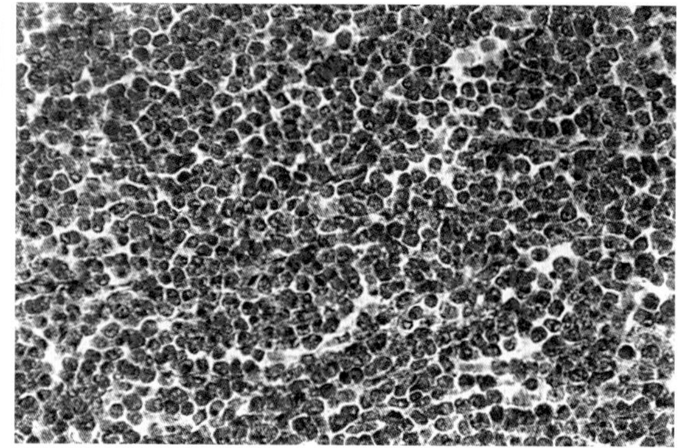

图1-5-22　肉用型种鸡自然发病肝脏中的骨髓样细胞瘤细胞结节，视野中几乎全部是骨髓样细胞瘤细胞，一些肿瘤细胞的细胞质中可见红色嗜酸性颗粒。（HE，×400）

（刘思当）

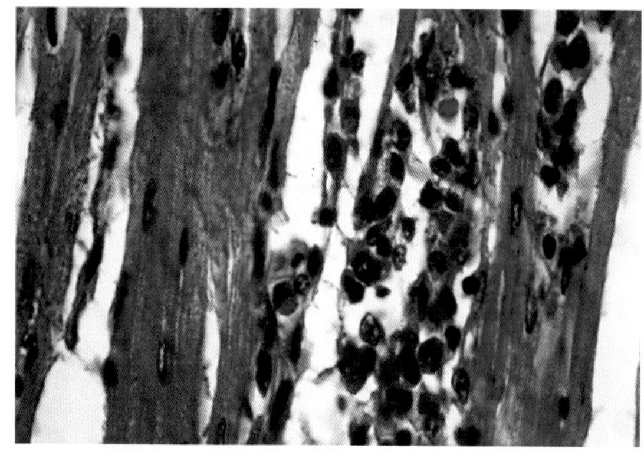

图1-5-23　1日龄商品代肉鸡人工感染ALV-J后，于40日龄死亡，见心肌纤维间骨髓样细胞瘤细胞结节。（HE，×400）　（崔治中）

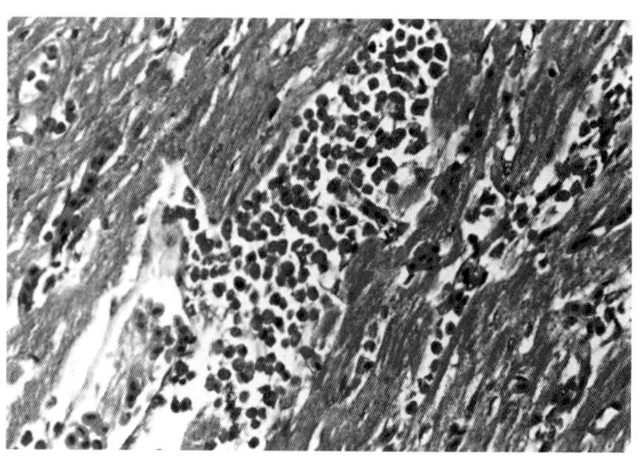

图1-5-24　图1-5-23心肌样品的局部放大，肿瘤细胞的细胞质较多，呈红色。（HE，×1 000）

（崔治中）

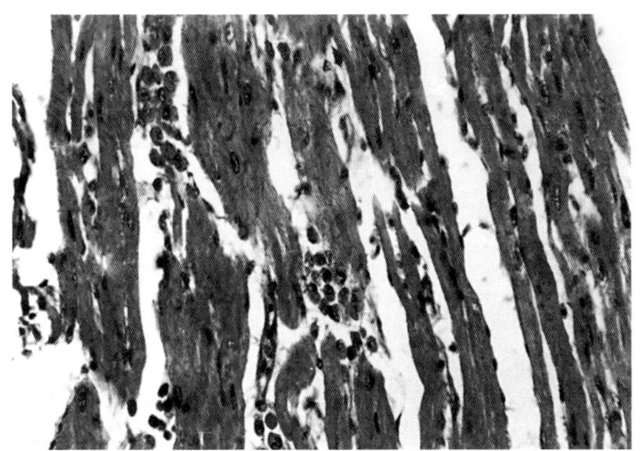

图1-5-25　1日龄商品代肉鸡人工感染ALV-J后，于40日龄死亡，见骨骼肌纤维间由十多个骨髓样细胞瘤细胞组成的小结节。(HE，×400)　(崔治中)

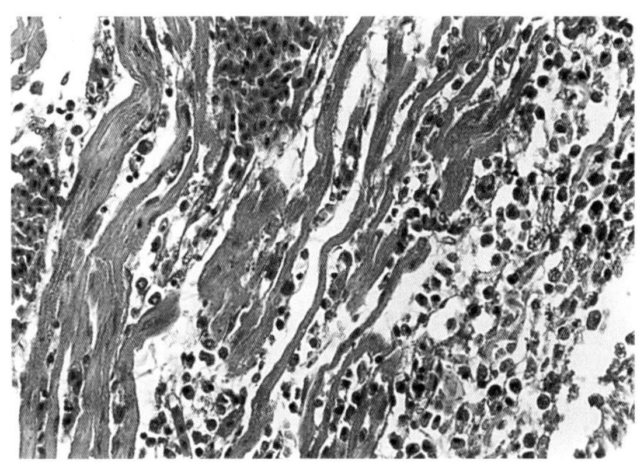

图1-5-26　1日龄商品代肉鸡人工感染ALV-J后，于40日龄死亡，见骨骼肌纤维间由几十个骨髓样细胞瘤细胞组成的小结节，或散布在肌纤维间。(HE，×400)　(崔治中)

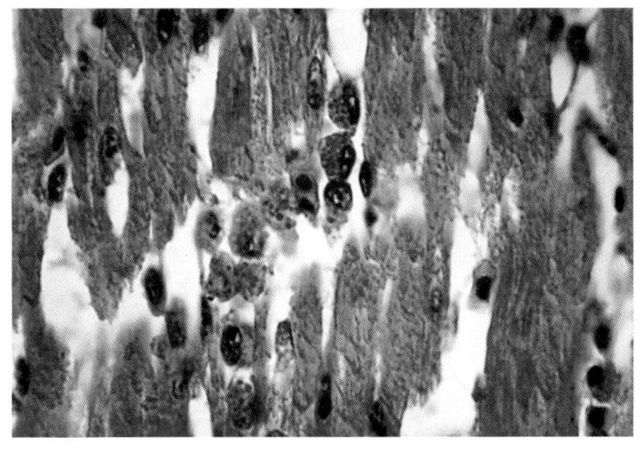

图1-5-27　为图1-5-25同一样品的局部放大，可见肿瘤细胞的细胞质中的圆形红色嗜酸性颗粒。(HE，×1 000)　(崔治中)

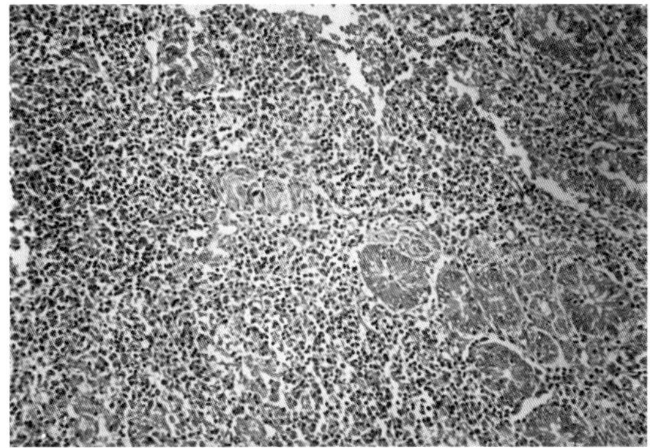

图1-5-28　1日龄商品代肉鸡人工感染ALV-J后，于40日龄死亡，肾脏中的髓细胞瘤细胞结节。(HE，×200)　(崔治中)

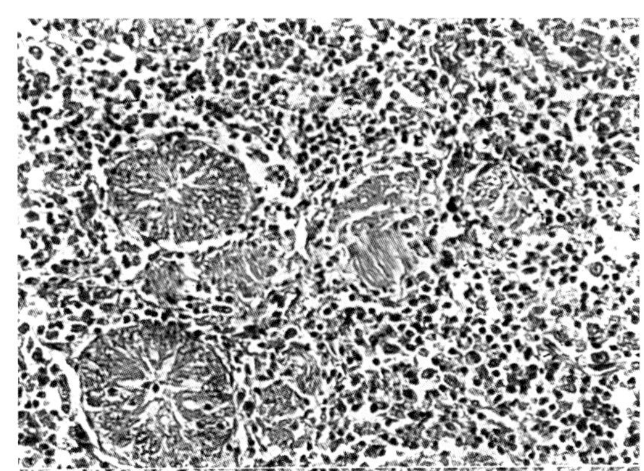

图1-5-29　1日龄商品代肉鸡人工感染ALV-J后，于40日龄死亡，肾脏中的髓细胞瘤细胞结节。(HE，×400)　(崔治中)

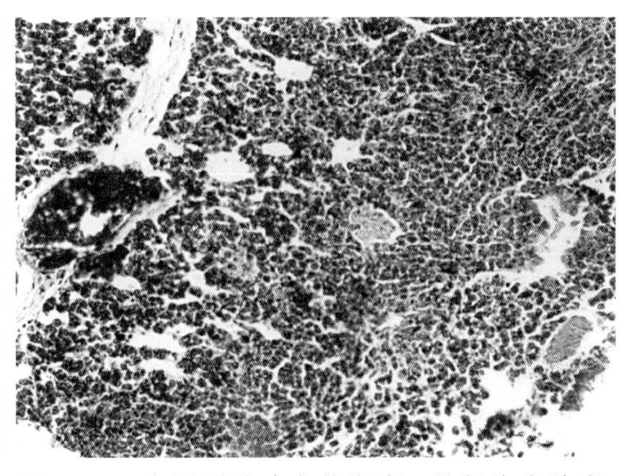

图1-5-30　肉用型种鸡自然发病，肺细胞内肿瘤。(HE，×400)　(刘思当)

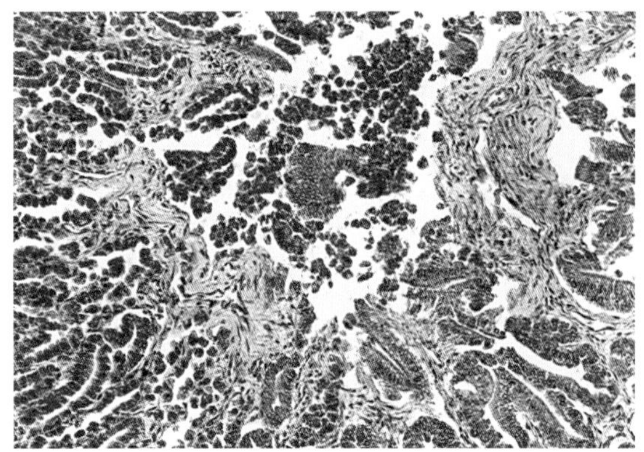

图1-5-31　肉用型种鸡自然发病，腺胃腺体腔内瘤细胞。（刘思当）

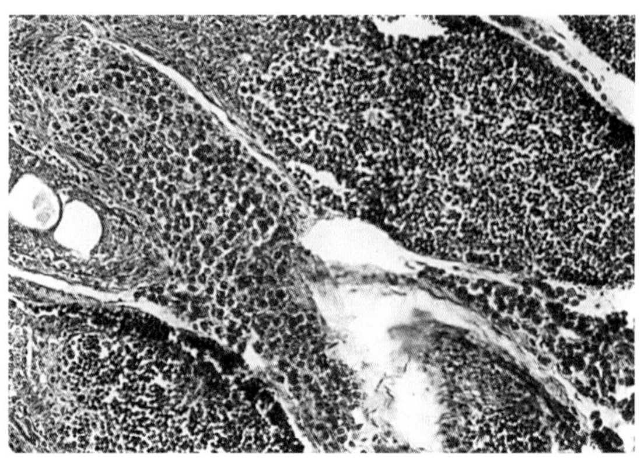

图1-5-32　肉用型种鸡自然发病，法氏囊淋巴滤泡间瘤细胞。（刘思当）

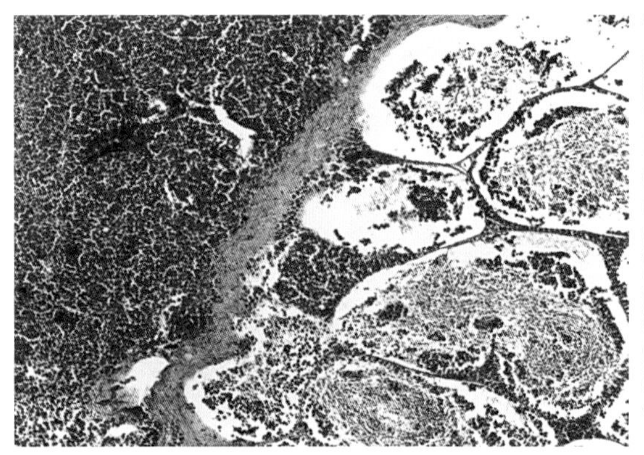

图1-5-33　肉用型种鸡自然发病，睾丸表面长的肿瘤及精细管间瘤细胞。（刘思当）

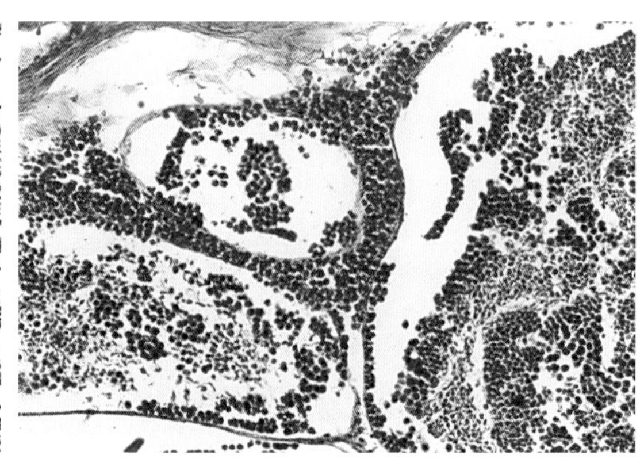

图1-5-34　肉用型种鸡自然发病，曲精细管间肿瘤细胞。（刘思当）

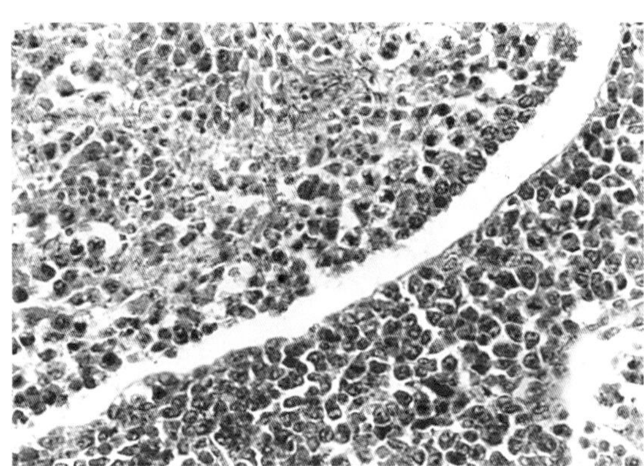

图1-5-35　肉用型种鸡自然发病，睾丸实质和输精管内的骨髓样细胞瘤细胞。（HE，×400）（许益民）

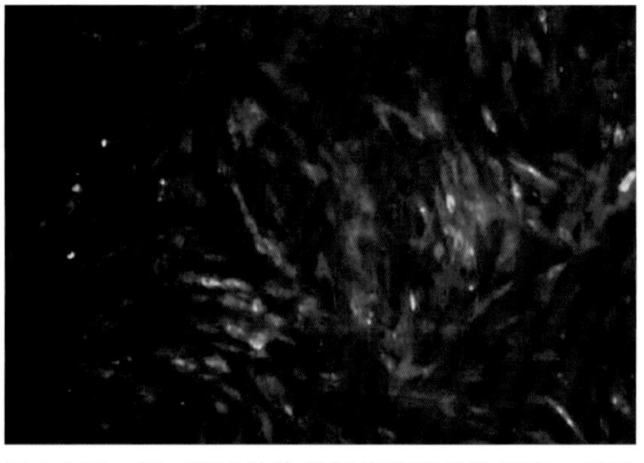

图1-5-36　用ALV-J单抗做间接荧光抗体反应，显示被ALV-J感染的鸡胚成纤维细胞。（崔治中）

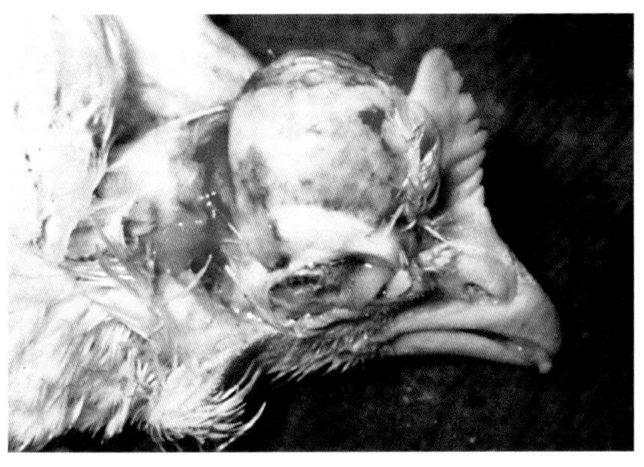

图 1-5-37　J-亚型白血病患鸡，在头部颅骨表面长出的肿瘤。

（从英国 Payne L. N. 提供的幻灯片翻拍）

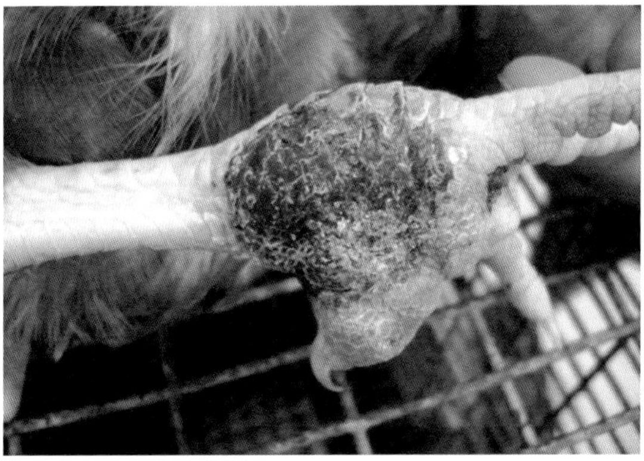

图 1-5-38　商品代蛋鸡脚掌部的血管瘤。

（崔治中）

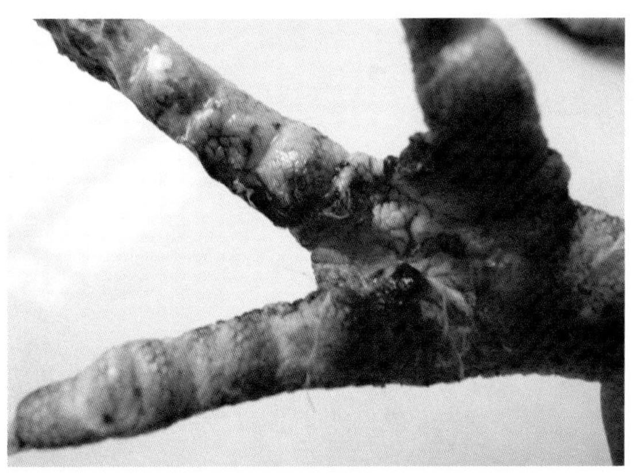

图 1-5-39　商品代蛋鸡脚掌部的血管瘤。（崔治中）

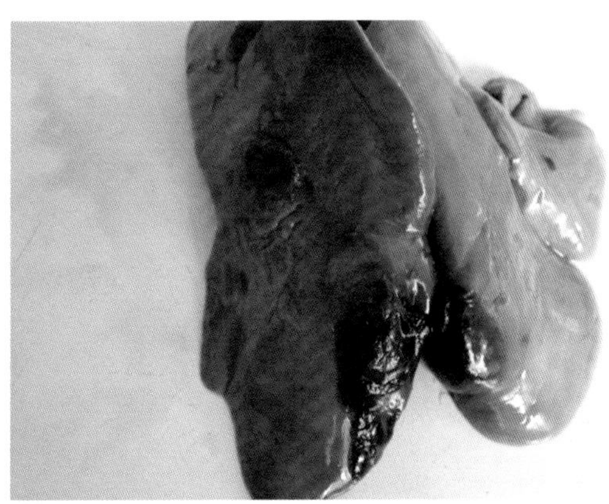

图 1-5-40　在肿大的肝表面的血管瘤。

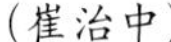

（崔治中）

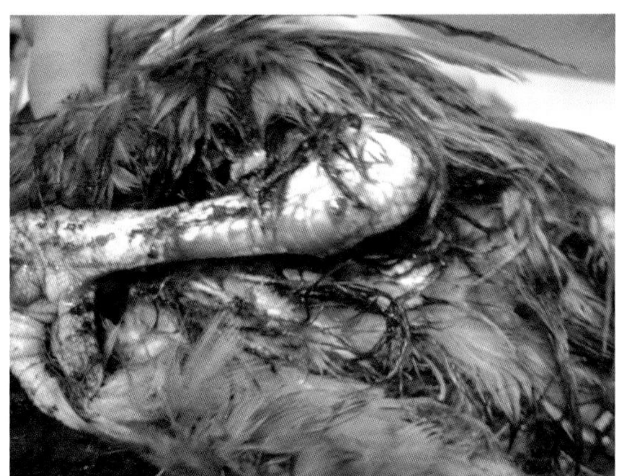

图 1-5-41　皮肤血管瘤破裂出血。　　（崔治中）

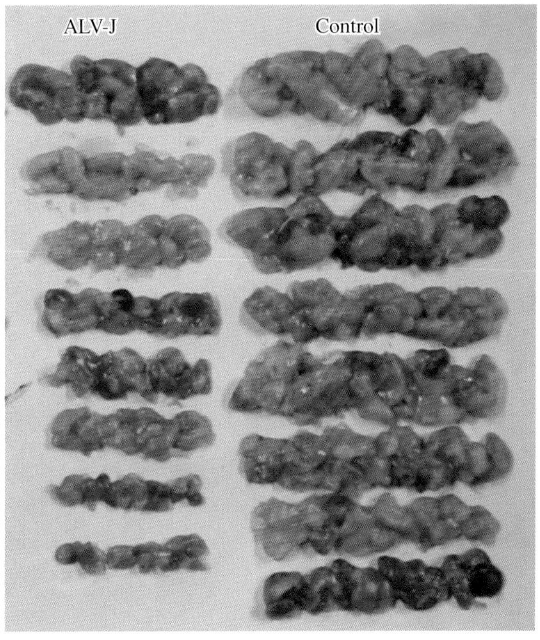

图 1-5-42　人工接种 ALV-J 的白羽肉鸡后部分鸡胸腺萎缩（左侧为攻毒组，右侧为对照组）。

（崔治中）

图1-5-43　白羽肉鸡人工接种ALV-J后部分鸡法氏囊萎缩(左侧为攻毒组，右侧为对照组)。（崔治中）

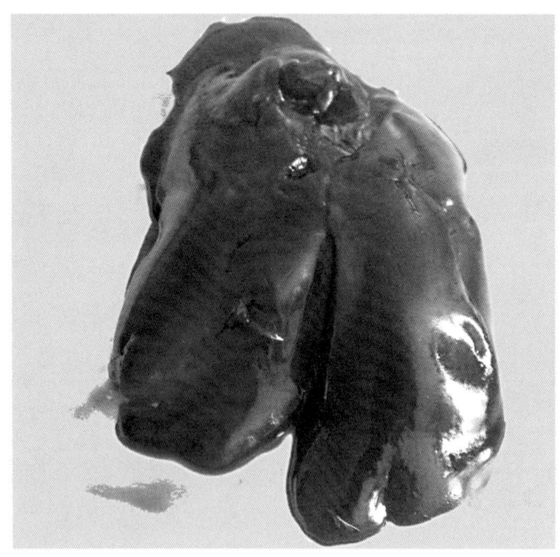

图1-5-44　ALV-J诱发的海兰褐蛋鸡肝脏血管瘤。（崔治中）

图1-5-45　ALV-J诱发的脑壳髓样细胞瘤。（刘思当）

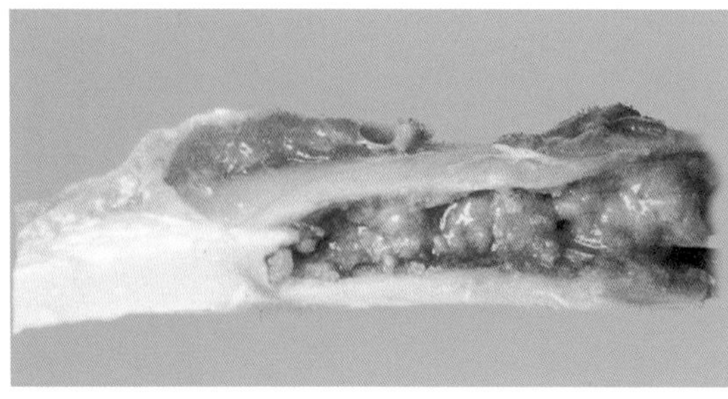

图1-5-46　ALV-J诱发的腿骨骨髓瘤，因骨髓瘤细胞增生变为黄色。（崔治中）

图1-5-47　ALV-J诱发的海兰褐蛋鸡腿骨骨髓硬化，呈黄色。（崔治中）

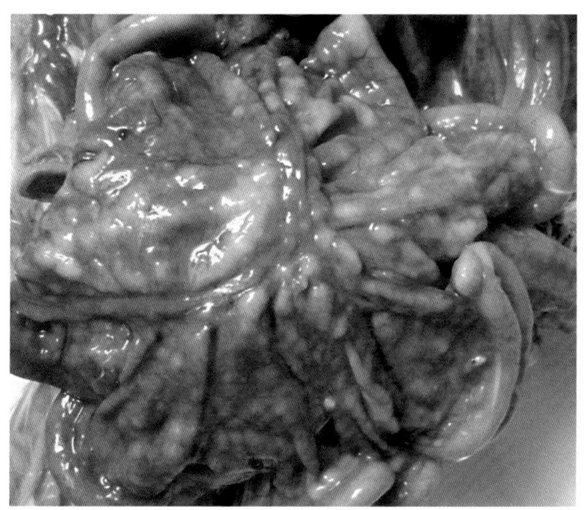

图1-5-48　ALV-B诱发的肠系膜淋巴肉瘤。（崔治中）

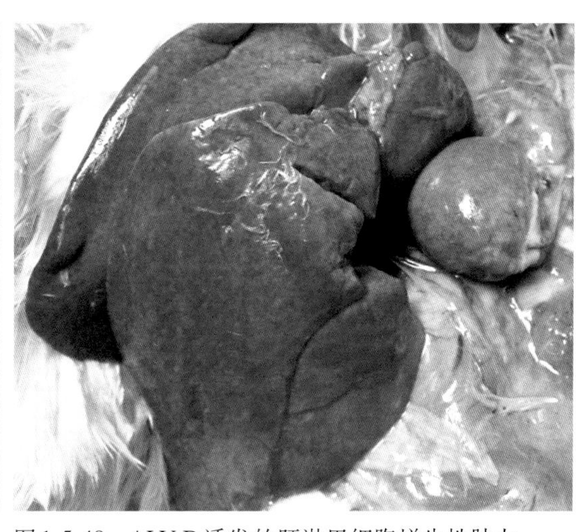

图1-5-49　ALV-B诱发的肝淋巴细胞增生性肿大。（崔治中）

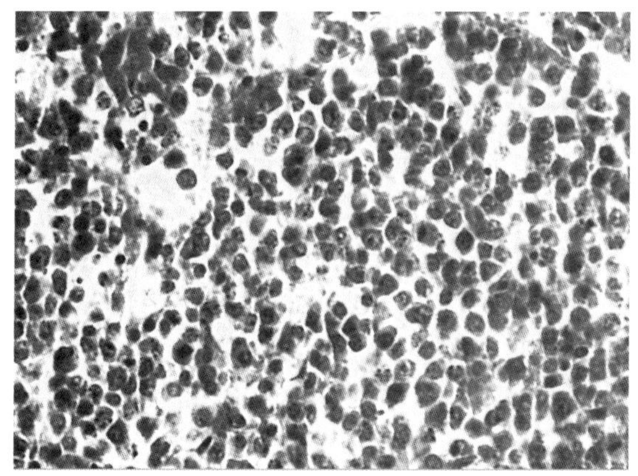

图1-5-50　ALV-B诱发的肝肿大，淋巴细胞增生。（HE，×1 000）（崔治中）

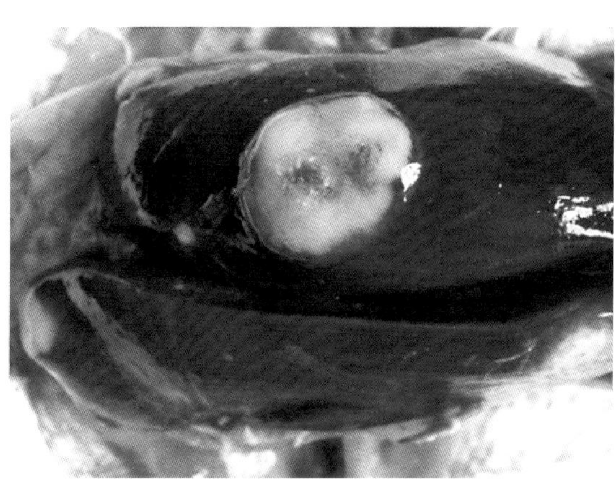

图1-5-51　ALV-A诱发的鸡肝纤维肉瘤（慢性）。（崔治中）

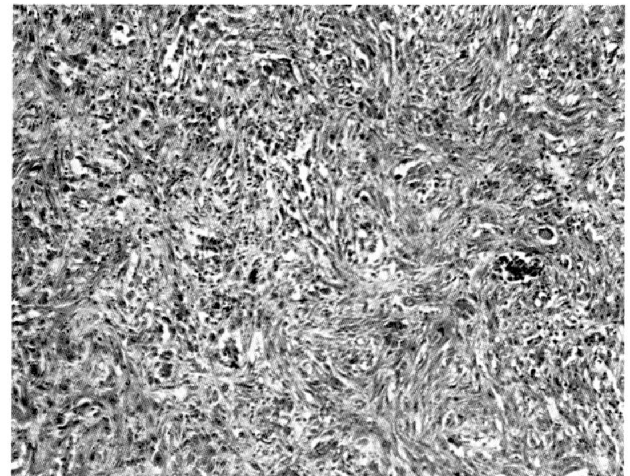

图1-5-52　ALV-A诱发的鸡肝纤维肉瘤组织切片，显微镜下可见肿瘤细胞丰富，排列成漩涡状。（HE，×400）（崔治中）

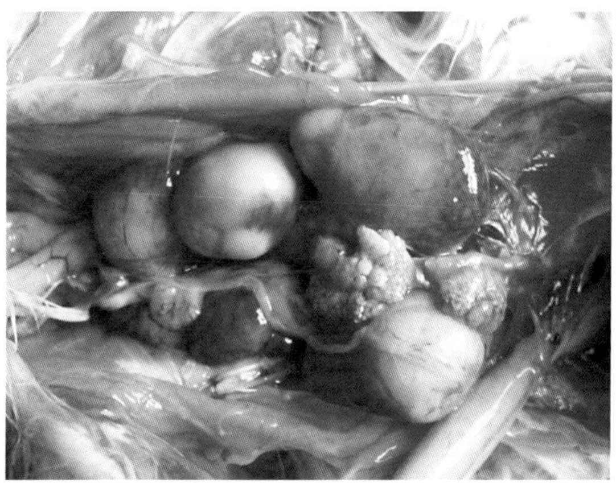

图1-5-53　ALV-A诱发的肾脏纤维肉瘤（慢性）。（崔治中）

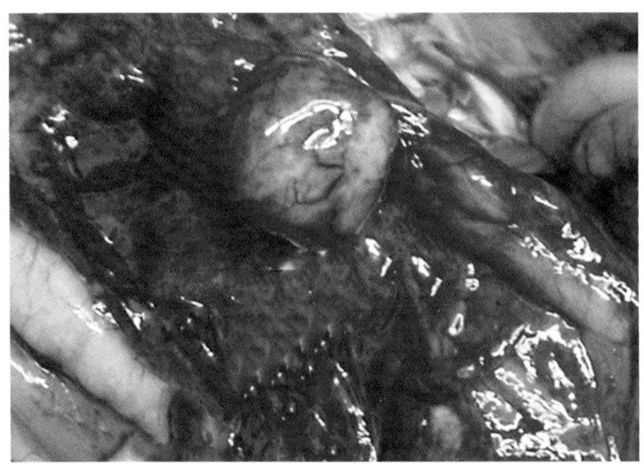

图1-5-54　ALV-J诱发的蛋鸡肠系膜纤维肉瘤（急性）。（崔治中）

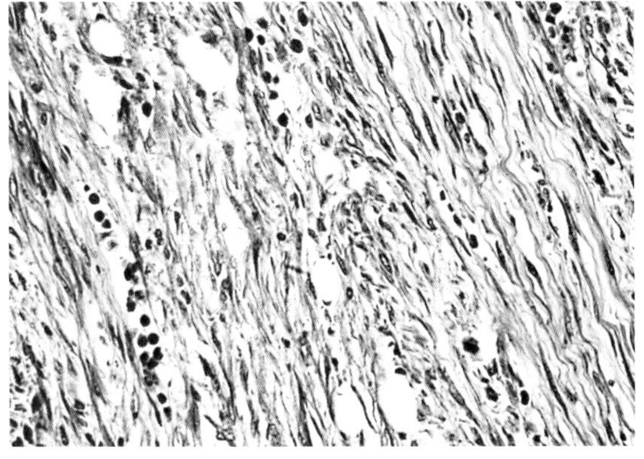

图1-5-55　ALV-J诱发的蛋鸡肠系膜纤维肉瘤组织切片（急性）。（崔治中）

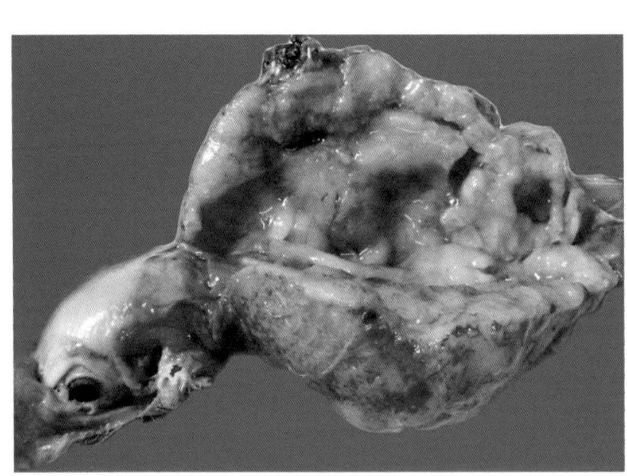

图1-5-56　ALV-J诱发的蛋鸡肠系膜纤维肉瘤（急性），颈部皮下纤维肉瘤（50日龄）。（崔治中）

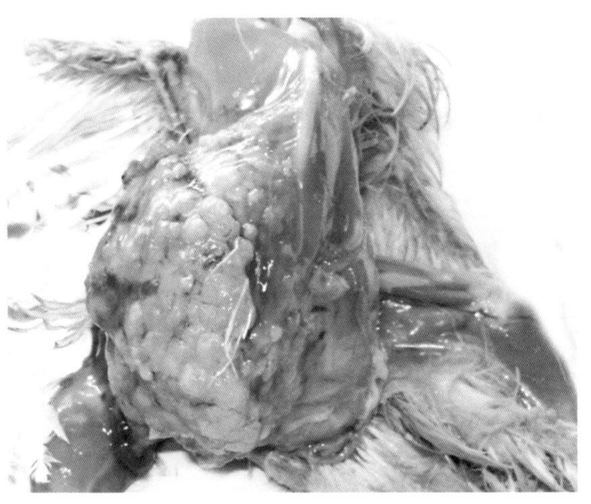

图1-5-57　接种含有ALV-J肿瘤病料滤过液诱发的14日龄肉杂鸡纤维肉瘤（急性）。（崔治中）

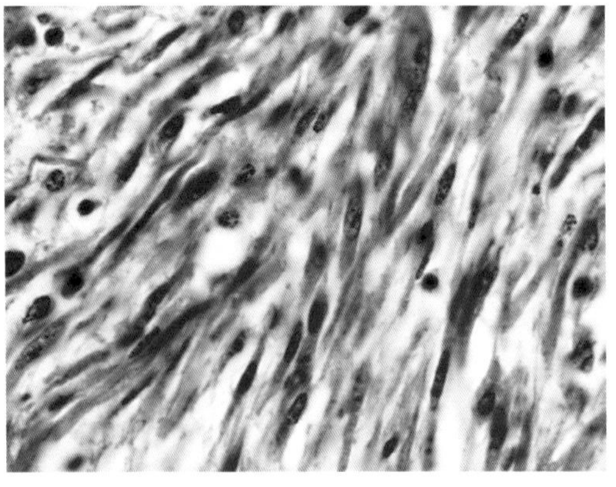

图1-5-58　接种含有ALV-J肿瘤病料滤过液诱发的14日龄肉杂鸡纤维肉瘤（急性）的组织切片。（HE，×1 000）（崔治中）

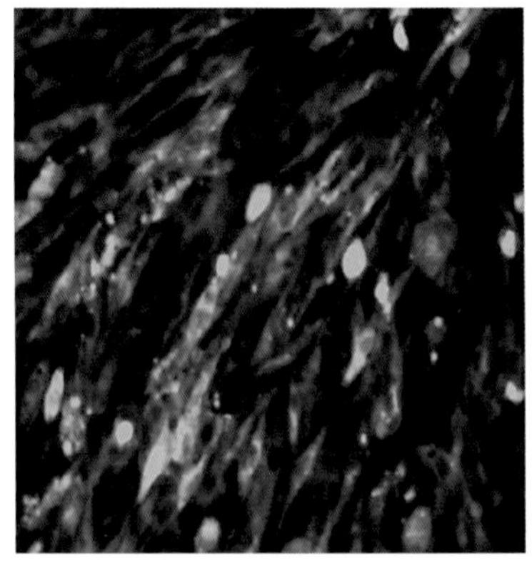

图1-5-59　用ALV-J单抗做间接荧光抗体反应，左显示被ALV-J感染的鸡胚成纤维细胞，右侧为未感染的阴性对照细胞。（崔治中）

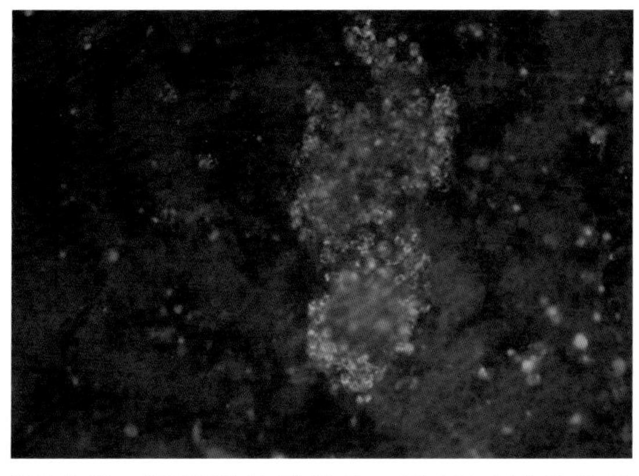

图1-5-60 ALV-J肝肿瘤触片，用ALV-J特异性单抗在荧光抗体反应中显示肿瘤细胞中的ALV-J。（崔治中）

图1-5-61 SPF鸡胚卵黄囊接种ALV-K原型毒JS11C1后6月龄死亡鸡肝脏肿大，出现白色肿瘤结节和斑块。（崔治中）

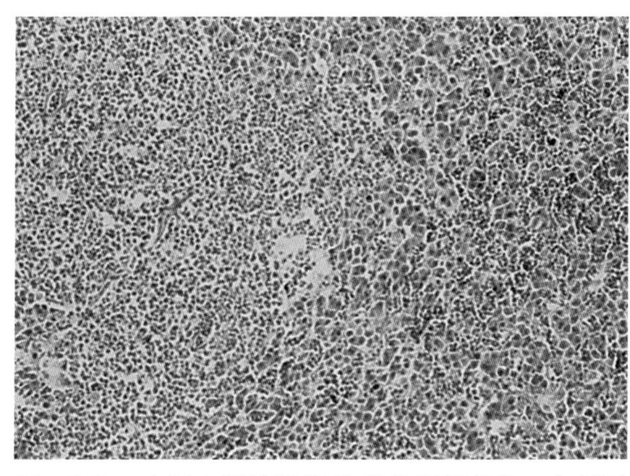

图1-5-62 上图中肝脏肿瘤块病理组织变化，左侧区显示淋巴细胞肿瘤结节，右侧为正常的肝脏组织。（HE，×200）（崔治中）

图1-5-63 SPF鸡胚卵黄囊接种ALV-K原型毒JS11C1后鸡脾脏显著肿大。（崔治中）

第六节　鸡马立克氏病

（一）病原

鸡马立克氏病病毒（MDV）是一种α-疱疹病毒，有囊膜的成熟病毒颗粒直径273～400nm，病毒的基因组为175kb的双股DNA。在感染鸡的羽囊上皮细胞中，可产生有传染性的细胞游离病毒。但在鸡胚成纤维细胞培养或病鸡的其他感染细胞中，有传染性的病毒颗粒呈严格的细胞结合性。

（二）流行病学

鸡马立克氏病（MD）主要侵害鸡，不同品种或品系鸡均能感染，对发生MD的抵抗力差异很大。病鸡和带毒鸡是主要传染源，在羽囊上皮细胞中复制的传染性病毒，随羽毛、皮屑排出，通过直接或间接接触经气源传播。病毒对1周龄以内的鸡最易感，随着日龄的增加，易感性降低，疾病的发病率和死亡率与感染病毒毒株的毒力、剂量、感染途径及鸡的遗传品系、年龄和性别有关。

（三）临床症状

病鸡精神委顿，共济失调，随后出现单侧性或双侧性肢体麻痹。翅膀麻痹，翅下垂；颈肌神经麻痹，头颈歪斜，头下垂；迷走神经麻痹，引起嗉囊扩张或喘息；坐骨神经麻痹，瘫痪或呈劈叉姿势。病鸡虹膜受害，呈同心环状或斑点状以至弥漫的灰白色，瞳孔边缘不整，后期仅为一针尖大小孔，易导致一侧或两侧性失明。皮肤型马立克氏病在皮肤上有大小不等的肿瘤。

（四）病理变化

外周神经包括腹腔神经、前肠系膜神经、臂神经、坐骨神经和内脏大神经出现单侧性或双侧性肿胀，神经横纹消失，灰白色或黄白色，局部或弥漫性增粗可达正常的2 ～ 3倍。内脏器官于卵巢、肾、脾、肝、心、肺、胰、肠系膜、腺胃、肠道和睾丸可见大小不等的肿瘤块，呈灰白色，质地坚硬而致密。肿瘤呈弥漫性或局灶性。肌肉和皮肤亦可出现肿瘤，肌肉病变多出现在胸肌、肠肌，皮肤病变多发于毛囊部，呈孤立或融合的白色结节。法氏囊通常萎缩。外周神经的组织学分B型和A型，B型表现为轻度到中度的淋巴细胞和浆细胞浸润，通常伴有水肿，本质上是炎症性的；A型由增生的成淋巴细胞团块组成，本质上是肿瘤性的。内脏的淋巴瘤样损害主要为弥漫浸润的中淋巴细胞、小淋巴细胞、成淋巴细胞、MD细胞（一种特殊的成淋巴细胞）和被激活的原始网状细胞，病变可见于虹膜、心脏外膜、法氏囊肌层间质，后期法氏囊多萎缩，间质增宽。

（五）诊断

1.病毒分离 取鸡的抗凝血或血浆棕黄层细胞经卵黄囊接种4日龄鸡胚，于19日龄的鸡胚绒毛尿囊膜上可生成病毒痘斑。

2.琼脂凝胶沉淀试验（AGP） 以MD标准阳性血清检测羽根或羽囊浸出物，或以MD阳性抗原检测鸡血清，若出现白色沉淀线，则说明检测鸡感染过MD，排毒或有MD抗体存在。

3.免疫荧光试验 取鸡的淋巴细胞接种鸭胚或鸡胚成纤维细胞，培养5 ～ 7d后可出现蚀斑，以MD Ⅰ型单抗做间接免疫荧光试验，若为阳性则说明分离毒为MD Ⅰ型病毒。

（六）防控

出壳后的雏鸡尽早接种在液氮中保存的Ⅰ型MDV弱毒疫苗。

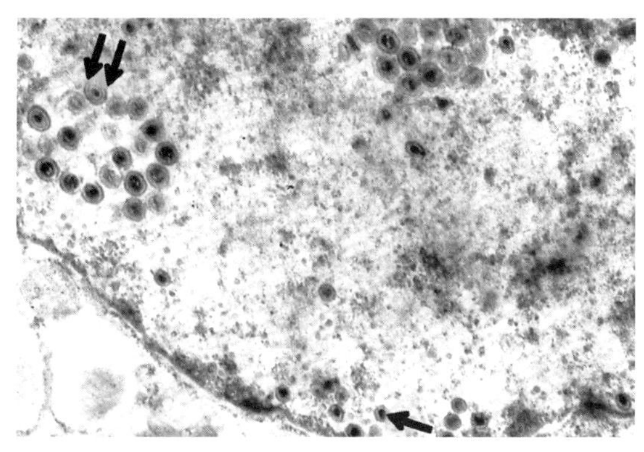

图1-6-1　马立克氏病病毒（MDV），在感染了的鸡胚成纤维细胞胞核的空泡中，可见到成熟的小囊膜MDV粒子（双箭头）；在胞核基质内可观察到未成熟的MDV核衣壳（箭头），超薄切片。（李成）

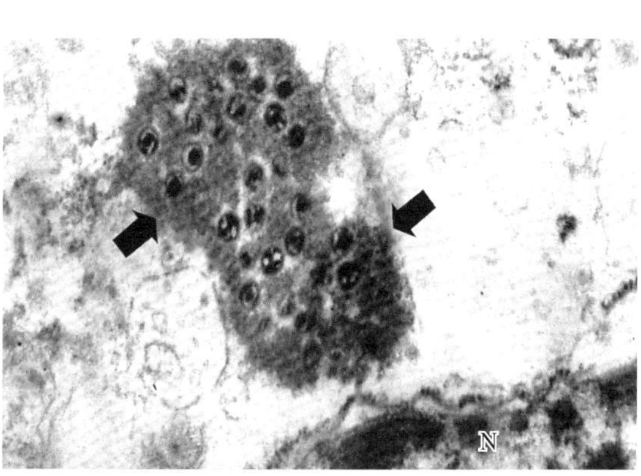

图1-6-2　MDV，在感染了的鸡胚成纤维细胞胞浆内，见到由MDV核衣壳及电子散射力较均匀物质构成的病毒胞浆包涵体（箭头），细胞核（N）超薄切片。（李成）

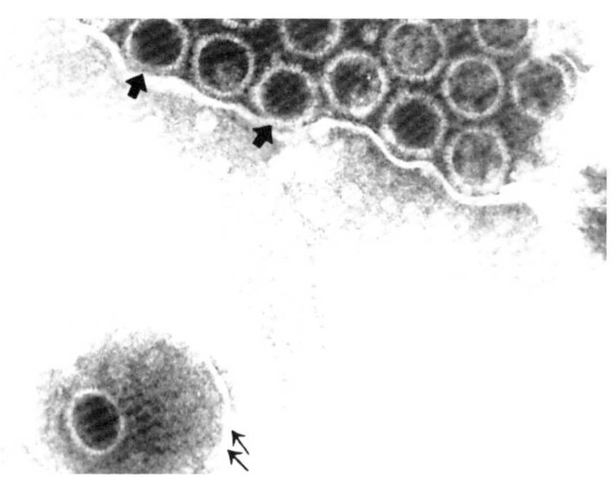

图1-6-3　火鸡疱疹病毒（HVT），在感染了的鸡成纤维细胞培养物中，可观察到聚堆的未成熟病毒粒子（箭头）；另外还可观察到含有病毒核衣壳的大囊膜疱疹病毒粒子（双箭头），负染色。（李成）

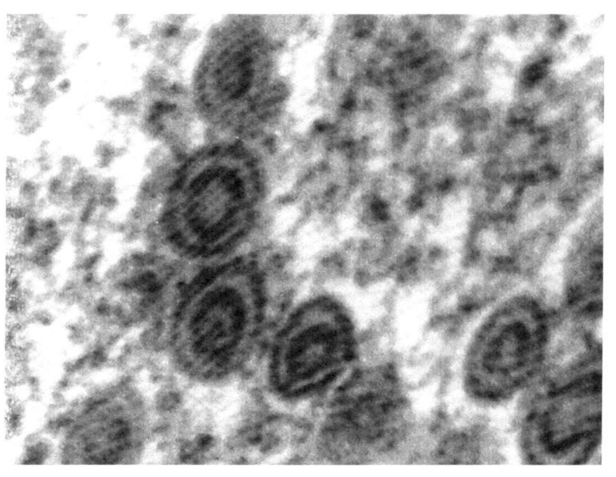

图1-6-4　MDV，羽囊上皮负染，可见直径为273～400nm的有囊膜的病毒粒子，表现为不定结构。（刘秀梵）

图1-6-5　马立克氏病病鸡翅膀麻痹，翅下垂。（杜元钊）

图1-6-6　病鸡颈肌神经麻痹，头颈歪斜，头下垂。（杜元钊）

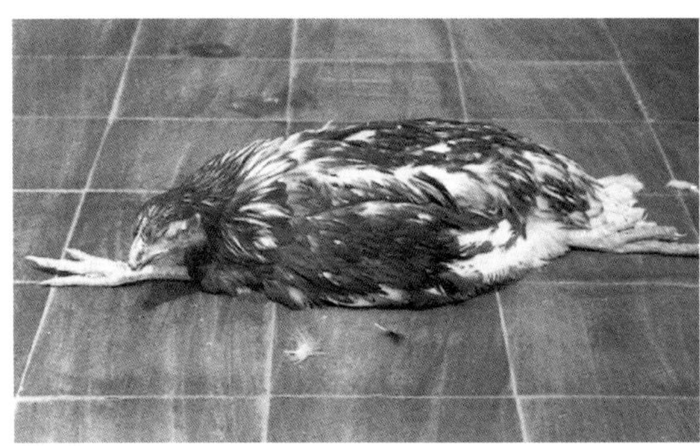

图1-6-7　马立克氏病病鸡坐骨神经麻痹，瘫痪且呈劈叉姿势。（杜元钊）

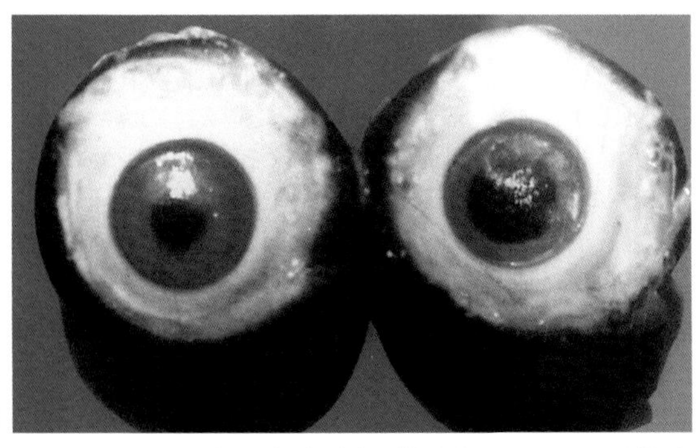

图1-6-8　马立克氏病病鸡虹膜受害，呈同心环状或斑点状以至弥漫的灰白色，瞳孔边缘不整。（杜元钊）

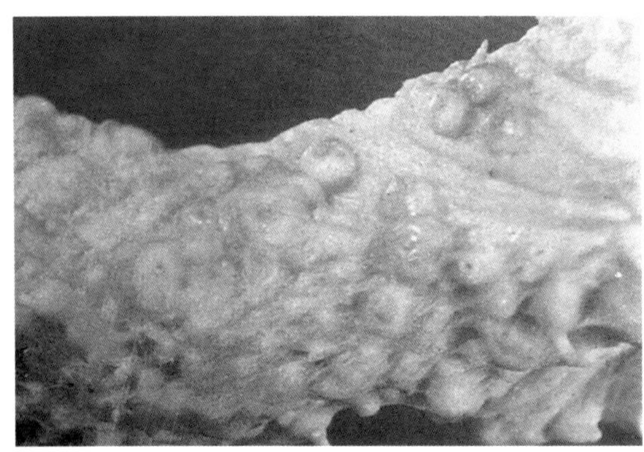

图1-6-9　皮肤型马立克氏病，在皮肤上有大小不等的肿瘤，羽毛囊肿大。（杜元钊）

图1-6-10　皮肤型马立克氏病在皮肤上有大小不等的肿瘤，羽毛囊肿大。（刁有祥）

图1-6-11　皮肤型马立克氏病，在皮肤上有大小不等的肿瘤，羽毛囊肿大，少数毛囊呈现出炎性渗出物。（刁有祥）

图1-6-12　皮肤型马立克氏病，在皮肤上有大小不等的肿瘤，羽毛囊肿大。（刁有祥）

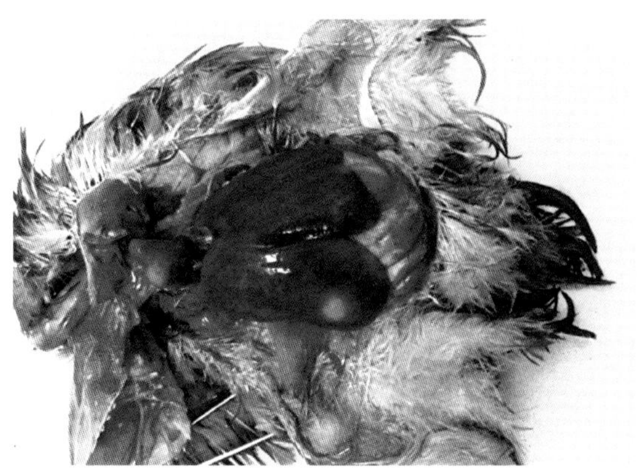

图1-6-13　马立克氏病病鸡的肝脏肿瘤。
（刘秀梵）

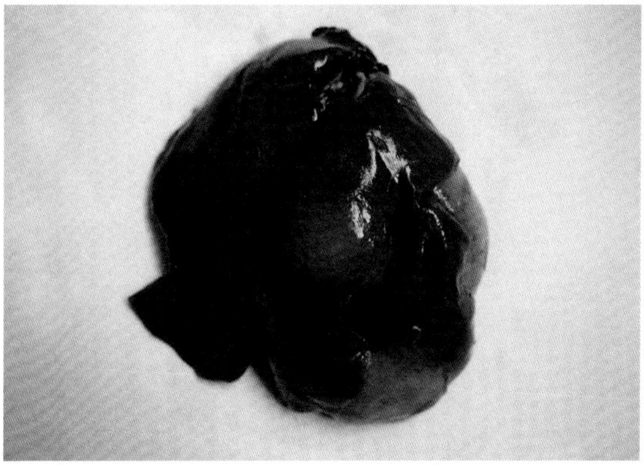

图1-6-14　SPF鸡人工接种MDV强毒后约2个月，肝脏肿瘤，见3个大的块状肿瘤。
（崔治中）

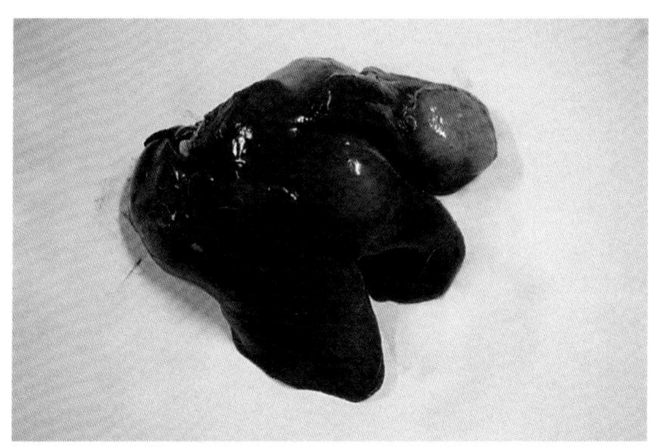

图1-6-15　SPF鸡人工接种MDV强毒后约2个月，肝脏肿瘤，见3个大的块状肿瘤。
（崔治中）

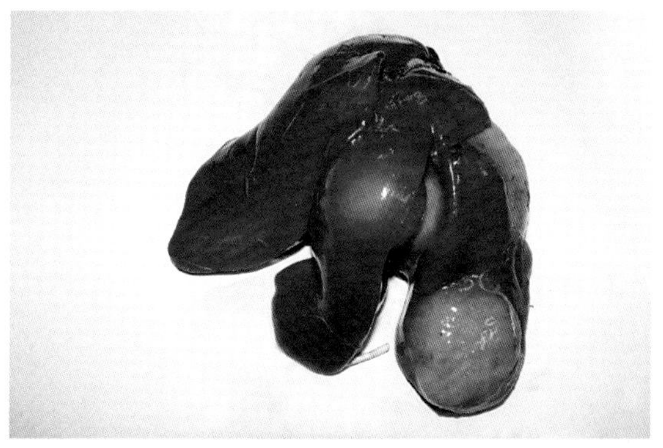

图1-6-16　SPF鸡人工接种MDV强毒后约2个月，肝脏肿瘤，见4个很大的略突出的肿瘤块。
（崔治中）

图1-6-17　自然感染病鸡，肝脏表面凹凸不平，有小的肿瘤结节（鸡死亡前的血液中分离到致病性MDV）。（崔治中）

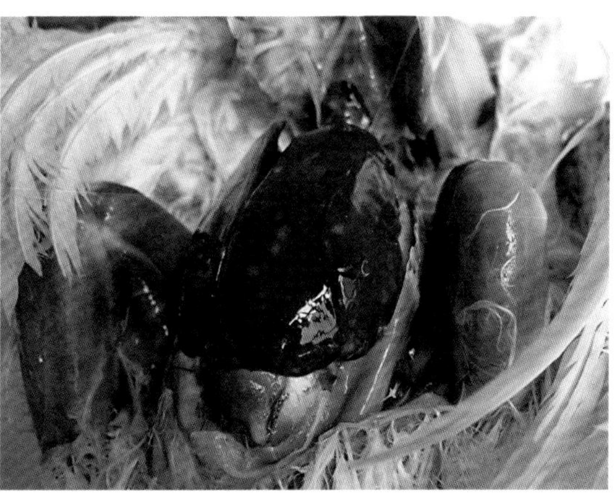

图1-6-18　SPF鸡人工接种MDV强毒后约2个月，肝脏肿瘤，可见几十个散在肿瘤块，4～5mm大小不一。（崔治中）

图1-6-19　SPF鸡人工接种MDV强毒后约2个月，肝脏肿瘤，可见几十个散在的肿瘤块，4～5mm大小不一。（崔治中）

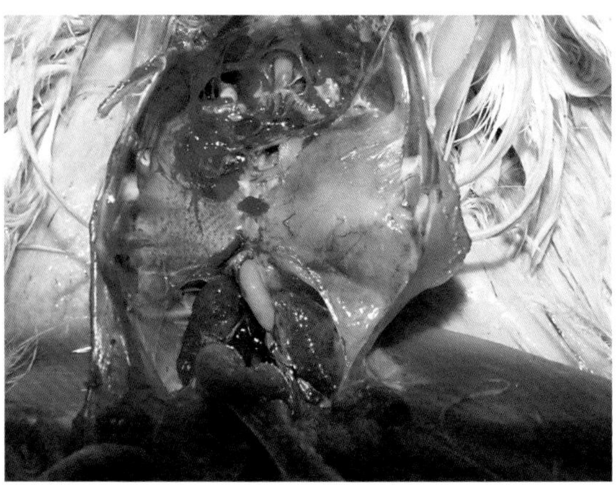

图1-6-20　SPF鸡人工接种MDV强毒后约2个月，见一侧肺已被肿瘤组织覆盖。（崔治中）

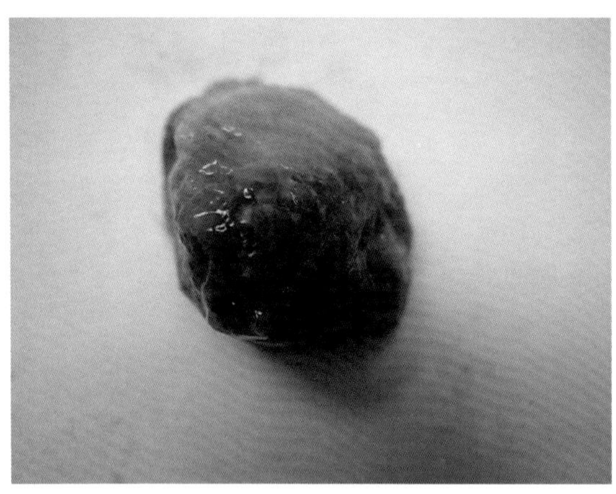

图1-6-21　从图1-6-20切下来的一块肺肿瘤组织，表面凹凸不平，黄红色相间。（崔治中）

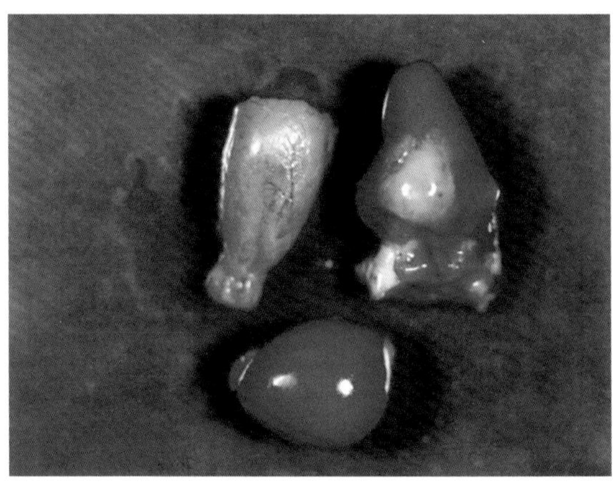

图1-6-22　马立克氏病病鸡脾脏肿瘤。（刘秀梵）

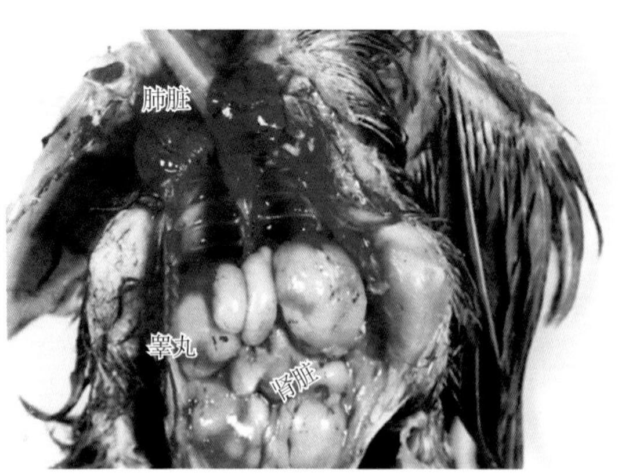

图1-6-23　马立克氏病病鸡肾脏肿瘤。（刘秀梵）

图1-6-24　SPF鸡人工接种MDV强毒后约2个月，肾脏肿瘤，同时见一侧坐骨神经肿大。（崔治中）

图1-6-25　肾脏肿瘤组织块及其剖面。（崔治中）

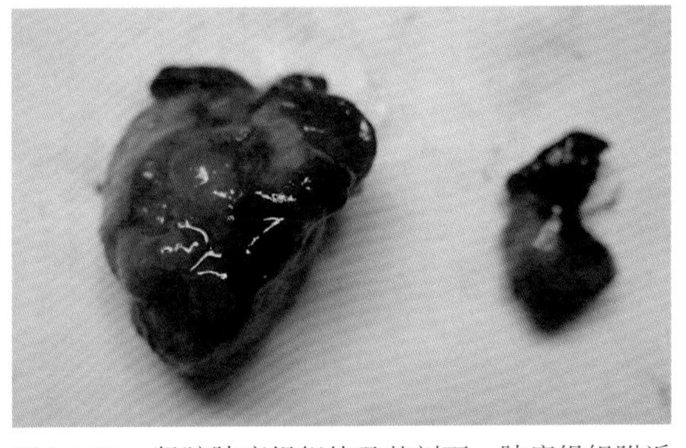

图1-6-26　肾脏肿瘤组织块及其剖面。肿瘤组织附近有出血区。（崔治中）

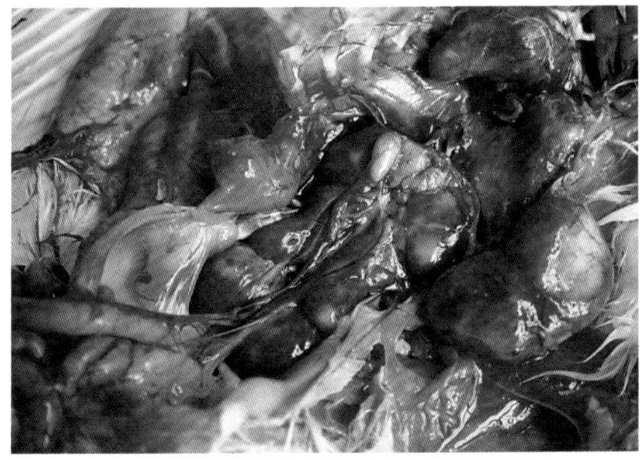

图1-6-27　SPF鸡人工接种MDV强毒后约2个月，睾丸和肾脏肿瘤，一侧睾丸大小、色泽正常，另一侧睾丸（右下方，已从原位取出），由于肿瘤组织增生，已增大十几倍，红白色相间。（崔治中）

图1-6-28　与图1-6-27同一标本，可见因肿瘤而增大的左侧睾丸（右下方）比上方的心脏还大。（崔治中）

图1-6-29　人工感染超强毒MDV后2个月，可见肝脏上有4 ~ 5个大小不等的白色肿瘤块，其中一个显著突出于肝表面，并有出血。两侧睾丸极度增生肿大，脾脏亦肿大。（崔治中）

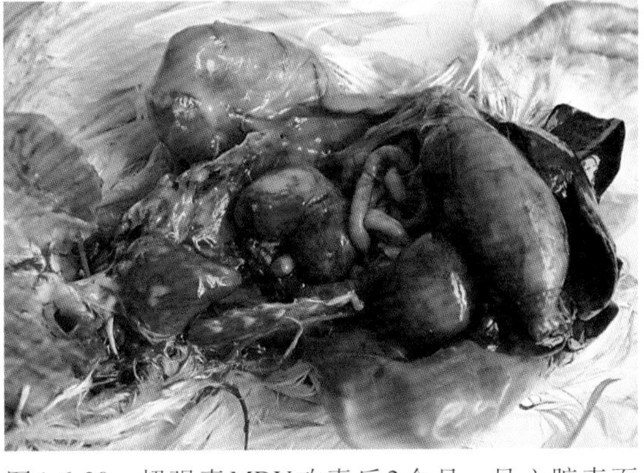

图1-6-30　超强毒MDV攻毒后2个月，见心脏表面有肿瘤结节，一侧睾丸极度肿大（另一侧睾丸大小正常，在其下方），并有白色的肿瘤增生块；脾脏极度增大，并有白色的细胞增生的表现；腺胃肿大，似有肿瘤结节。（崔治中）

图1-6-31　人工感染鸡，心脏表面凹凸不平，似有肿瘤块。（崔治中）

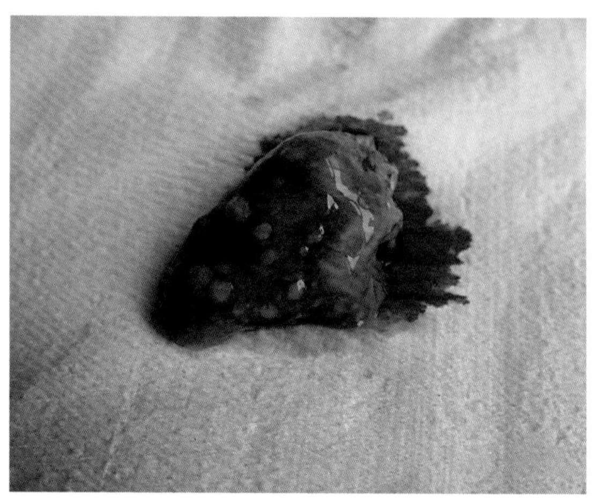

图1-6-32　人工感染后1个月死亡鸡，心脏表面有许多白色肿瘤块（组织切片已显示为淋巴细胞肿瘤）。（崔治中）

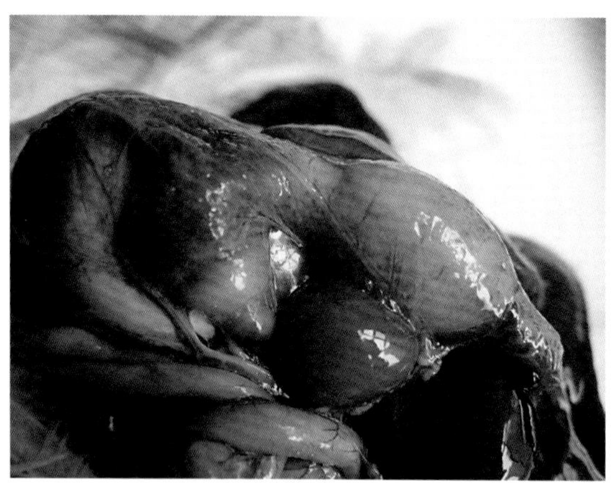

图1-6-33　SPF鸡人工接种MDV强毒后约2个月，腺胃肿大。（崔治中）

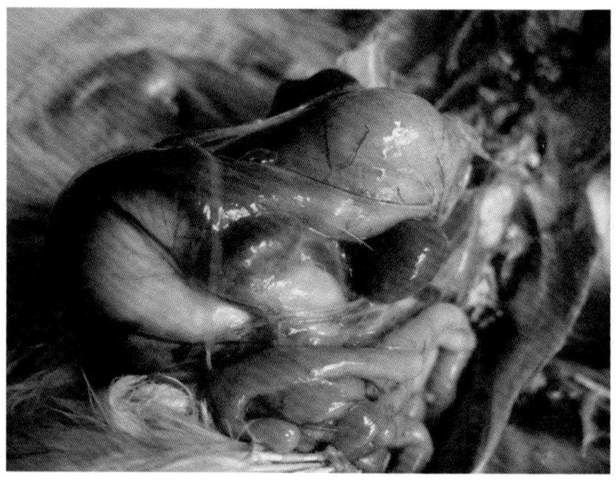

图1-6-34　SPF鸡人工接种MDV强毒后约2个月，腺胃肿大，几乎近球状。（崔治中）

图1-6-35　图1-6-34中肿大的腺胃黏膜面上的正常乳头似乎消失，可见一些可能是增生的肿瘤组织，周围有出血圈。（崔治中）

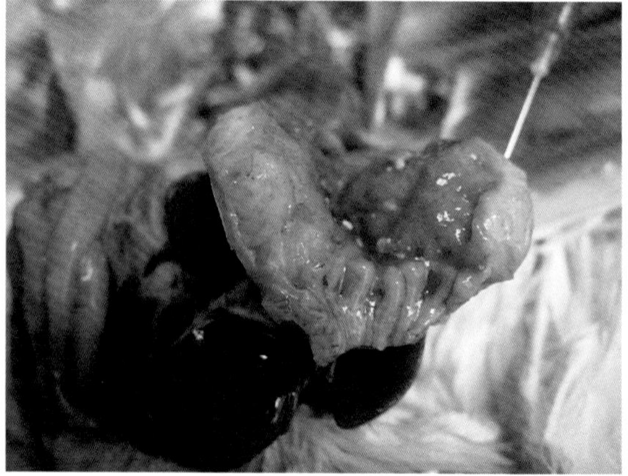

图1-6-36　与图1-6-35同一样品，见显著增厚的腺胃壁。（崔治中）

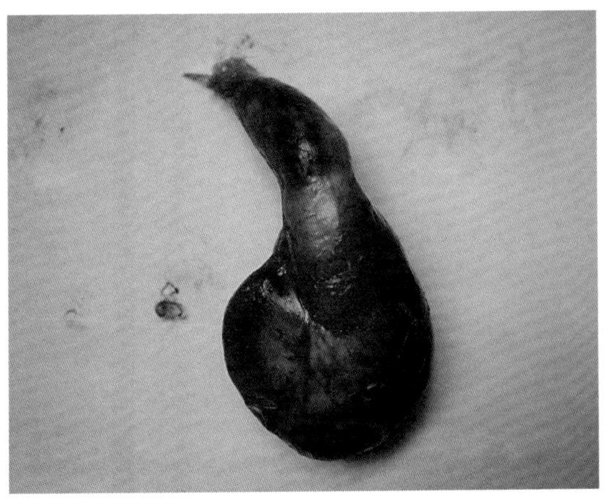

图1-6-37 SPF鸡人工接种MDV强毒后约2个月，见腺胃表面有若干个白色的增生性肿瘤结节。（崔治中）

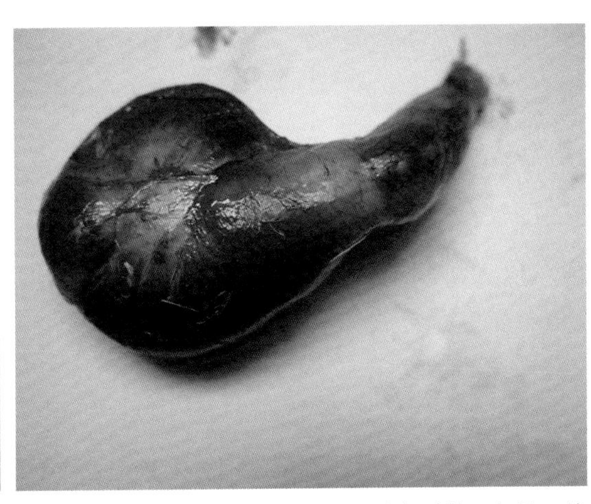

图1-6-38 SPF鸡人工接种MDV强毒后约2个月，从腺胃的另一个侧面可见乳白色的增生性肿瘤结节。（崔治中）

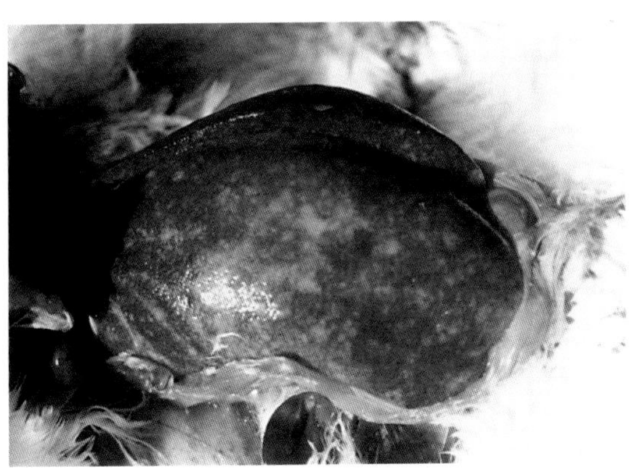

图1-6-39 马立克氏病病鸡弥漫性肝肿瘤结节。（许益民）

图1-6-40 马立克氏病病鸡脾脏极度肿大，有许多白色增生性结节。另一正常脾脏（左）做对照。（段玉友）

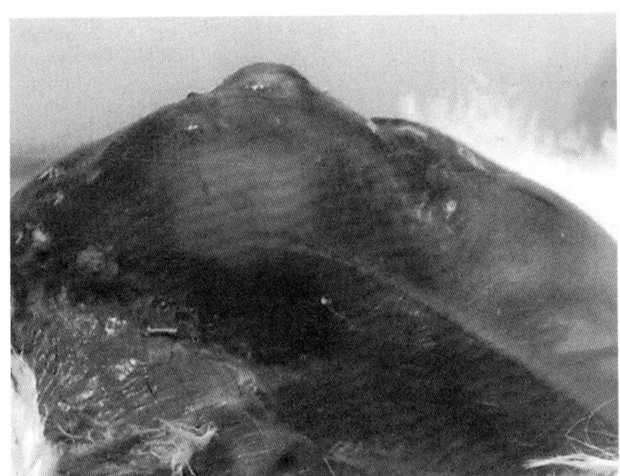

图1-6-41 马立克氏病病鸡胸肌肿瘤。（杜元钊）

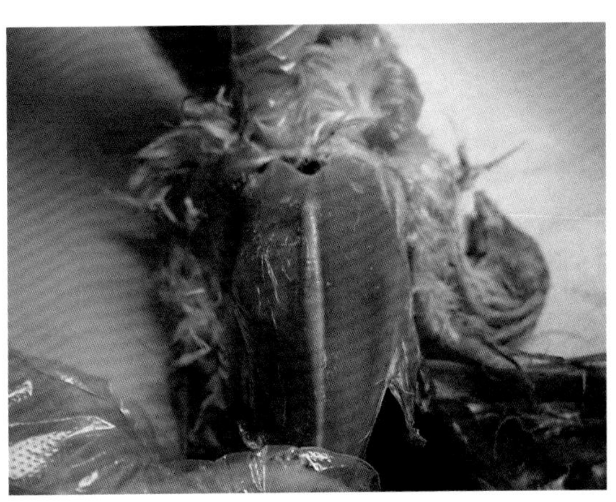

图1-6-42 SPF鸡人工接种MDV强毒后约2个月，在右侧胸肌可见细胞增生的肿瘤组织凸起，色泽较淡。（崔治中）

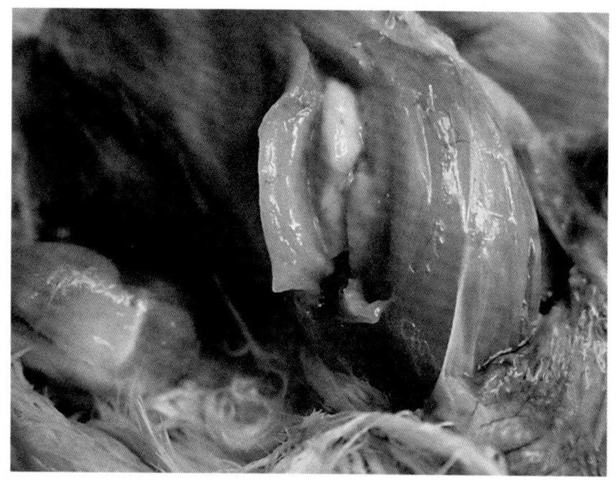

图1-6-43　图1-6-42中肿瘤块局部切开的剖面，可见正常肌肉组织下的乳白色肿瘤组织。

（崔治中）

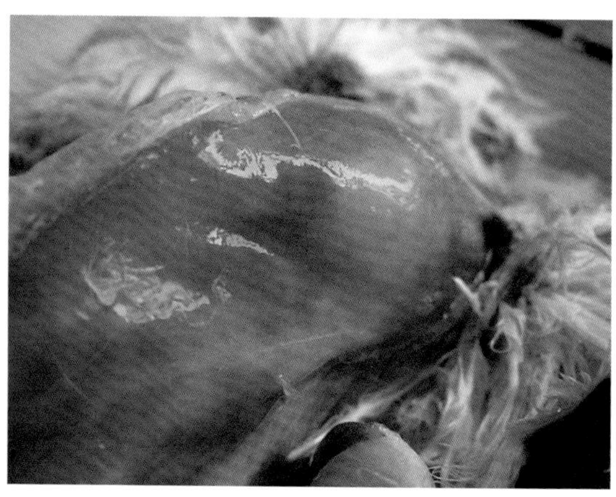

图1-6-44　SPF鸡人工接种MDV强毒后约2个月，左侧胸肌前方的肿瘤，稍突起但色泽较淡。

（崔治中）

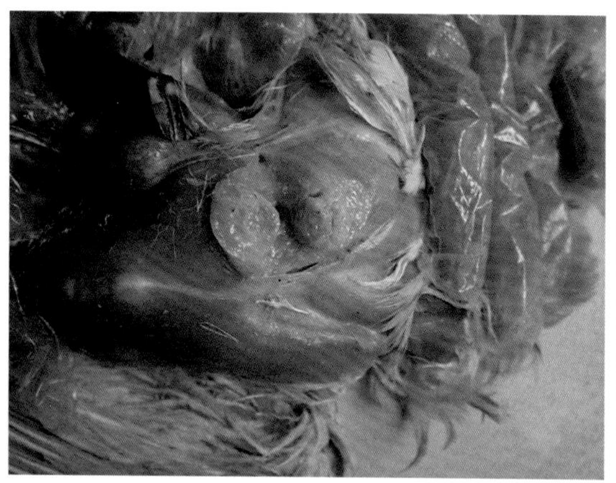

图1-6-45　图1-6-44中胸肌肿瘤块的剖面。

（崔治中）

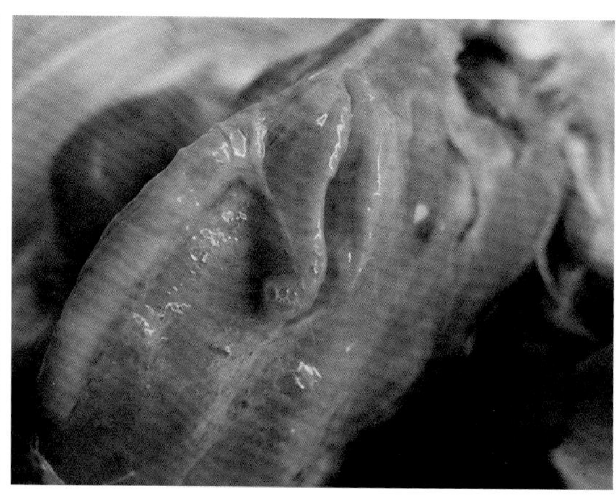

图1-6-46　胸肌肿瘤及其剖面。（崔治中）

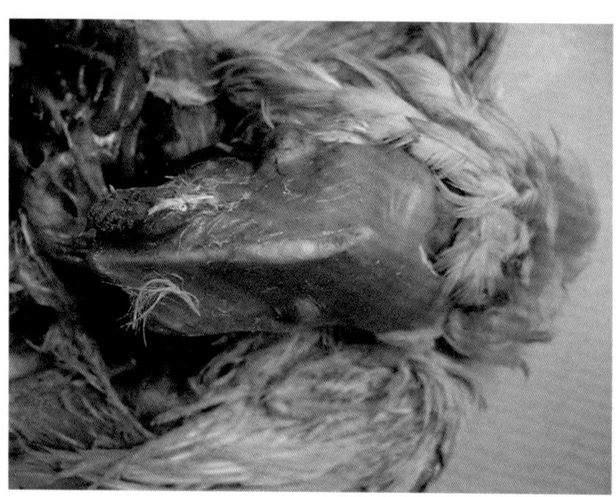

图1-6-47　SPF鸡人工接种MDV强毒后约2个月，显著突出于胸肌表面的肿瘤。

（崔治中）

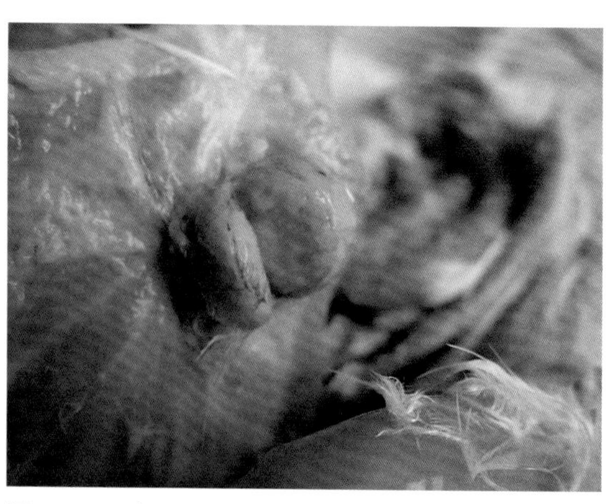

图1-6-48　与图1-6-47同一样品的剖面。

（崔治中）

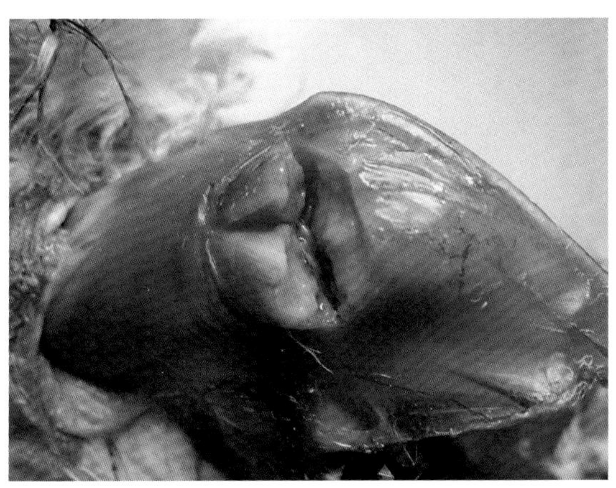

图1-6-49　同图1-6-47同一样品，放大后拍摄。

（崔治中）

图1-6-50　马立克氏病病鸡的卵巢和肾脏肿瘤。

（许益民）

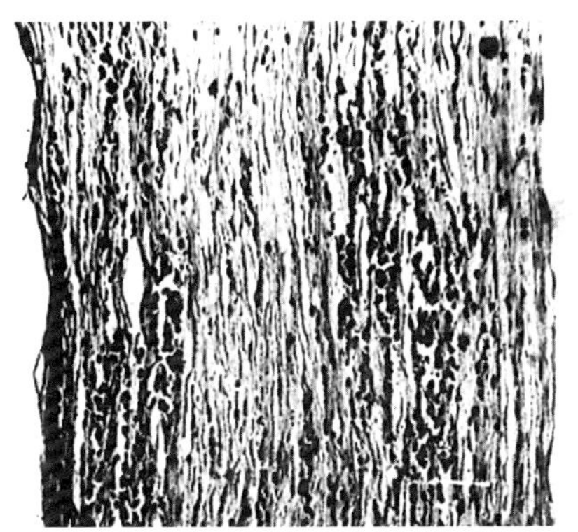

图1-6-51　马立克氏病病鸡外周神经组织切片，在神经纤维间可见许多淋巴细胞。(HE)

（刘秀梵）

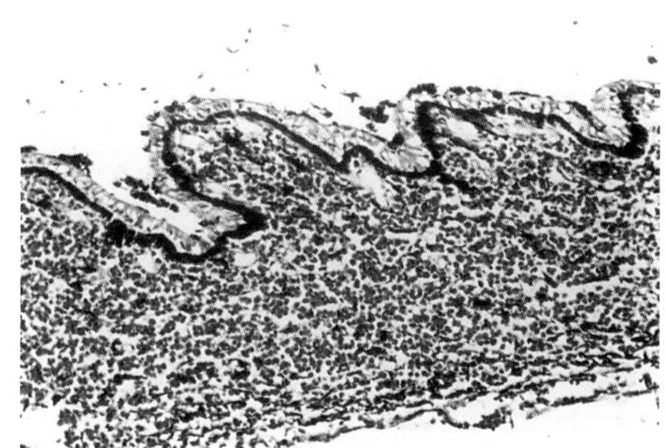

图1-6-52　马立克氏病病鸡虹膜病理组织切片。(HE)

（陈义平）

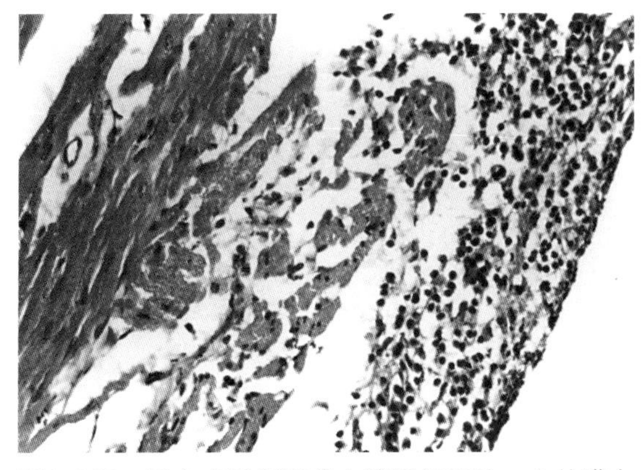

图1-6-53　马立克氏病病鸡心脏组织切片，心外膜中各种淋巴细胞、成淋巴细胞、MD细胞浸润（HE）。（陈义平）

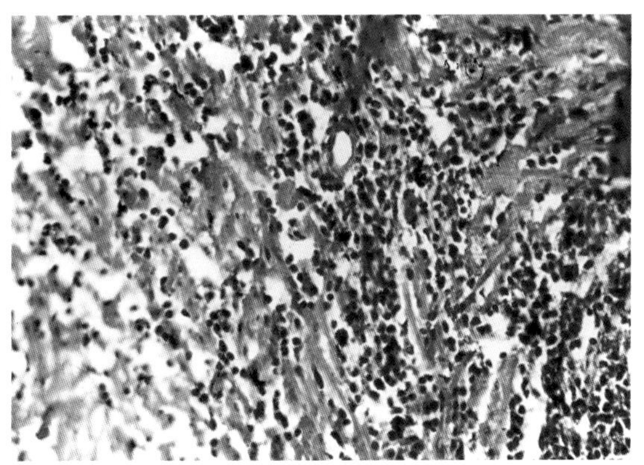

图1-6-54　马立克氏病病鸡法氏囊病理组织切片，可见肌层间质淋巴细胞浸润。(HE)

（陈义平）

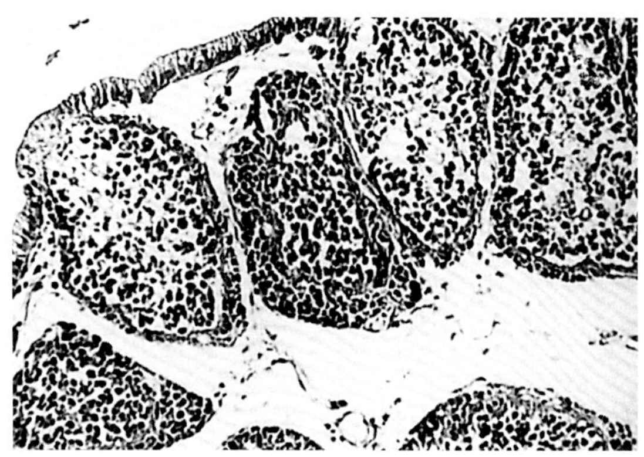

图1-6-55　马立克氏病病变后期，法氏囊萎缩，间质增宽。(HE)　　（刘秀梵）

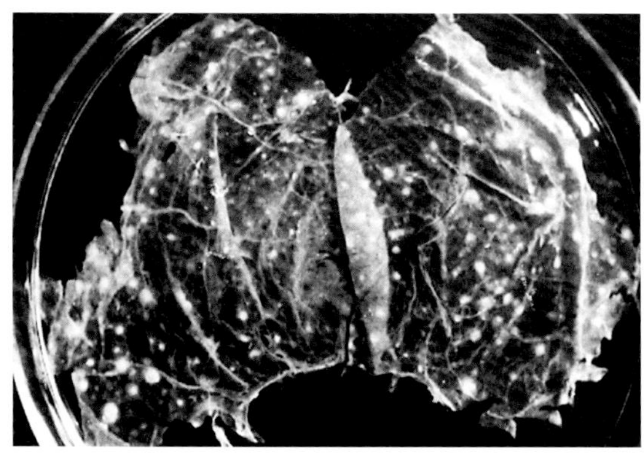

图1-6-56　MDV在鸡胚绒毛尿囊膜上可生成病毒痘斑。　　（刘秀梵）

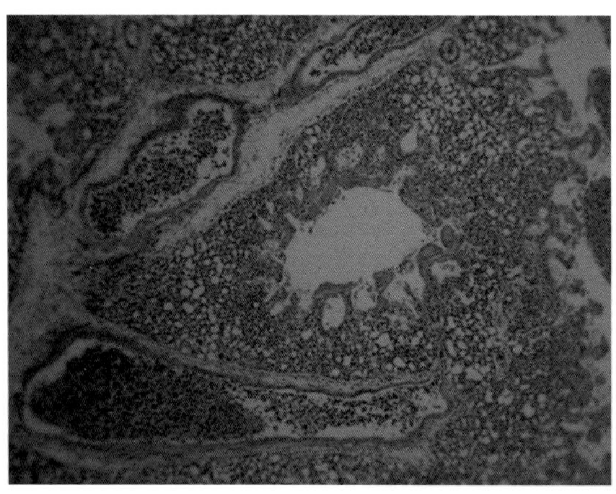

图1-6-57　人工接种MDV强毒鸡肺肿瘤组织切片，可见大量细胞核呈蓝色的淋巴细胞浸润。(HE，×100)　　（崔治中）

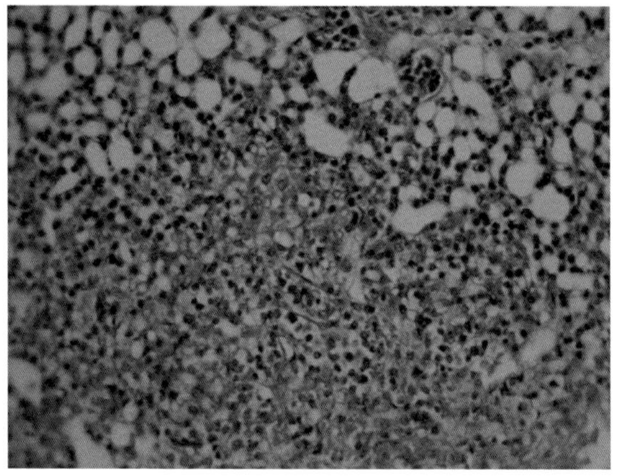

图1-6-58　人工接种MDV强毒鸡肺肿瘤组织切片，可见大量细胞核呈蓝色的淋巴细胞浸润。(HE，×400)　　（崔治中）

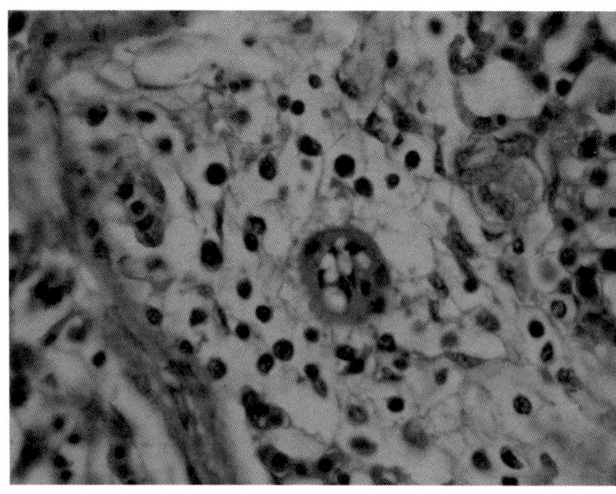

图1-6-59　人工接种MDV强毒鸡肺肿瘤组织切片，可见大量大小不一的细胞核呈蓝色的淋巴细胞浸润。(HE，×1 000)　　（崔治中）

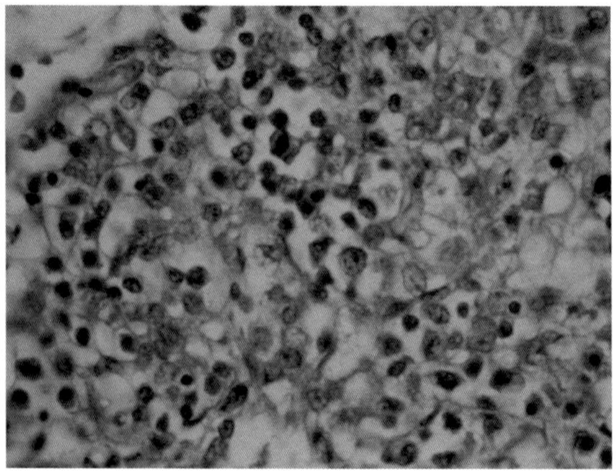

图1-6-60　人工接种MDV强毒鸡肺肿瘤组织切片，可见大量细胞核呈蓝色的淋巴细胞浸润。(HE，×1 000)　　（崔治中）

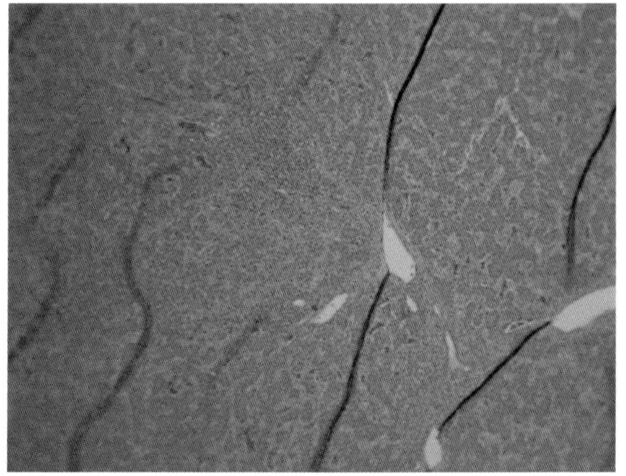

图1-6-61　人工接种MDV强毒鸡肝肿瘤组织切片，可见细胞核呈蓝色的淋巴细胞浸润结节。(HE，×100)　（崔治中）

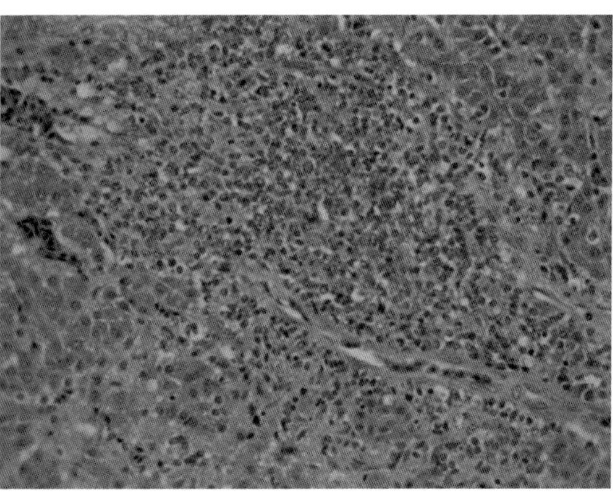

图1-6-62　人工接种MDV强毒鸡肝脏肿瘤组织切片，可见大量细胞核呈蓝色的淋巴细胞浸润结节。(HE，×400)　（崔治中）

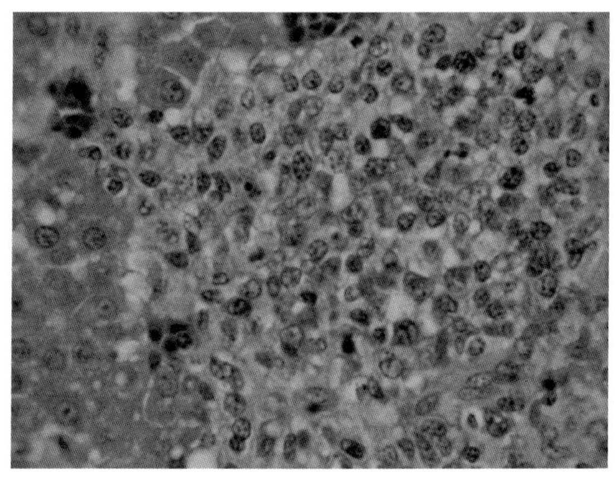

图1-6-63　人工接种MDV强毒鸡肝肿瘤组织切片，可见形态大小不一的细胞核呈蓝色的淋巴细胞浸润结节。(HE，×1 000)　（崔治中）

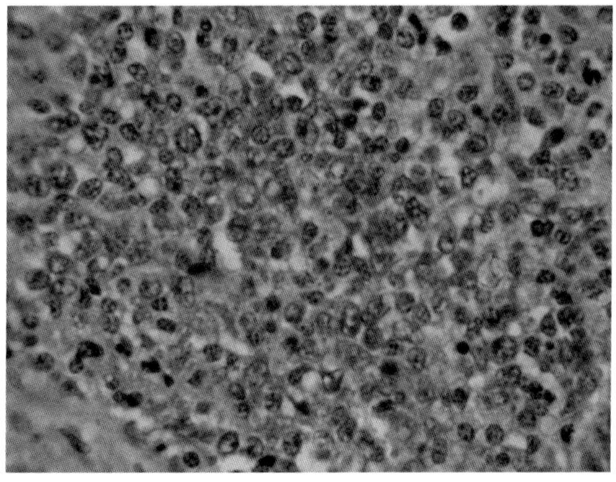

图1-6-64　人工接种MDV强毒鸡肝肿瘤组织切片，可见形态大小不一的细胞核呈蓝色的淋巴细胞浸润结节。(HE，×1 000)　（崔治中）

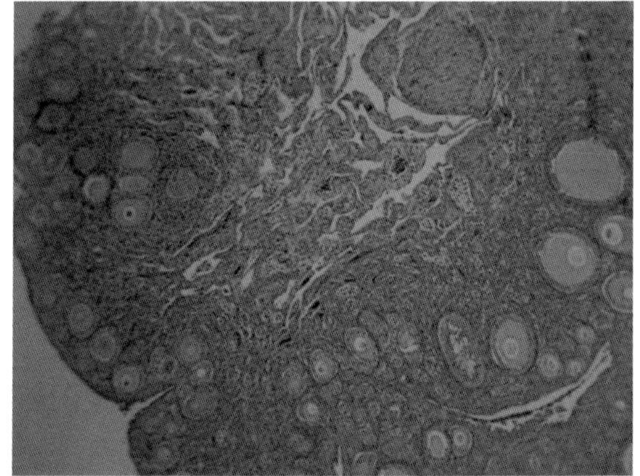

图1-6-65　人工接种MDV强毒鸡卵巢肿瘤组织切片，可见细胞核呈蓝色的淋巴细胞浸润结节。(HE，×100)　（崔治中）

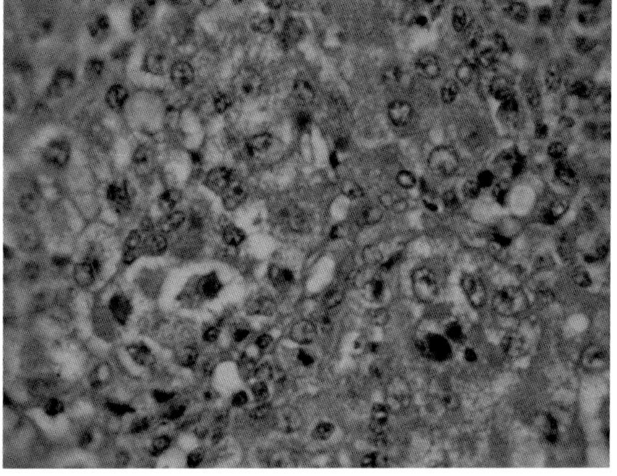

图1-6-66　人工接种MDV强毒鸡卵巢肿瘤组织切片，可见形态大小不一的细胞核呈蓝色的淋巴细胞浸润结节。(HE，×1 000)　（崔治中）

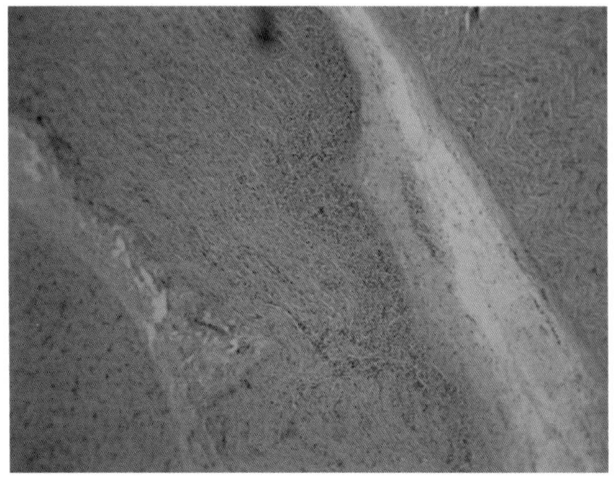

图1-6-67　人工接种强毒鸡迷走神经组织切片，可见细胞核呈蓝色的淋巴细胞浸润结节。(HE，×100)　（崔治中）

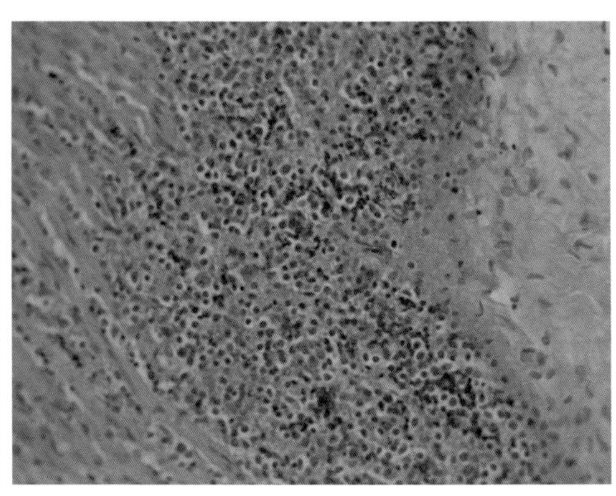

图1-6-68　人工接种强毒鸡迷走神经组织切片，可见细胞核呈蓝色的淋巴细胞浸润结节。(HE，×400)　（崔治中）

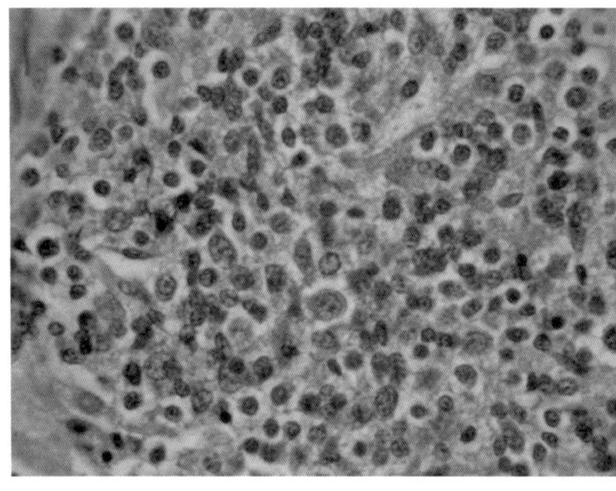

图1-6-69　人工接种强毒鸡迷走神经组织切片，可见细胞核呈蓝色的淋巴细胞浸润结节。(HE，×1 000)　（崔治中）

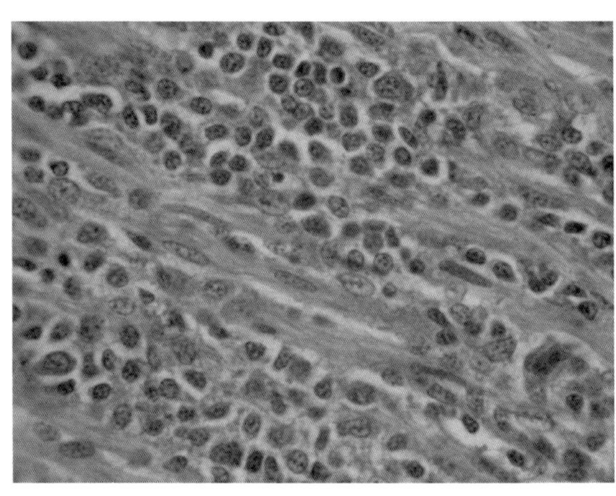

图1-6-70　人工接种强毒鸡迷走神经组织切片，可见细胞核呈蓝色的淋巴细胞浸润结节。(HE，×1 000)　（崔治中）

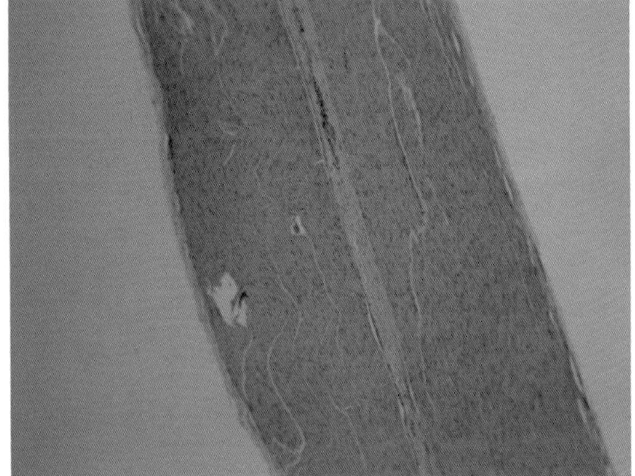

图1-6-71　正常迷走神经组织切片。(HE，×100)　（崔治中）

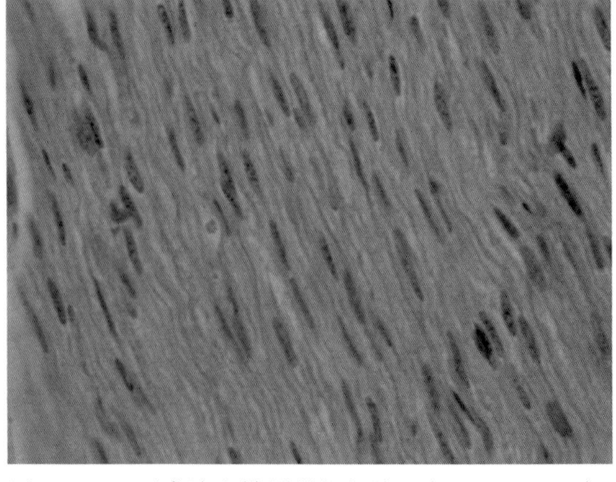

图1-6-72　正常迷走神经组织切片。(HE，×1 000)　（崔治中）

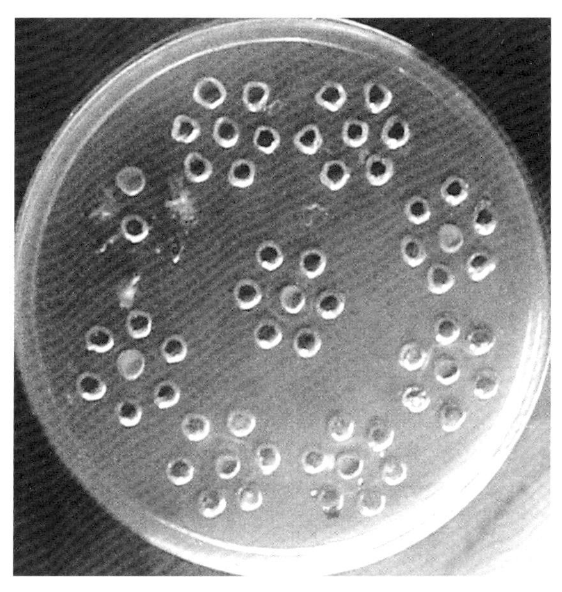

图1-6-73　马立克氏病病鸡羽囊提取物与抗MDV血清间在琼脂扩散沉淀反应中形成沉淀线。

（刘秀梵）

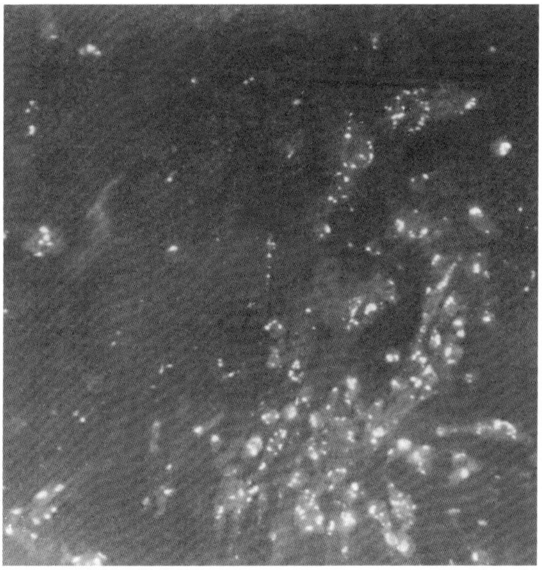

图1-6-74　用对MDV的单克隆抗体做间接荧光抗体试验，显示在感染了MDV的鸡胚成纤维细胞培养单层上出现的病毒蚀斑（黄绿色）。

（刘秀梵）

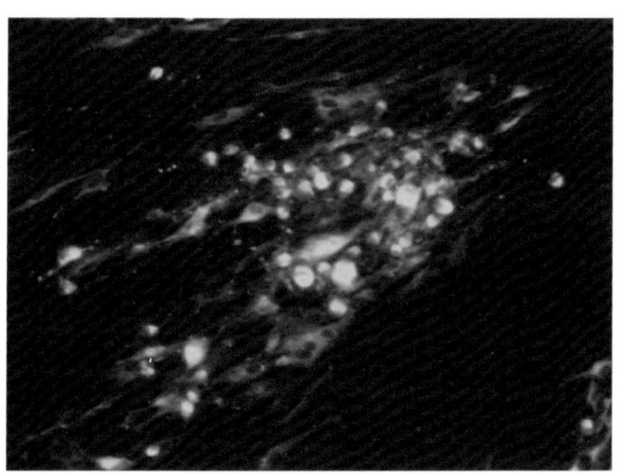

图1-6-75　用对MDV的单克隆抗体做间接荧光抗体试验，显示在感染了MDV的鸡胚成纤维细胞上的病毒蚀斑（黄绿色）。

（崔治中）

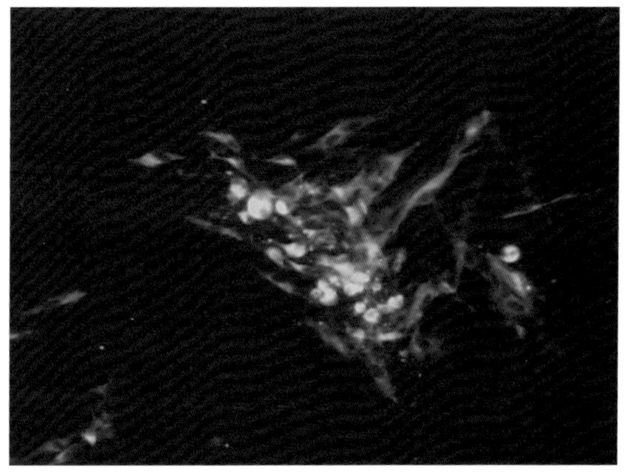

图1-6-76　用对MDV的单克隆抗体做间接荧光抗体试验，显示在感染了MDV的鸡胚成纤维细胞培养单层上出现的病毒蚀斑（黄绿色）。

（崔治中）

第七节　鸡传染性贫血

（一）病原

鸡传染性贫血病毒（CAV）是一种无囊膜的呈二十面体对称的小病毒，直径25～26.5nm，是圆环病毒科（Circoviridae）的一个成员。病毒颗粒中的基因组是1个长度为

2.3kb左右的单股环形DNA。该病毒对多种理化因子的抵抗力很强。

（二）流行病学

CAV既可在鸡群中横向传播，也可通过鸡胚垂直传播。开产前不久或开产后的母鸡如感染该病毒后产生一过性病毒血症期间，可发生垂直传染。在垂直传染的鸡胚孵出的雏鸡或在出壳后数日内传染该病毒的鸡，可在1～2周龄内产生明显的贫血症状，除了生长迟缓外，红细胞显著减少，胸腺萎缩及骨髓色淡甚至呈黄色，严重时导致死亡。2周龄鸡感染后往往不产生明显的贫血病变，但可引起不同程度的免疫抑制而继发其他细菌感染，或导致其他共感染病毒症状和病变加重。近几年的临床观察发现，2～3月龄的鸡群也出现类似传染性贫血的病理变化，是否与致病性增强的CAV相关，还有待进一步研究。

（三）诊断

根据上述流行病学特点可怀疑此病，但最终要通过实验室方法证实该病毒感染的存在。我国鸡群中该病毒感染极为普遍，因此血清抗体检测并不能说明鸡群目前的感染或发病状态。为了证明该病毒感染与鸡群当前发病的关系，必须从发病鸡的病变组织中检测出病毒或分离到病毒。为此，可用CAV特异性核酸探针对病料提取的DNA样品做斑点核酸分子杂交。为了分离病毒，可将病料接种于马立克氏病肿瘤细胞系MSB1细胞，在细胞上盲传5～7代后，MSB1细胞会发生细胞凋亡，或用抗CAV抗体在间接荧光抗体反应中显示CAV抗原。

（四）防控

用CAV弱毒疫苗在规定的日龄范围内进行免疫接种，可在免疫种鸡群诱发无症状感染和抗体形成，从而为下一代提供母源抗体，起到预防CAV感染引发疾病的作用。

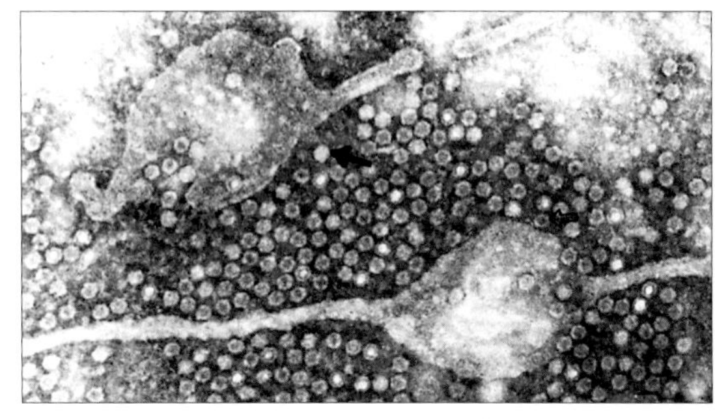

图1-7-1 在感染马立克氏病病毒（MDV）的鸡胚成纤维细胞中，见到了大量的CAV粒子，该粒子分为空心和实心粒子（箭头）。负染色。表明CAV可能与MDV混合感染。

（李成）

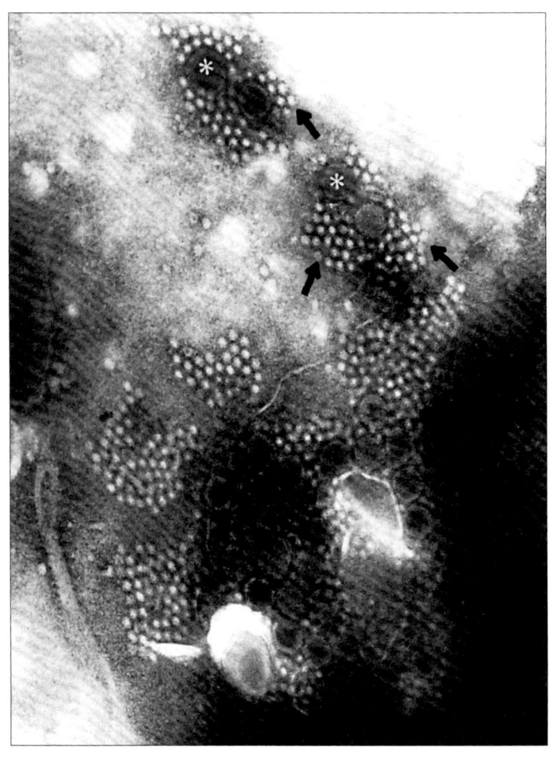

图1-7-2 在感染传染性法氏囊病病毒（IBDV）的鸡胚成纤维细胞中，可观察到许多传染性贫血病毒粒子（箭头），少量的IBDV粒子（*）。负染色。表明CAV可能与IBDV混合感染。（李成）

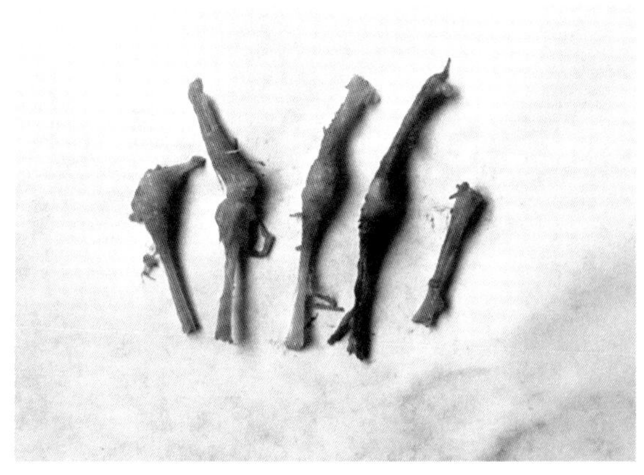

图1-7-3　鸡传染性贫血患鸡，骨髓从正常的深红色变为粉红色甚至黄色。（崔治中）

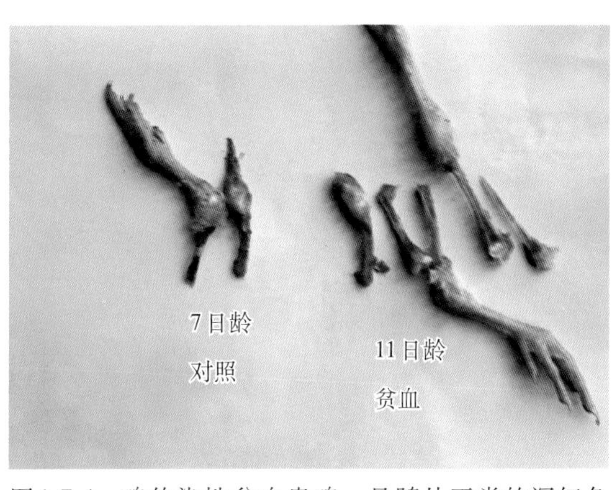

图1-7-4　鸡传染性贫血患鸡，骨髓从正常的深红色变为粉红色甚至黄色。（崔治中）

图1-7-5　用鸡传染性贫血患鸡骨髓和胸腺悬液经氯仿处理后，人工接种8日龄鸡胚，出壳后8日龄死亡鸡。见翅部皮下及不同部位肌肉出血，股骨纵切面上骨髓呈黄色。（崔治中）

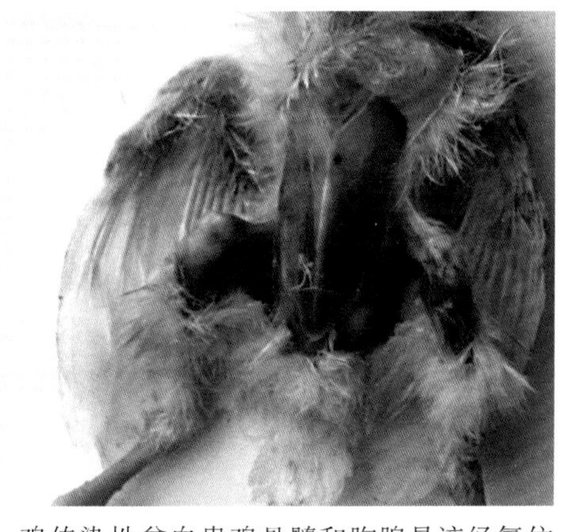

图1-7-6　鸡传染性贫血患鸡骨髓和胸腺悬液经氯仿处理后，人工接种8日龄鸡胚，出壳后9日龄死亡鸡。见翅部皮下、大腿和胸部肌肉严重出血。（崔治中）

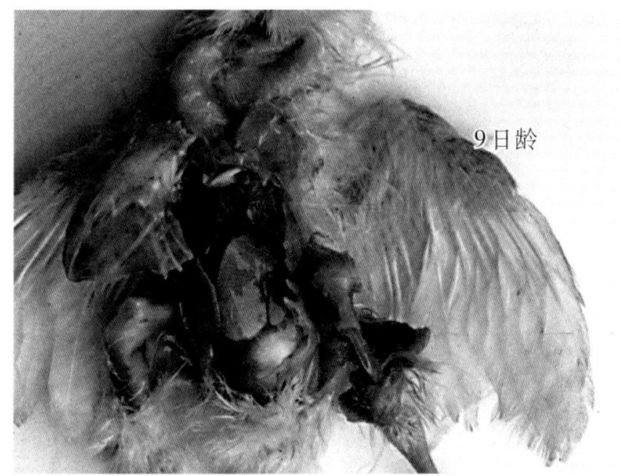

图1-7-7　与图1-7-6同一只鸡，见胸腺出血，肝脏色泽变黄，剖开左侧股骨后，骨髓呈粉红色。（崔治中）

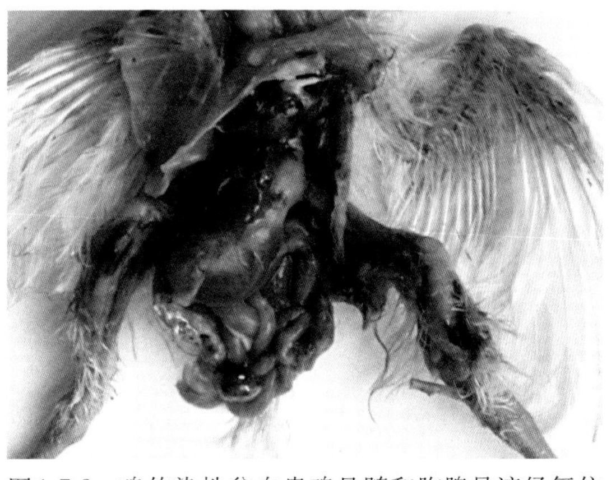

图1-7-8　鸡传染性贫血患鸡骨髓和胸腺悬液经氯仿处理后，人工接种鸡胚，出壳后9日龄死亡鸡，见大腿肌肉大片出血，胸腺出血、萎缩。（崔治中）

图1-7-9　与图1-7-8同一只鸡，右侧股骨切开后见骨髓呈黄色。（崔治中）

图1-7-10　经鸡胚感染后，13日龄死亡鸡，见大腿肌肉大片出血，胸腺萎缩。（崔治中）

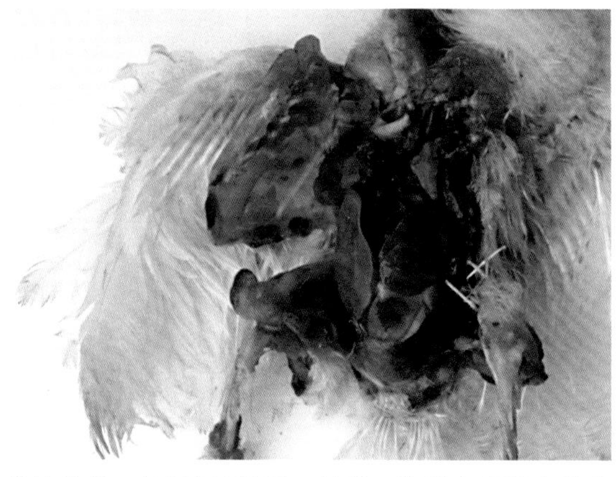

图1-7-11　与图1-7-10同一只鸡，胸骨内表面大片出血，两侧胫骨切开后骨髓呈淡黄色。

（崔治中）

图1-7-12　经鸡胚感染的14日龄死亡鸡，胸腺出血，嗉囊有出血痕迹，肝呈黄色，股骨切开后骨髓呈黄色。（崔治中）

图1-7-13　鸡传染性贫血患鸡，红细胞压积较正常显著减少。（刘忠贵）

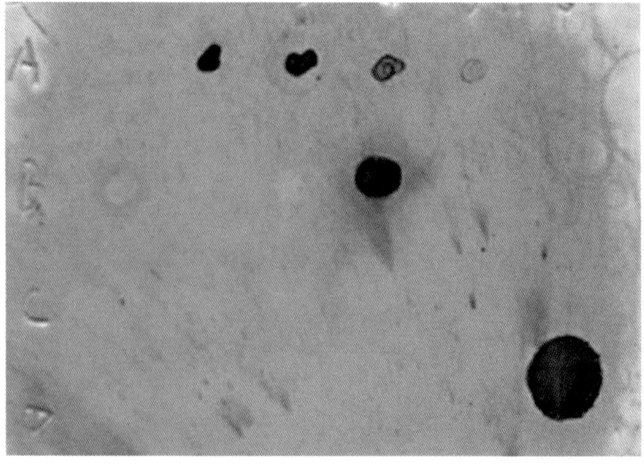

图1-7-14　用CAV特异性核酸探针对疑似病鸡的胸腺骨髓或脾脏组织中提取的DNA做核酸分子斑点杂交。图中蓝斑为强阳性反应。

（崔治中）

第八节　鸡传染性法氏囊病

（一）病原

本病的病原为传染性法氏囊病病毒（IBDV）。本病毒属于双股双节RNA病毒科，双股双节RNA病毒属。本病毒为单层衣壳，无囊膜的病毒粒子，呈二十面体立体对称。本病毒在外界环境中极为稳定，能够在鸡舍内长期存在。本病毒对一般酸性消毒剂能耐受，碱性消毒剂能较快将其杀灭。

（二）流行病学

该病为高度接触性传染病。病鸡是主要传染源，其粪便中含有大量的病毒。病毒通过被污染的环境、饲料、饮水、垫料、粪便、用具、衣物、昆虫等传播，不经过彻底、有效的隔离和消毒很难控制。

不同品种的鸡均可感染发病，高发日龄在3 ～ 6周龄之间，特别是30日龄左右当母源抗体消失后最易发生。鸡群自然感染该病后，多表现为精神沉郁，羽毛粗乱，采食减少，一些病鸡出现腹泻。本病发病率很高，但死亡率随野毒株的毒力不同而有很大差异，从10%到80%以至90%不等。当有继发感染或合并感染时，死亡率将会显著提高。明显的死亡高峰多发生在显现症状后2 ～ 4d内，多数鸡群在发病后6 ～ 7d病情趋于平稳。一些超强毒株，不仅可在3 ～ 5周龄的易感鸡引起70%～ 90%的死亡率，且对3 ～ 4月龄鸡仍有致病性和一定的致死率。鸡场一旦暴发本病，如不采取有效的疫苗预防，以后每批雏鸡均有被感染的危险。

（三）病理变化

发病后急性死亡鸡法氏囊肿大，腔内充满混浊黏液，囊腔黏膜不同程度出血。严重时法氏囊的浆膜下可见水肿和出血。病程较长的病死鸡或病愈后鸡的法氏囊萎缩、变小，囊腔内有干酪样渗出物，甚至形成痂。肾脏肿大、苍白，小叶灰白色，有尿酸盐沉积，有时也可能呈现出花斑肾。腺胃黏膜出血或腺胃乳头环形出血。病死鸡皮下干燥，胸肌和两腿外侧肌肉出血。日龄过小或日龄较大的鸡群发病时，病变较轻或不典型，肌肉出血不明显。

病鸡法氏囊淋巴滤泡间质增宽，淋巴细胞坏死脱落，大部分间质细胞增生，淋巴细胞外溢，血管内皮细胞肿胀。正常法氏囊淋巴滤泡结构完整，排列紧密。

（四）诊断

琼脂凝胶沉淀试验（AGP）：琼脂扩散试验能用于检测康复鸡的IBDV的群特异性抗体。可采集接种后3 ～ 4d的法氏囊匀浆制备抗原，法氏囊匀浆用灭菌盐水作1 ∶ 1混匀，反复冻融3次，并于300r/min低速离心，吸出上清液作抗原。试验时，对待检血清进行两倍系列稀释。沉淀抗体在感染后的7 ～ 10d可被检出，并且维持在1年以上。也可用标准血清来检测IBDV群特异性抗原。

与新城疫的区别：后者没有肌肉出血，也没有肾脏和法氏囊的特征病变。

与磺胺类药物、霉菌毒素中毒相区别：二者虽可见肌肉出血，但法氏囊无明显病变，而且有饲喂药物或发霉饲料的病史。

（五）防控

严格禁止从发病地区、种鸡场或孵化场引进种鸡、雏（苗）鸡或其他鸡；管控鸡场的人流、物流，实施严格的生物安全措施。

给1日龄雏鸡用不同马立克氏病病毒为载体表达的IBDV-VP2活疫苗进行接种；或根据母源抗体水平高低在适当日龄口服IBDV弱毒疫苗2 ～ 3次。

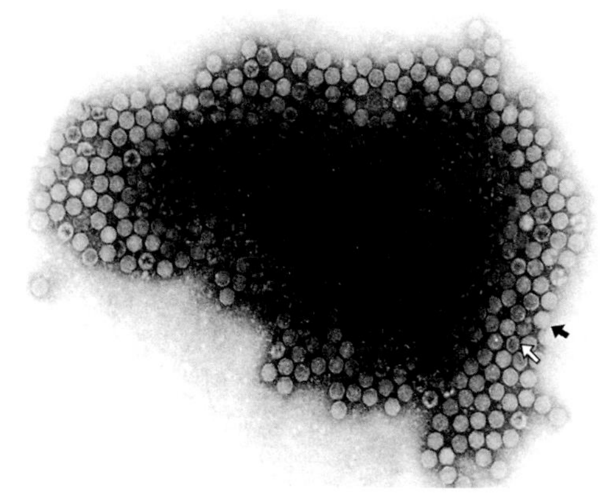

图1-8-1 传染性法氏囊病病毒，在感染的鸡胚成纤维细胞培养物中见到了集堆的六角形IBDV粒子，其中分实心（⇧）和空心粒子（⬆），负染色。（李成）

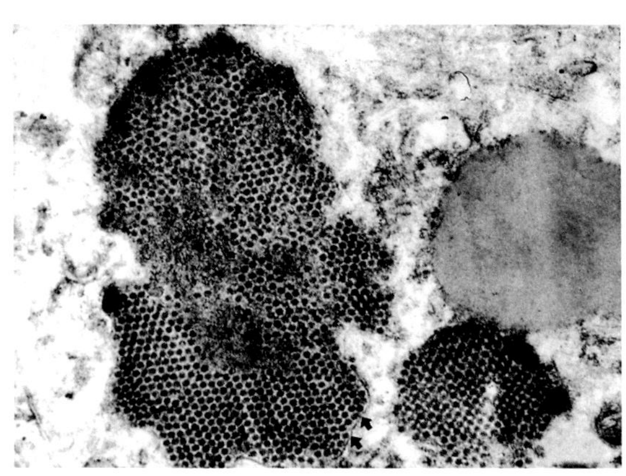

图1-8-2 传染性法氏囊病病毒，在感染的鸡胚成纤维细胞质中，观察到晶格排列的病毒粒子（箭头），超薄切片。（李成）

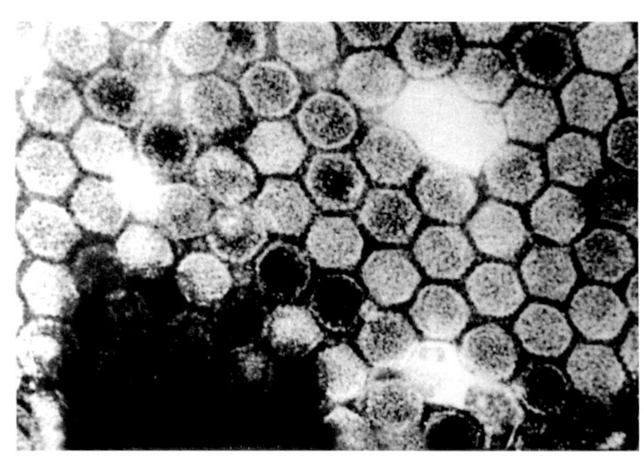

图1-8-3 鸡传染性法氏囊病病毒粒子的电镜照片。（×500 000）（曲连东）

图1-8-4 鸡传染性法氏囊病发病鸡精神高度沉郁，羽毛逆立，伏地无力。（王笑梅）

图1-8-5 人工感染超强毒IBDV后3d，部分鸡死亡，部分鸡精神沉郁。（崔治中）

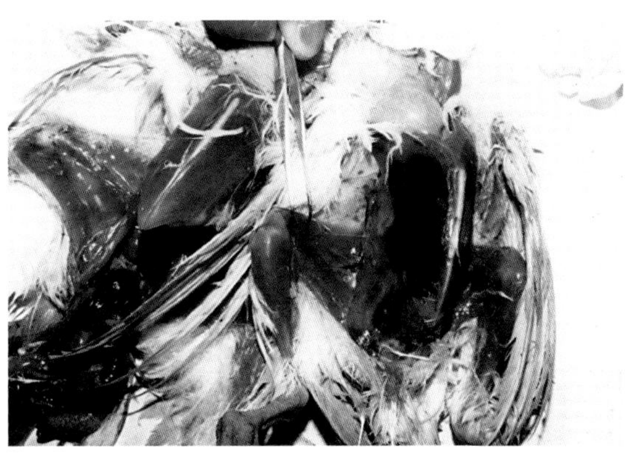
图1-8-6 鸡传染性法氏囊病发病鸡胸肌及腹壁肌肉大片出血，另一只鸡法氏囊出血肿大如紫葡萄样。（崔治中）

图1-8-7 鸡传染性法氏囊病发病鸡两腿外侧肌肉出血。（李广兴）

图1-8-8 鸡传染性法氏囊病发病鸡法氏囊肿大，浆膜出血。（李广兴）

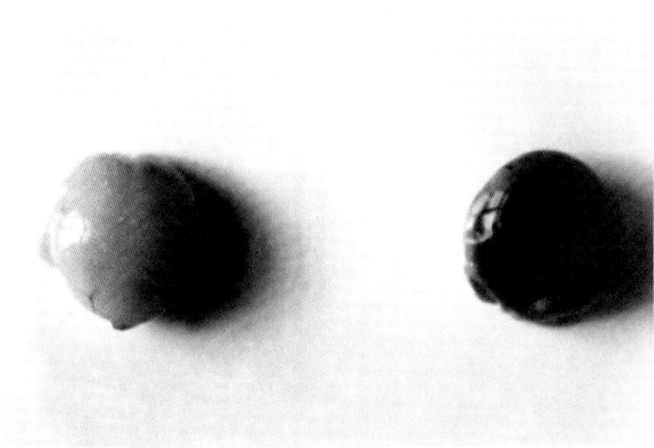
图1-8-9 鸡传染性法氏囊病发病鸡法氏囊浆膜出血。（左为正常）（王笑梅、王秀荣）

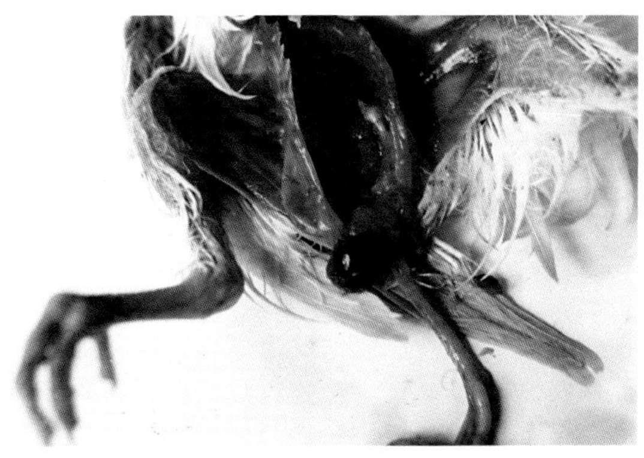
图1-8-10 鸡传染性法氏囊病发病鸡法氏囊肿大出血如紫葡萄样。（崔治中）

图1-8-11　鸡传染性法氏囊病病鸡切开的法氏囊显示黏膜面出血。（崔治中）

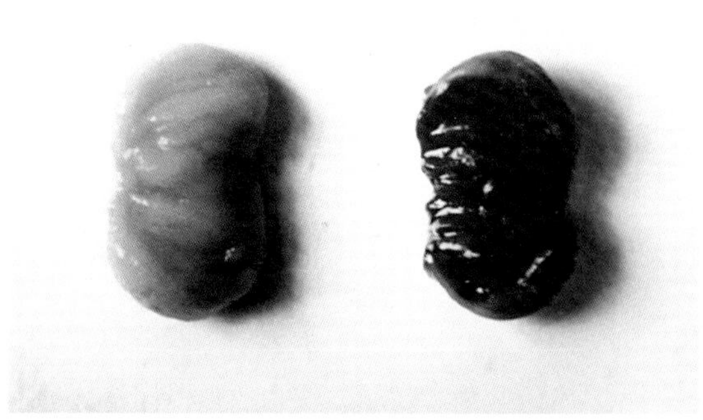

图1-8-12　发病鸡法氏囊黏膜出血（左为正常）。（李广兴）

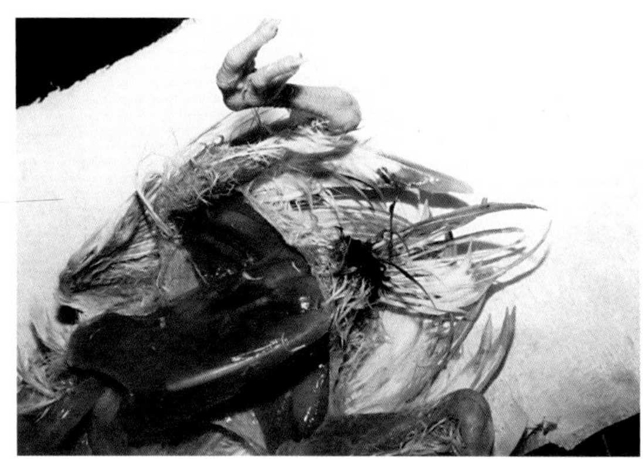

图1-8-13　鸡传染性法氏囊病临床症状，法氏囊出血，流出至泄殖腔外。（崔治中）

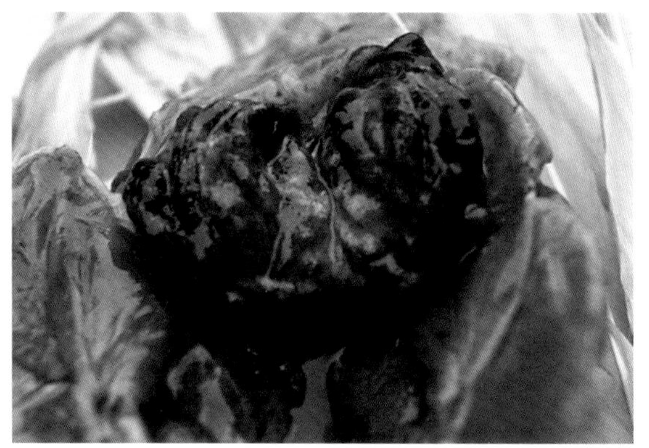

图1-8-14　鸡传染性法氏囊病发病鸡法氏囊肿大、黏膜出血。（王笑梅）

图1-8-15　发病鸡法氏囊黏膜出血。（李广兴）

图1-8-16　5周龄SPF鸡人工感染超强毒IBDV后3～4d，胸肌和大腿肌肉出血。（崔治中）

图1-8-17　5周龄SPF鸡人工感染超强毒IBDV后3～4d，不同出血表现的法氏囊。（崔治中）

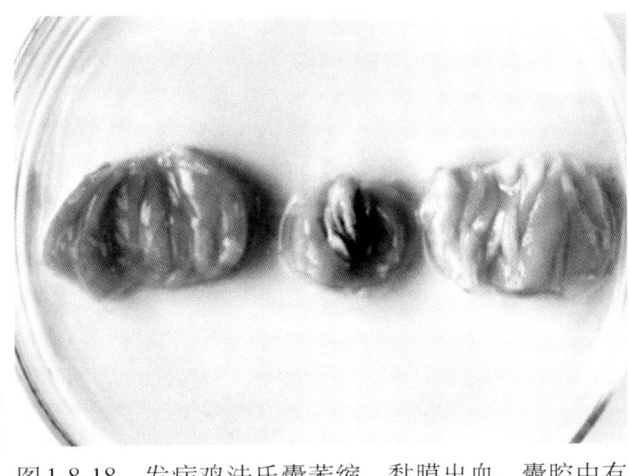

图1-8-18　发病鸡法氏囊萎缩，黏膜出血，囊腔中有干酪样渗出（左、右为正常）。（王笑梅、王秀荣）

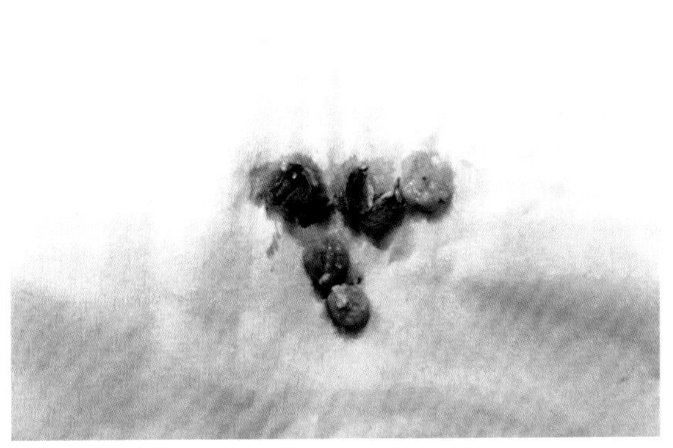

图1-8-19　SPF鸡人工感染IBDV后，7d死亡或康复鸡法氏囊萎缩，剖开后腔内见干酪样物质。（崔治中）

图1-8-20　鸡传染性法氏囊病发病鸡法氏囊水肿，肾脏肿大、小叶灰白色。（王笑梅）

图1-8-21　鸡传染性法氏囊病发病鸡法氏囊水肿，肾脏肿大、有尿酸盐沉积。（王笑梅）

图1-8-22　6周龄SPF鸡人工感染超强毒IBDV后3～4d死亡鸡，腺胃黏膜出血，法氏囊极度肿大出血。（崔治中）

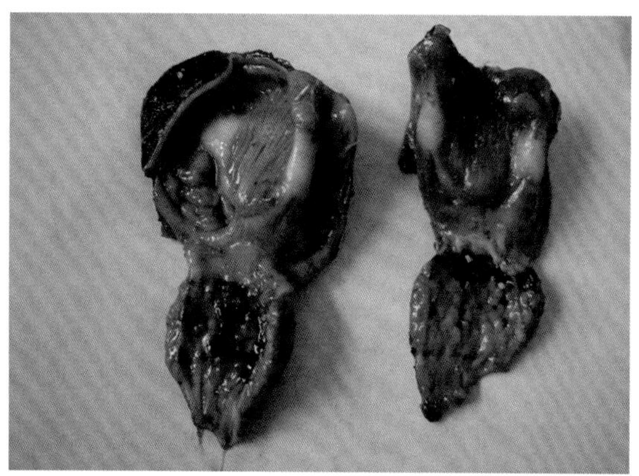

图1-8-23　6周龄SPF鸡人工感染超强毒IBDV后3～4d死亡鸡，腺胃黏膜出血。

（崔治中）

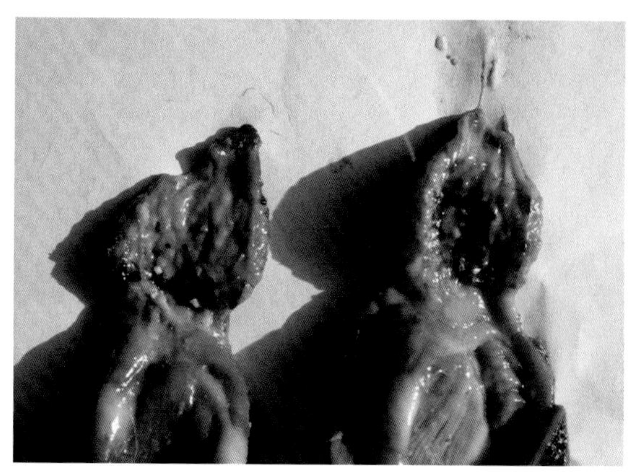

图1-8-24　6周龄SPF鸡人工感染超强毒IBDV后3～4d死亡鸡，腺胃黏膜出血。

（崔治中）

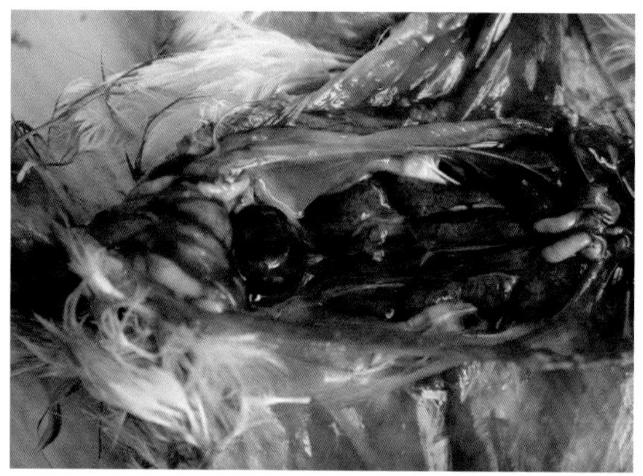

图1-8-25　6周龄SPF鸡人工感染超强毒IBDV后3～4d死亡鸡，法氏囊肿大，肾脏肿大，肾小管有尿酸盐沉积，现出花斑肾。

（崔治中）

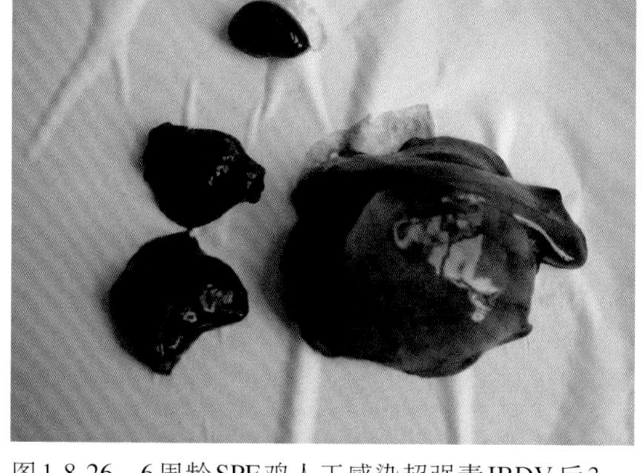

图1-8-26　6周龄SPF鸡人工感染超强毒IBDV后3～4d死亡鸡，见肝脏变性，部分肝叶呈土黄色，脾脏淤血肿大（左上），肺出血（左中），法氏囊肿大，浆膜面出血（左下）。

（崔治中）

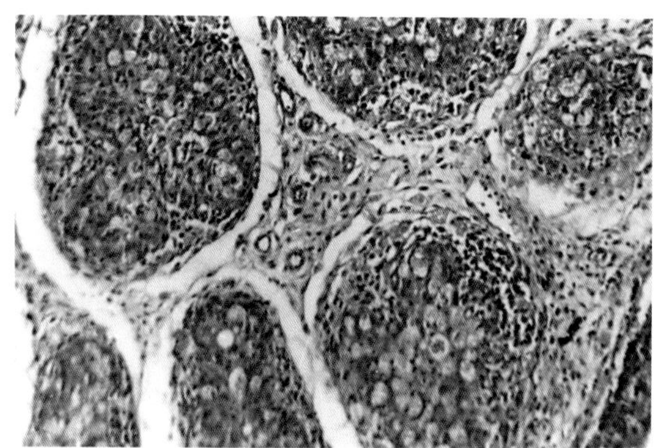

图1-8-27　传染性法氏囊病发病鸡法氏囊淋巴滤泡间质增宽，淋巴细胞坏死脱落，大部分间质细胞增生，淋巴细胞外溢，血管内皮细胞肿胀。（HE，×200）　（王笑梅、王秀荣）

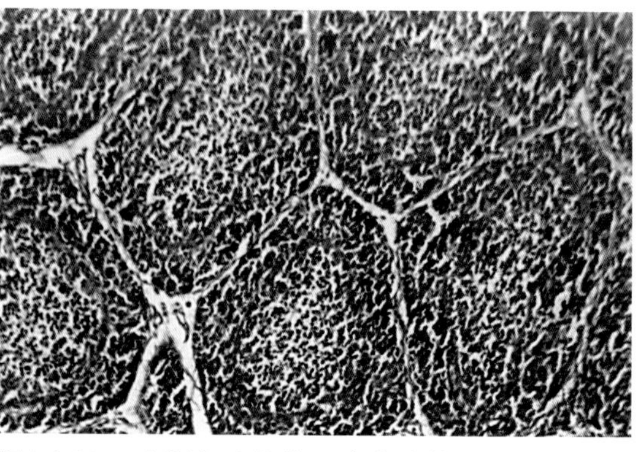

图1-8-28　正常法氏囊淋巴滤泡结构完整，排列紧密。（HE，×200）　（王笑梅、王秀荣）

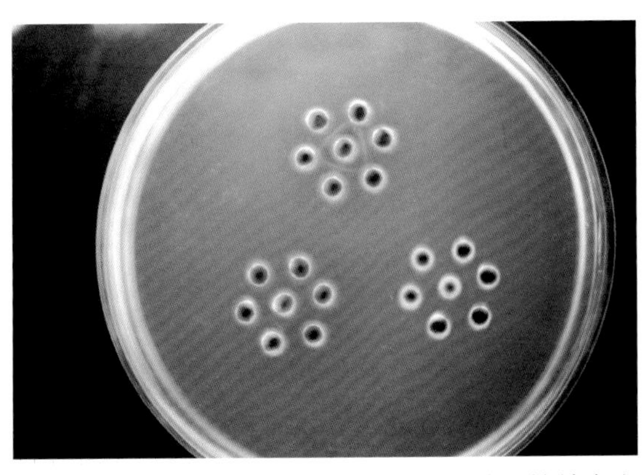

图1-8-29　传染性法氏囊病抗原、抗体特异性结合出现的沉淀线。（王笑梅）

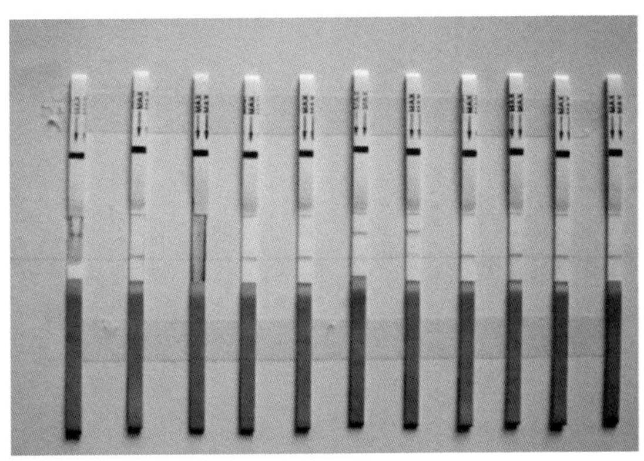

图1-8-30　用IBDV抗原检测试纸条从病鸡法氏囊悬液中直接检出病毒感染。（崔治中）

第九节　鸡传染性脑脊髓炎

（一）病原

鸡传染性脑脊髓炎（AE）的病原是禽脑脊髓炎病毒（AEV），属于微核糖核酸病毒科肠道病毒属。病毒粒子直径24 ～ 32nm，正二十面体，无囊膜，无表面纤突，含有32或42个壳粒。病毒对有机溶剂如氯仿、乙醚有抵抗力。

（二）发病和流行病学

本病既可通过种蛋垂直传播，也可通过接触传染水平传播，垂直传播的潜伏期1 ～ 7d，水平传播的潜伏期10 ～ 30d。但症状多发生于开产前后感染种蛋鸡所产蛋孵出的雏鸡，多在1 ～ 2周龄发病，2 ～ 4周龄为死亡高峰，感染严重的鸡群发病率可高达100%，死亡率有时可达95%。母源抗体消失后，成年鸡可在不同时期感染该病毒，并可产生一过性病毒血症，如发生在产蛋鸡，则可引起短暂产蛋下降，产出的蛋可能导致孵出的雏鸡发生垂直感染。

（三）临床症状

雏鸡发病初期精神不振，不愿走动或走动几步就蹲下来，随后出现共济失调，头颈扭曲，步态异常，轰赶时，行走动作不能控制，有时扑打翅膀，以跗关节和胫关节着地行走，但仍保持正常的饮食欲，甚至下肢瘫痪。患病雏鸡羽毛逆立，头颈震颤。

耐过鸡，生长发育迟缓，一侧或两侧眼球晶状体浑浊褪色，内有絮状物，眼球增大失明，瞳孔光反应弱。产蛋鸡群感染后，采食、饮水、死淘率等无明显异常，仅表现为一过性（约2周时间）产蛋下降，产蛋曲线呈V形，下降幅度5%～ 15%，产蛋下降期间，蛋壳颜色、硬度、大小均无异常。

（四）病理变化

病鸡死亡后通常不表现典型的剖检病变，但有时可见病雏大脑水肿或积水。用病毒感染鸡胚也会造成胚体脑水肿。

组织学变化主要见于中枢神经系统，在血管周围出现炎性细胞浸润及神经元细胞变性。但在其脏器中也会出现类似病变。

（五）诊断

1.病毒分离 取发病雏鸡的脑、胰和十二指肠，经匀浆、冻融、无菌等处理后，经卵黄囊接种5～7日龄SPF鸡胚，继续孵化，除少数鸡胚发育受影响外，产生弱雏，多数仍可出壳。若雏鸡出现典型的头颈震颤，共济失调症状，即可做出初步诊断。

2.琼脂扩散试验 用禽脑脊髓炎标准琼扩抗原检测康复鸡体内有无禽脑脊髓炎抗体，若从非免疫鸡群中测出禽脑脊髓炎抗体，则证明此鸡群感染过禽脑脊髓炎病毒。

3.鉴别诊断 要注意与产生类似症状的病相区别，如新城疫、维生素E缺乏症及聚醚类抗生素、氟喹诺酮类药物中毒等。

（六）防控

种鸡在开产前用鸡脑脊髓炎灭活疫苗免疫接种，可为雏鸡提供母源抗体，预防雏鸡感染发病。

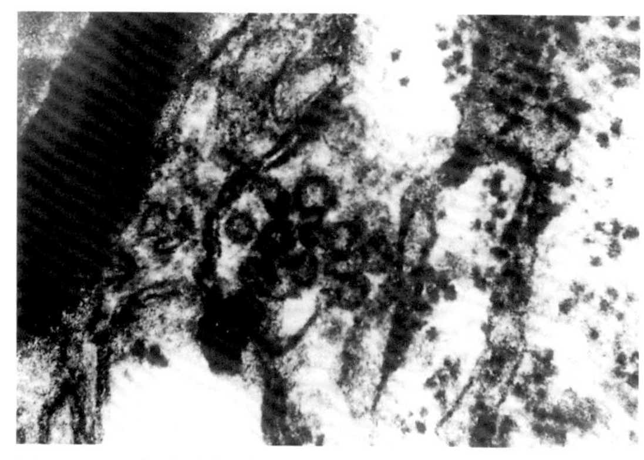

图1-9-1 在感染细胞的细胞质中见到的形态一致的圆形禽脑脊髓炎病毒粒子，直径24～32nm，无囊膜。（电镜观察，×50 000）

（张知良、黄建芳）

图1-9-2 AE病鸡，表现为神经症状，两腿麻痹，不能站立。（刁有祥）

图1-9-3 AE病鸡，表现为神经症状，两腿半麻痹，向两侧叉开，不能站立。（刁有祥）

图1-9-4 AE病鸡，表现为神经症状，两腿麻痹，不能站立或向两侧叉开。（刁有祥）

图1-9-5　AE病鸡羽毛粗乱，头颈震颤。
（范根成）

图1-9-6　病鸡一侧眼球晶状体浑浊，内有絮状物。
（范根成）

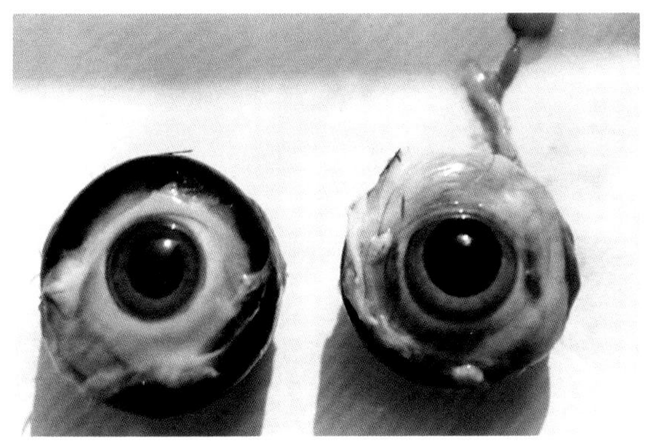
图1-9-7　病鸡两侧眼球比较，其中一侧眼球晶状体浑浊。（范根成）

图1-9-8　12日龄自然发病鸡，两肢麻痹，瘫痪。
（张知良、黄建芳）

图1-9-9　12日龄自然发病鸡，头颈扭曲。
（张知良、黄建芳）

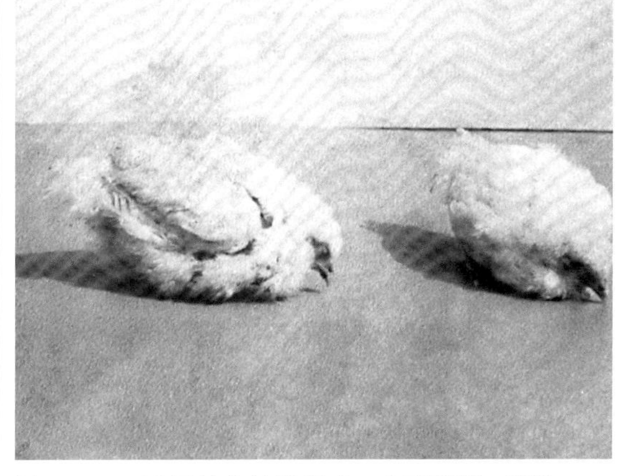
图1-9-10　22日龄自然发病鸡，头颈震颤、脚软。
（张知良、黄建芳）

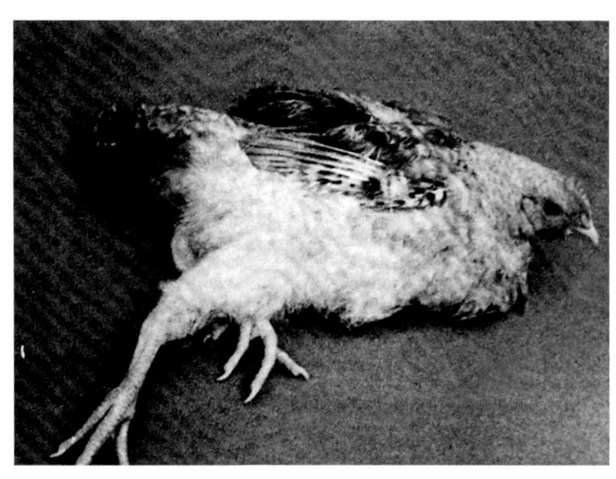

图1-9-11　53日龄自然发病鸡，头颈震颤、轻瘫。（张知良、黄建芳）

图1-9-12　10日龄患病雏鸡，两肢瘫痪或半瘫痪，用跗关节行走。（张知良、黄建芳）

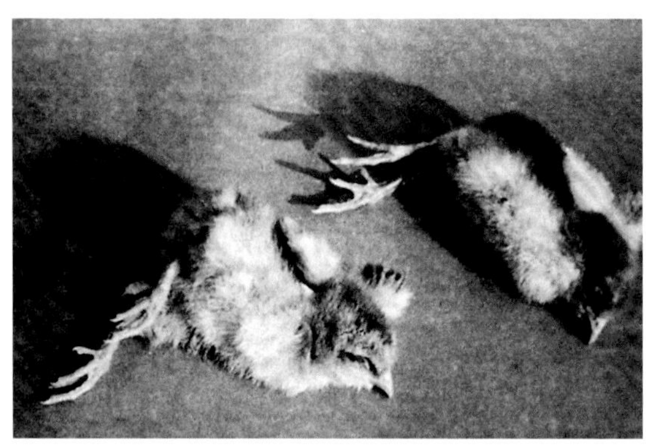

图1-9-13　10日龄患病雏鸡，两肢麻痹、瘫痪。（张知良、黄建芳）

图1-9-14　病雏两肢瘫痪但仍有食欲。（张知良、黄建芳）

图1-9-15　脑内人工接种发病鸡，具有轻瘫、麻痹症状。（张知良、黄建芳）

图1-9-16　鸡胚卵黄囊人工接种后发病鸡，具有轻瘫、麻痹、头颈震颤的症状。（张知良、黄建芳）

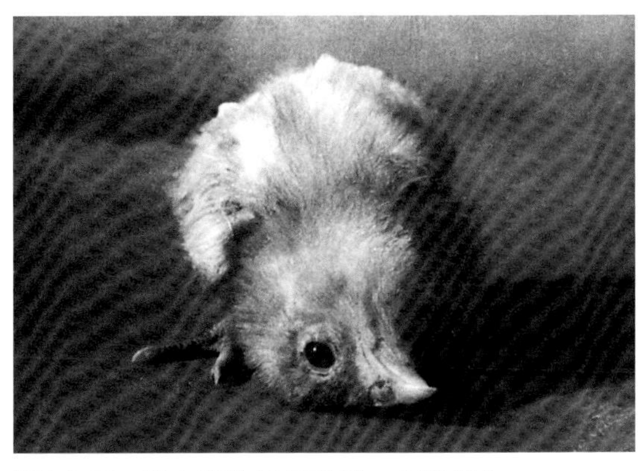

图1-9-17　脑内接种13日龄雏，头颈扭曲。

（张知良、黄建芳）

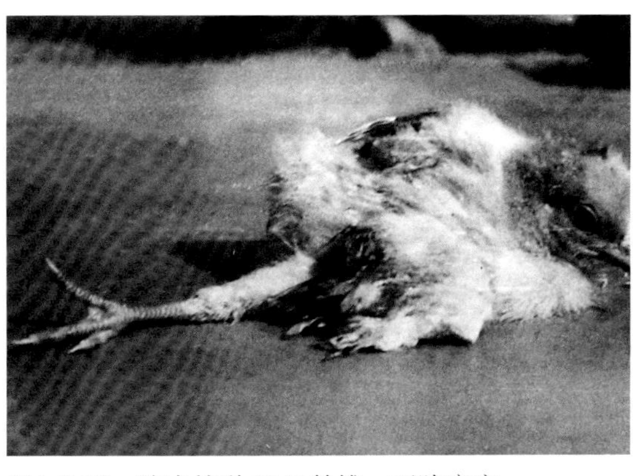

图1-9-18　脑内接种13日龄雏，两肢瘫痪。

（张知良、黄建芳）

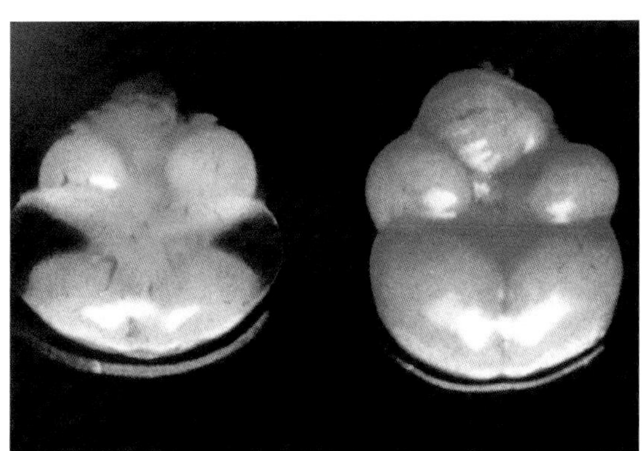

图1-9-19　患病雏鸡大脑水肿。（范根成）

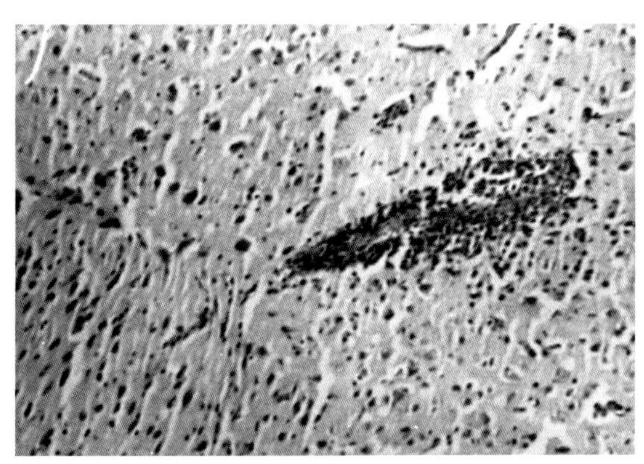

图1-9-20　大脑实质血管周围以单核细胞为主的淋巴细胞浸润。（HE，×80）

（张知良、黄建芳）

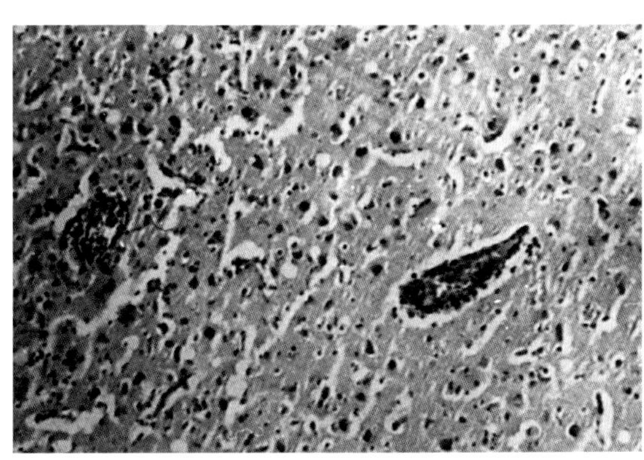

图1-9-21　大脑实质的“袖套”样浸润与神经胶质细胞增生。（HE，×80）

（张知良、黄建芳）

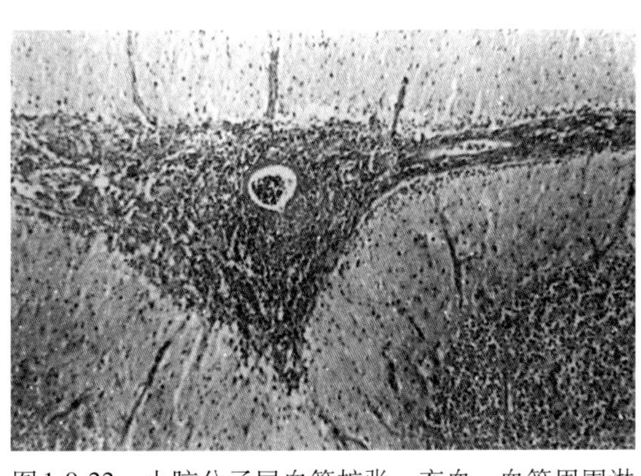

图1-9-22　小脑分子层血管扩张、充血，血管周围淋巴细胞大量浸润。（HE，×80）

（张知良、黄建芳）

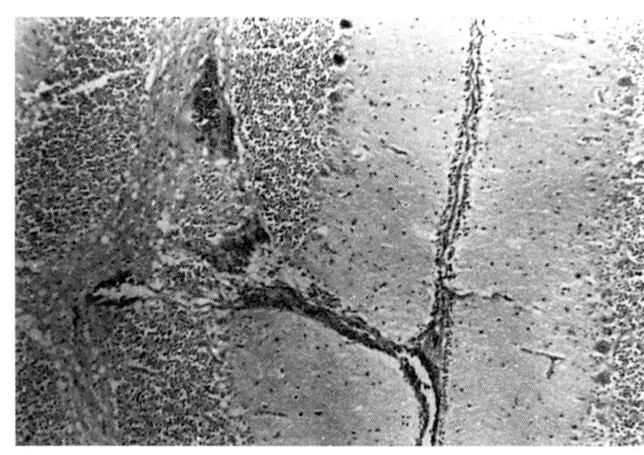

图1-9-23　小脑分子层一扩张的血管，周围有淋巴细胞浸润。（HE，×80）

（张知良、黄建芳）

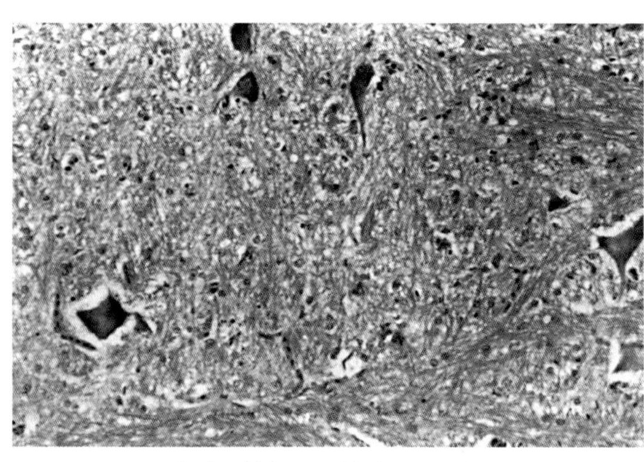

图1-9-24　腰部脊髓神经元的中心中央染色质正在溶解。（HE，×156）

（张知良、黄建芳）

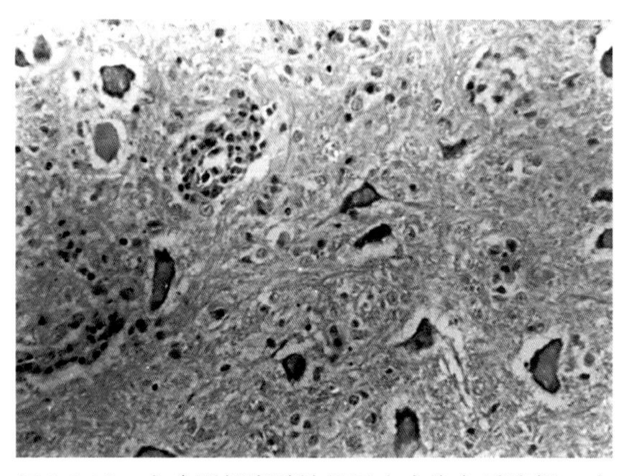

图1-9-25　小鸡腰部脊髓神经元中央染色质溶解，血管周围淋巴细胞浸润。（HE，×250）

（张知良、黄建芳）

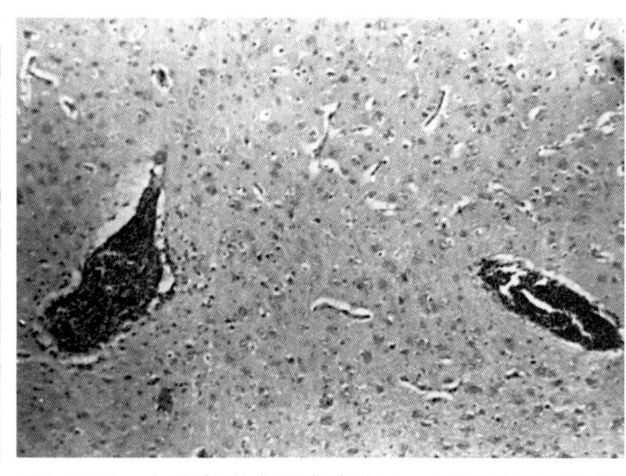

图1-9-26　大脑实质血管高度充血，周围淋巴细胞浸润。（HE，×80）　（张知良、黄建芳）

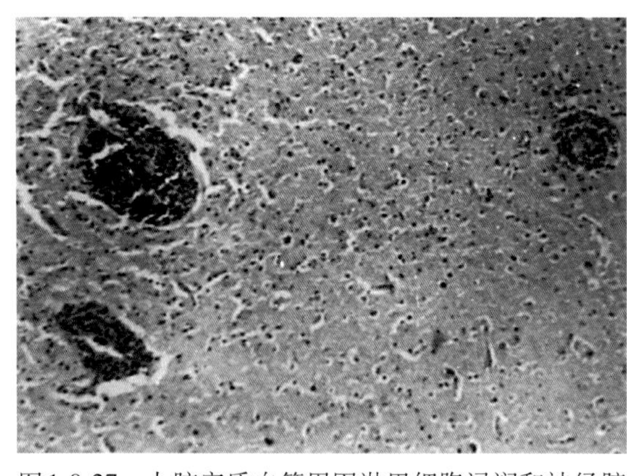

图1-9-27　大脑实质血管周围淋巴细胞浸润和神经胶质细胞增生。（HE，×100）

（张知良、黄建芳）

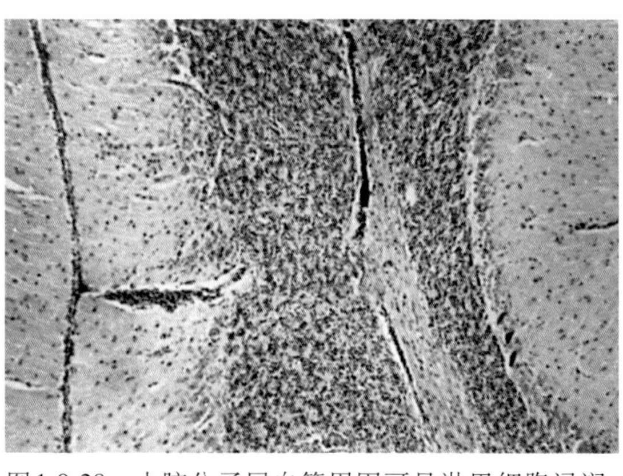

图1-9-28　小脑分子层血管周围可见淋巴细胞浸润。（HE，×80）　（张知良、黄建芳）

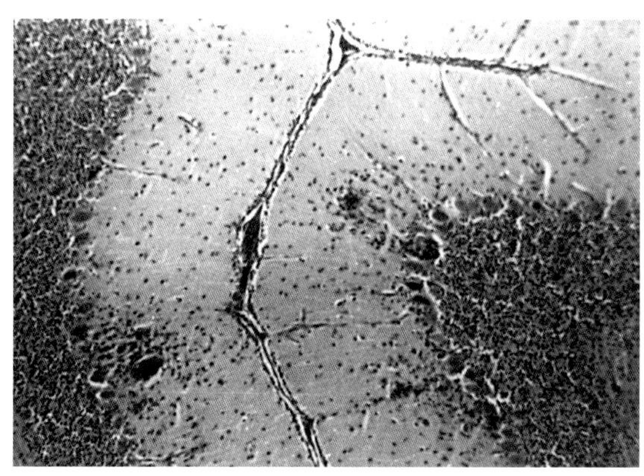

图1-9-29　小脑灰质神经胶质细胞呈结节样增生。(HE，×80)　（张知良、黄建芳）

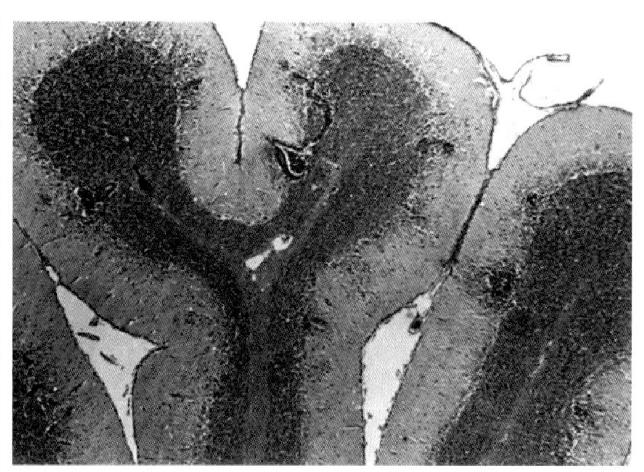

图1-9-30　小脑血管的周围浸润和神经胶质细胞增生（多出现在颗粒层与分子层的交界处）。(HE，×32)　（张知良、黄建芳）

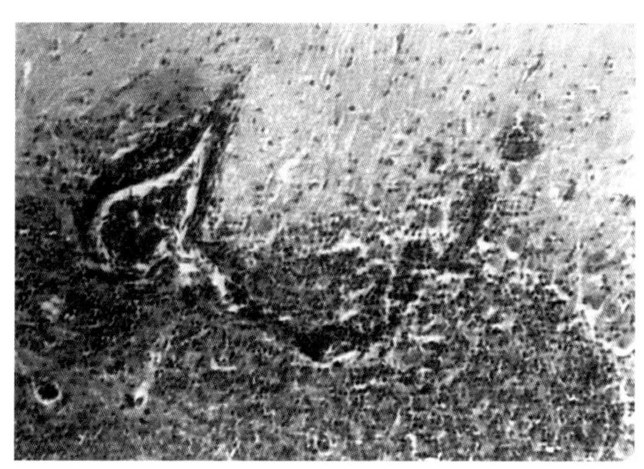

图1-9-31　为图1-9-30的进一步放大，小脑血管的周围浸润和神经胶质细胞增生（多出现在颗粒层与分子层的交界处）。(HE，×125)

（张知良、黄建芳）

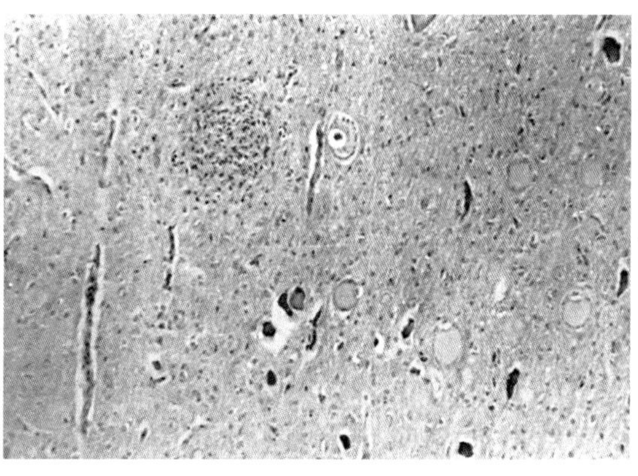

图1-9-32　2日龄患鸡的延髓，可见神经元肿胀，核偏位，有的神经元中央染色质溶解，神经胶质细胞亦弥漫增生。(HE，×100)

（张知良、黄建芳）

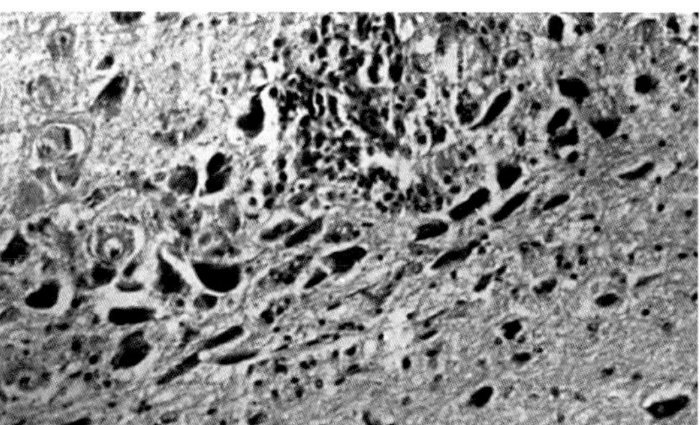

图1-9-33　雏鸡的延髓，神经元肿胀，神经胶质细胞节结性增生。(HE，×156)

（张知良、黄建芳）

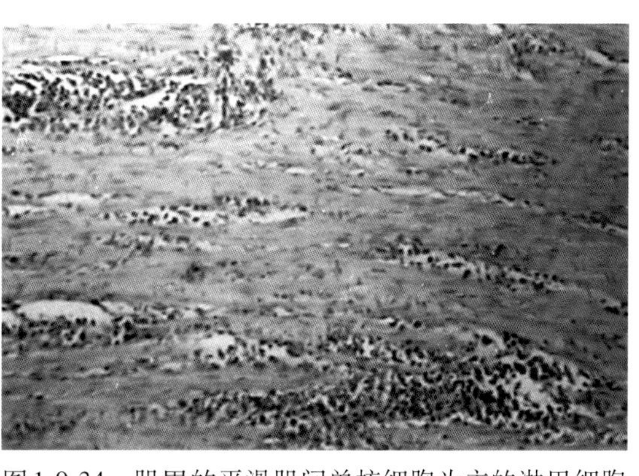

图1-9-34　肌胃的平滑肌间单核细胞为主的淋巴细胞大量浸润。(HE，×39)

（张知良、黄建芳）

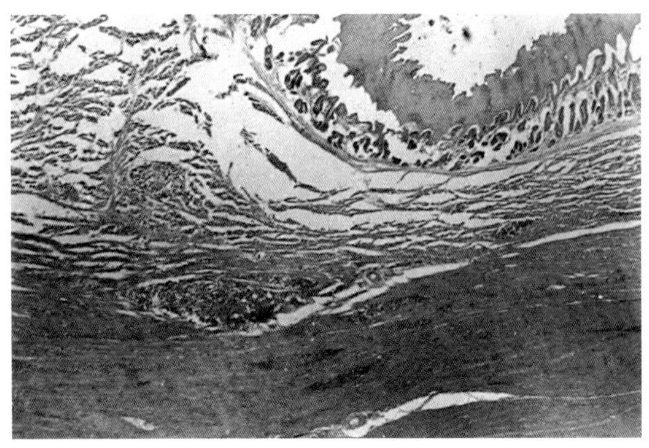

图1-9-35　肌胃肌层单核细胞广泛浸润。(HE，×125)
（张知良、黄建芳）

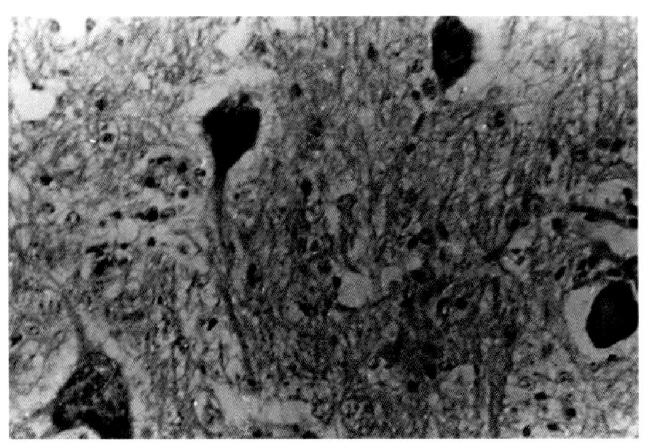

图1-9-36　脊髓大型运动神经元发生轴突反应。右下方一神经细胞中央染色质溶解。(HE，×320)
（张知良、黄建芳）

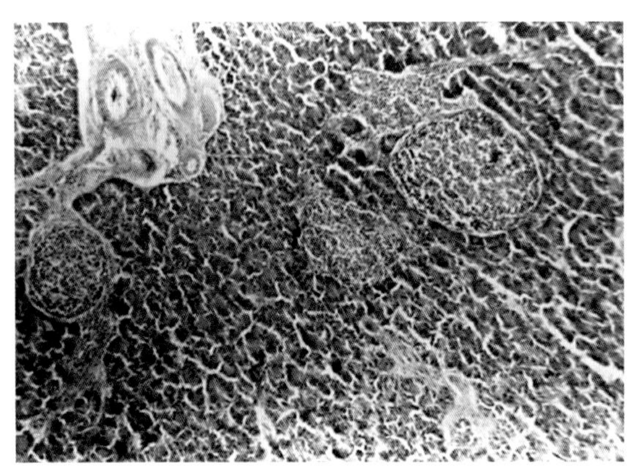

图1-9-37　胰脏中以单核细胞为主的淋巴滤泡。(HE，×80)
（张知良、黄建芳）

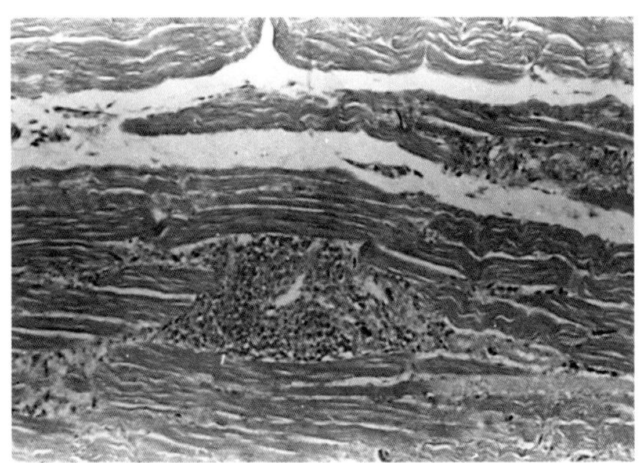

图1-9-38　腿肌中大量单核细胞浸润。(HE，×80)
（张知良、黄建芳）

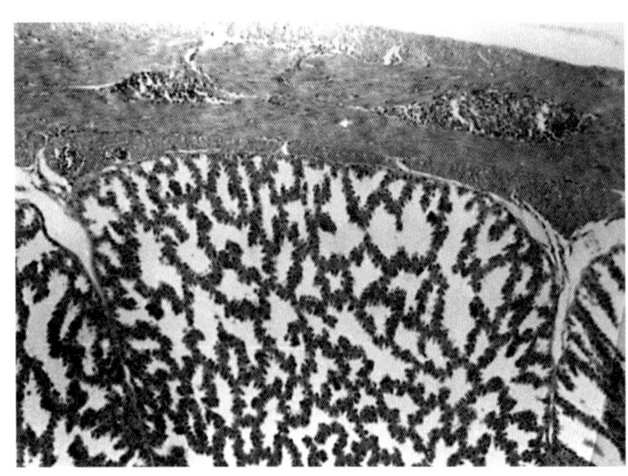

图1-9-39　腺胃肌壁可见稠密的淋巴细胞聚积。(HE，×80)
（张知良、黄建芳）

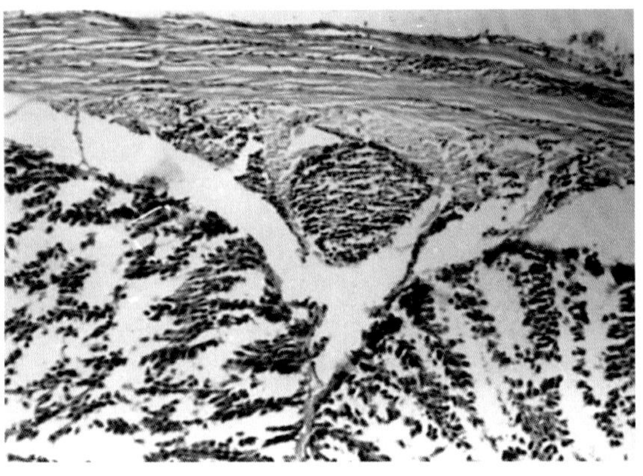

图1-9-40　腺胃肌壁可见稠密的淋巴细胞聚积。(HE，×80)
（张知良、黄建芳）

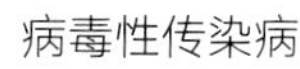

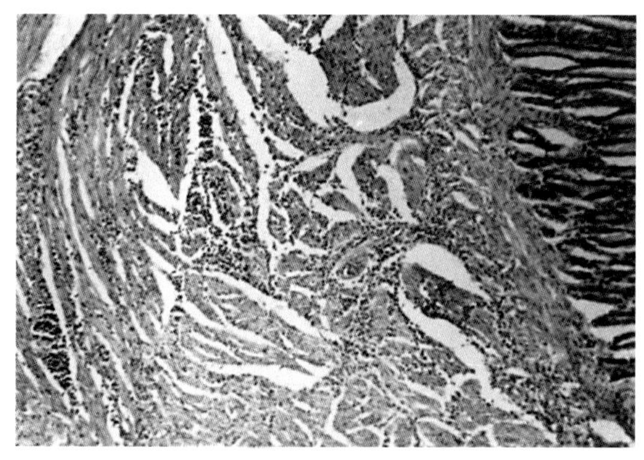

图1-9-41 肌胃壁层的平滑肌间有淋巴细胞广泛浸润。(HE，×80) （张知良、黄建芳）

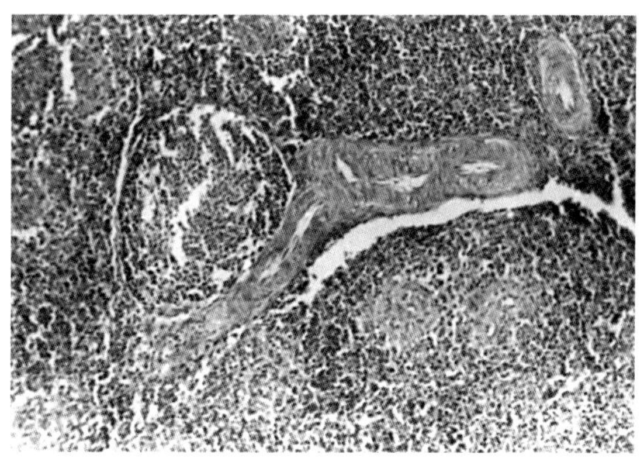

图1-9-42 脾脏中单核细胞增生。(HE，×80) （张知良、黄建芳）

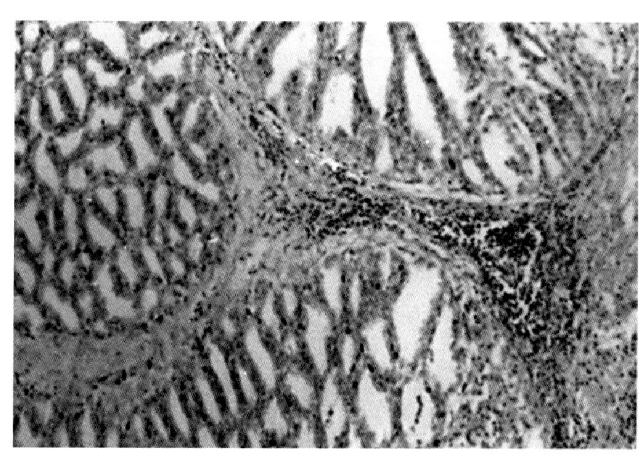

图1-9-43 腺胃的肌壁可见淋巴细胞大量浸润。(HE，×80) （张知良、黄建芳）

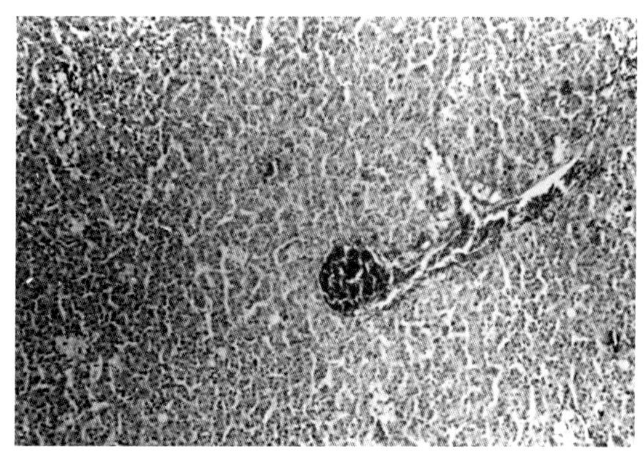

图1-9-44 雏鸡的肝脏，仅有少量淋巴细胞局限浸润。(HE，×80) （张知良、黄建芳）

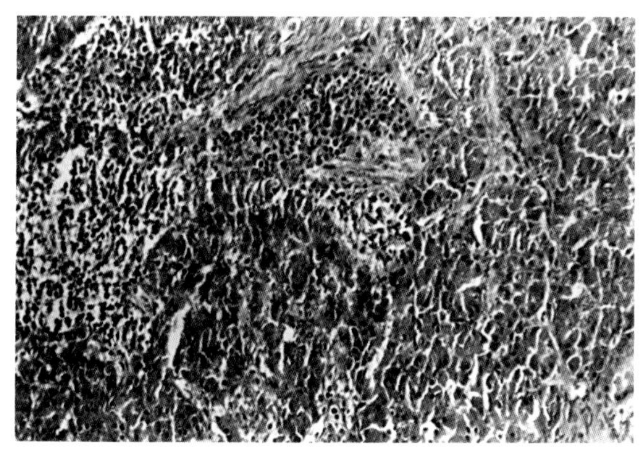

图1-9-45 3日龄雏鸡胰脏有稠密的淋巴细胞聚积。(HE，×156) （张知良、黄建芳）

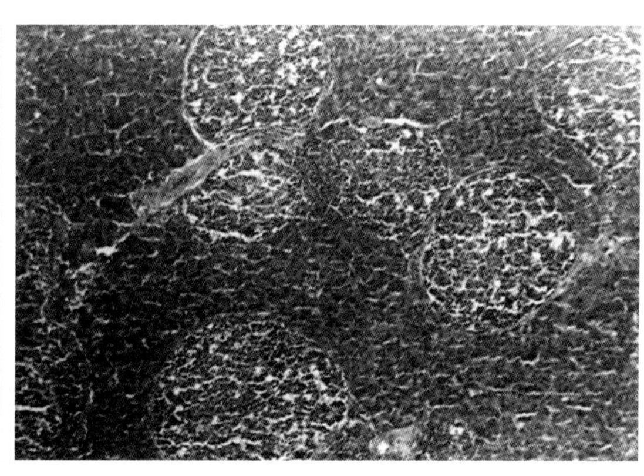

图1-9-46 雏鸡的胰脏，可见有数个淋巴细胞。(HE，×80) （张知良、黄建芳）

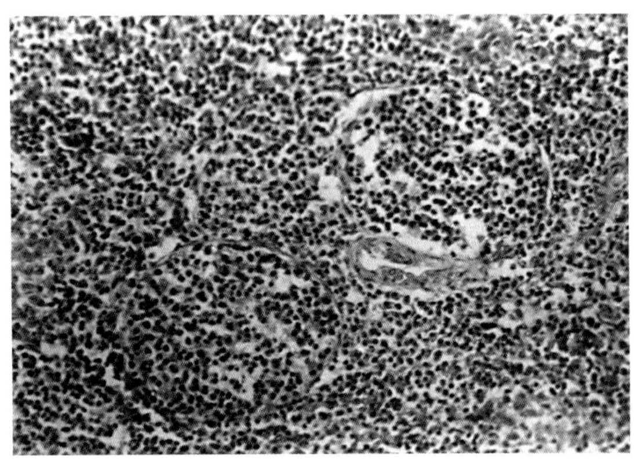

图1-9-47　脾脏的鞘动脉周围可见单核细胞聚积性。(HE，×200)　（张知良、黄建芳）

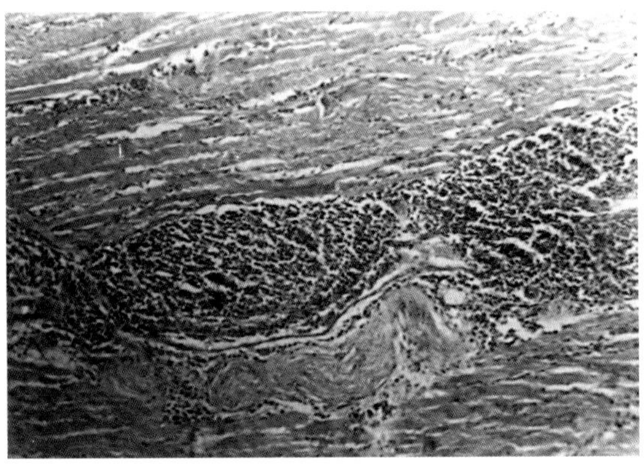

图1-9-48　腿肌中大量淋巴细胞浸润。(HE，×80)　（张知良、黄建芳）

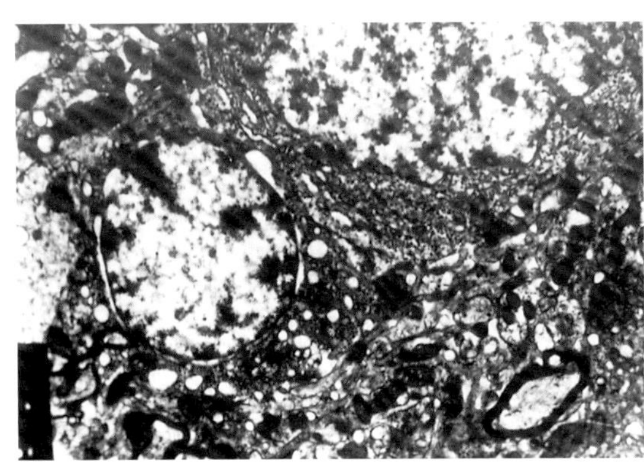

图1-9-49　两个变性神经细胞核仁消失，核质疏密相间，有凝聚趋势。(×5 000)　（张知良、黄建芳）

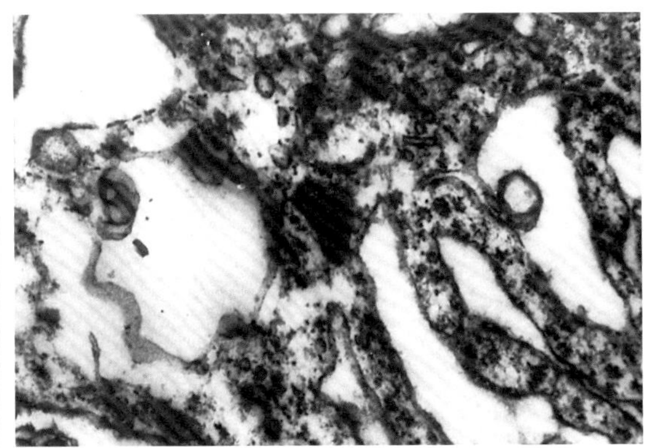

图1-9-50　细胞质粗面扩张。(×23 000)　（张知良、黄建芳）

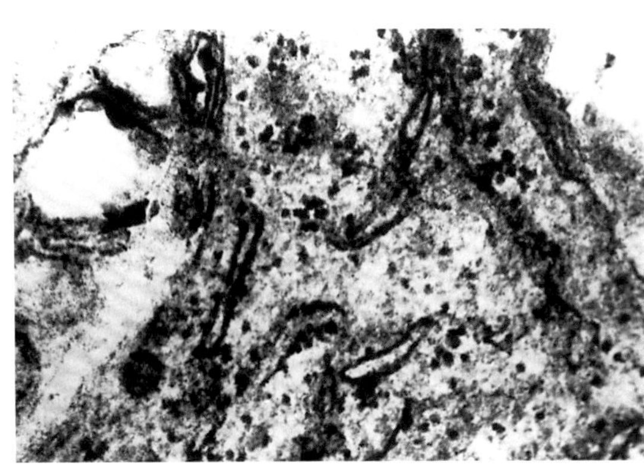

图1-9-51　内质网排列稀疏，糖原颗粒显著。(×30000)　（张知良、黄建芳）

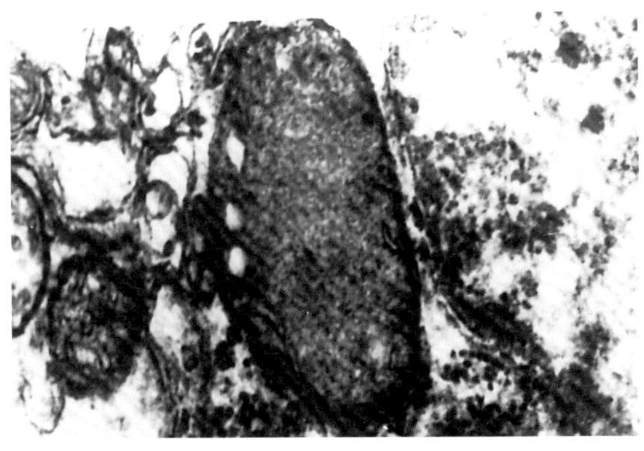

图1-9-52　线粒体基质变厚。(×39 000)　（张知良、黄建芳）

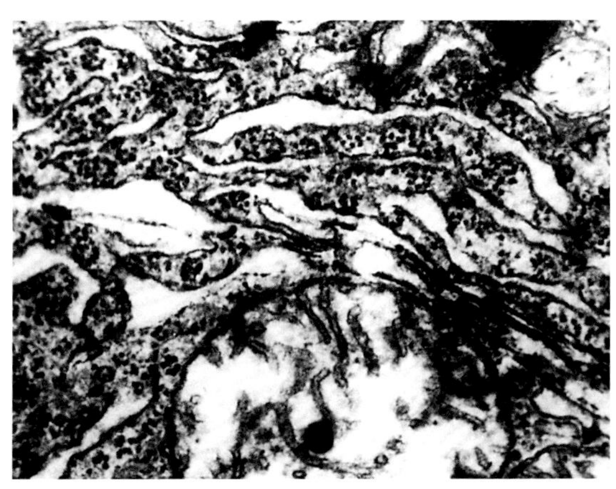

图1-9-53　肿胀的线粒体。(×3 000)
（张知良、黄建芳）

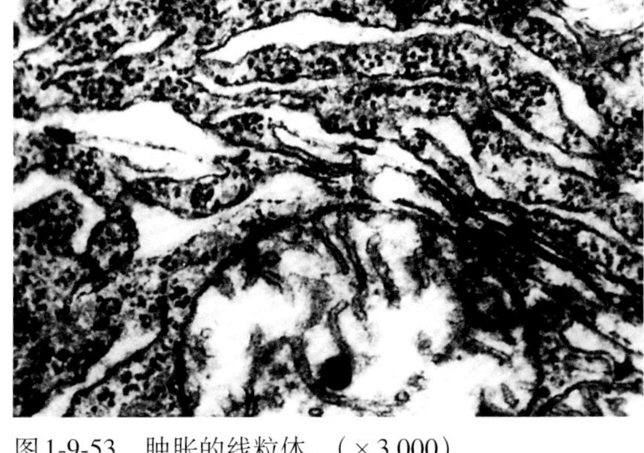

图1-9-54　母鸡晶状体浑浊。　（许益民）

第十节　鸡传染性支气管炎

（一）病原

鸡传染性支气管炎病毒（IBV）属于冠状病毒科冠状病毒属的代表种。多数呈圆形，直径80 ～ 120nm。单股RNA。有囊膜，其上有纤突。病毒主要存在于病鸡呼吸道渗出物中。病毒能在10 ～ 11日龄鸡胚中生长。感染鸡胚出现的特征性变化是：发育受阻，胚体缩成小丸形，羊膜增厚，紧贴胚体，卵黄囊缩小。感染鸡胚尿囊液不能凝集鸡红细胞，但经1%的胰酶处理或磷酸酯酶C处理后，具有血凝性。

（二）流行病学

鸡传染性支气管炎是一种鸡的急性、高度接触传染性的呼吸道疾病，病鸡以咳嗽、打喷嚏、气管啰音为特征。另外，该病能引起雏鸡肾脏病变，在产蛋鸡群中则经常导致产蛋下降及蛋品质下降。呼吸系统和肾脏损伤是感染鸡死亡的主要原因。

本病仅发生于鸡。各种年龄鸡都可发病，但雏鸡最为严重。有母源抗体的雏鸡具有一定抵抗力。过热、严寒、拥挤、通风不良以及维生素、矿物质和其他营养缺乏以及疫苗接种等均可促进本病的发生。本病的主要传播方式是病鸡从呼吸道排出病毒，经空气飞沫传染给易感鸡。此外，也可通过饲料、饮水等经消化道传染。本病无季节性，但在寒冷季节及气候变化异常时多发。传播迅速，几乎在同一时间有接触史的易感鸡都发病。

（三）临床症状

潜伏期约36h，病鸡突然出现呼吸症状，并迅速波及全群。4周龄以下鸡常表现为伸颈、张口呼吸、喷嚏、咳嗽、 啰音，病鸡全身衰弱、精神不振、食欲减少、羽毛松乱、昏睡、翅下垂，常挤在一起，借以保暖。个别鸡鼻窦肿胀，流黏性鼻液，眼泪多，甚至单侧眼失明，逐渐消瘦。雏鸡死亡率为25%，康复鸡发育不良。5 ～ 6周龄以上鸡，症状基本一样，但没有4周龄以下感染鸡严重。成年鸡除表现轻微的呼吸道症状外，主要表现为产蛋下降，畸形蛋常见，蛋品质下降。

肾型毒株感染鸡，除可能出现呼吸道症状外，还表现持续白色水样下痢，迅速消瘦，饮水量增加。雏鸡死亡率10%～30%。6周龄以上鸡死亡率0.5%～1%。

（四）诊断

1.鸡胚接种试验鉴别诊断 取9～11日龄SPF鸡胚，尿囊腔人工接种病料悬液，接种后4～5d，可见鸡胚发育迟缓、蜷曲。

2.HA试验 采取微量凝集试验。选用96孔血凝板，1%鸡红细胞，取接种鸡胚尿囊液检测，无血凝性。但在用1%胰蛋白酶或磷酸酯酶C处理尿囊液24h后，HA效价可达2^{-6}。

3.鉴别诊断要点 该病易与新城疫、传染性喉气管炎相混淆。鉴别诊断要点有：

（1）传染性支气管炎是所有呼吸道传染病中传播最为迅速的一种疾病，潜伏期短，无前驱症状，突然出现呼吸症状，并很快波及全群。

（2）传染性支气管炎常见肾脏肿大，呈“花斑肾”，而新城疫和传染性喉气管炎则无，传染性喉气管炎常见鸡咯血，而前两者则无。

（3）三者接种鸡胚后所呈现的鸡胚病变不一样。传染病支气管炎可出现侏儒胚、蜷缩胚，72h内死亡数量少；新城疫则出现全身出血，鸡胚多数在72h内死亡；传染性喉气管炎则是在鸡胚绒毛尿囊膜上出现清晰可见的痘斑。

（4）病毒的血凝性差异。新城疫病毒能够凝集鸡红细胞，传染性支气管炎病毒需经胰酶处理后才表现血凝性，而传染性喉气管炎则无血凝性。

（5）传染性支气管炎无神经症状，而新城疫常可见神经症状。

（五）防控

为预防青年鸡呼吸道病变，在有经验的兽医指导下，应在1～14日龄内使用适当的弱毒疫苗经点眼、滴鼻或喷雾免疫接种；为预防种鸡或蛋鸡产蛋下降，应在12～20周龄期间在胸部肌肉注射灭活油乳疫苗1～2次。

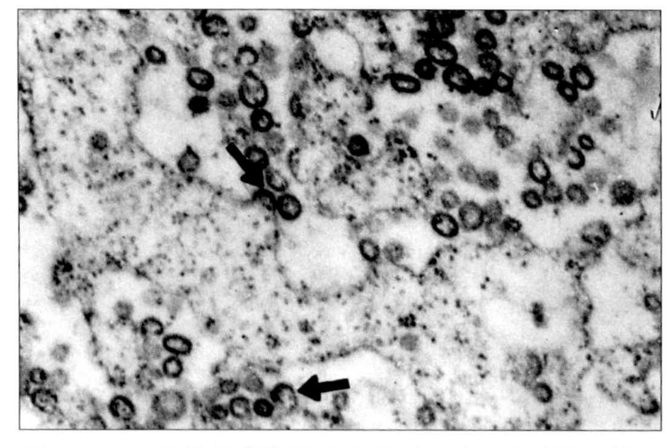

图1-10-1 传染性支气管炎病毒（IBV），在感染了的鸡胚尿囊液中见到IBV粒子，在粒子周围看到大而稀疏的纤突结构（箭头），负染色。（李成）

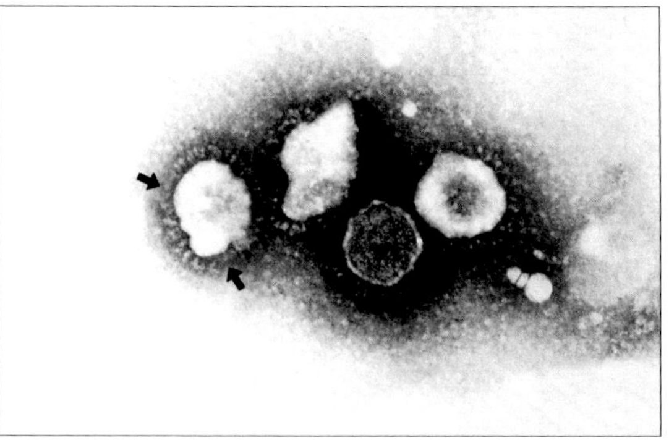

图1-10-2 在感染了的鸡胚肺泡的胞质空泡中，有多量的IBV粒子，有的正在“出芽”（箭头），超薄切片。（李成）

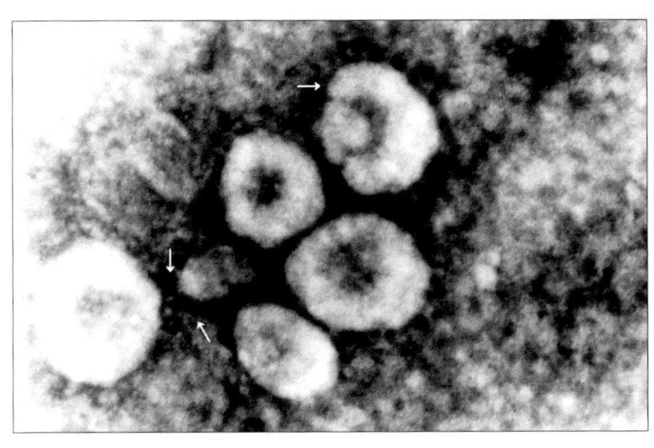

图1-10-3 传染性支气管炎病毒，直径80 ~ 120nm的病毒粒子，表面可见病毒纤突（箭头）。（负染，×144 000） （潘国庆）

图1-10-4 病鸡所产的畸形蛋、软壳蛋。 （范国雄）

图1-10-5 2周龄鸡自然感染传染性支气管炎病毒后表现明显的呼吸困难，精神沉郁，闭眼缩颈，怕冷。24h后陆续死亡。 （蔡家利）

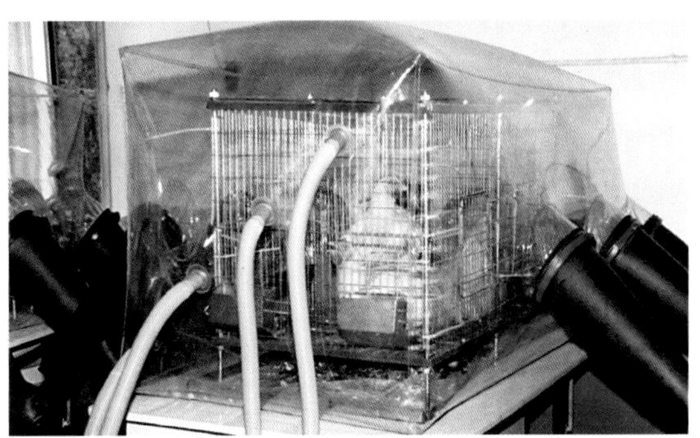

图1-10-6 成年SPF鸡接种IBV后出现的呼吸困难。 （秦卓明）

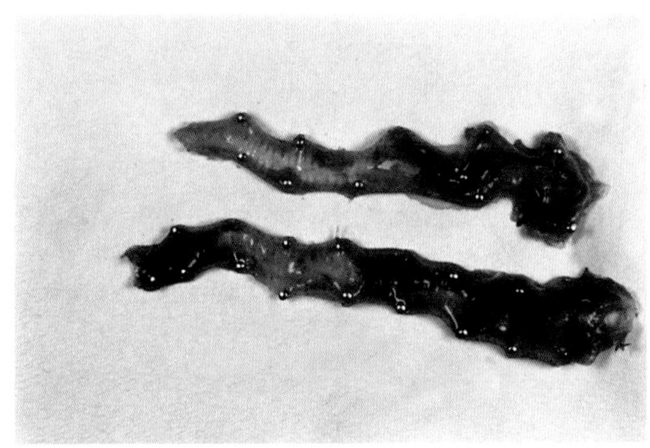

图1-10-7 用IBV人工攻毒9d后鸡气管病理变化，气管黏膜点状和条状出血。 （潘国庆）

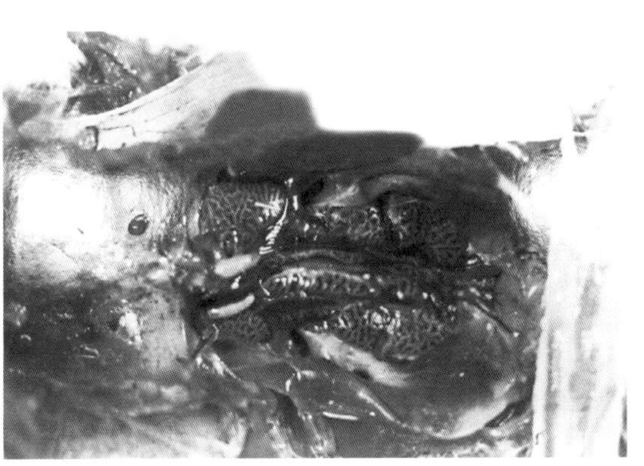

图1-10-8 37日龄病鸡肾脏肿大，集合管中尿酸盐沉积。 （潘国庆）

图1-10-9　用IBV攻毒鸡（右）肾脏变化与对照鸡（左）比较，见心包表面的尿酸盐沉着及“花斑肾”。

（潘国庆）

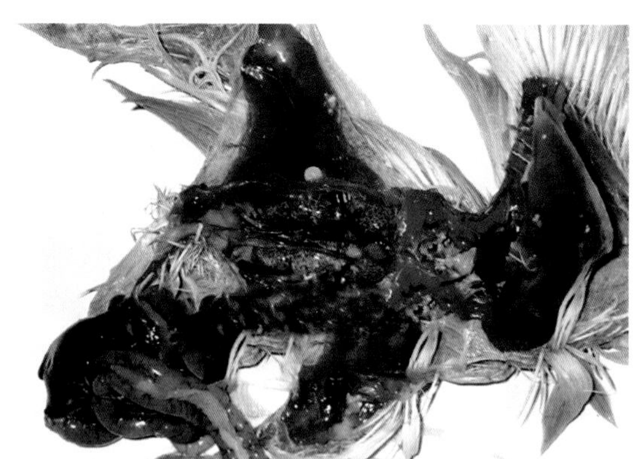

图1-10-10　成年SPF鸡接种IBV后出现肾病变。

（秦卓明）

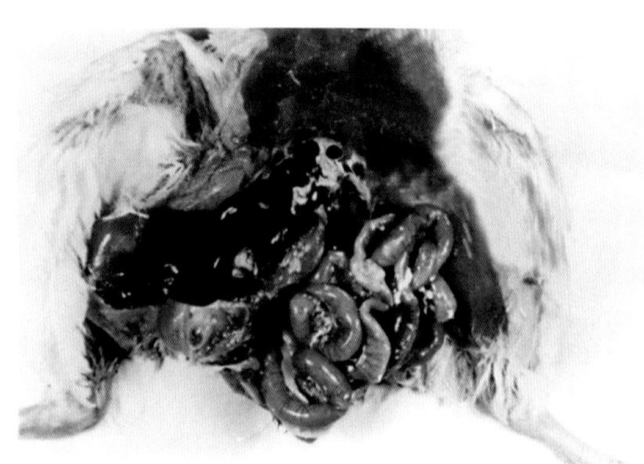

图1-10-12　用IBV人工攻毒鸡出现的痛风症状，见脏器表面的尿酸盐沉着。　（潘国庆）

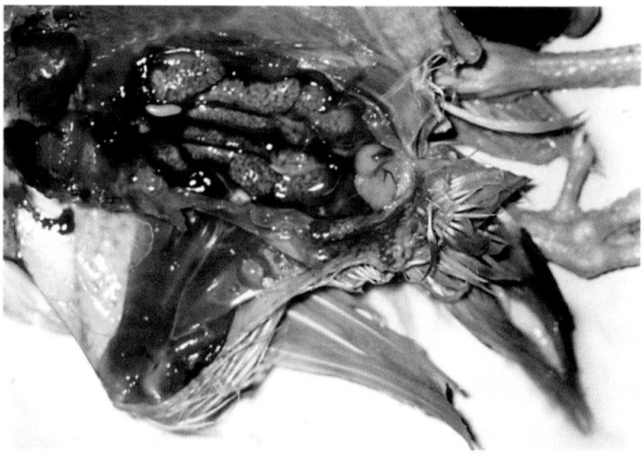

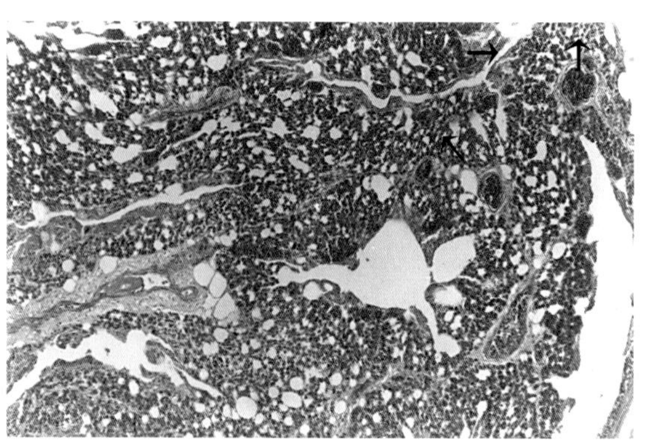

图1-10-11　成年SPF鸡接种IBV后出现肾病变。

（秦卓明）

图1-10-13　IBV感染鸡，肺淤血，血管和毛细血管淤血（箭头）。（HE，×100）　（潘国庆）

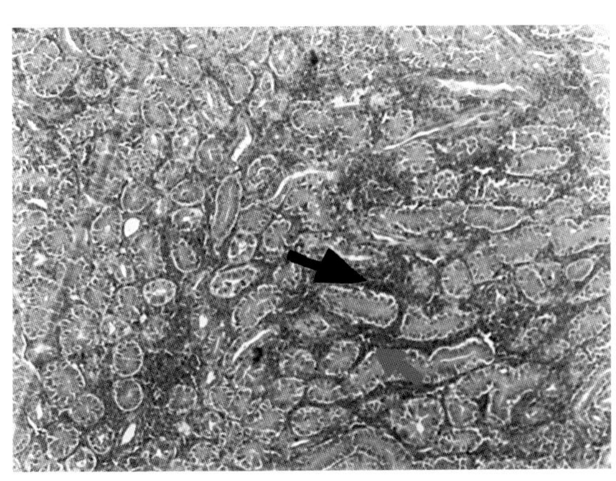
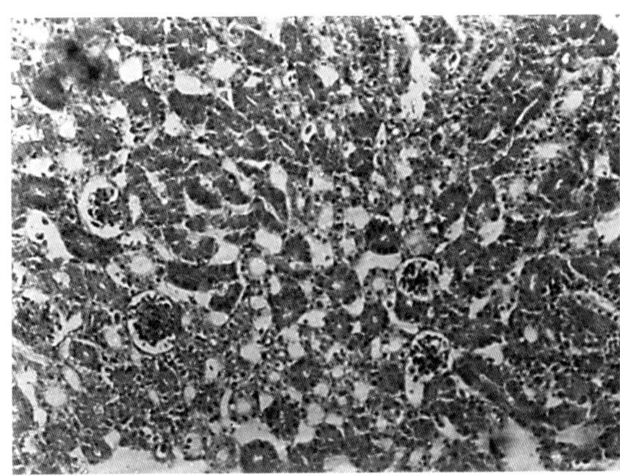

图1-10-14 IBV感染鸡，肾小管间淋巴细胞浸润，而正常鸡肾脏（右）则无。(HE，×100)

（潘国庆）

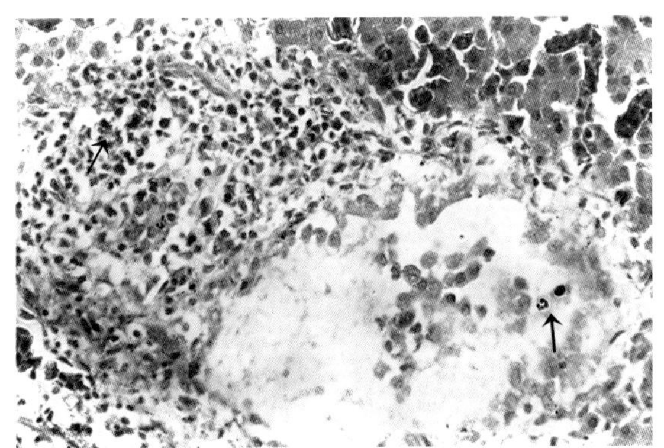

图1-10-15 IBV感染鸡肝脏组织病理变化，见淋巴细胞和少量异嗜细胞浸润（箭头）。(HE，×100)（潘国庆）

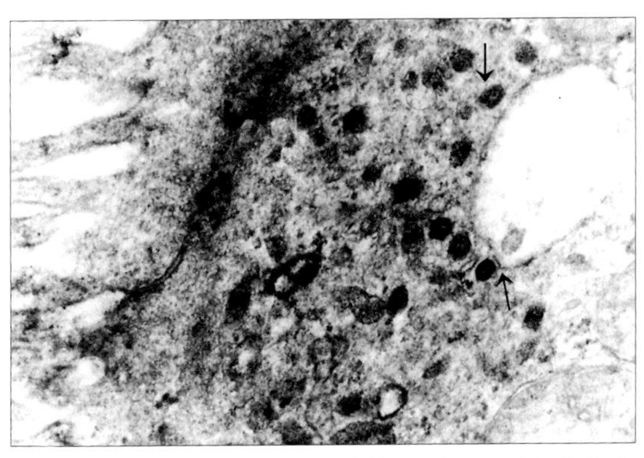

图1-10-16 肾脏超薄切片电镜观察。可见近曲小管细胞质中有70～100nm大小的病毒粒子和线粒体空泡样病变（箭头）。(×10 000)（潘国庆）

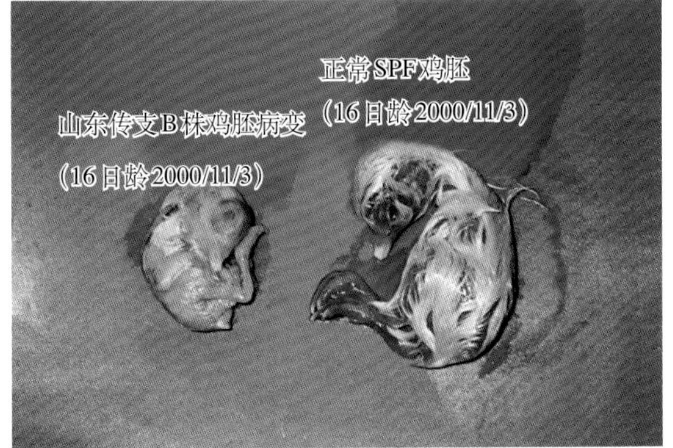

图1-10-17 传染性支气管炎病毒山东分离株（B株）接种鸡胚后发育至16胚龄时与正常SPF比较，表现为发育迟缓、矮小、蜷缩。

（秦卓明）

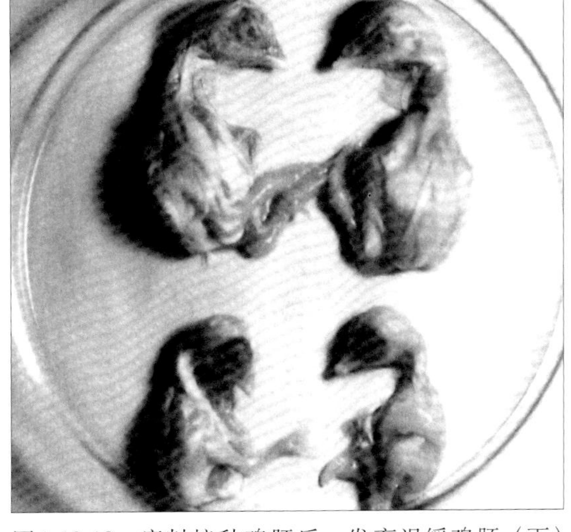

图1-10-18 病料接种鸡胚后，发育迟缓鸡胚（下）与正常鸡胚（上）。（潘国庆）

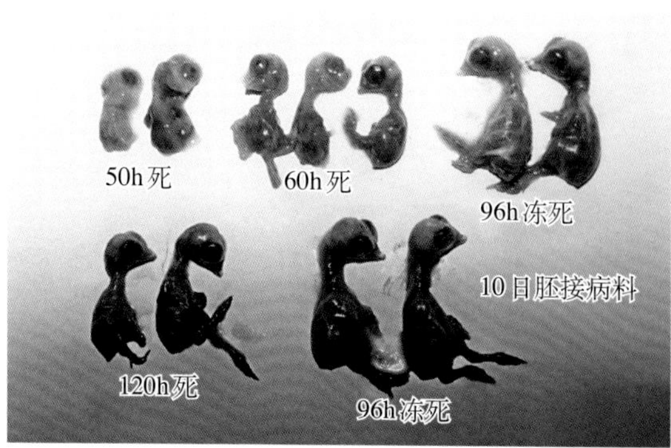

图1-10-19　10胚龄SPF鸡胚人工接种IBV病料后，呈现不同程度的发育迟缓。

（崔治中）

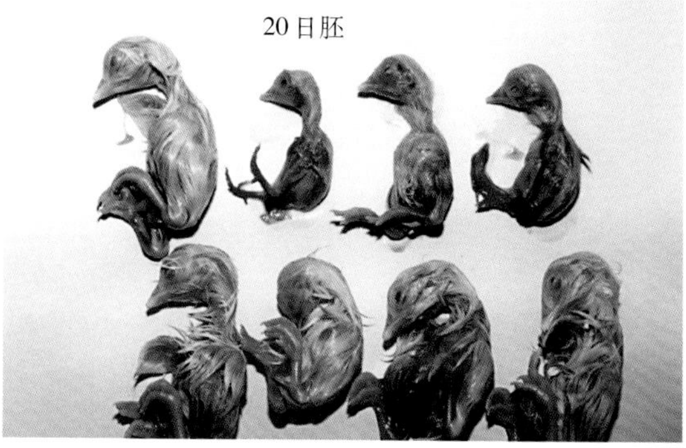

20日胚

图1-10-20　10日龄SPF鸡胚接种IBV病料后，在发育至20胚龄时可见由于不同程度的发育迟缓而导致的大小不一的胚体。

（崔治中）

图1-10-21　雏鸡气管内带有血液的黄色黏液。

（许益民）

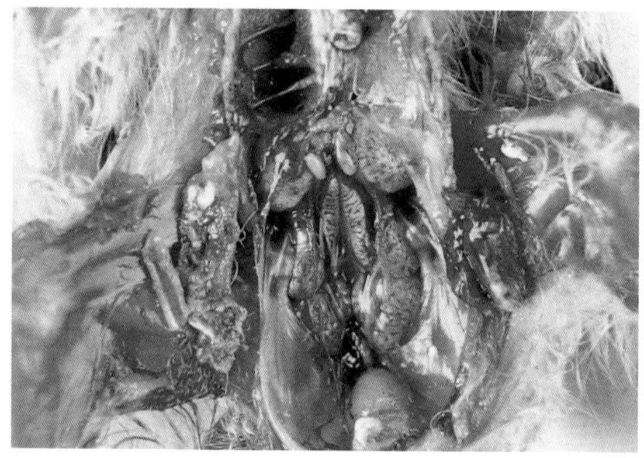

图1-10-22　攻毒后5d，肾脏肿大，呈苍白色花斑状。肺脏淤血、水肿。直肠和泄殖腔内有大量白色尿酸盐沉积。肌肉脱水、干燥。

（许益民）

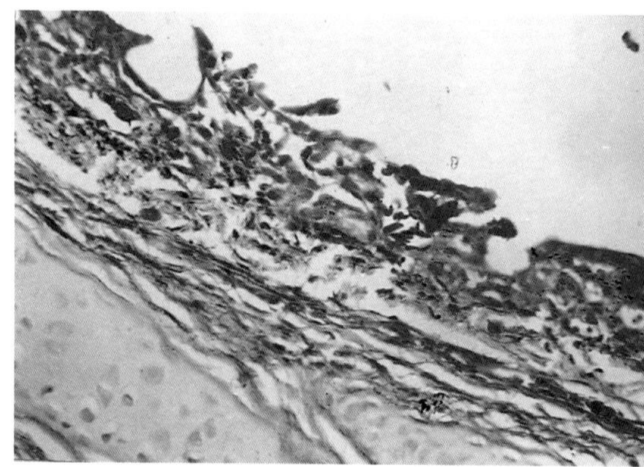

图1-10-23　气管纤毛上皮细胞坏死、脱落，黏膜表面呈锯齿状。固有层和黏膜下层水肿（HE，×400）

（许益民）

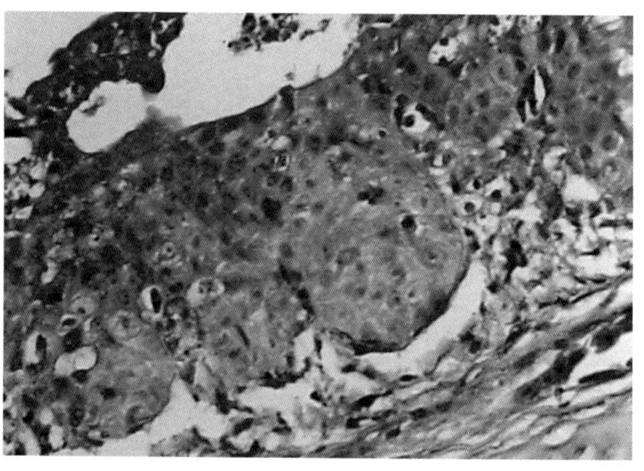

图1-10-24　攻毒后3d，气管上皮细胞增殖为多层，其中的细胞体积大，核仁明显，染色质疏松，胞质少，界限不清。（HE，×400）

（许益民）

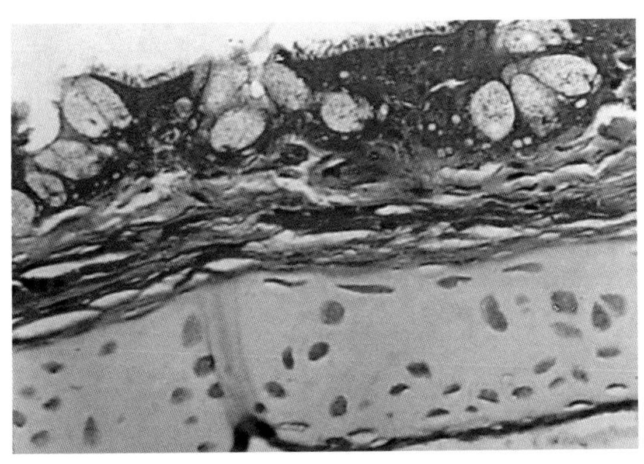

图1-10-25　攻毒后8d，气管上皮增殖分化，细胞表面形成微绒毛但较短。固有层形成不规则黏液腺，炎性浸润减少或消失。(HE，×400)　（许益民）

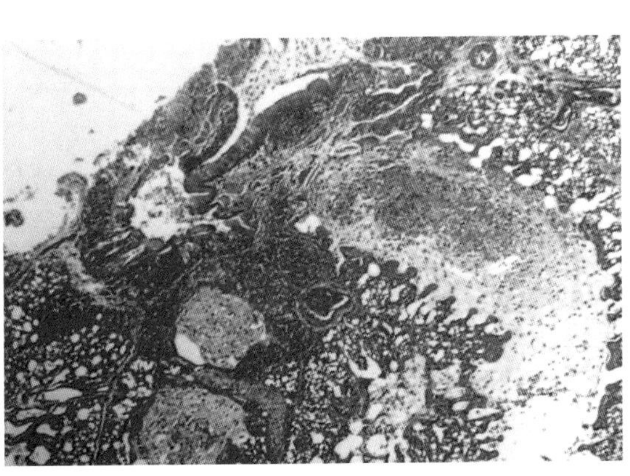

图1-10-26　攻毒后6d，肺脏、二级和三级支气管管腔内有大量脱落物和渗出物，巨噬细胞正在吞噬吸收。(HE，×100)　（许益民）

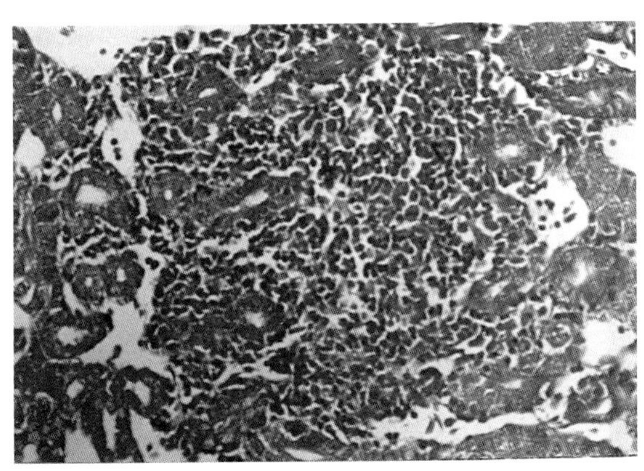

图1-10-27　攻毒后13d，肾脏间质内形成淋巴细胞和单核细胞增生灶，实质萎缩。(HE，×400)　（许益民）

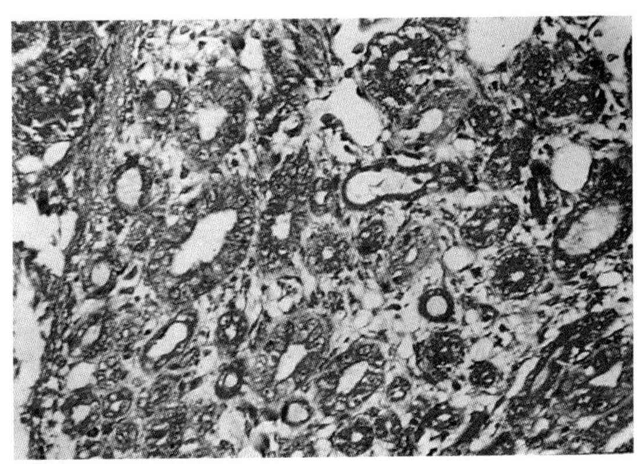

图1-10-28　攻毒后25d，肾脏间质内纤维结缔组织增生。(HE，×400)　（许益民）

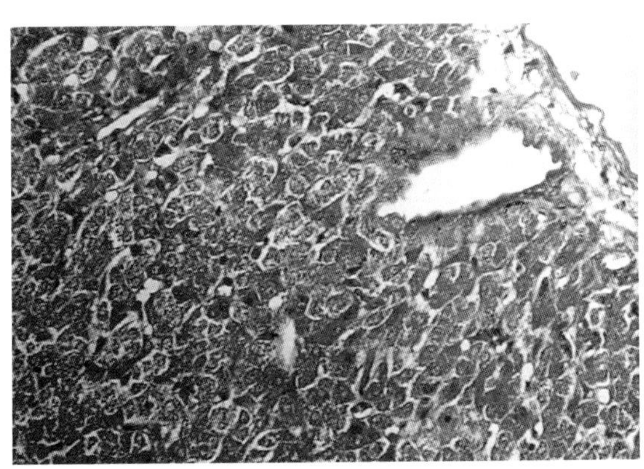

图1-10-29　攻毒后6d，肝细胞索肿胀，肝细胞颗粒变性。(HE，×400)　（许益民）

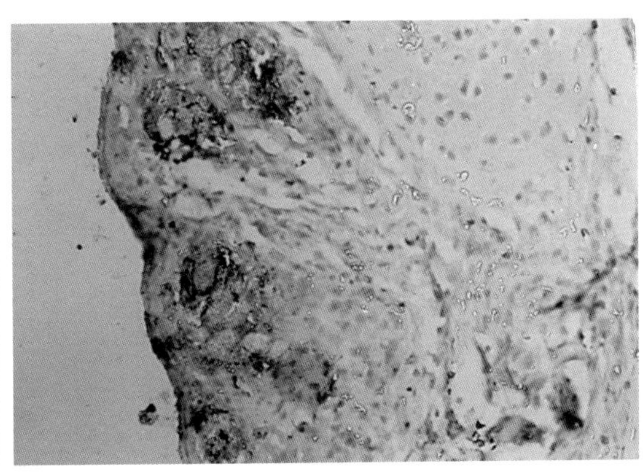

图1-10-30　攻毒后1d，病毒抗原位于气管黏膜上皮细胞和固有层黏液腺细胞胞质内。(IP，×400)　（许金俊、许益民）

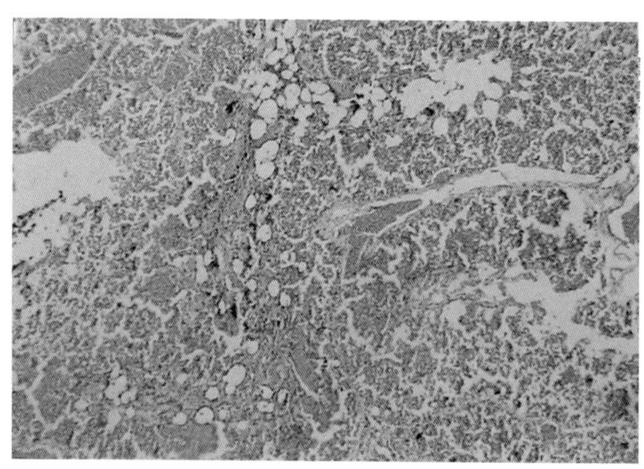

图1-10-31　攻毒后4d，病毒抗原位于三级支气管上皮细胞和管腔内脱落物和渗出物中。（IP，×100）（许金俊、许益民）

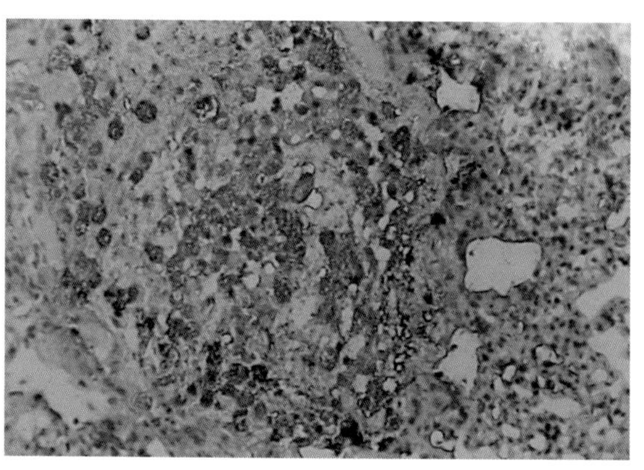

图1-10-32　攻毒后6d，病毒抗原位于三级支气管上皮细胞、肺泡上皮细胞、呼吸性毛细管上皮细胞的胞质内。管腔内的脱落物和渗出物以及正在吞噬脱落物和渗出物的巨噬细胞胞质内也出现大量病毒抗原。（IP，×400）（许金俊、许益民）

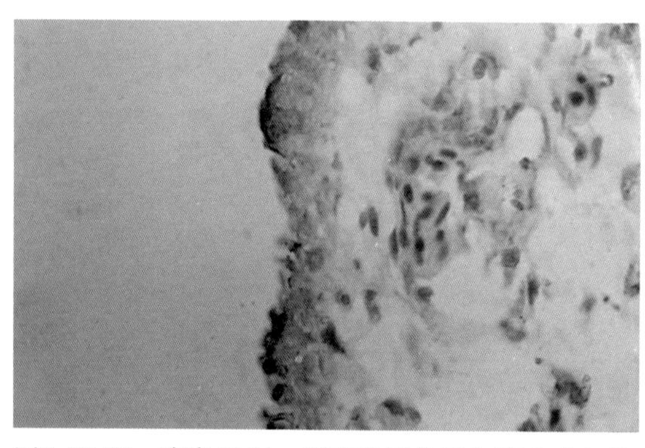

图1-10-33　攻毒后4d，病毒抗原位于气囊上皮细胞胞质内。（IP，×1 000）（许金俊、许益民）

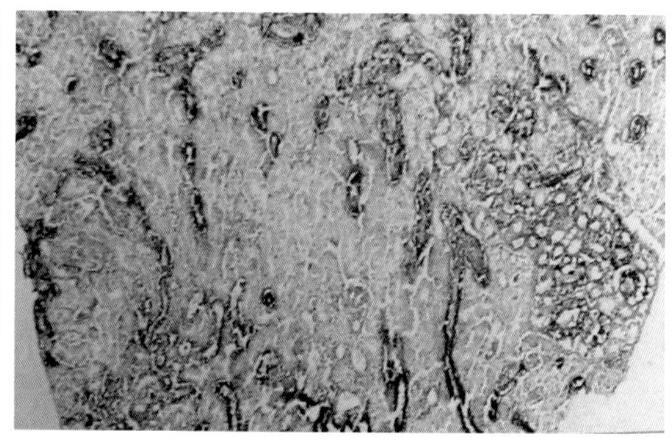

图1-10-34　攻毒后3d，病毒抗原位于肾小管上皮细胞胞质内和管腔内的脱落物和渗出物内，髓质区比皮质区多而明显。（IP，×100）（许金俊、许益民）

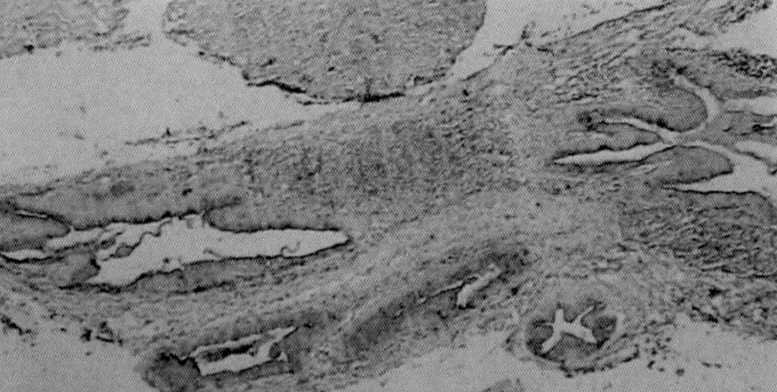

图1-10-35　攻毒后4d，病毒抗原位于输尿管上皮细胞胞质内和管腔脱落物中。（IP，×100）（许金俊、许益民）

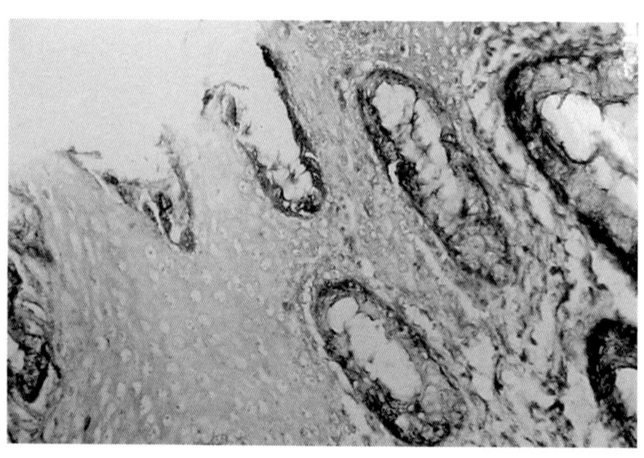

图1-10-36　攻毒后3d，病毒抗原位于食管扁平复层上皮细胞和固有层食管腺腺体细胞胞质内。（IP，×400）（许金俊、许益民）

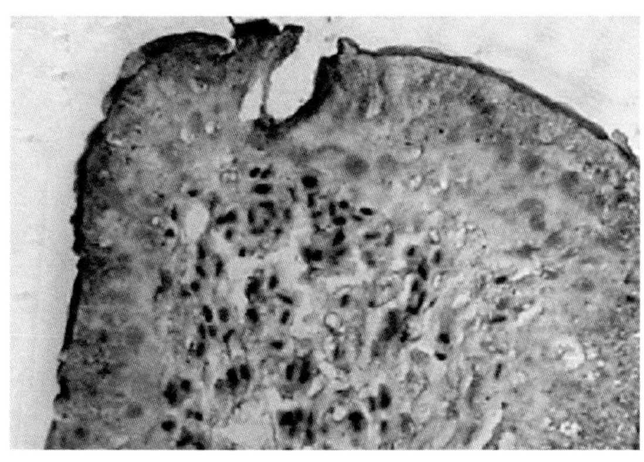

图1-10-37　攻毒后5d，病毒抗原位于腺胃上皮细胞胞质内。(IP，×400)

(许金俊、许益民)

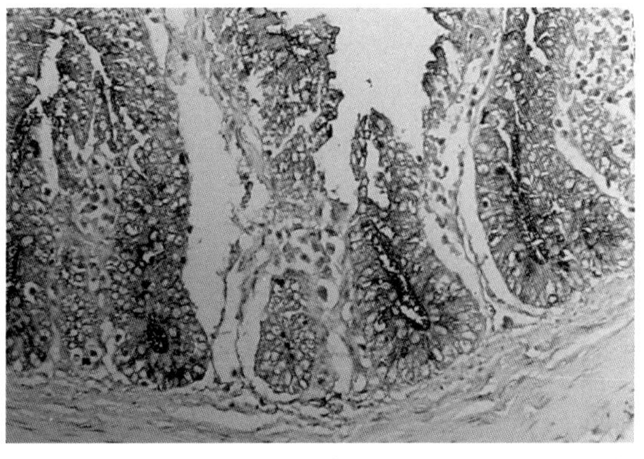

图1-10-38　攻毒后5d，病毒抗原位于十二指肠上皮细胞和固有层十二指肠腺腺体细胞胞质内。(IP，×100)　(许金俊、许益民)

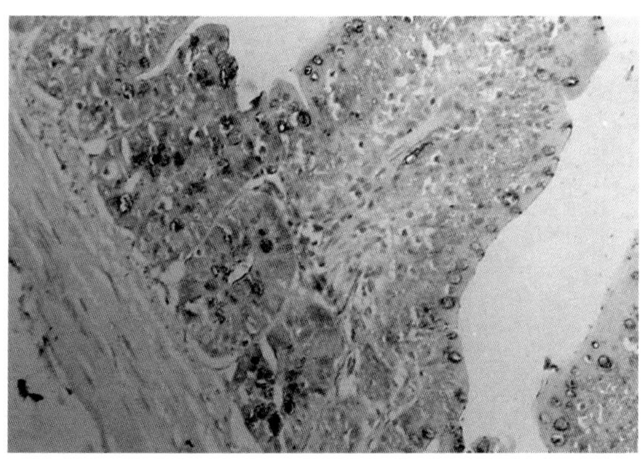

图1-10-39　攻毒后2d，病毒抗原位于空肠上皮细胞和固有层肠腺腺体细胞胞质内。(IP，×400)　(许金俊、许益民)

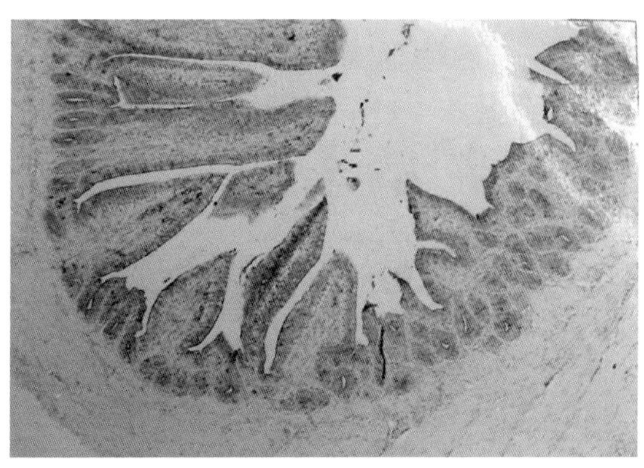

图1-10-40　攻毒后6d，病毒抗原位于回肠上皮细胞和固有层肠腺细胞胞质内。肠绒毛顶端的肠内容物中也有少量病毒抗原。(IP，×100)　(许金俊、许益民)

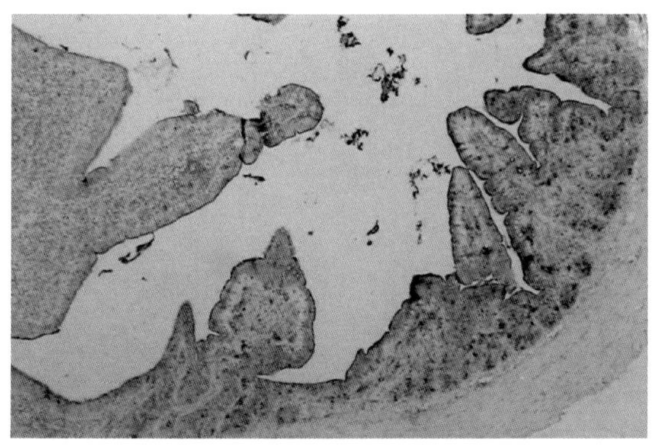

图1-10-41　攻毒后6d，病毒抗原位于盲肠上皮细胞和固有层细胞胞质内。病毒抗原也存在于肠上皮表面微绒毛、肠道内容物和脱落物中。(IP，×100)

(许金俊、许益民)

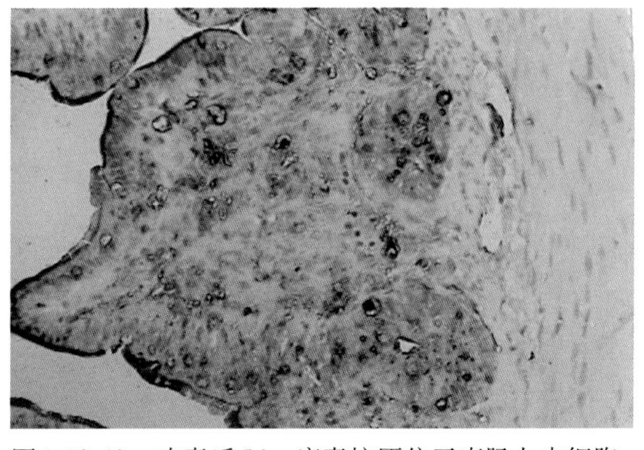

图1-10-42　攻毒后5d，病毒抗原位于直肠上皮细胞、固有层细胞胞质内以及上皮细胞微绒毛中。(IP，×400)　(许金俊、许益民)

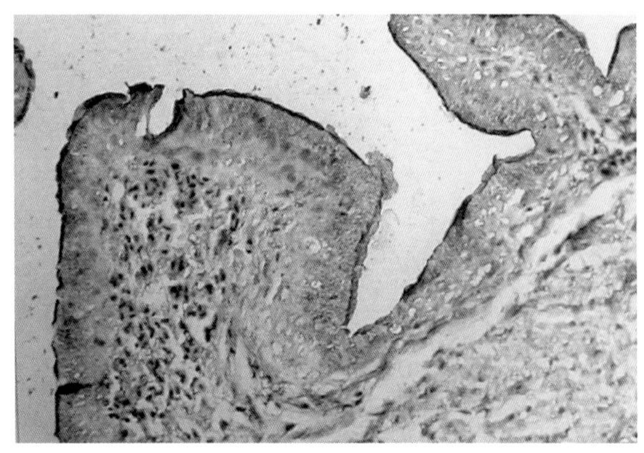

图1-10-43　攻毒后5d，泄殖腔上皮细胞胞质内、细胞表面微绒毛、泄殖腔内容物内可见病毒抗原的存在。（IP，×400）

（许金俊、许益民）

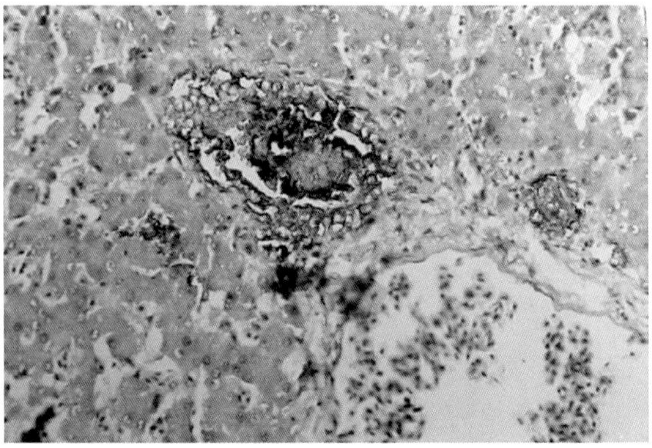

图1-10-44　攻毒后4d，病毒抗原出现在肝脏小叶间胆管上皮细胞胞质内和部分毛细胆管中。（IP，×400）　（许金俊、许益民）

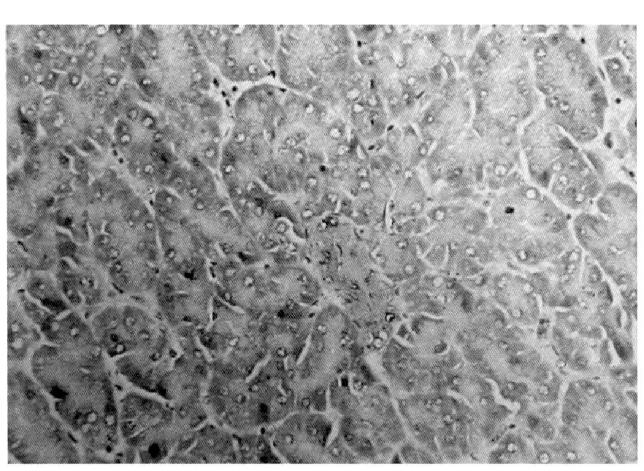

图1-10-45　攻毒后5d，病毒抗原存在于胰腺导管上皮细胞和少数腺泡上皮细胞胞质内。（IP，×400）　（许金俊、许益民）

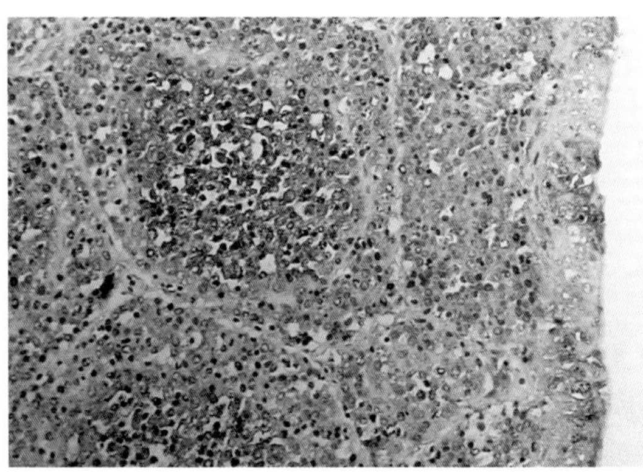

图1-10-46　攻毒后3d，病毒抗原出现在淋巴滤泡髓质区网状细胞和淋巴细胞以及黏膜上皮细胞胞质内。（IP，×400）

（许金俊、许益民）

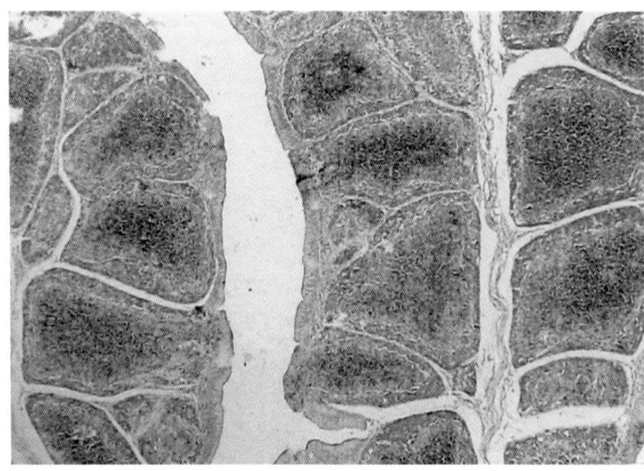

图1-10-47　攻毒后5d，病毒抗原出现在法氏囊淋巴滤泡髓质区、黏膜上皮细胞胞质内。（IP，×100）　（许金俊、许益民）

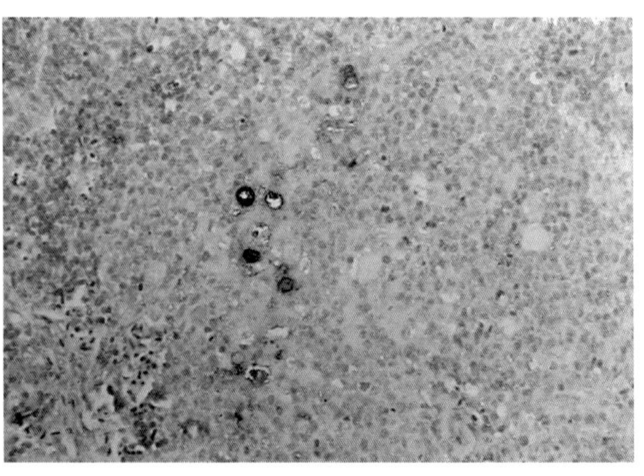

图1-10-48　攻毒后3d，病毒抗原出现在胸腺小叶髓质区的网状细胞和淋巴细胞胞质内。（IP，×400）　（许金俊、许益民）

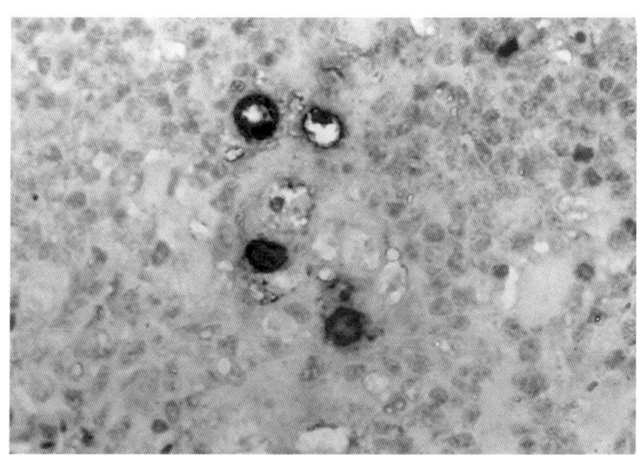

图1-10-49 攻毒后5d，病毒抗原出现在胸腺小叶髓质区淋巴细胞和网状细胞胞质内。(IP，×1 000) （许金俊、许益民）

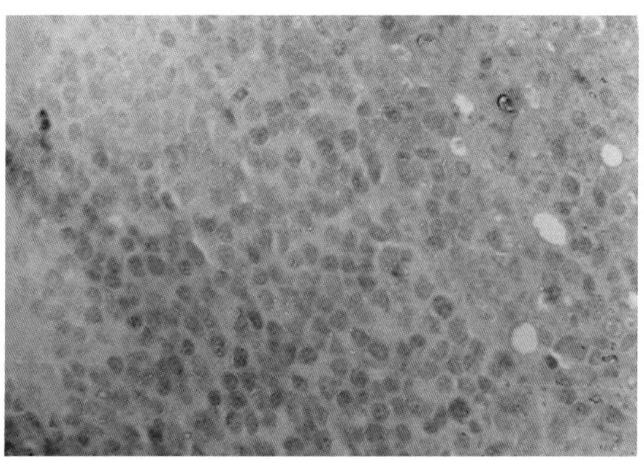

图1-10-50 攻毒后4d，病毒抗原出现在盲肠扁桃体弥散淋巴组织的淋巴细胞胞质内。(IP，×1 000) （许金俊、许益民）

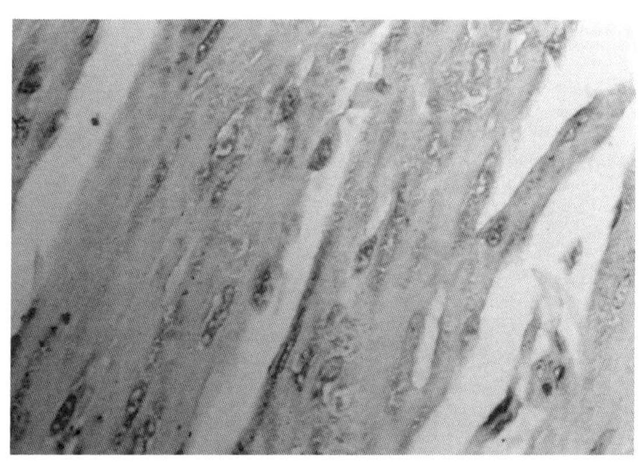

图1-10-51 攻毒后5d，病毒抗原出现在心肌细胞细胞核两端的胞质内。(IP，×1 000)

（许金俊、许益民）

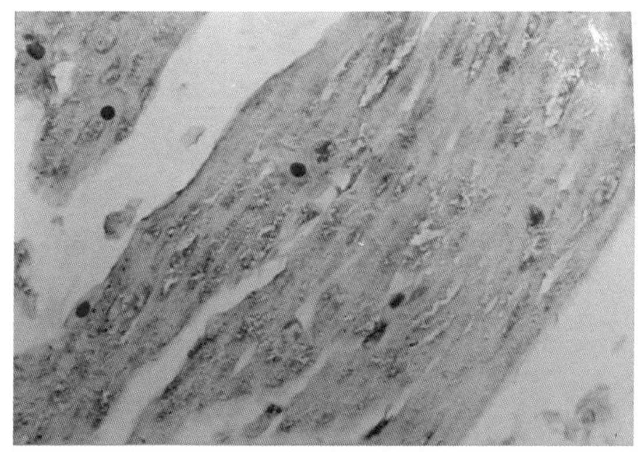

图1-10-52 攻毒后5d，病毒抗原出现在心肌细胞细胞核两端的胞质内。(IP，×1 000)

（许金俊、许益民）

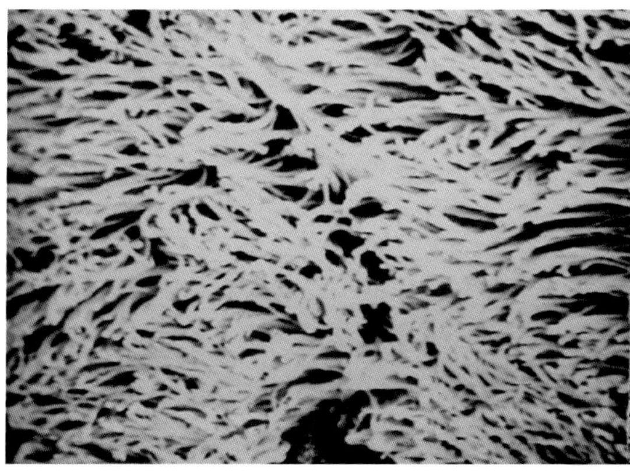

图1-10-53 正常SPF鸡的气管上皮纤毛。(SEM，×5 000) （许金俊、许益民）

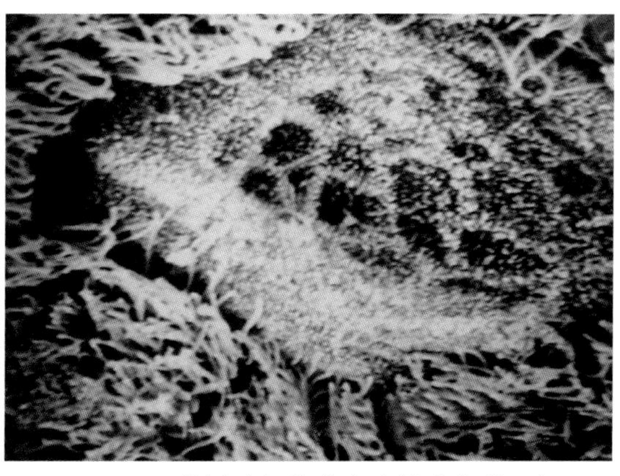

图1-10-54 正常纤毛间的黏液腺排泄管道。(SEM，×5 000) （许金俊、许益民）

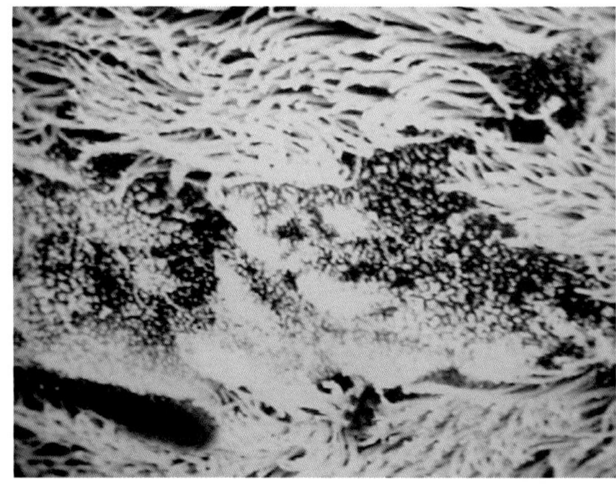

图1-10-55　正常上皮细胞纤毛间的杯状细胞。(SEM，×5 000)　（许金俊、许益民）

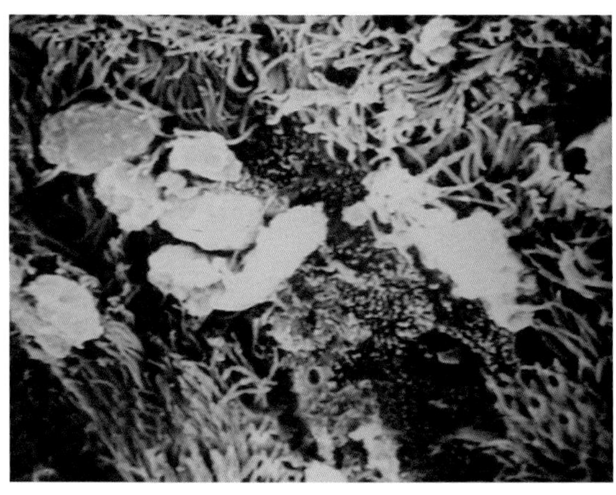

图1-10-56　攻毒后12h，纤毛顶端出现许多分泌颗粒，纤毛相互粘连，排列杂乱无章。(SEM，×5 000)　（许金俊、许益民）

图1-10-57　攻毒后12h，杯状细胞表面出现许多分泌颗粒，纤毛顶端粘连。(SEM，×5 000)

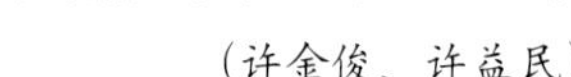

（许金俊、许益民）

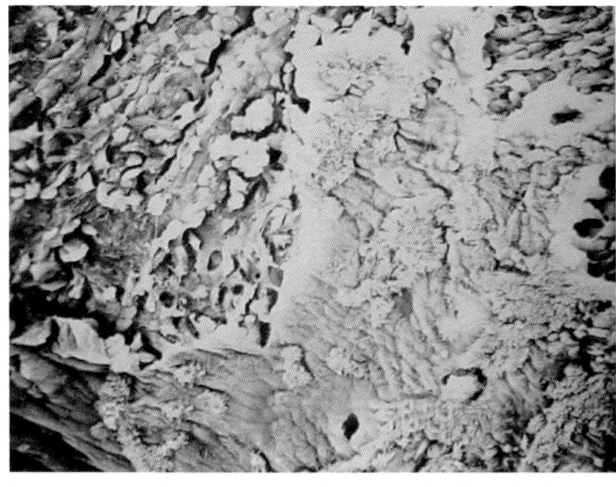

图1-10-58　攻毒后24h，纤毛大量脱落，细胞间连接因存在微绒毛而变得清楚，部分上皮坏死脱落，暴露出深层细胞。(SEM，×5 000)　（许金俊、许益民）

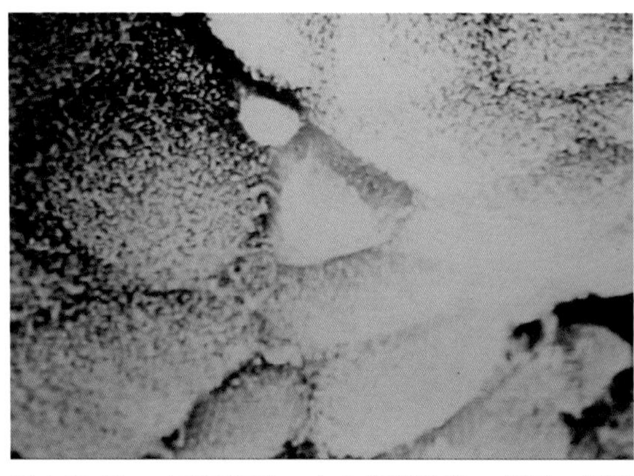

图1-10-59　攻毒后72h，上皮细胞肿胀、变圆，细胞间的连接疏松。(SEM，×5 000)　（许金俊、许益民）

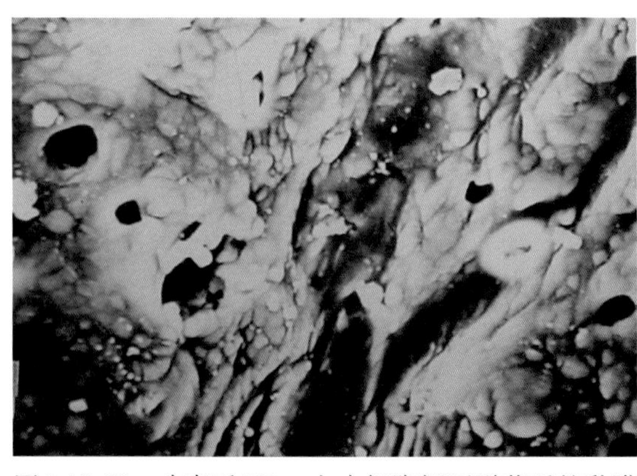

图1-10-60　攻毒后72h，上皮细胞坏死脱落后的黏膜面形成大小不等的空洞。(SEM，×500)　（许金俊、许益民）

图1-10-61　攻毒后5d，脱落坏死的黏膜面形成大小不等的网孔状空洞，深层细胞暴露。未脱落的细胞团块呈菜花状。（SEM，×500）　（许金俊、许益民）

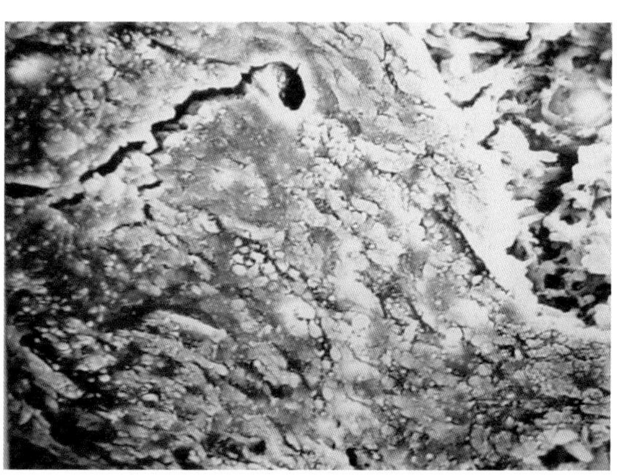

图1-10-62　攻毒后7d，增生的上皮开始逐渐覆盖坏死脱落的黏膜面。（SEM，×500）

（许金俊、许益民）

图1-10-63　攻毒后7d，纤毛上皮细胞和杯状细胞交错增生，纤毛呈簇状生长。（SEM，×5 000）　（许金俊、许益民）

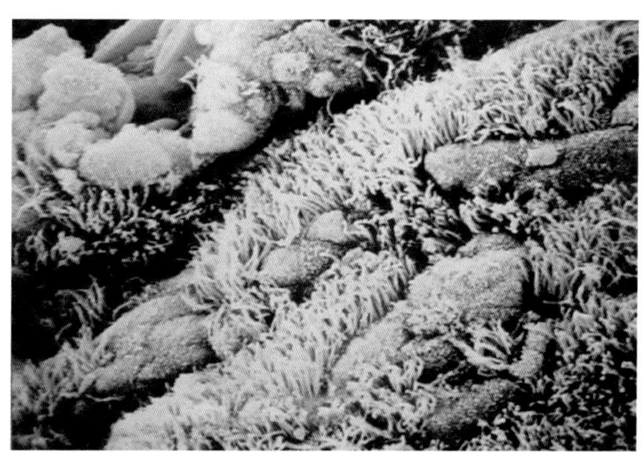

图1-10-64　攻毒后11d，黏膜面基本恢复，纤毛上皮和杯状细胞交错分布，纤毛短而排列整齐，杯状细胞数量增加。（SEM，×2 000）　（许金俊、许益民）

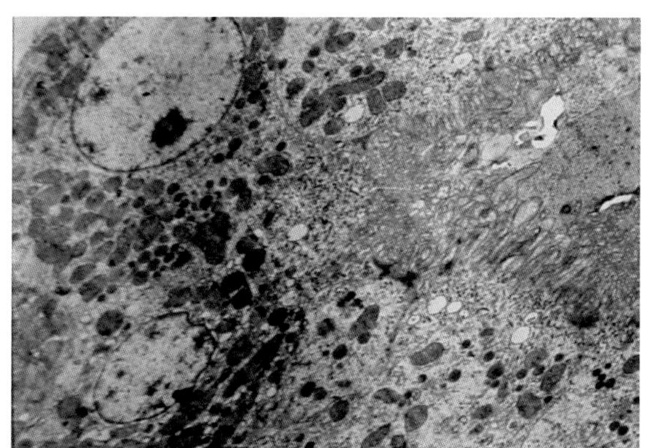

图1-10-65　正常肾小管上皮细胞和管腔。（TEM，×5 000）　（许金俊、许益民）

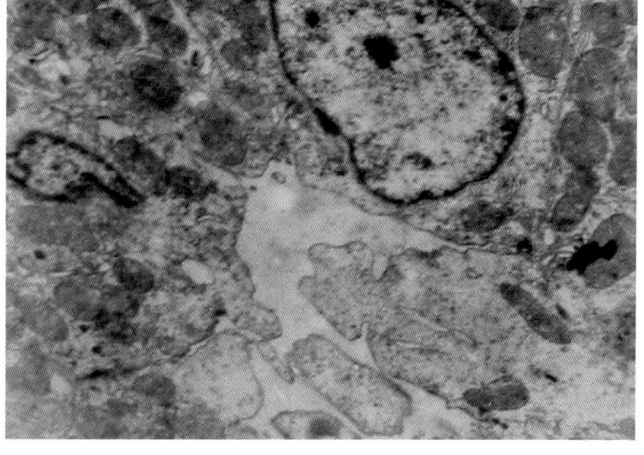

图1-10-66　攻毒后48h，肾小管管腔狭窄，管腔面的上皮细胞游离缘微绒毛脱失，线粒体肿胀明显，嵴结构模糊，靠近腔面的胞质内细胞器消失。（TEM，×10 000）

（许金俊、许益民）

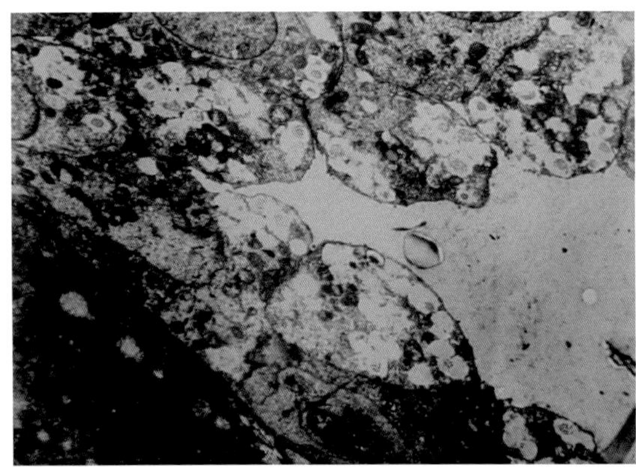

图1-10-67　攻毒后72h，肾小管上皮细胞内的线粒体和其他细胞器多数溶解消失，胞质空泡化。（TEM，×5 000）

（许金俊、许益民）

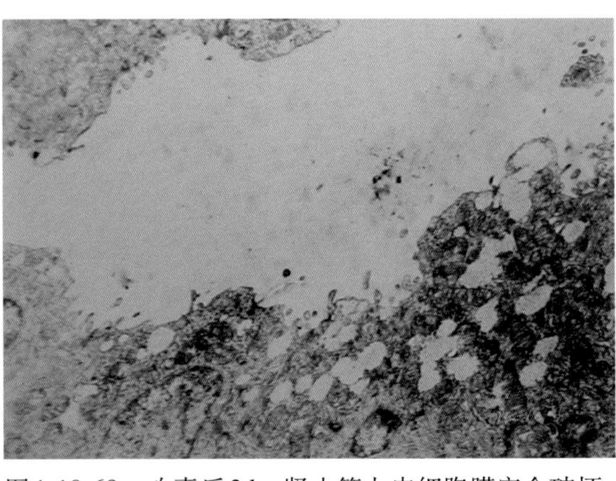

图1-10-68　攻毒后3d，肾小管上皮细胞膜完全破坏，部分线粒体溶解消失，胞质成分流到管腔内。（TEM，×7 000）

（许金俊、许益民）

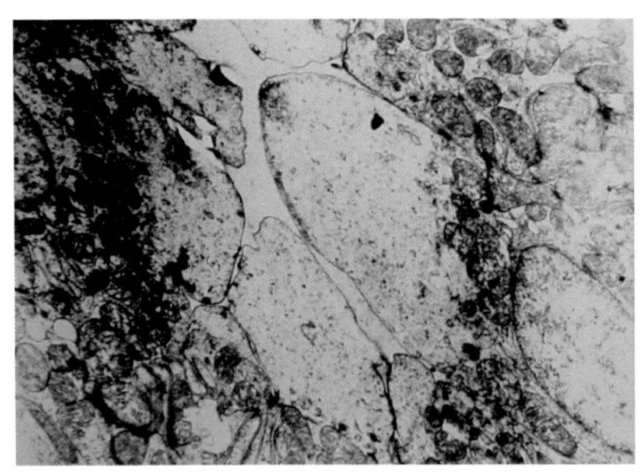

图1-10-69　攻毒后5d，肾小管管腔狭窄，接近腔面的上皮细胞胞质内细胞器完全溶解消失，电子密度降低。（TEM，×7 000）

（许金俊、许益民）

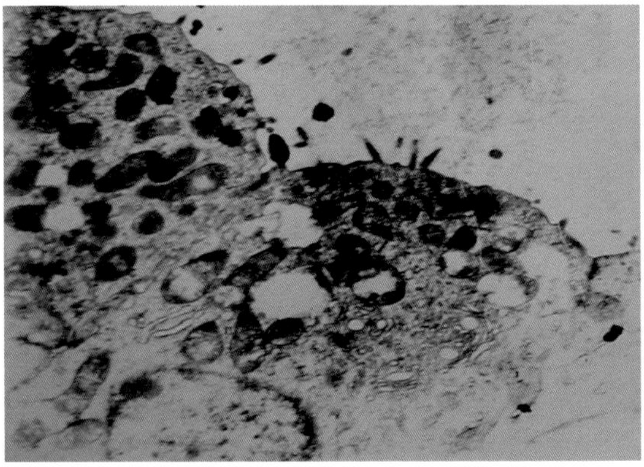

图1-10-70　攻毒后7d，肾小管上皮细胞胞浆内细胞器开始增生恢复，管腔游离面出现胞质突起，形成少量短小微绒毛。（TEM，×10 000）　（许金俊、许益民）

图1-10-71　产蛋鸡感染IBV后产出的畸形蛋，俗称太阳蛋。　（崔治中）

图1-10-72　产蛋鸡感染IBV后产出的畸形蛋，俗称太阳蛋（不同侧面）。　（崔治中）

图1-10-73　鸡胚接种IBV后部分出现侏儒胚。
（崔治中）

第十一节　鸡传染性喉气管炎

（一）病原

鸡传染性喉气管炎的病原（ILTV）属α-疱疹病毒型，病毒核酸为双股DNA。病毒颗粒呈球形，为二十面立体对称，核衣壳由162个壳粒组成，在细胞核内呈散在或结晶状排列。该病毒分成熟和未成熟病毒两种，成熟的病毒粒子直径195 ～ 250nm。成熟粒子有囊膜，囊膜表面有纤突。未成熟的病毒颗粒直径约为100nm。

病毒主要存在于病鸡的气管组织及其渗出物中。肝、脾和血液中较少见。传染性喉气管炎病毒对鸡和其他常用实验动物的红细胞无凝集特性。本病毒对乙醚、氯仿等脂溶剂均敏感。对外界环境的抵抗力不强。

（二）流行病学

在自然条件下，各种年龄及品种的鸡均可感染，但以成年鸡症状最为典型。病鸡、康复后的带毒鸡和无症状的带毒鸡是主要传染来源。经呼吸道及眼传染，亦可经消化道感染。由呼吸器官及鼻分泌物污染的垫草、饲料、饮水及用具可成为传播媒介。

本病一年四季均可发生，秋冬寒冷季节多发。本病一旦传入鸡群，则迅速传开，感染率可达90%～100%，死亡率一般在10%～20%或以上，最急性型死亡率可达50%～70%，急性型一般在10%～30%，慢性或温和型死亡率约5%。

（三）临床症状

自然感染的潜伏期为6 ～ 12d，人工气管接种后2 ～ 4d鸡只即可发病。潜伏期的长短与病毒株的毒力有关。

发病初期，常有数只病鸡突然死亡。患鸡初期有鼻液，半透明状，眼流泪，伴有结膜炎。其后表现为特征的呼吸道症状，呼吸时发出湿性啰音，咳嗽，有喘鸣音。病鸡蹲伏地面或栖架上，每次吸气时头和颈部向前向上、张口、尽力吸气的姿势，有喘鸣叫声。严重病例，高度呼吸困难，痉挛咳嗽，可咳出带血的黏液。在鸡舍墙壁、垫草、鸡笼、鸡背羽毛或邻近鸡身上沾有血痕。若分泌物不能咳出堵住时，病鸡可窒息死亡。产蛋鸡的产蛋量迅速减少（可达35%）或停止，康复后1 ～ 2个月才能恢复。

病程：最急性病例可于24h左右死亡，多数5 ～ 10d或更长，不死者多经8 ～ 10d恢复。

在有些毒力较弱的毒株引起发病时，流行比较缓和，发病率低，症状较轻，只是生长缓慢，产蛋减少，有时有结膜炎、眶下窦炎、鼻炎及气管炎。这时病程较长，长的可达1个月，死亡率一般较低（2%）。

（四）病理变化

本病主要典型病变在气管和喉部组织，病初黏膜充血、肿胀、高度潮红、有黏液，进而黏膜发生变性、出血和坏死。气管中有含血黏液或血凝块，气管管腔变窄，病程2 ～ 3d后有黄白色纤维素性干酪样假膜。严重时，炎症也可波及支气管、肺和气囊等部，甚至上行至鼻腔和眶下窦。肺一般正常或有肺充血及小区域的炎症变化。

（五）诊断

鸡传染性喉气管炎的临诊症状和病理变化与某些呼吸道传染病，如鸡新城疫、传染性支气管炎有些相似，应注意鉴别。但本病也有一些特征性表现，如本病常突然发生，传播快，成年鸡发病率较高。临诊症状较为典型，张口呼吸、喘气、有啰音，咳嗽时可咳出带血的黏液。有头向前向上吸气姿势。剖检死鸡时，主要表现为气管黏膜出血性炎症病变，气管内有时还可见到数量不等的血凝块。

最终确诊有赖于实验室的病毒分离和鉴定。用病料（气管或气管渗出物和肺组织）作成1 ：（5 ～ 10）的悬液，离心，取上清液，加入双抗（青霉素、链霉素）在室温下作用30min，取0.1 ～ 0.2mL接种9 ～ 12日龄鸡胚绒毛尿囊膜上或尿囊腔，在2d以后，绒毛尿囊膜上可出现痘斑样坏死病灶或出血点。

（六）防控

主要依靠严格的生物安全措施，严防病原传入，特别是防止从发病鸡场带入可疑感染鸡。鸡场一旦发生本病，必须用相应的弱毒疫苗作紧急预防接种。

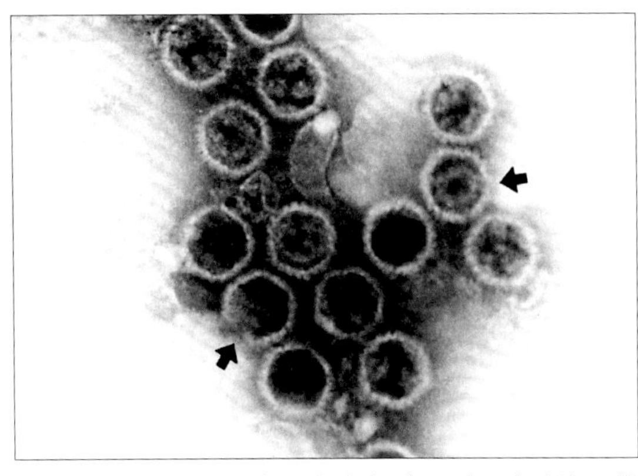

图1-11-1　传染性喉气管炎病毒（ILTV），在感染了的鸡胚肝细胞培养物中，观察到集堆的六角形或球形ILTV未成熟粒子（箭头），负染色。

（李成）

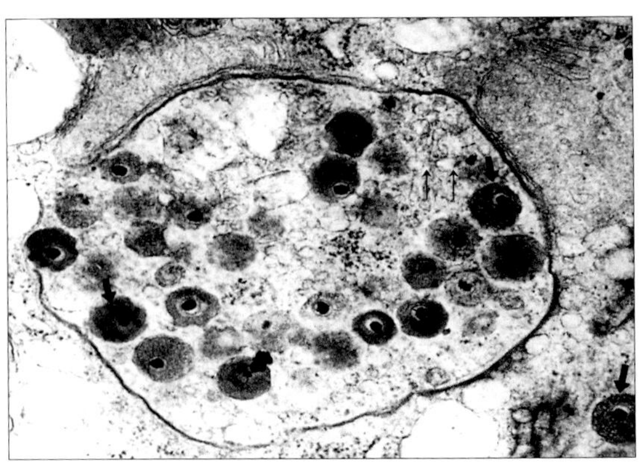

图1-11-2　ILTV，在感染了的鸡胚成纤维细胞胞浆的液泡内，含有多量的大囊膜ILTV粒子（箭头）；胞浆内微管结构（双箭头）超薄切片。

（李成）

图1-11-3　传染性喉气管炎患鸡呼吸困难。（甘孟侯）

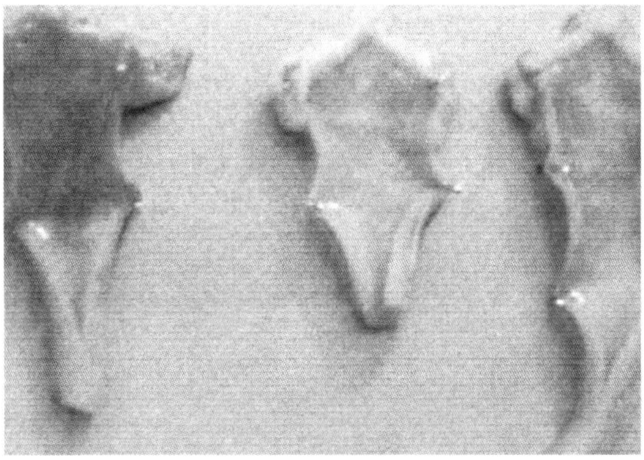

图1-11-4　发病死亡鸡气管黏膜表面有黄白色纤维素性干酪样假膜。（甘孟侯）

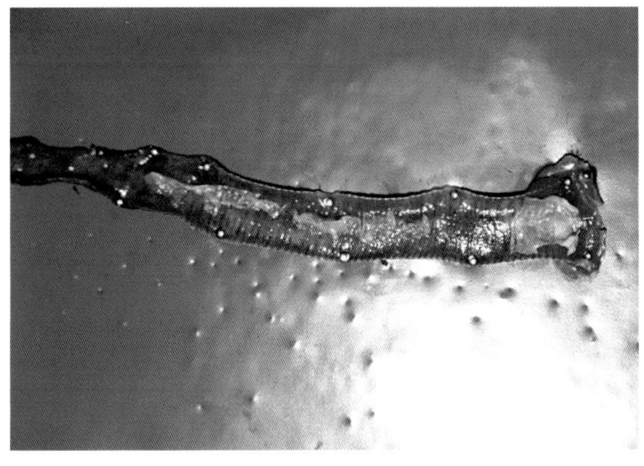

图1-11-5　发病死亡鸡气管黏膜表面充血、出血，有黄白色纤维素性干酪样假膜。（杜元钊）

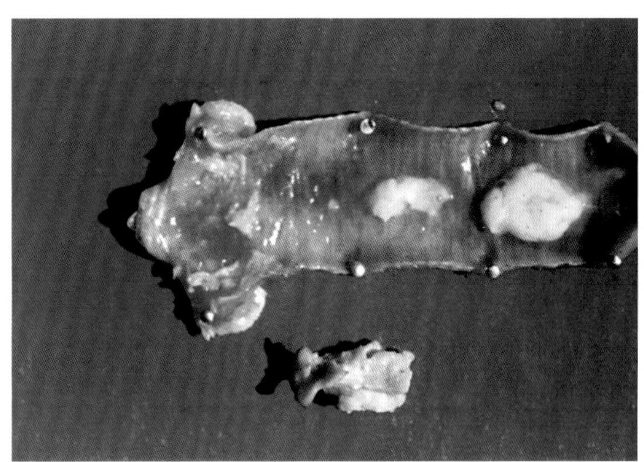

图1-11-6　发病死亡鸡气管黏膜表面充血、出血、有大块黄白色纤维素性干酪样假膜。（杜元钊）

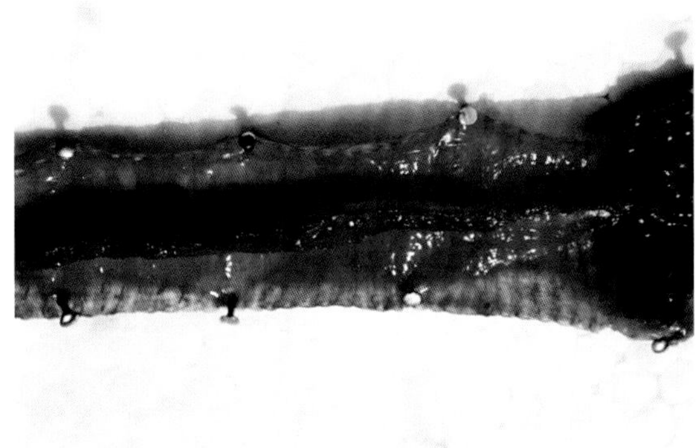

图1-11-7　死亡鸡喉头及气管黏膜表面高度充血、出血。（杜元钊）

图1-11-8　接种ILT病料后鸡胚绒毛尿囊上的痘斑样变化。（张秀美）

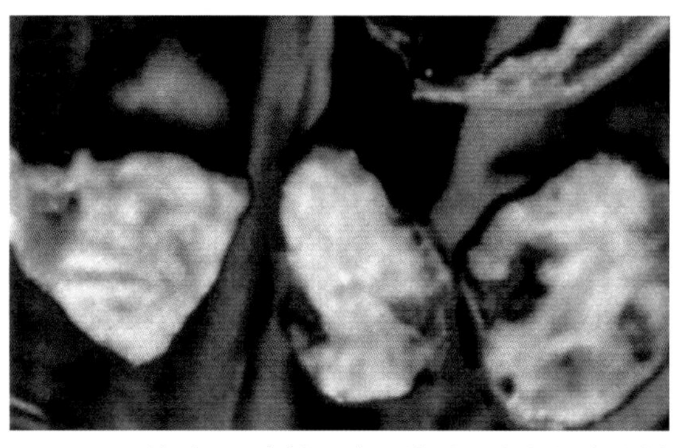

图1-11-9　接种ILT病料后鸡胚绒毛尿囊上的痘斑样变化。（郑世军、甘孟侯）

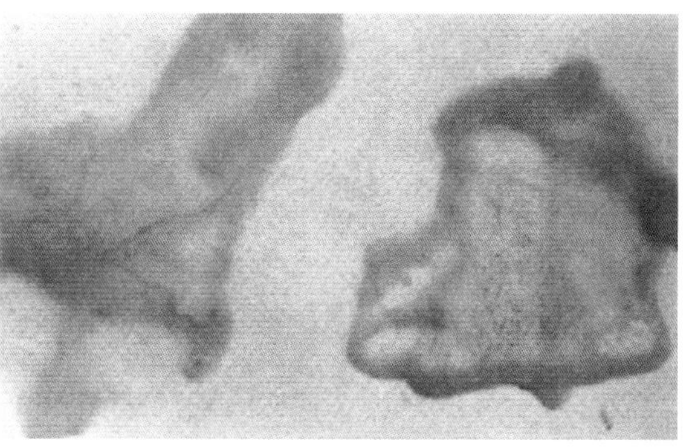
图1-11-10　接种ILT病料后鸡胚绒毛尿囊上的出血点（左），右为正常对照。（郑世军、甘孟侯）

第十二节　鸡大肝大脾病

（一）病原

鸡大肝大脾病的病原为鸡戊型肝炎病毒，是戊肝病毒科戊肝病毒属的一个成员，与人和猪的戊肝病毒在基因组和抗原性上有显著的相关性，但并不感染人。鸡戊型肝炎病毒的基因组是大约6.6kb大小的单股正链RNA。该病毒球形无囊膜，直径30 ～ 35nm。该病毒对氯仿或乙醚有抵抗力。鸡是自然宿主，但很难在细胞培养上复制，迄今为止还没有分离复制该病毒的理想细胞培养，仅能获得可见但有限的复制。

（二）流行病学

鸡的大肝大脾病是由鸡的戊型肝炎引发的成年鸡的传染病，主要表现为产蛋率下降、种鸡死亡率不同程度增加，死亡鸡出现肝肿大、脾肿大。主要发生在白羽肉用型鸡，其他类型的鸡发病率较低。该病由澳大利亚1980年首先报道，但后来在美国和英国均有此病发现。我国也早在20世纪90年代初开始报道此病，近年来在肉用型种鸡中时有发生，但不同鸡场不同批次的发病率差异很大。在美国又称肝炎脾肿大综合征。根据血清学调查，我国很多鸡群对鸡戊型肝炎病毒抗体都呈现不同比例的阳性率，但发病的报道并不多。

（三）临床表现

鸡戊肝病毒可感染各种年龄的鸡，但仅在成年鸡表现临床症状和病理变化。肉用型种鸡比蛋用型鸡对该病更为易感，多在开产前后开始发病，产蛋高峰时也往往是发病和死亡高峰。病鸡表现为鸡冠和肉髯发白，精神不振，食欲下降，肛周羽毛脏乱，排糊状粪便。感染鸡群往往发育较差，开产延缓且不形成产蛋高峰，或出现产蛋下降。产蛋率可下降20%，同时伴以死亡率升高。在一个鸡群中，通常发病率和死亡率并不高。死亡率较高时，在3 ～ 4周内每周死亡率达1%左右，但可能持续较长时间。在此期间，还可能出现较小的薄壳蛋，蛋壳色泽变淡。

（四）病理症状

病鸡或死亡母鸡剖检可见到的特征性病变是肝、脾肿大。其中脾脏的大小可达正常的2～3倍或更大（一般超过体重的0.1%）。在脾的被膜上可见许多白色的结节，在脾脏的剖面上也可见到这样的白色结节，特别是在发病的后期。在不同的病鸡，增大的肝脏可能呈现不同的病理变化，有的出现皮下溢血斑，有的变性而呈现不同的颜色，有的局部色泽变淡，似乎有类似增生性肿瘤样的变化，但又不是肿瘤性病变。肝脏表面也可出现继发性感染造成的炎性或坏死性表现。一部分病鸡卵巢发育正常，在正常开产后才发病死亡，但同时还有一部分呈现大肝大脾的病鸡，卵巢发育很不充分或完全不发育。此外，肾脏也可能出现肿胀或白色斑块，腺胃肿大，肺脏淤血、水肿，肠炎特别是十二指肠炎，胰腺出血等。此外，有些肝肿大或溢血后可能导致局部出血，因而在腹腔中可见大块的凝血块。据观察，在一部分死亡鸡中，还常见腺胃肿大。但在感染鸡群中脾肿大是最常见到的早期病变，即使在临床上表现正常的鸡，也能发现脾肿大。

病理组织学变化：在发病的不同时期，可能出现不同的表现：①淋巴细胞增生；②组织固缩性变性；③巨噬细胞反应。在发病初期，在肝脾组织中多见淋巴组织增生。在增大的脾脏中，可见脾鞘小动脉周边的成淋巴样细胞区增大，动脉周围小淋巴细胞数量增多，脾脏生发中心增生。在增大的肝脏中，淋巴滤泡及血管周淋巴细胞增多。上述病理变化通常在临床症状出现前就已发生。当病鸡出现临床表现时，则可见脾或其他淋巴组织中细胞坏死，随后则可能发生巨噬细胞反应，渗出液增多并出现散在的异嗜性粒细胞。发病后期，肿大的脾脏中还呈现网状内皮组织增生、不同程度的纤维化及坏死。

（五）诊断

当肉用型种鸡群达不到预定的产蛋高峰，死亡率显著升高时，如果发现大肝大脾（如脾脏与体重比，每千克体重超过1g时，应怀疑大肝大脾病）。鸡场的兽医在剖检死亡鸡时，有时很难将大肝大脾病的肝脾病理变化与肿瘤相区别。即使在观察组织切片时，淋巴细胞的炎性浸润也很难与肿瘤性淋巴细胞浸润相区别。但在仔细多观察几只病鸡的病理组织切片时，如是大肝大脾病引起，在浸润的淋巴细胞区域中，还常可见到其他炎性细胞，如中性粒细胞、巨噬细胞及坏死的细胞。但在肿瘤时，则是比较一致的淋巴细胞。大肝大脾病的死亡多在开产后才发生，这一点与马立克氏病不同。但大肝大脾病的易发年龄与白血病及网状内皮增生病的肿瘤高峰期一致，特别要注意鉴别诊断。此时，对白血病病毒及网状内皮增生病病毒的病毒分离鉴定起着重要作用。不过，现在对大肝大脾病的病原鸡戊肝病毒还不能在细胞培养上复制。很遗憾的是，迄今为止还没有商品化的试剂适用于鸡戊肝病毒的血清学或病原学检测。但在有条件的实验室，可尝试运用特异性引物做RT-PCR来检测病料中的鸡戊型肝炎病毒核酸。

（六）防控

目前本病还没有有效疫苗及相关的治疗药物。根据近十多年对发病鸡群的流行病学比较及动物试验发现，鸡群受到强烈应激刺激后容易发生大肝大脾病，或者在受到某种应激后发病死亡率显著升高，这些应激刺激包括强烈的物理刺激（如长途运输或鸡舍鸡场间转运）、某些品种蛋鸡很快进入产蛋最高峰、过多的免疫注射（特别是细菌灭活疫苗）等，因此在现阶段，还只能靠减少这些应激来减轻或预防大肝大脾病引发的死亡。

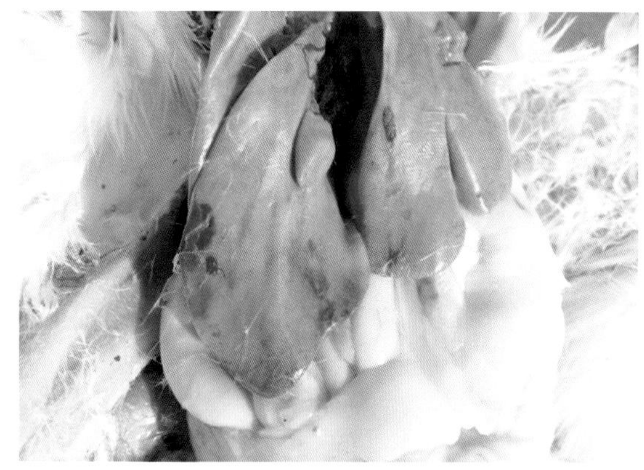
图1-12-1　肿大、变性的肝脏，呈黄色，有溢血块。（崔治中）

图1-12-2　肿大、变性、发脆的肝脏，呈黄色，脾肿大。（崔治中）

图1-12-3　肝肿大、变性，红白色相间。（崔治中）

图1-12-4　肿大、变性、发脆的肝脏，有很大的一块出血块。（崔治中）

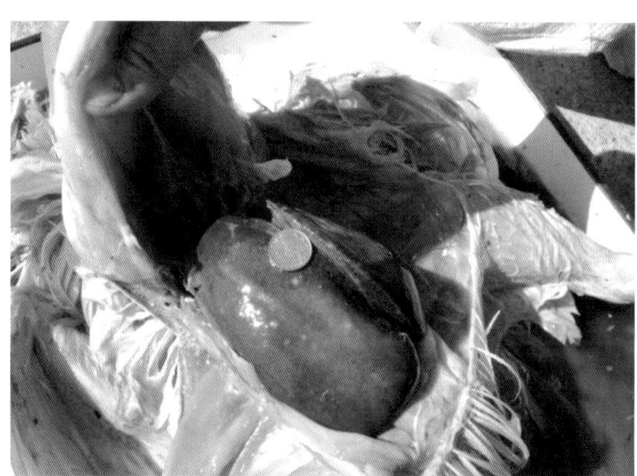
图1-12-5　肿大、变性的肝脏，上面还有类似肿瘤的增生性结节。（崔治中）

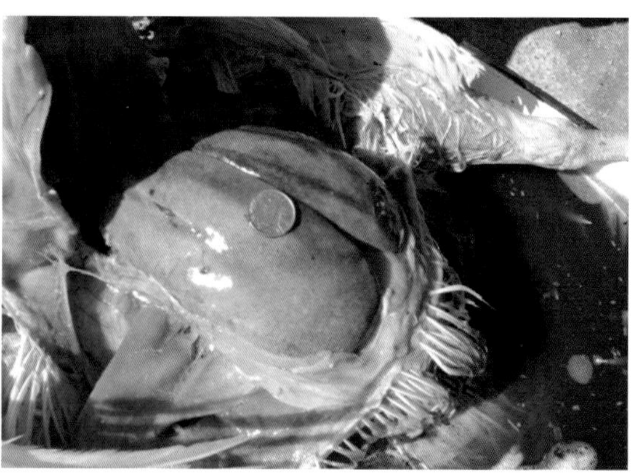
图1-12-6　肿大、变性的肝脏。（崔治中）

图1-12-7　肿大、变性的肝脏。（崔治中）

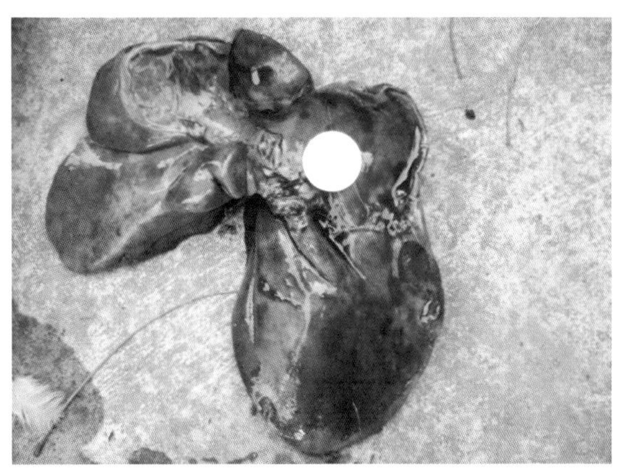

图1-12-8　肿大、变性的肝脏，局部呈现黄白色。（崔治中）

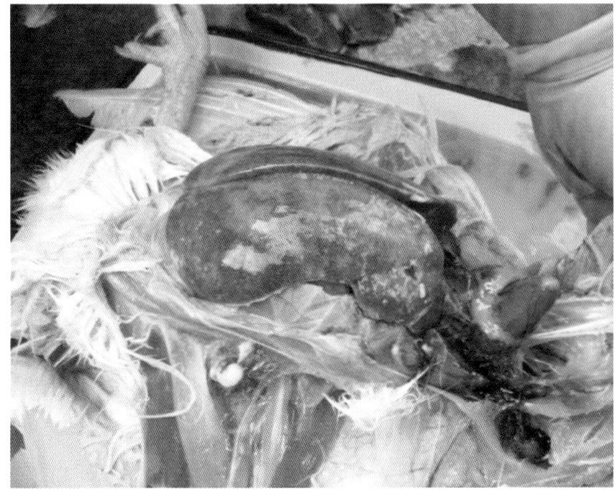

图1-12-9　肿大、变性的肝脏，局部呈现黄白色，还有细菌感染。（崔治中）

图1-12-10　脾肿大，上有白色增生性结节。（崔治中）

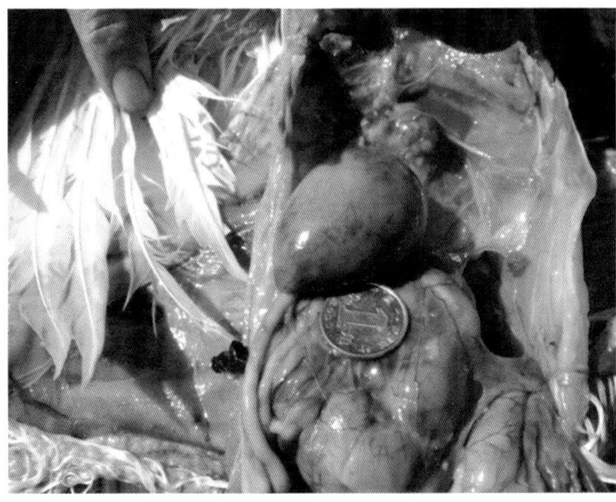

图1-12-11　脾肿大，有白色增生性变化。（崔治中）

图1-12-12　肾肿大，有白色增生性变化。（崔治中）

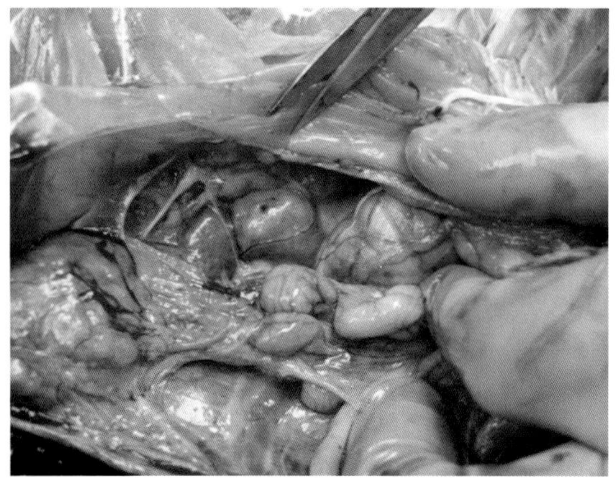

图1-12-13　肾肿大，有白色增生性变化。（崔治中）

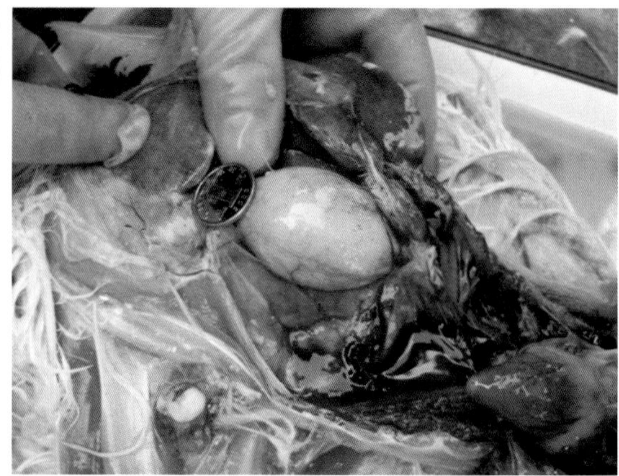

图1-12-14　腺胃肿大。（崔治中）

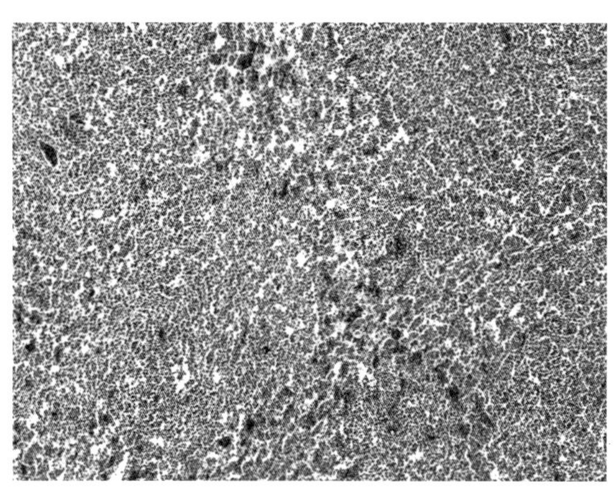

图1-12-15　肝脏组织切片，淋巴细胞浸润结节多于肝细胞索。（HE，×100）（崔治中）

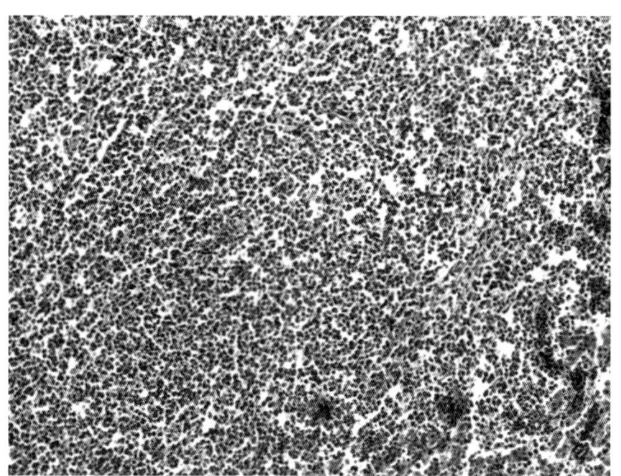

图1-12-16　肝脏组织切片，淋巴细胞浸润结节。（HE，×200）（崔治中）

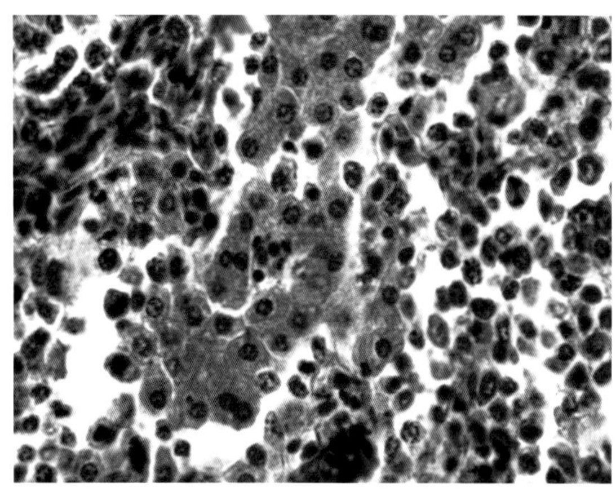

图1-12-17　肝脏组织切片，进一步放大的浸润的淋巴细胞。（HE，×1 000）（崔治中）

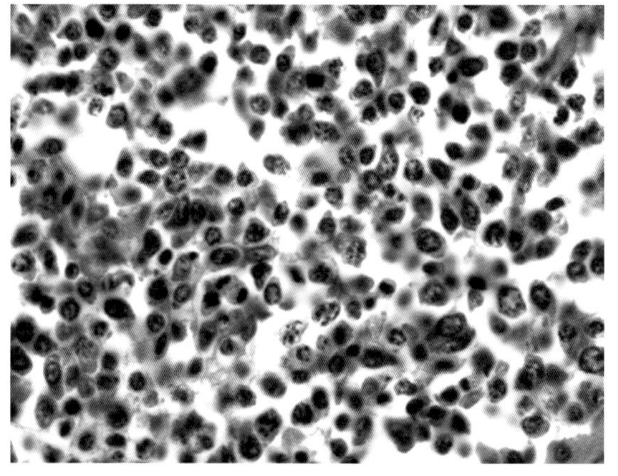

图1-12-18　肝脏组织切片，进一步放大的浸润的淋巴细胞，有些细胞的细胞核浓缩。（HE，×1 000）（崔治中）

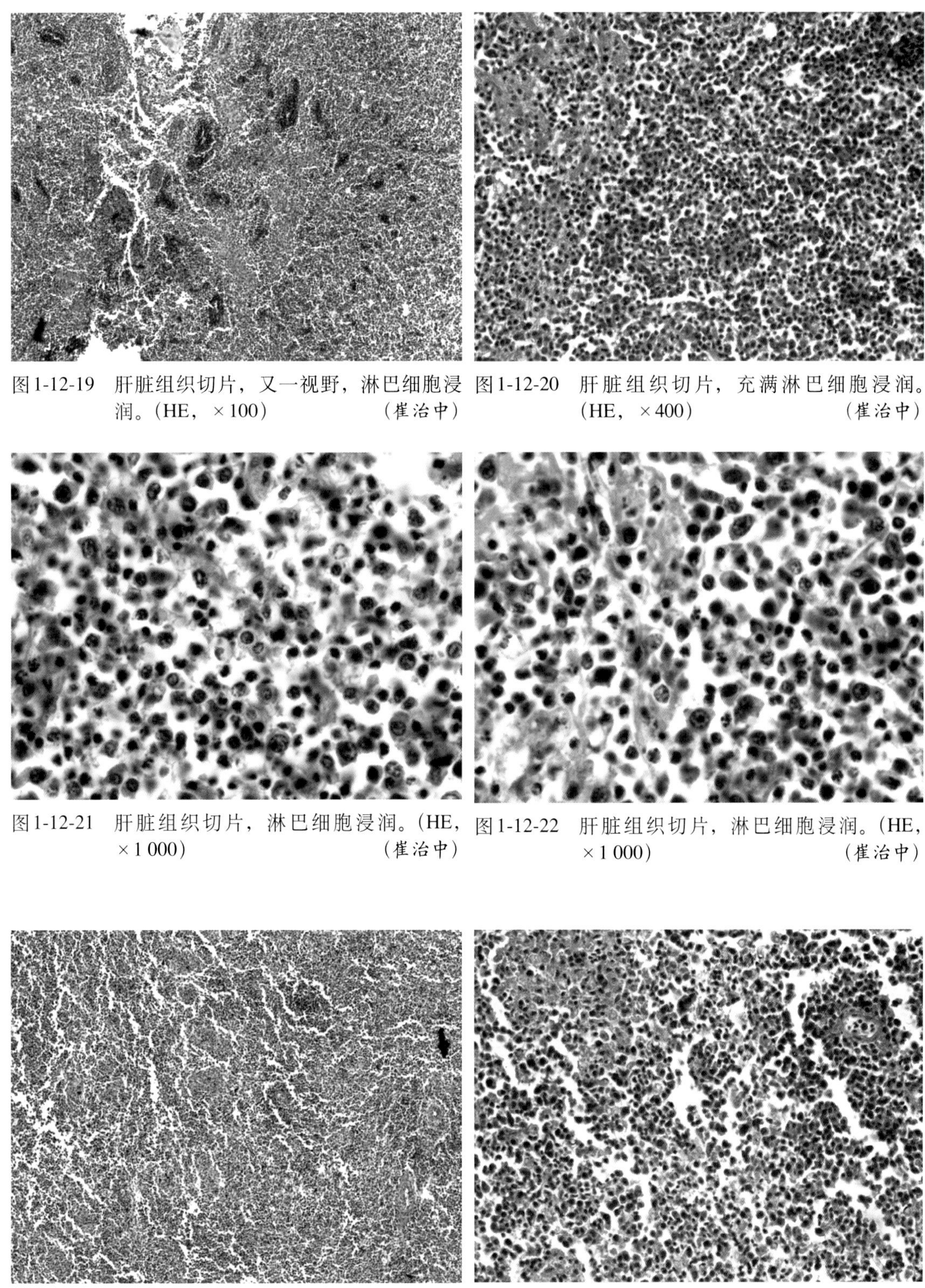

图1-12-19 肝脏组织切片，又一视野，淋巴细胞浸润。（HE，×100） （崔治中）

图1-12-20 肝脏组织切片，充满淋巴细胞浸润。（HE，×400） （崔治中）

图1-12-21 肝脏组织切片，淋巴细胞浸润。（HE，×1 000） （崔治中）

图1-12-22 肝脏组织切片，淋巴细胞浸润。（HE，×1 000） （崔治中）

图1-12-23 脾脏组织切片，淋巴细胞浸润，看不出正常的淋巴滤泡结构。（HE，×100） （崔治中）

图1-12-24 脾脏组织切片，淋巴细胞浸润。（HE，×400） （崔治中）

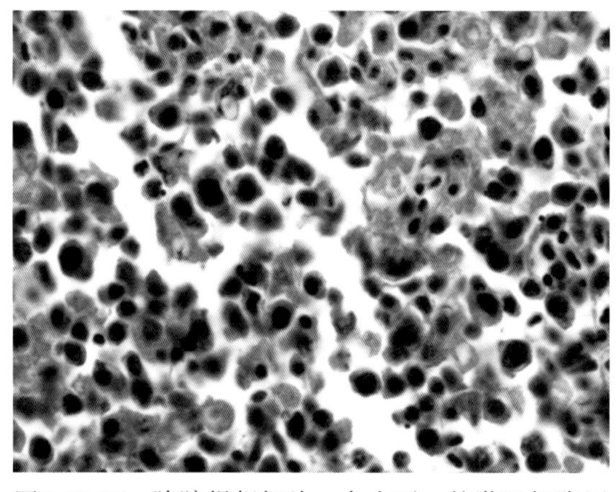

图1-12-25 脾脏组织切片，大小不一的淋巴细胞浸润。（HE，×1 000） （崔治中）

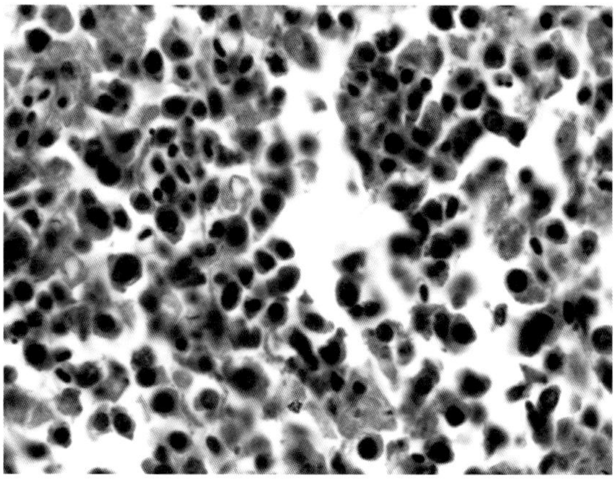

图1-12-26 脾脏组织切片，大小不一的淋巴细胞浸润。（HE，×1 000） （崔治中）

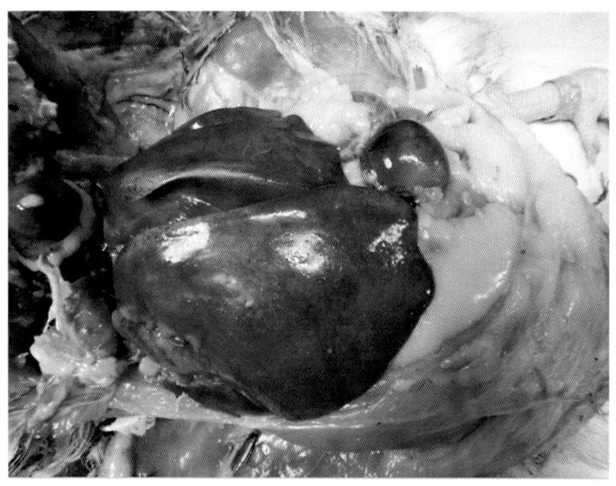

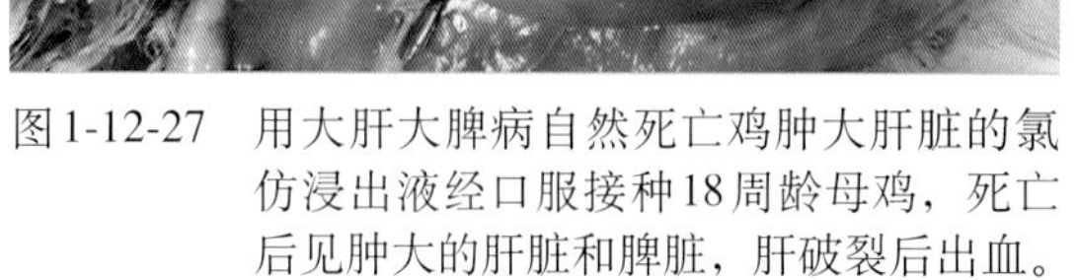

图1-12-27 用大肝大脾病自然死亡鸡肿大肝脏的氯仿浸出液经口服接种18周龄母鸡，死亡后见肿大的肝脏和脾脏，肝破裂后出血。 （崔治中）

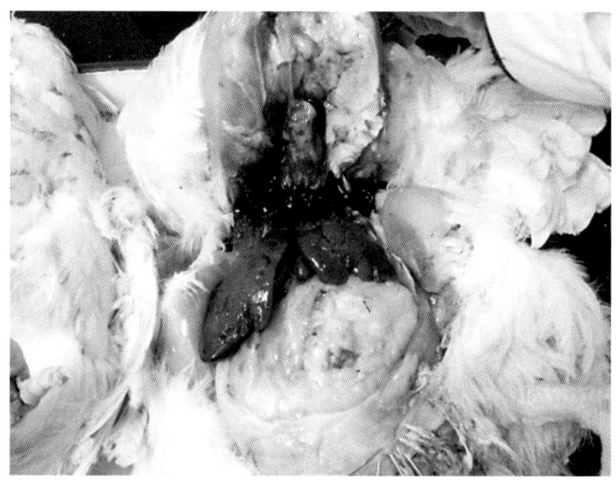

图1-12-28 另一只18周龄母鸡在人工攻毒后死亡，见肿大的肝脏，其破裂后出血。 （崔治中）

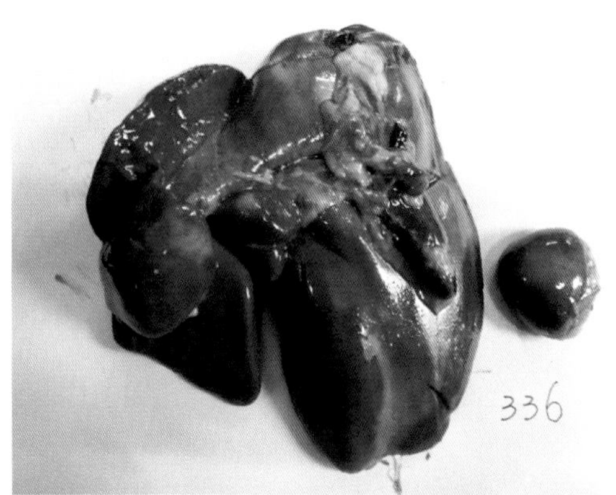

图1-12-29 18周龄母鸡在人工攻毒后死亡，肿大的肝脏和脾脏，肿大的肝脏变性呈现不同颜色的斑块，还有肿大的脾脏。 （崔治中）

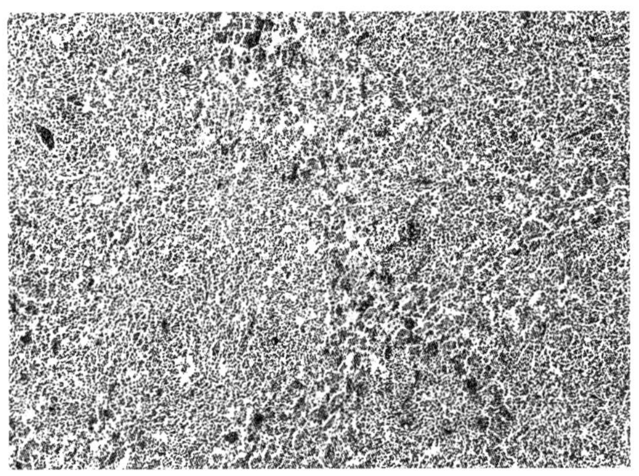

图1-12-30　为显示人工感染诱发的大肝大脾病多样化的病理组织学变化，本图及以下3张为同一肝脏组织切片；本图（HE，×100）中显示主要为密集的淋巴细胞浸润，但也有些粉红色区域，显示是细胞质很少的典型淋巴细胞和其他炎性细胞混合浸润。（崔治中）

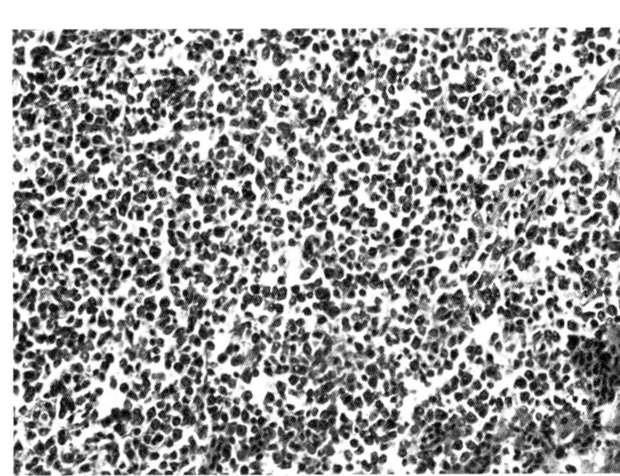

图1-12-31　与上图为同一肝脏组织切片但不同视野（HE，×200），显示主要为密集的淋巴细胞浸润，但也有些粉红色区域，显示是细胞质很少的典型淋巴细胞和其他炎性细胞混合浸润。（崔治中）

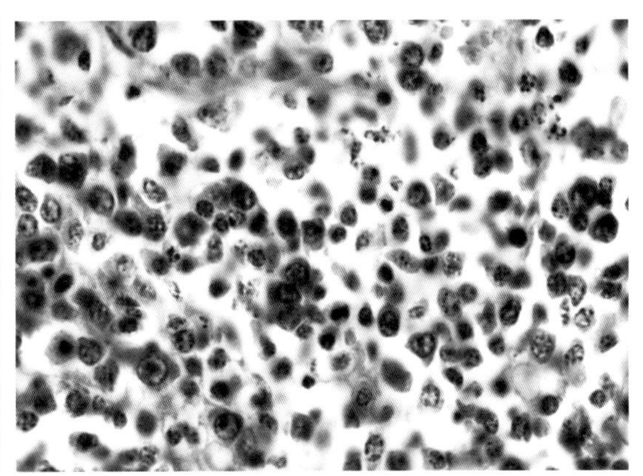

图1-12-32　与上图为同一肝脏组织切片不同视野（HE，×1 000），显示细胞质很少的典型淋巴细胞和其他炎性细胞浸润，如分叶核中性粒细胞，或细胞核着色较浅、细胞质较多的其他单核细胞。

（崔治中）

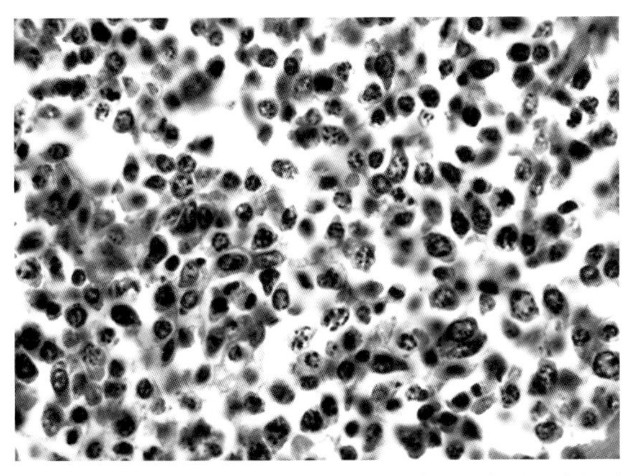

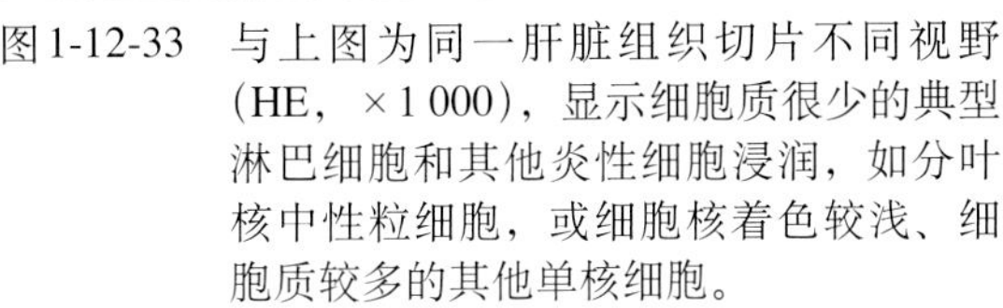

图1-12-33　与上图为同一肝脏组织切片不同视野（HE，×1 000），显示细胞质很少的典型淋巴细胞和其他炎性细胞浸润，如分叶核中性粒细胞，或细胞核着色较浅、细胞质较多的其他单核细胞。

（崔治中）

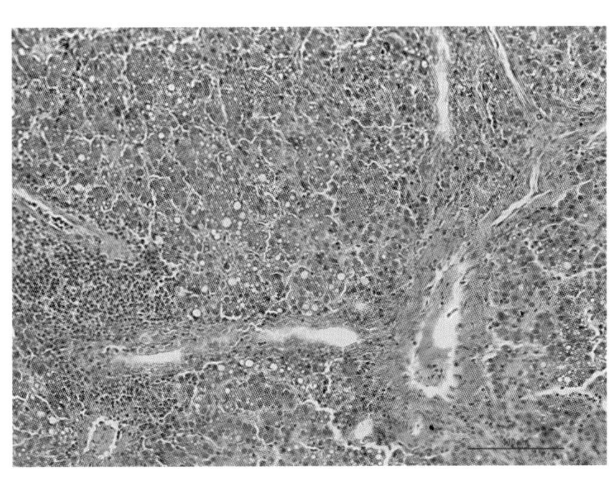

图1-12-34　为又一只人工感染后死亡鸡的肝脏切片（HE，×200），除了其左下角的淋巴细胞浸润结节外，大部分肝细胞索的肝细胞呈空泡化的脂肪变性。（崔治中）

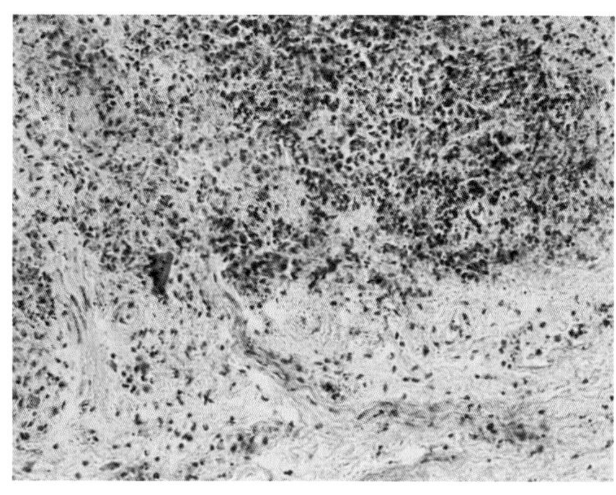

图1-12-35　为另一只人工接种病料后发病死亡鸡的肿大腺胃的切片（HE，×400），见大量淋巴细胞浸润，以结节状为主，但也有散在分布的。（崔治中）

图1-12-36　18周龄人工攻毒后34d死亡鸡的病理变化，可见肝脏肿大及其破裂出血形成的很大的血凝块。（崔治中）

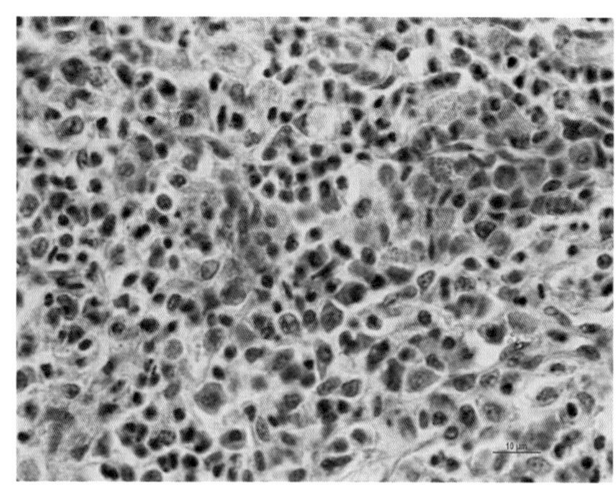

图1-12-37　鸡脾脏组织切片（HE，×400），在淋巴细胞间可见许多细胞质中带有红色染色颗粒的嗜酸性细胞。（崔治中）

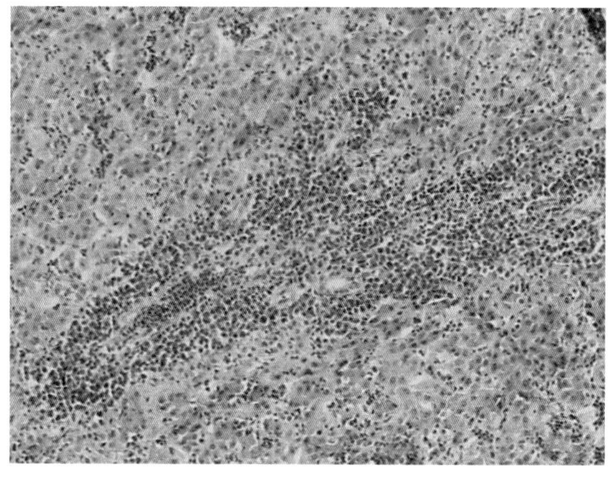

图1-12-38　鸡肝脏切片（HE，×200），图中为淋巴细胞浸润结节，形状不规则，周围散在的淋巴细胞弥漫于肝细胞索间；在淋巴细胞结节中还有呈粉红色的细胞区。（崔治中）

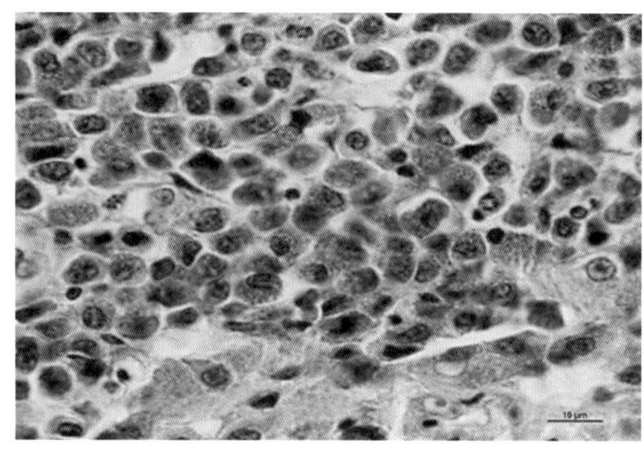

图1-12-39　鸡肝脏切片（HE，×1 000），在淋巴细胞结节中还有呈粉红色的细胞区，多为细胞质中布满红色颗粒的嗜酸性粒细胞，同时还有细胞核呈蓝紫色的淋巴细胞。（崔治中）

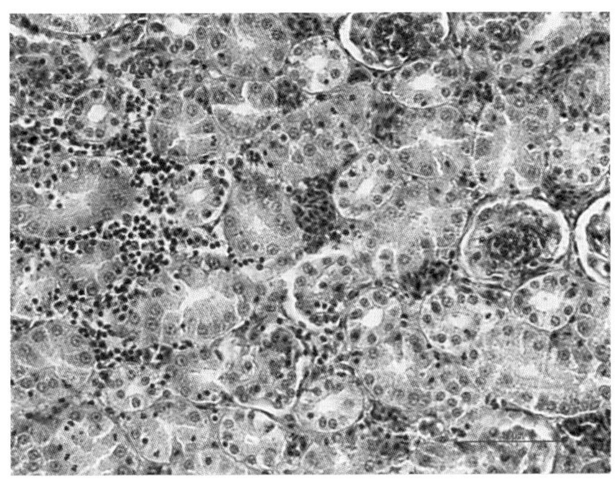

图1-12-40 鸡肾切片（HE，×400），可见肾小管间的出血，该片的左侧为弥漫性分布于肾小管间的淋巴细胞浸润。（崔治中）

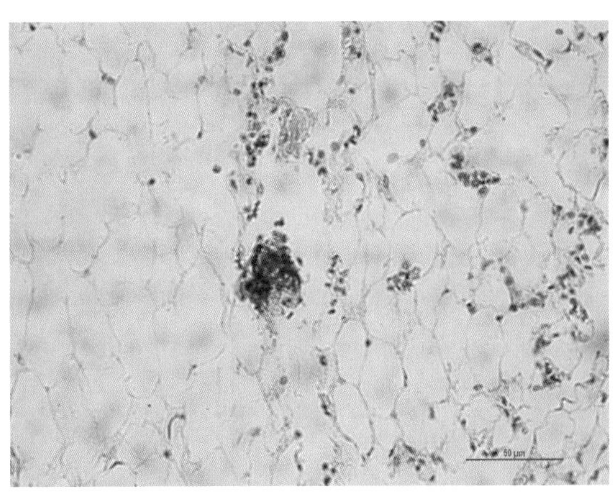

图1-12-41 鸡骨髓切片（HE，×1 000），可见脂肪变性引起的组织空泡化，另外还有弥漫性分布着的已变性的淋巴细胞核。

（崔治中）

图1-12-42 用间接荧光抗体法显示细胞培养上的鸡戊肝病毒感染细胞（HE，×200），第一抗体为经大肠杆菌表达的鸡戊肝病毒衣壳蛋白免疫的兔血清，第二抗体为TRTC标记的抗兔球蛋白血清；经DAPI背景复染后所有细胞细胞核呈蓝色，而被感染细胞的细胞质呈红色。

（张雅文、赵鹏）

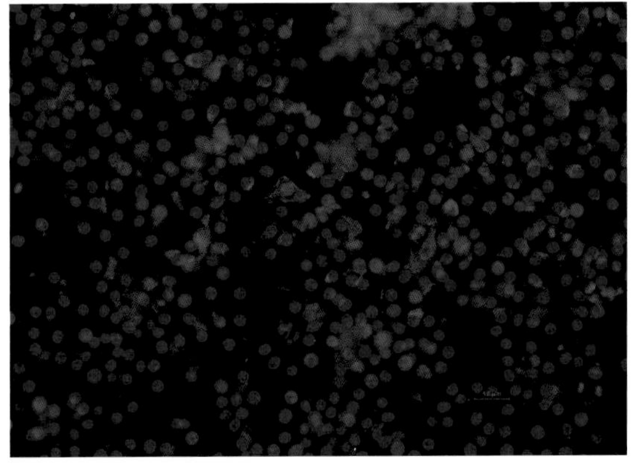

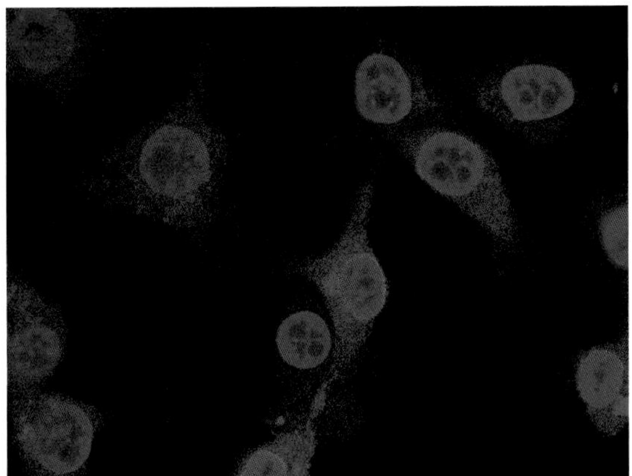

图1-12-43 用间接荧光抗体法显示细胞培养上的鸡戊肝病毒感染细胞（×600），染色及说明同上图。（张雅文、赵鹏）

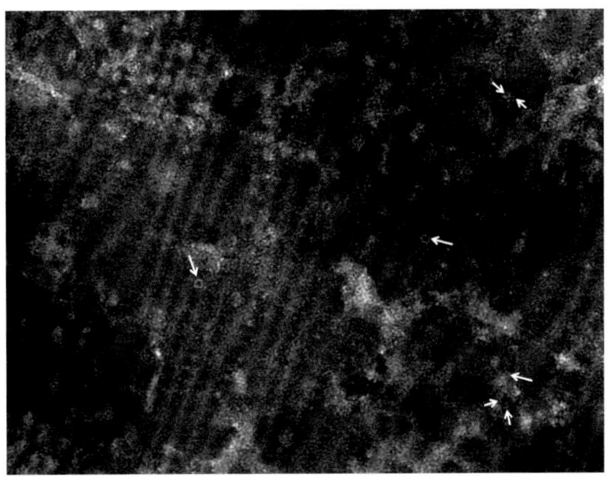

图1-12-44 鸡戊肝病毒电镜照片。将经感染的细胞培养上清液经超速离心后，取沉淀物做梯度离心提纯后做负染。

（张雅文、赵鹏）

第十三节　鸡传染性关节炎（鸡呼肠孤病毒病）

（一）病原

病原为鸡呼肠孤病毒（ReoV）。病毒粒子无囊膜，球形，呈二十面体对称排列，直径约60～80nm。可从病鸡的关节液、脾、气管、泄殖腔分离到病毒。从鸡和水禽分离到的呼肠孤病毒在抗原性上有一定的交叉反应，但二者的易感宿主和致病性差异很大，因此分别进行介绍。

（二）流行病学

鸡传染性关节炎又称病毒性腱鞘炎，本病只感染鸡，日龄小的鸡易感性强，本病感染发病率可高达100%，而死亡率通常低于6%。该病常发生于2～16周龄的肉鸡群，4～7周龄仔鸡发生最多，以损害关节滑膜、腱鞘和心肌为特征。病鸡关节肿胀，腱束变粗，肌腱断裂而跛行，发病率很高，饲料利用率下降，生长停滞、淘汰率上升，造成很大的经济损失。本病更大的危害性在于诱发鸡群的免疫抑制状态。

（三）临床症状与病理变化

发生跛行，跗关节肿大。发生腱鞘炎，肌腱出血、坏死或断裂，可见心外膜炎，滑液囊内有异嗜细胞、淋巴细胞、浆细胞、巨噬细胞，肉芽组织包围。

（四）诊断

一般根据流行特点、症状、肌腱病变可做出初步诊断，确诊需进行病毒分离鉴定与血清学试验，如琼脂扩散试验、酶联免疫吸附试验、中和试验、间接荧光抗体技术等。

（五）防控

要避免来自种鸡群通过鸡胚的垂直感染，还要避免使用已被ReoV污染的其他弱毒疫苗。可考虑在1日龄鸡使用ReoV弱毒疫苗诱发主动免疫。

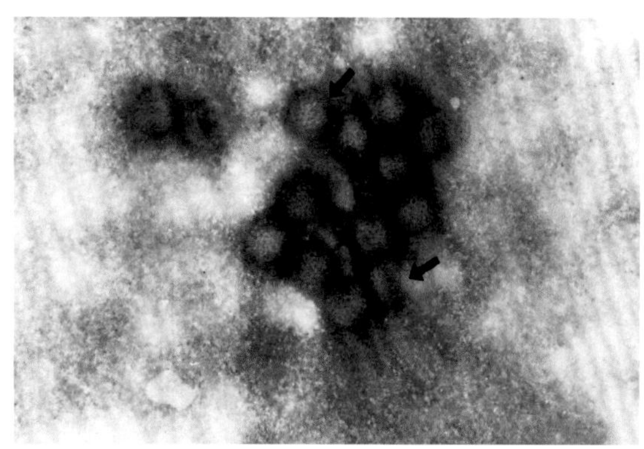

图1-13-1　鸡传染性关节炎病毒（呼肠孤病毒），在感染了的鸡胚尿囊液中发现了呼肠孤病毒（ReoV）（箭头），负染色。（李成）

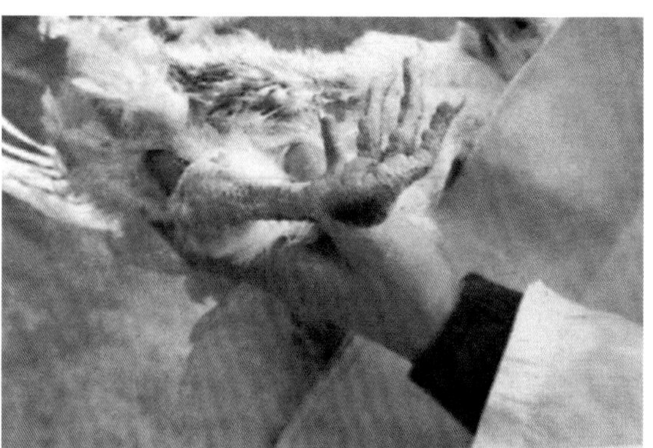

图1-13-2　趾蹠部形成溃疡而肿胀，趾弯曲。（李新华）

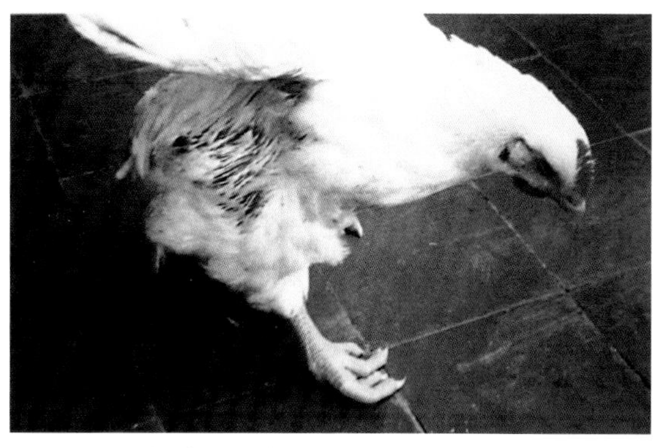

图1-13-3　病鸡腿一侧性或两侧性向外伸展，趾扭曲、跛行。（杜元钊）

图1-13-4　病鸡瘫痪。（杜元钊）

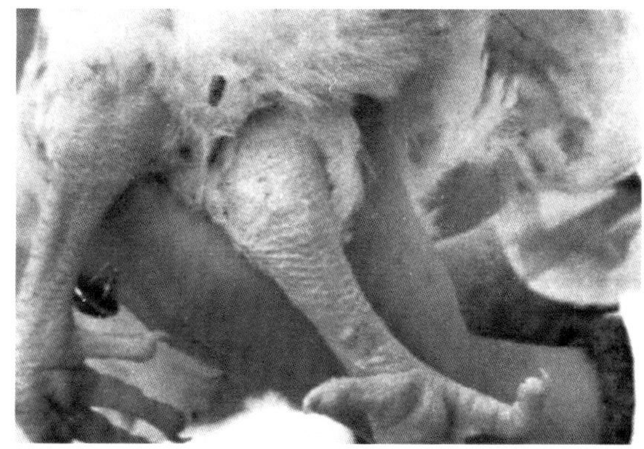

图1-13-5　足关节、趾蹠部关节同时被侵害，可见来自足关节的扭转、趾弯曲。（李新华）

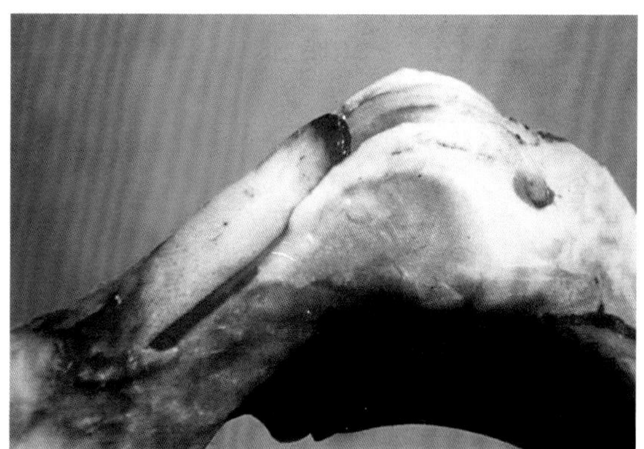

图1-13-6　病鸡肌腱出血、断裂。（杜元钊）

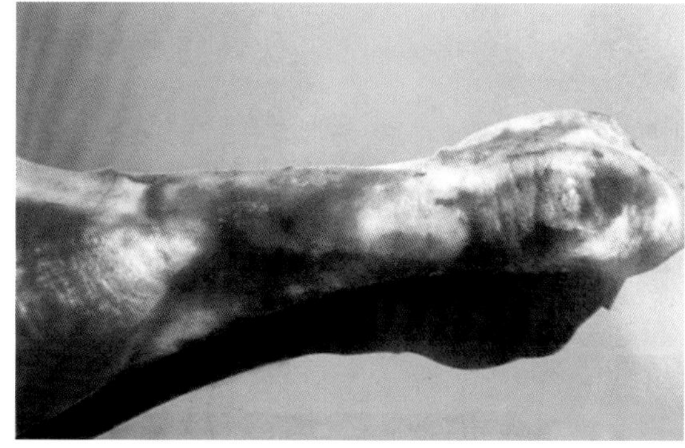

图1-13-7　病鸡肌腱（靠近跗关节上部）肿胀、出血。（杜元钊）

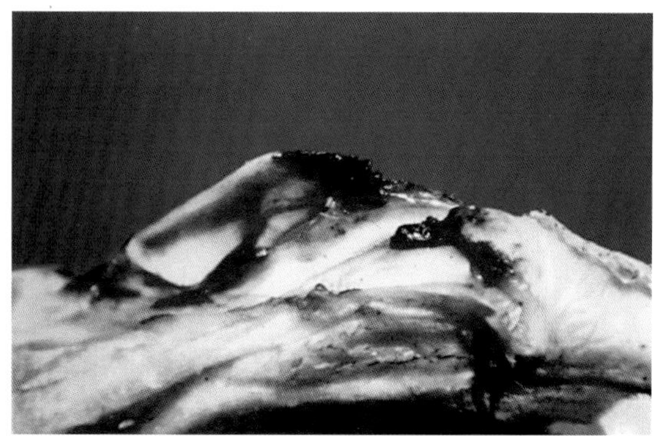

图1-13-8　病鸡肌腱出血、坏死、断裂。（李新华）

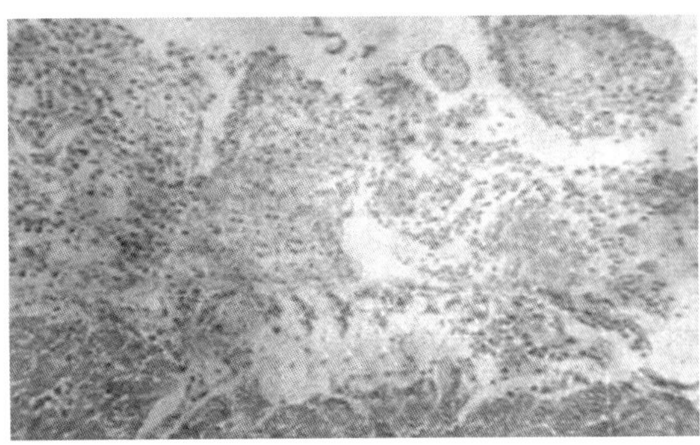

图1-13-9　与图1-13-2为同一人工感染病例，可见到心外膜炎。（李新华）

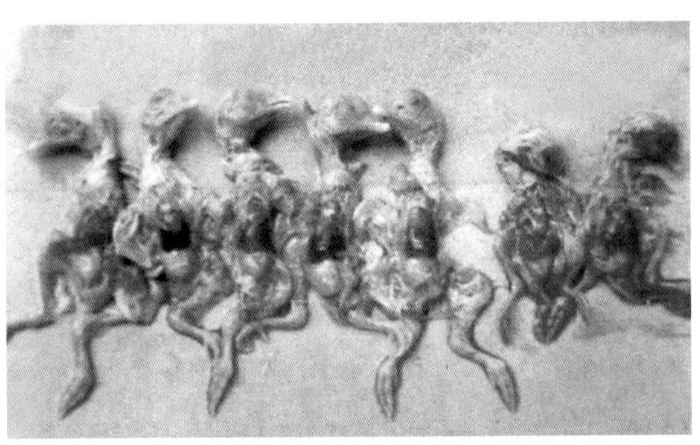

图1-13-10　以分离病毒株于绒毛尿囊膜内接种的鸡胚：右侧2例于接种后第6天死亡，而且发育不良，肝脏肿大；左侧5例于接种后第7天扑杀。（李新华）

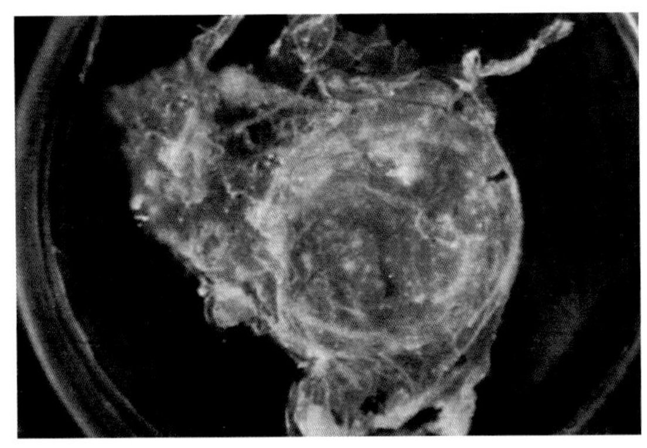

图1-13-11　在接种的绒毛尿囊膜上有大小不等的痘灶（接种后第4天）。（李新华）

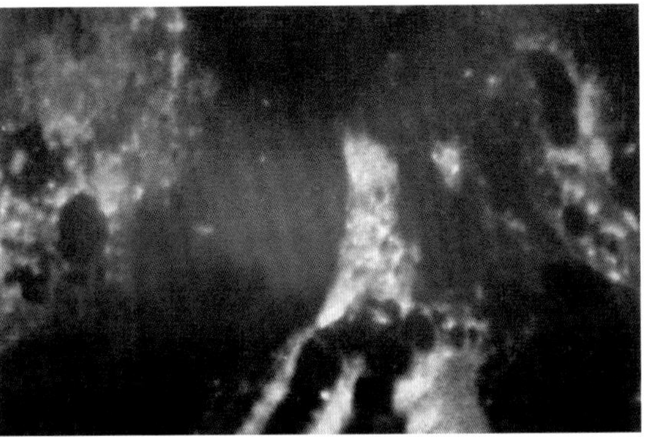

图1-13-12　感染初代鸡肾细胞上的呼肠孤病毒的特异荧光，仅见于胞质内，核内无这种荧光。（李新华）

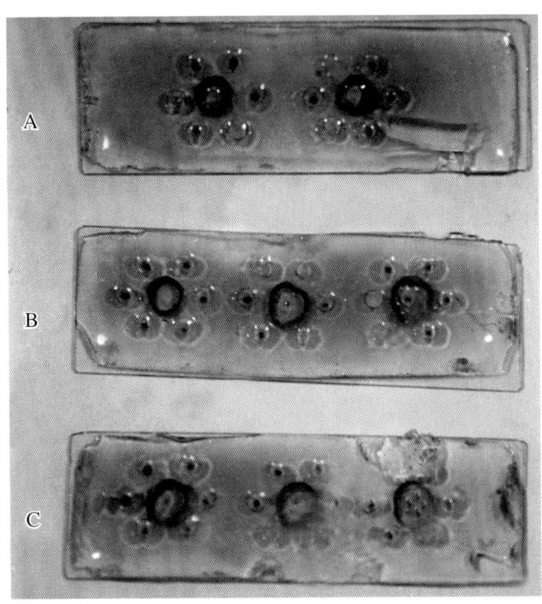

图1-13-13　鸡呼肠孤病毒的琼脂扩散试验结果。（李新华）

第十四节　水禽呼肠孤病毒病

（一）病原

呼肠孤病毒（ReoV））属于呼肠孤病毒科正呼肠孤病毒属成员，病毒粒子呈球形，直径60 ~ 80nm，正二十面体对称、无囊膜，电镜下可见双层衣壳结构。即使在不同年代、不同地域、不同水禽群体中分离到的ReoV的不同分离株在宿主易感性和致病性上也有不同程度的差异。

（二）流行病学

自1997年以来，在福建、广东、广西、江苏和浙江等省份雏番鸭中，发生一种以脚软为主要临床症状，以肝脏、脾脏肿大，表面有大量大小不等的灰白色坏死点主要病理变化为特征的疫病，俗称“花肝病”或“肝白点病”。最初该病主要侵害7 ~ 45日龄雏番鸭，以10 ~ 20日龄为最严重，发病率30% ~ 90%，病死率60% ~ 80%。也能感染半番鸭但较轻，而对其他水禽没有致病性。病愈鸭大部分成僵鸭。当时福建省农业科学院畜牧兽医研究所最早分离鉴定出相关的ReoV后，定名为番鸭呼肠孤病毒（MDRV）。

2000年后，在更多的省份又发现类似的ReoV，不仅可感染番鸭，还同时能感染半番鸭、樱桃谷鸭、北京鸭、麻鸭的雏鸭和和雏鹅，多发日龄为7 ~ 35日龄，发病率为60% ~ 90%，病死率为50% ~ 80%不等。该病既可水平传播，也可垂直传播，但其发生无明显的季节性，一年四季均有散发，天气骤变、卫生条件差、饲养密度高等因素易促发本病。为了与MDRV相区别，福建省农业科学院畜牧兽医研究所将这类ReoV称为新型鸭呼肠孤病毒（NDRV），而其他研究单位则分别称之为鸭呼肠孤病毒、鹅呼肠孤病毒等。

（三）临床症状

在雏鸭感染后，潜伏期5 ~ 9d，病程2 ~ 14d。病鸭精神沉郁，食欲减少，喜卧，排出灰白色或淡绿色稀粪，脚软，濒死前头部触地，部分鸭头向后扭转。最后衰竭死亡。

（四）病理变化

发病7d内死亡的雏番鸭病鸭肝脏、脾脏肿大，表面可见大量大小不等的灰白色坏死点。肾肿大，表面有针尖状出血点和黄白色条斑；肺淤血、水肿；肠黏液增多；多数鸭脑膜出血。发病7d后死亡的病鸭，肝脏、脾脏肿大，表面的灰白色坏死点时有时无。有的发病死亡的雏番鸭肝脏出现出血斑块。

樱桃谷鸭以脾脏坏死为特征，脾脏上有1个或数个中间凹陷的绿豆至黄豆大小的坏死灶，或脾脏坏死，呈紫黑色、灰绿色或大理石样病变。腺胃黏膜出血，肌胃角质膜、十二指肠球部有黄褐色的溃疡，继而肌胃角质膜有不规则的出血斑。肝脏肿大变性，呈土黄色；胆囊肿大，胆汁渗出，颜色变淡。

（五）诊断

用特异性引物做RT-PCR进行病毒分离鉴定。

（六）防控

用疫苗进行免疫接种，或用特异性高免血清注射，有一定的预防作用。

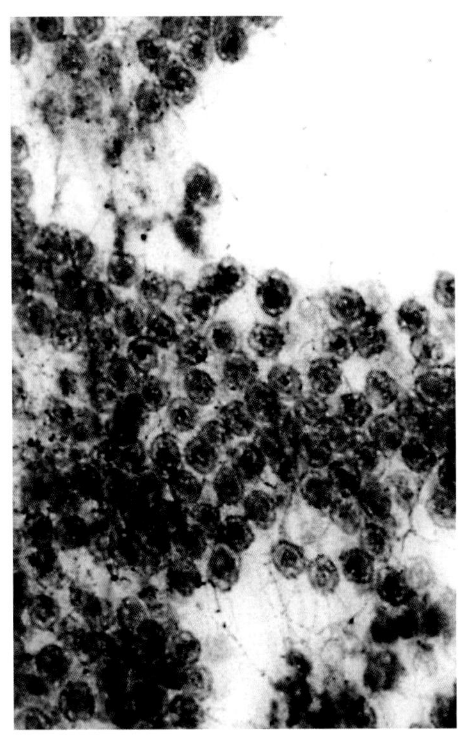

图1-14-1　呼肠孤病毒粒子。
（苏敬良）

图1-14-2　樱桃谷鸭患病后精神沉郁。（刁有祥）

图1-14-3　死亡鸭喙呈紫黑色。（刁有祥）

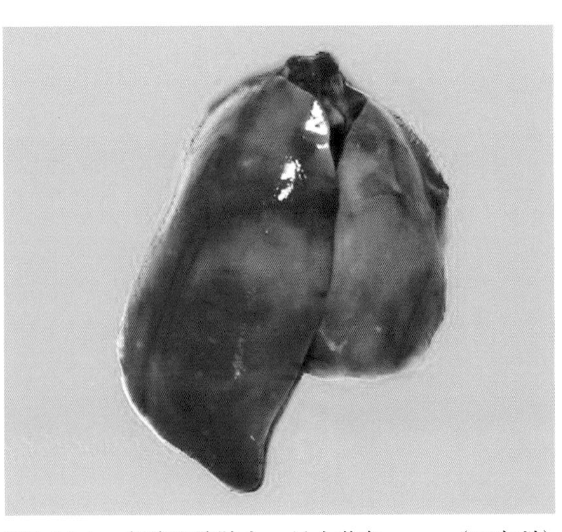

图1-14-4　病鸭肝脏肿大，呈土黄色。（刁有祥）

图1-14-5 雏番鸭接种MDRV后6d肝脏有许多大小不一的白色坏死点或结节。（陈少莺）

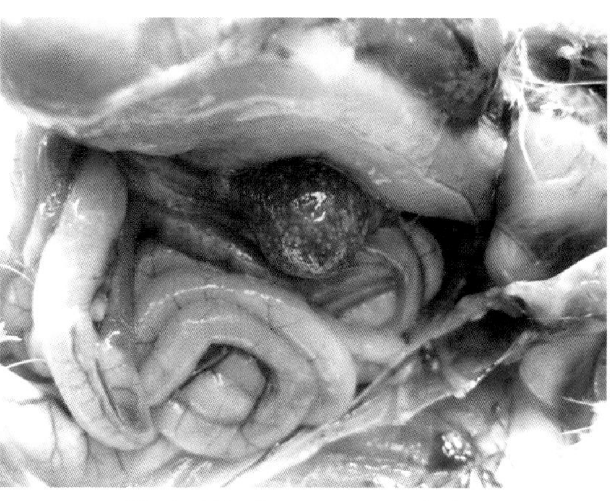
图1-14-6 雏番鸭接种MDRV后6d脾脏有许多大小不一的白色坏死点或结节。（陈少莺）

图1-14-7 雏番鸭接种MDRV后10d肝脏有许多大小不一的白色坏死点或结节。（陈少莺）

图1-14-8 雏番鸭接种MDRV后10d脾脏有许多大小不一的白色坏死点或结节。（陈少莺）

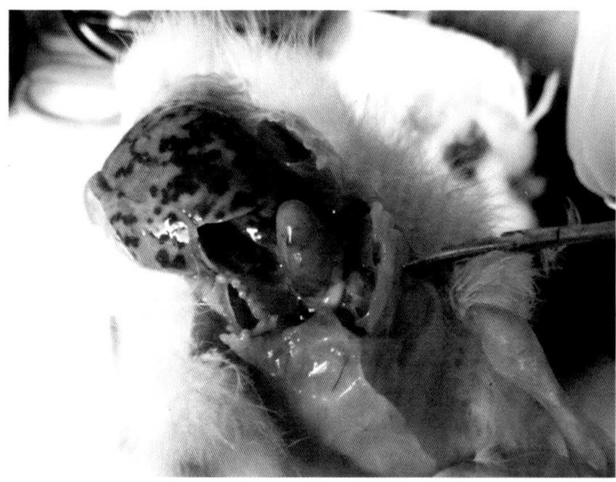
图1-14-9 雏番鸭接种NDRV后5d肝脏和心脏上出现许多大小不一、形状不规则的出血性或坏死性斑块。（陈少莺）

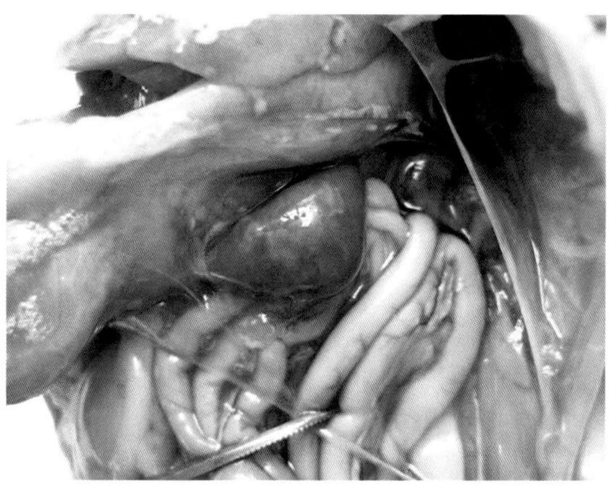
图1-14-10 雏番鸭接种NDRV后5d脾脏有数个大小不一的白色坏死斑块。（陈少莺）

图1-14-11　雏番鸭接种MDRV后10d肝脏有大小不一、形状不规则的出血性或坏死性斑块。（陈少莺）

第十五节　鸭病毒性肝炎

（一）病原

鸭肝炎病毒（DHV），历史上被分为3个血清型（1 ～ 3型）。按照现有的知识可认为，鸭病毒性肝炎由小RNA病毒科禽肝病毒属鸭肝炎病毒的3个型和星状病毒科禽星状病毒属的2种鸭星状病毒引起。

病毒在外界环境中可长时间存活，污染鸭舍中的病毒可生存10周以上，阴湿粪便中能存活37d。

（二）流行病学

本病主要发生于5 ～ 10日龄的雏鸭，对成年鸭没有影响，鸡和鹅有抵抗力。本病一年四季均可发生，冬、春季节多发，主要通过消化道和呼吸道感染。

（三）临床症状

本病的潜伏期很短，常为1 ～ 4d。突然发病，病程短促。病初精神委顿，不能随群走动，食欲废绝，眼半闭，呈昏迷状态，有的出现腹泻。不久，病鸭出现神经症状，不安，运动失调，身体倒向一侧，两脚呈游泳状，数小时后死亡。死前头向后弯，呈角弓反张状。有些发病很急，病鸭往往突然倒毙，常看不到任何症状。本病的死亡率因日龄而有差异，1周龄以内的雏鸭死亡率可以达95%，1 ～ 3周龄的雏鸭死亡率不到50%，4 ～ 5周龄的幼鸭则基本上无死亡。

（四）病理变化

本病的特征性病变在肝脏，常表现为肝肿大，质地柔软，外观呈淡红色或花斑状，表面有特征性出血点或出血斑。胆囊肿大，充满稀薄胆汁。脾脏肿大，外观花斑状，表面显现多个白色病灶，为“西米脾”。多数鸭肾脏充血、肿胀、呈花斑状。

（五）诊断

1.病毒分离与鉴定　以无菌操作法取病死鸭肝，按常规处理后接种9 ~ 11日龄鸡胚或10 ~ 12日龄鸭胚（无母源抗体），观察24 ~ 144 h胚体死亡情况，收集死亡胚的尿囊液，并用琼脂扩散试验等方法进行鉴定。

2.核酸探针检测　该法简单、实用，敏感性高。

（六）防控

在流行鸭病毒性肝炎的地区，可以用致弱的病毒免疫产蛋母鸭。在母鸭开产之前2 ~ 4周肌内注射0.5mL未经稀释的胚液，这样母鸭所产的鸭蛋中即含有多量抗体，孵出的雏鸭可获得被动性免疫，因而能够抵抗感染。目前疫苗已研制成三种：①氢氧化铝鸭肝炎病毒鸡胚化弱毒苗；②氢氧化铝鸭肝炎病毒鸡胚化弱毒灭活苗；③氢氧化铝强毒灭活苗。而以氢氧化铝鸭肝炎病毒鸡胚化弱毒苗的保护率最高。

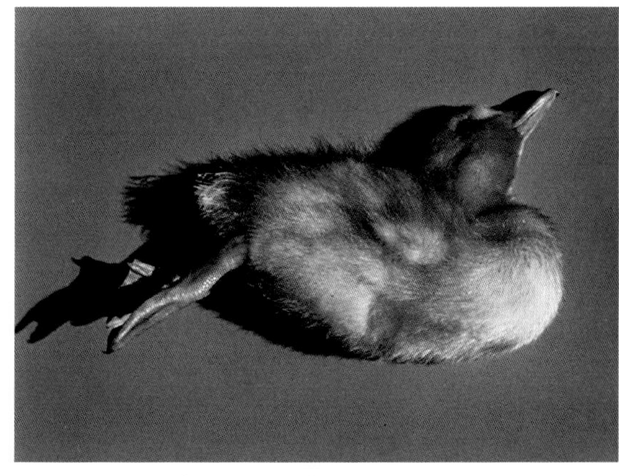

图1-15-1　病鸭呈角弓反张姿势。　（苏敬良、黄瑜）

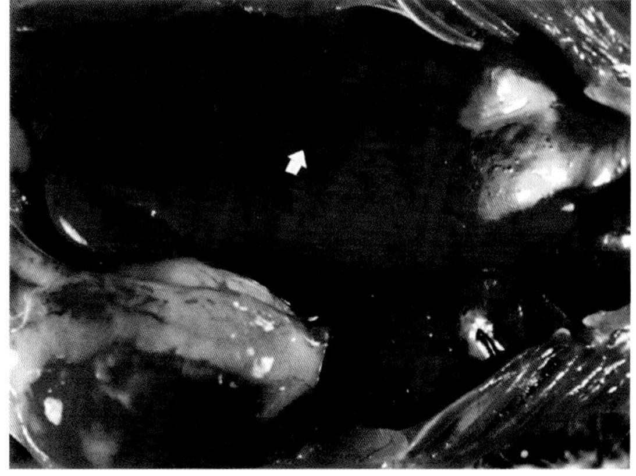

图1-15-2　雏鸭病毒性肝炎典型病理变化，肝脏肿大，表面有大量出血点和出血斑。（郭玉璞）

图1-15-3　病鸭精神沉郁。（刁有祥）

图1-15-4　雏鸭死亡时，头向后弯，呈角弓反张状。（刁有祥）

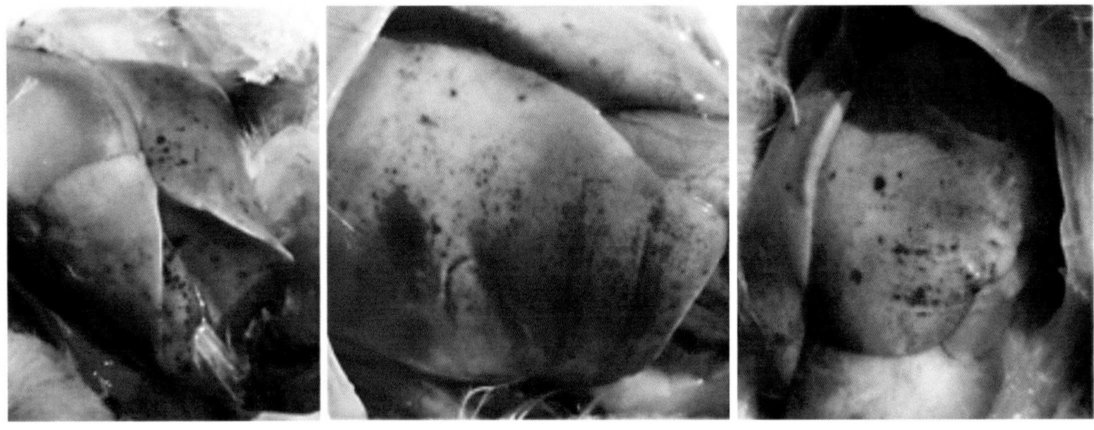

图1-15-5　肝脏肿大，表面有大小不一的出血点或出血斑（左、中、右）。（刁有祥）

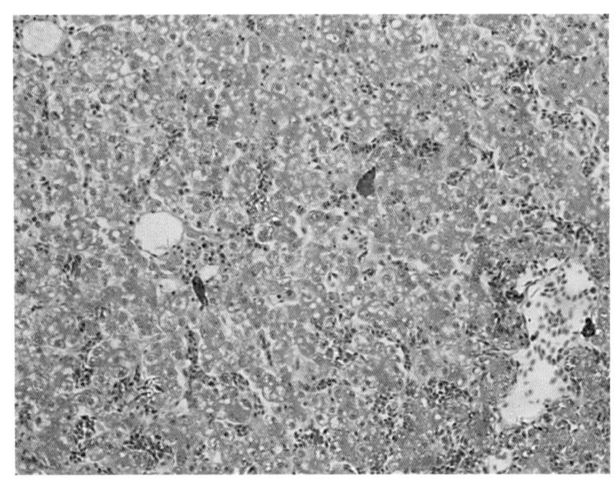

图1-15-6　肝脏淤血、轻微水肿，肝细胞弥漫性空泡变性，胞核浓染，局部组织炎性细胞浸润。(HE，×200)（刁有祥、高绪慧）

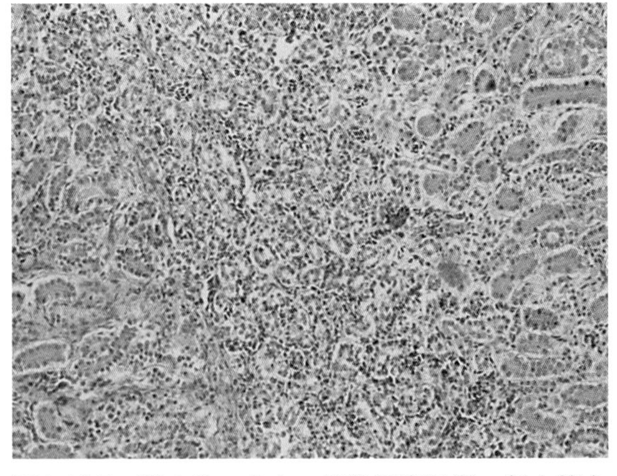

图1-15-7　肾水肿、出血，炎性细胞浸润，肾小管上皮细胞脱落，核固缩，肾小管管腔闭锁。(HE，×200)（刁有祥、高绪慧）

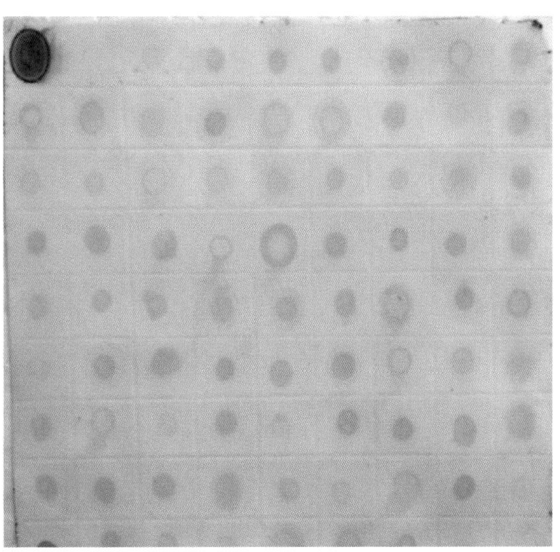

图1-15-8　疑似病毒性肝炎样品核酸探针检测结果。
（刁有祥、张颖）

第十六节　鸭　　瘟

（一）病原

鸭瘟病毒（DPV），属于疱疹病毒科。病毒粒子呈球形，有囊膜，直径约150nm。该病毒只有一个血清型，但各毒株之间的毒力明显不同。病毒易在9 ~ 14日龄鸭胚和13 ~ 15日龄鹅胚中繁殖继代，并引起胚胎死亡。对热敏感，在56℃加热10min会丧失感染力，80℃经5min即可死亡。

（二）流行病学

在自然情况下，只有鸭能够感染鸭瘟，不同品种、日龄、性别的鸭均可感染，以番鸭、麻鸭易感性最高，北京鸭次之。成年鸭和产蛋母鸭发病和死亡较为严重，1个月龄以下的雏鸭发病较少。但人工感染时，雏鸭较成年鸭易感，死亡率也高。

鸭瘟的传染源是病鸭和潜伏期的感染鸭，以及病愈不久的带毒鸭。被病鸭和带毒鸭的排泄物污染的饲料、饮水、用具和运输工具等，是造成鸭瘟传播的重要因素。其传播途径主要是消化道，也可以通过交配、眼结膜和呼吸道而传染。吸血昆虫也可能成为本病的传播媒介。该病一年四季都可发生，但一般以春夏之际和秋季流行最为严重。

（三）临床症状

病初体温升高，呈稽留热，病鸭精神委顿，缩颈，食欲减少或废绝，饮水增加，羽毛松乱、无光泽，两翅下垂。两脚麻痹无力，走动困难，严重的卧地不动。

病初，眼睛流出浆液性分泌物，使眼周围的羽毛沾湿，以后变黏性或脓性分泌物，将眼睑粘连。部分病鸭头颈部肿胀，俗称为大头瘟。病鸭排绿色或灰白色稀粪，肛门周围的羽毛被污染并结块。泄殖腔黏膜充血、出血、水肿，有黄绿色的假膜，不易剥离。

（四）病理变化

头颈肿胀的病鸭，皮下组织有黄色胶样浸润。鼻孔、鼻窦见有污秽的分泌物，喉头部和口腔黏膜有淡黄色假膜覆盖，剥落后露出出血点和浅溃疡。眼睑常粘连在一起，下眼睑结膜出血或有少许干酪样物覆盖。

消化道病变特点是黏膜出血和形成假膜或溃疡，淋巴组织和实质器官出血、坏死。食道黏膜有纵行排列的灰黄色假膜覆盖或小出血斑点，假膜易剥离，剥离后食道黏膜留有溃疡斑痕。肠黏膜充血、出血，以十二指肠和直肠最为严重。泄殖腔黏膜表面覆盖一层灰褐色或绿色的坏死结痂，黏着牢固，不易剥离。黏膜上有出血斑点和水肿。

肝表面有大小不等的灰黄色或灰白色的坏死点。脾脏略肿大，呈暗褐色。胰脏有散在细小出血点或灰色坏死灶。产蛋鸭的卵泡变形，并有充血和出血，有时卵泡破裂引起卵黄性腹膜炎。

组织学变化病理特征是病毒使全身小血管受损，导致组织出血和体腔溢血，出现急性败血症。食道和泄殖腔黏膜上皮细胞坏死、脱落，黏膜下层疏松、水肿，有淋巴样细胞浸润，黏膜下层结缔组织有的呈纤维素样坏死。小肠黏膜上皮坏死、脱落，固有层出血。肝细胞脂肪变性、肝细胞坏死和核内包涵体，淋巴细胞-浆细胞浸润，血管周围常有凝固性坏死灶。脾窦充满大量红细胞，实质有大小不等的坏死灶。

（五）诊断

1.病毒分离与鉴定 采集病死鸭的肝脏、脾脏等组织，无菌处理后分别接种于9 ～ 14日龄非免疫鸭胚的绒毛尿囊膜，以及9 ～ 11日龄SPF鸡胚的尿囊腔。如病料含有鸭瘟病毒，则鸭胚多在接种后4 ～ 6d死亡，胚胎有典型病变，而鸡胚正常。对培养物可用已知抗鸭瘟血清作中和试验，即可确诊。

2.分子生物学方法 根据鸭瘟病毒基因组核酸中保守区设计引物，可采用 PCR和地高辛标记探针检测方法。分子生物学方法灵敏、快速、简单，特异性好。

（六）防控

在没有发生鸭瘟的地区或鸭场，应当着重做好预防工作，定期注射疫苗。对于肉鸭，于7日龄左右进行首免，0.5头份/只，肌内注射；20日龄左右二免，1头份/只，肌内注射；种鸭和蛋用鸭，于7日龄左右进行首免，0.5头份/只，肌内注射；20日龄左右二免，1头份/只，肌内注射；开产前10 ～ 15d，2头份/只，肌内注射；以后每隔3 ～ 4个月再免一次。

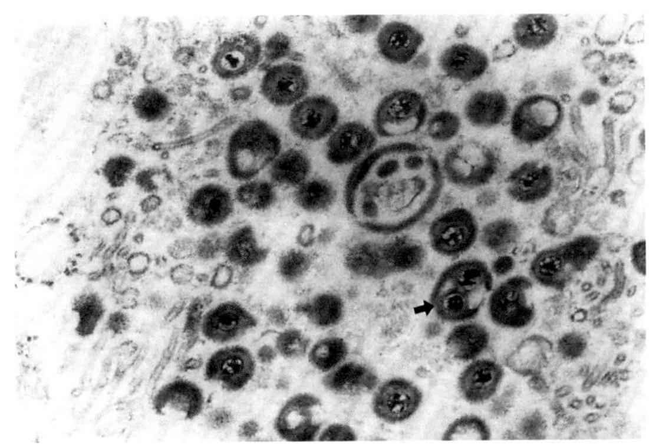

图1-16-1　鸭瘟病毒（DPV），在感染了的鸡胚尿囊液细胞胞质内，观察到多量的大囊膜病毒粒子，并在1个囊膜中看到2个核衣壳（箭头），超薄切片。（李成）

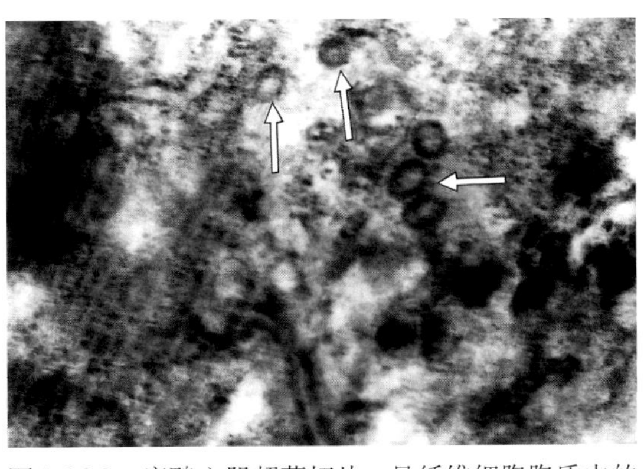

图1-16-2　病鸭心肌超薄切片，见纤维细胞胞质中的病毒空心核壳体（箭头），直径约100nm。（×40 000）（彭广能、程安春）

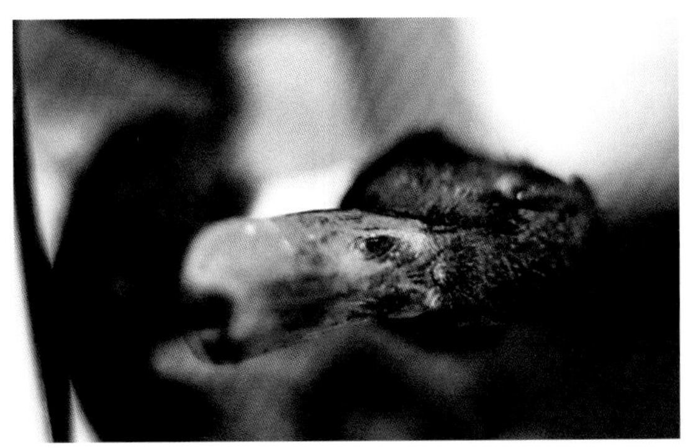

图1-16-3　病鸭头颈部肿胀。（程安春、汪铭书）

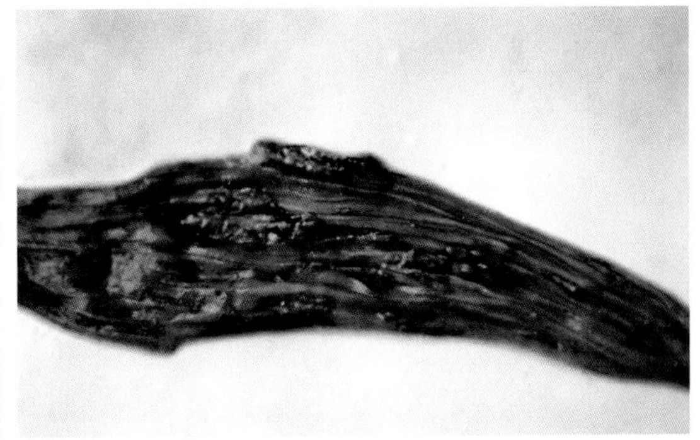

图1-16-4　病鸭食道黏膜有纵行排列灰黄色假膜覆盖。（程安春、汪铭书）

图1-16-5　病雏鸭小肠出现条环状出血（浆膜面）。（程安春、汪铭书）

图1-16-6　病雏鸭小肠出现条环状出血（黏膜面）。（程安春、汪铭书）

图1-16-7　病鸭心脏外膜出血斑点。

（程安春、汪铭书）

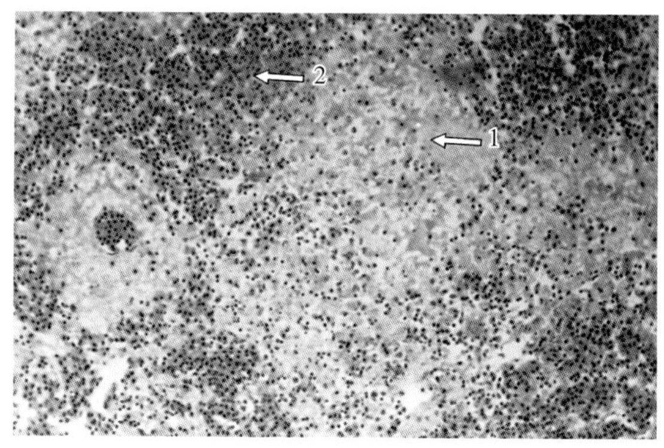

图1-16-8　病鸭脾脏坏死灶（箭头1）及周围出血带（箭头2）。（HE，×200）

（彭广能、程安春）

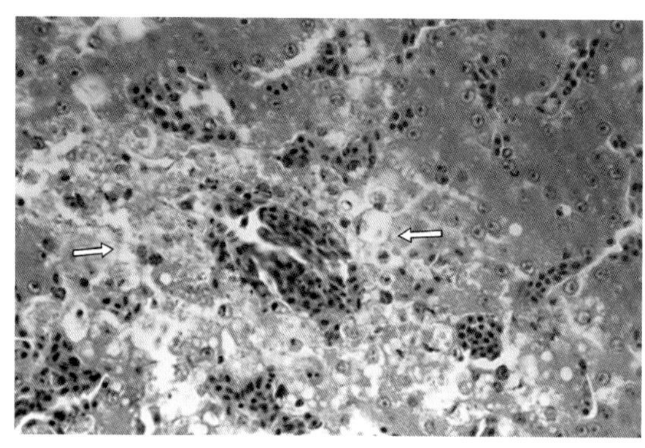

图1-16-9　病鸭肝脏细胞变性、溶解坏死、肝淤血（箭头）。（HE，×400）

（彭广能、程安春）

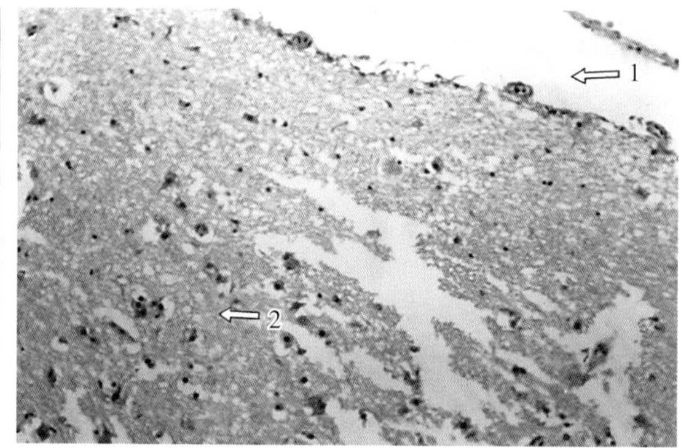

图1-16-10　病鸭脑膜水肿，膜与实质分离（箭头1），实质水肿，基质溶解（箭头2）。（HE，×200）

（彭广能、程安春）

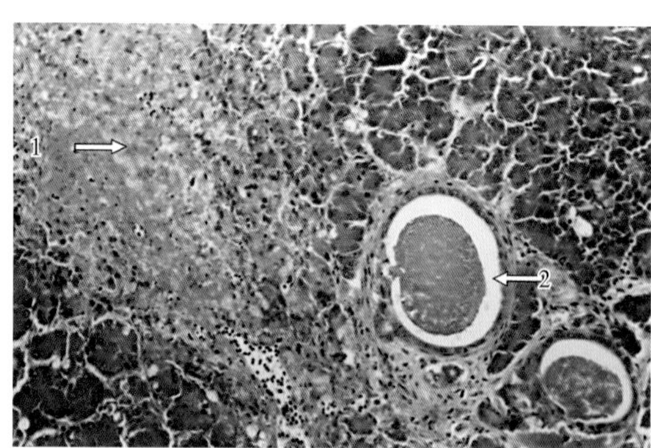

图1-16-11　病鸭胰腺坏死（箭头1），胰管内充满红色凝固的蛋白质物质（箭头2）。（HE，×200）

（彭广能、程安春）

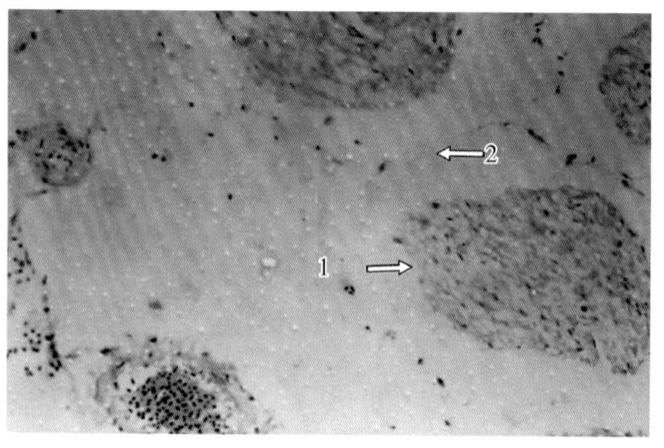

图1-16-12　病鸭脾脏坏死灶（箭头1）及周围出血带（箭头2）。（HE，×200）

（彭广能、程安春）

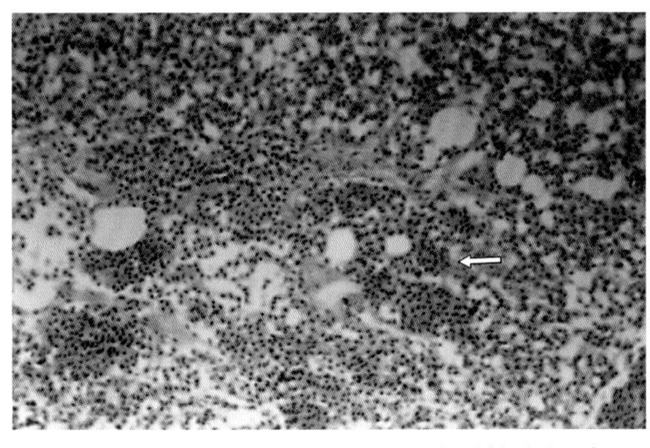

图1-16-13 病鸭肺组织充血、出血（箭头）。(HE，×200) （彭广能、程安春）

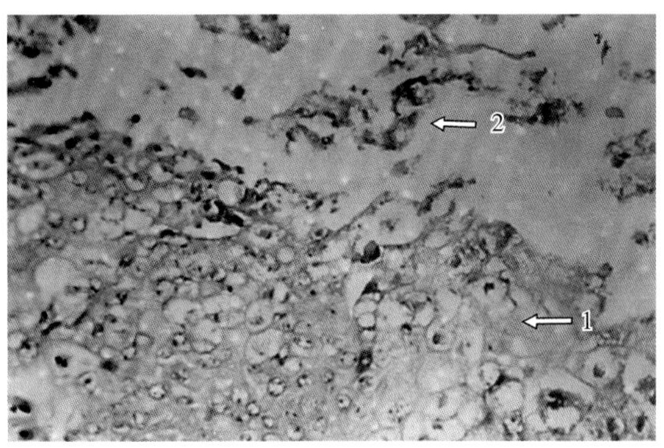

图1-16-14 病鸭食道上皮细胞空泡变性（箭头1）及坏死脱落的组织碎片（箭头2）。(HE，×200) （彭广能、程安春）

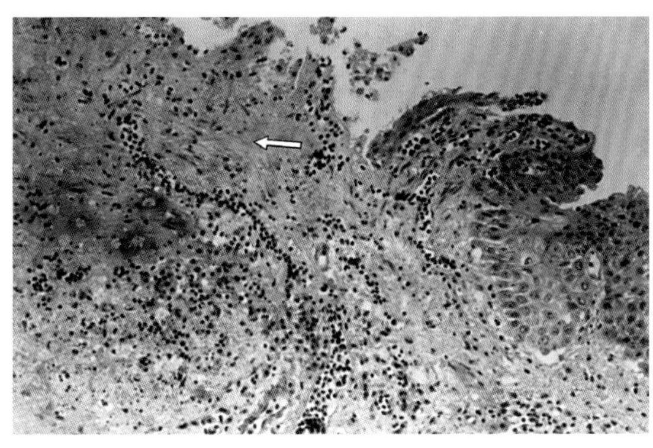

图1-16-15 病鸭肠黏膜变性、崩解，正常结构消失。(HE，×200) （彭广能、程安春）

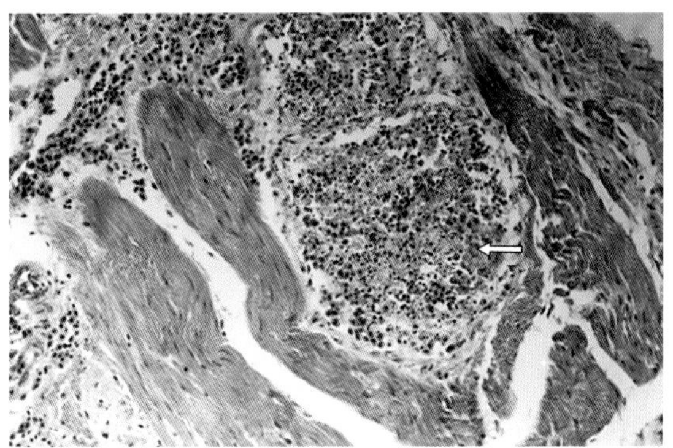

图1-16-16 病鸭心肌淋巴细胞凝固坏死。(HE，×200) （彭广能、程安春）

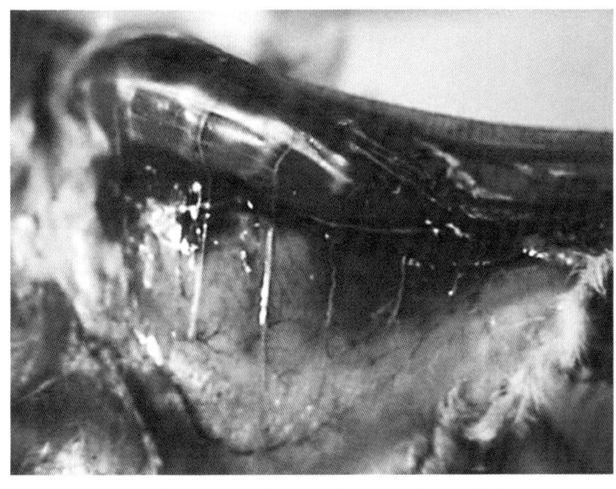

图1-16-17 病鸭颈部皮下有淡黄色胶冻状水肿。 （刁有祥）

图1-16-18 病鸭食道黏膜出血。 （刁有祥）

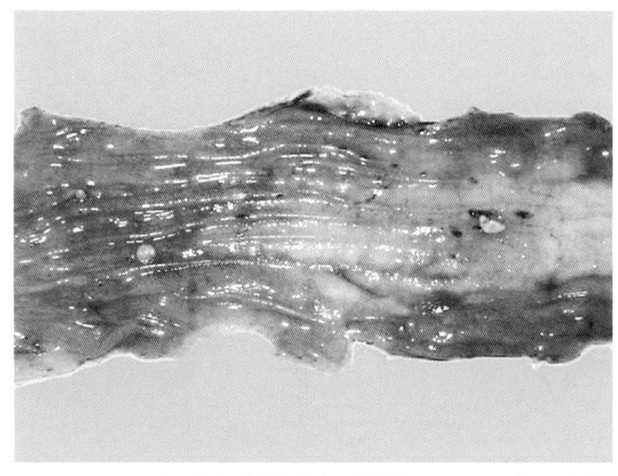

图1-16-19　病鸭食道黏膜条纹状坏死和出血，有灰黄色溃疡病灶。（刁有祥）

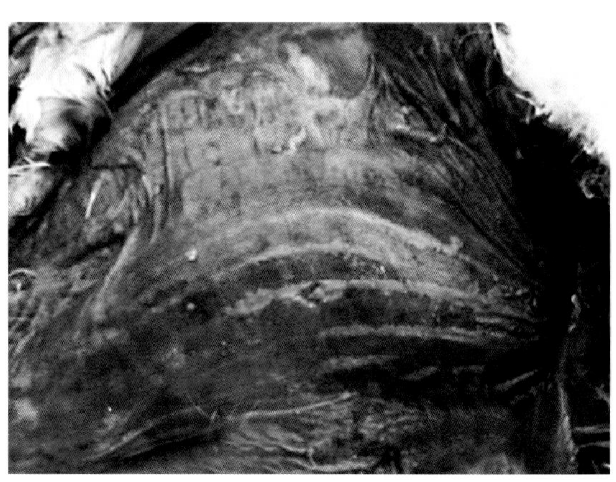

图1-16-20　病鸭食道黏膜有纵行排列的条纹状黄绿色假膜。（刁有祥）

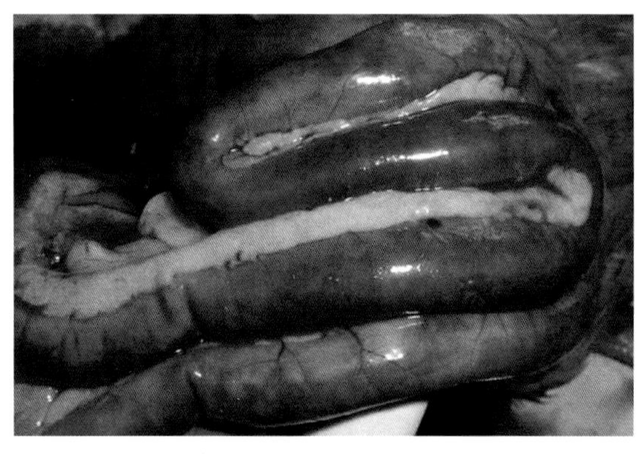

图1-16-21　病鸭肠浆膜下可见多处椭圆形、暗红色出血坏死灶。（杨金保）

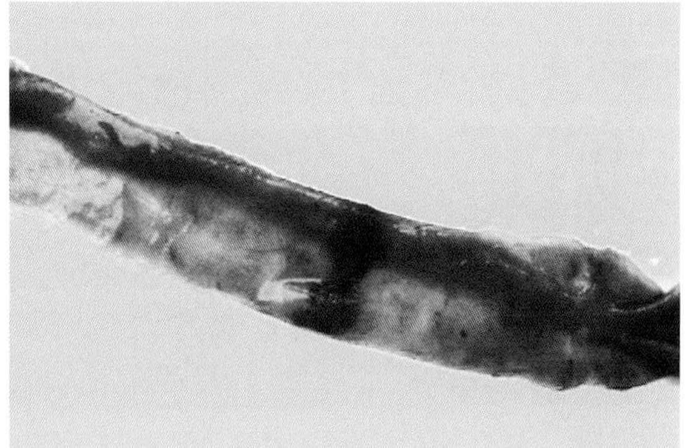

图1-16-22　病鸭肠黏膜环状出血。（杨金保）

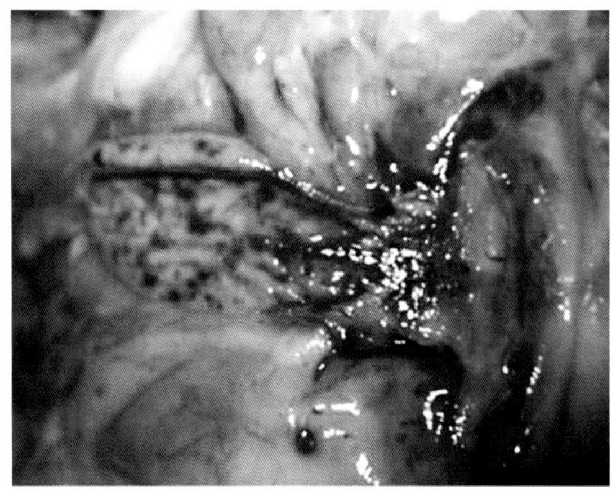

图1-16-23　病鸭泄殖腔黏膜有黄白色假膜。（刁有祥）

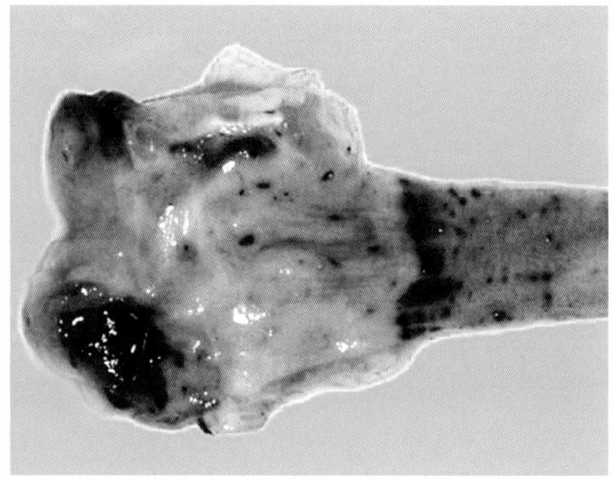

图1-16-24　病鸭泄殖腔黏膜出血。（刁有祥）

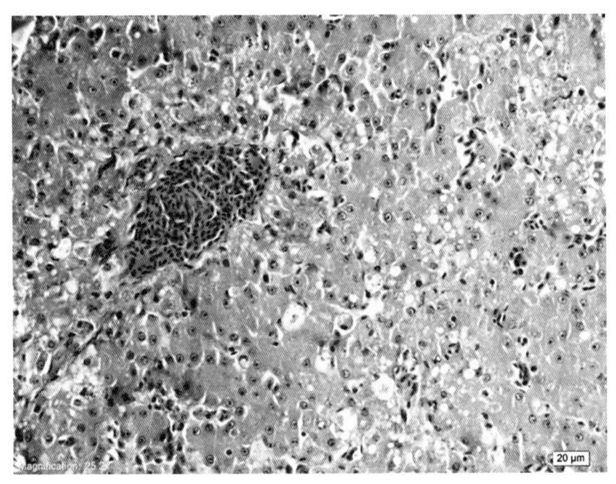

图1-16-25 病鸭肝细胞肿胀、坏死，肝索结构破坏，中央静脉红细胞崩解，血管周围有凝固性坏死灶。(HE，×400)

（刁有祥、张坤）

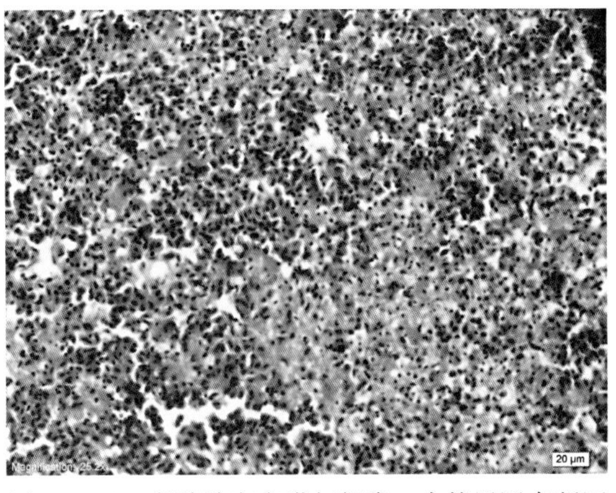

图1-16-26 病鸭脾窦充满红细胞，血管周围有凝固性坏死。(HE，×400)

（刁有祥、张坤）

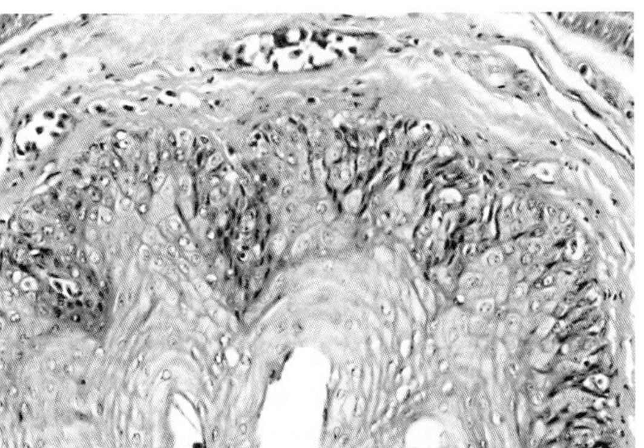

图1-16-27 病鸭泄殖腔黏膜上皮细胞坏死、脱落，黏膜下层疏松、水肿，有淋巴细胞浸润。(HE，×400) （刁有祥、张坤）

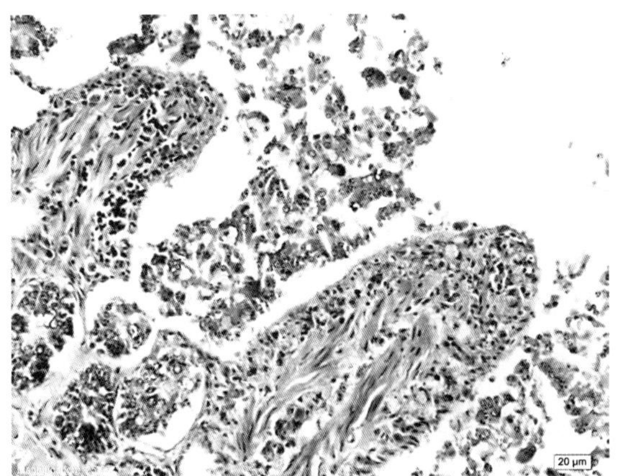

图1-16-28 病鸭肠道充血、出血，肠绒毛上皮细胞坏死、脱落。(HE，×400)

（刁有祥、张坤）

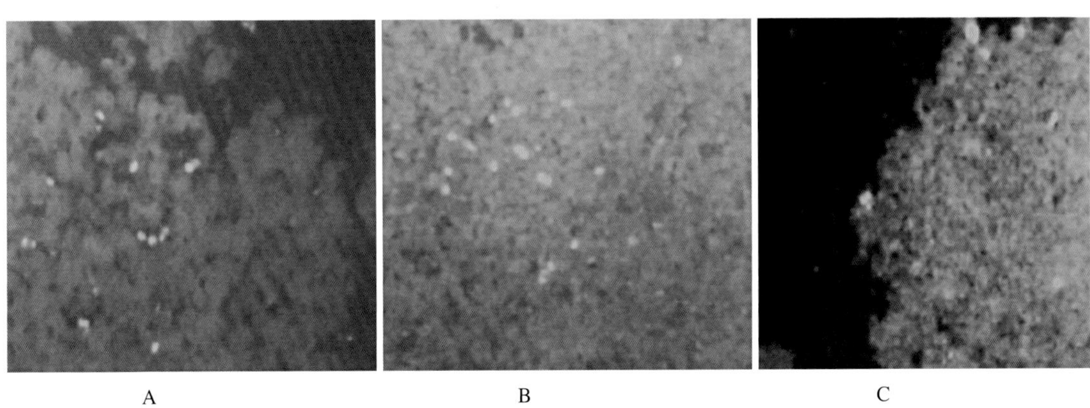

A B C

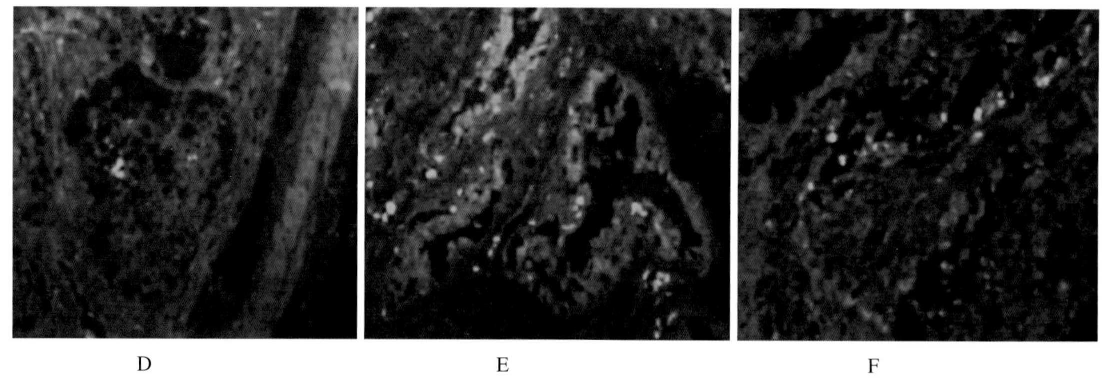

D E F

图1-16-29 组织中鸭瘟病毒免疫荧光检测结果。

A.肝脏（×200） B.脾脏（×100） C.胸腺（×200） D.法氏囊（×200） E.食道（×200） F.泄殖腔（×200）

（刁有祥、张坤）

第十七节 番鸭细小病毒病

（一）病原

番鸭细小病毒（MPV）属于细小病毒科、细小病毒属的一个成员。在电镜下病毒呈晶格排列，有实心和空心两种粒子，无囊膜，直径20 ～ 24nm。病毒核酸为单链DNA，约为5.1kb；病毒有3种结构蛋白，其分子质量分别为89ku、78ku和61ku，其中以61ku为主要结构蛋白。病毒耐乙醚、胰蛋白酶、酸和热，但对紫外线敏感。

（二）流行病学

1985年以来，我国南方饲养番鸭的主要地区，先后发生以腹泻、呼吸困难和脚软为主要症状的雏番鸭疫病，该病主要侵害3周龄以内的雏番鸭，所以俗称“三周病”，最小可发生于4日龄番鸭。21日龄后发病率和病死率明显减少，但是，40日龄的番鸭也有个别病例发生。其发病率为27%～62%，病死率22%～43%，病愈鸭大部分成为僵鸭。

本病通过消化道和呼吸道传播。病鸭排泄物污染的饲料、水源、饲养工具和饲养员等都是传染源。受病毒污染的种蛋是引起孵坊传播该病的主要原因之一。本病的发生无季节性，但冬季和春季气温较低时，其发病率和病死率较高。

（三）临床症状

本病的潜伏期一般为4 ～ 9d。病程为2 ～ 7d，病程的长短与发病的日龄密切相关。根据病程长短，可分为急性和亚急性两型。

急性型：主要见于7 ～ 14日龄雏番鸭，病雏主要表现为精神委顿，羽毛蓬松、两翅下垂，尾端向下弯曲，两脚无力，懒于走动，厌食，离群。不同程度的腹泻，排出灰白或淡绿色稀粪，并沾于肛门周围。部分病雏有流泪痕迹，呼吸困难，喙端发绀，后期常蹲伏，张口呼吸。病程一般为2 ～ 4d，濒死前两脚麻痹，倒地，最后衰竭死亡。

亚急性型：多见于发病日龄较大的雏鸭，主要表现为精神委顿。喜蹲伏，两脚无力，行走缓慢，排黄绿色或灰白色稀粪，并黏附于肛门周围。病程多为5 ～ 7d，病死率低，大部分病鸭会成为僵鸭。

（四）病理变化

大部分病死鸭肛门周围有稀粪黏附，泄殖腔扩张，外翻。心脏变圆，心壁松弛，尤以左心室病变明显。肝脏稍肿大，胆囊充盈。肾脏和脾脏稍肿大。胰腺肿大，表面散布针尖大灰白色病灶。肠道呈卡他性炎症或黏膜有不同程度的充血和点状出血，尤以十二指肠和直肠后段黏膜为甚。

组织学变化：心肌束间有少许红细胞，肺终末细支气管增宽、充血及淤血。肾以近曲小管为主要变化，表现为肾小管上皮细胞变性，管腔内红染，分泌物蓄积。胰呈散在灶性胰腺泡坏死。脑神经细胞轻度变性，胶质细胞轻度增生。肝和脾局灶性坏死。

（五）诊断

1.病毒分离 取濒死期雏番鸭的肝、脾、胰腺等组织，以Hank's溶液研磨成20%悬液，除菌，低温冻融 2 次，2000r/min 离心 20min，取上清液，尿囊腔接种 11 ～ 13 日龄番鸭胚，每胚 0.1mL，37℃孵育，观察到第 10 天，收集鸭胚尿囊液作为待鉴定病毒。

2.病毒鉴定 目前可用于病毒鉴定的血清学方法有ELISA、FA、AGP、乳胶凝集试验（LA）、中和试验（NT）等。

（六）防控

加强环境控制措施，减少病原污染。孵化室的一切用具、物品、器械等在使用前后应该清洗消毒，购入的孵化用种蛋也要进行甲醛熏蒸消毒，刚出壳的雏鸭应避免与新购入种蛋接触，育雏室要定期消毒。做好疫苗接种，接种疫苗后3d部分鸭产生免疫，7d全部产生免疫，21d抗体水平达到高峰。

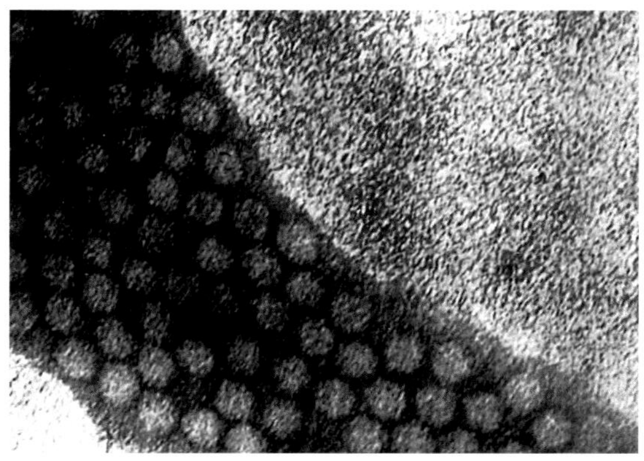

图 1-17-1　番鸭细小病毒负染毒粒照片。（×200 000）（程由铨）

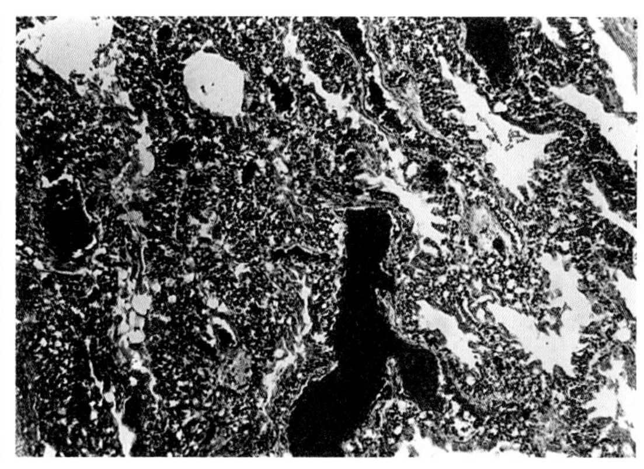

图 1-17-2　肺脏血管扩张充血、肺泡壁增宽、肺泡腔狭窄。（HE，×100）（程由铨）

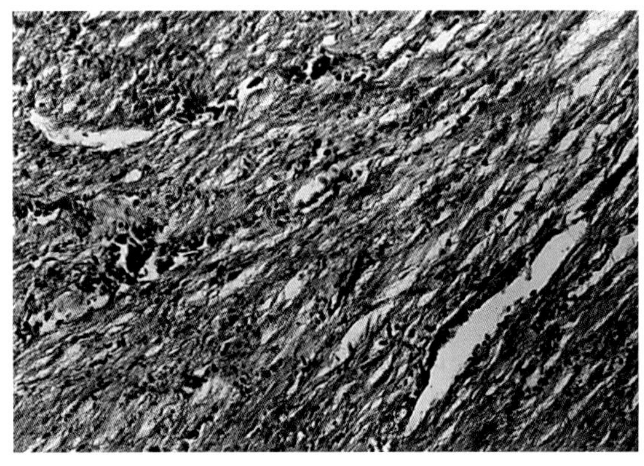

图1-17-3　心肌纤维间有少量红细胞渗出及少许淋巴细胞浸润，肌间血管扩张充血，心肌纤维结构疏松、呈不同程度的颗粒变性。（HE，×200）（程由铨）

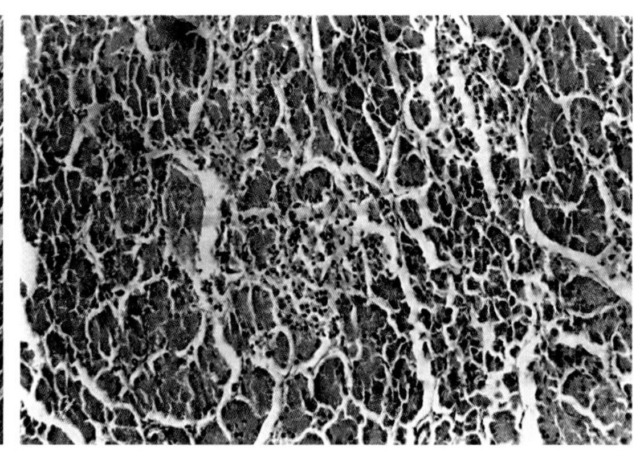

图1-17-4　胰腺腺泡上皮变性，局灶性坏死，淋巴单核细胞浸润。（HE，×200）（程由铨）

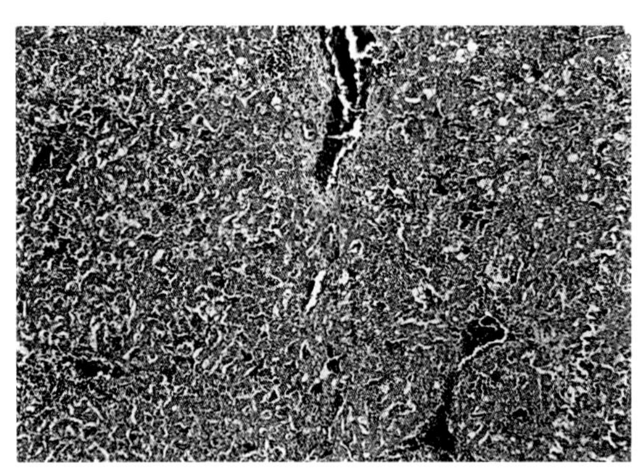

图1-17-5　肝脏血管扩张充血，肝细胞呈不同程度的颗粒变性和脂肪变性，淋巴单核细胞浸润，以血管周围尤为显著。（HE，×100）（程由铨）

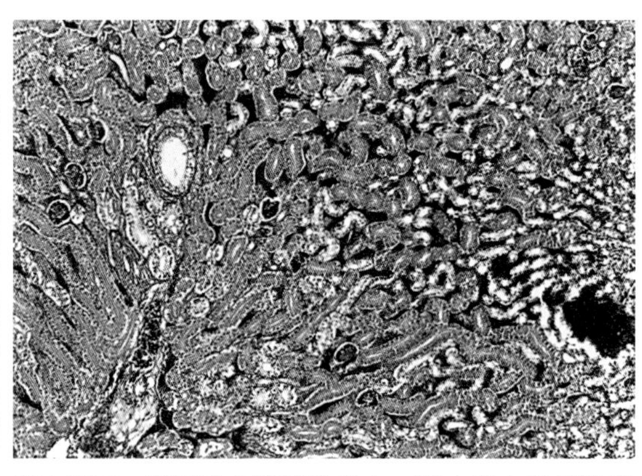

图1-17-6　肾间质血管扩张充血，肾小管上皮细胞变性，结构坏死。（HE，×100）（程由铨）

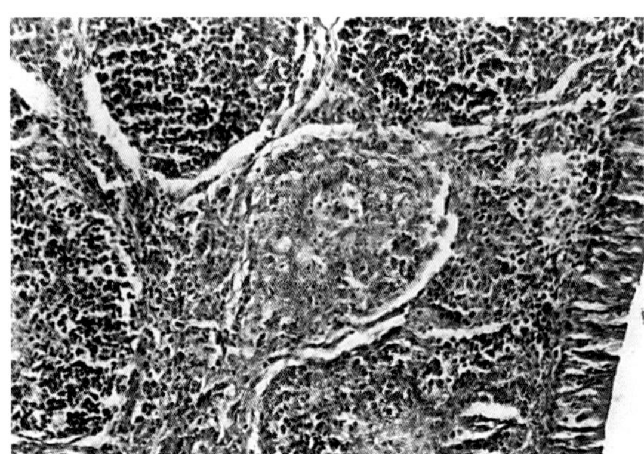

图1-17-7　法氏囊滤泡中淋巴细胞稀少，个别滤泡的淋巴细胞消失由间质填充。（HE，×200）（程由铨）

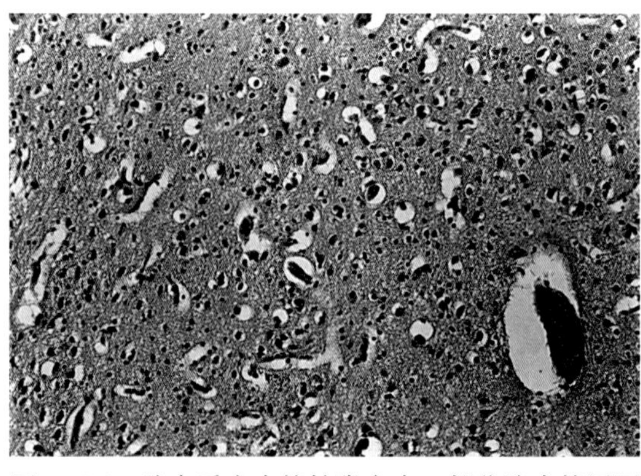

图1-17-8　脑实质中血管扩张充血，部分脑血管周围间隙扩大，神经细胞轻度变性，胶质细胞呈弥散性增生。（HE，×200）（程由铨）

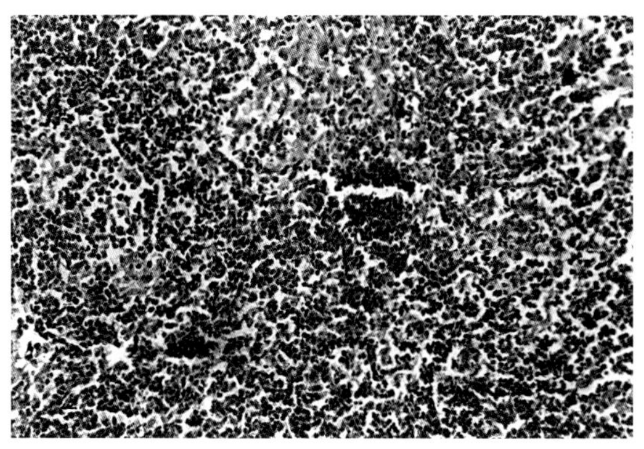

图1-17-9　脾窦充血，淋巴细胞数量减少，局部淋巴细胞变性坏死。(HE，×200)　(程由铨)

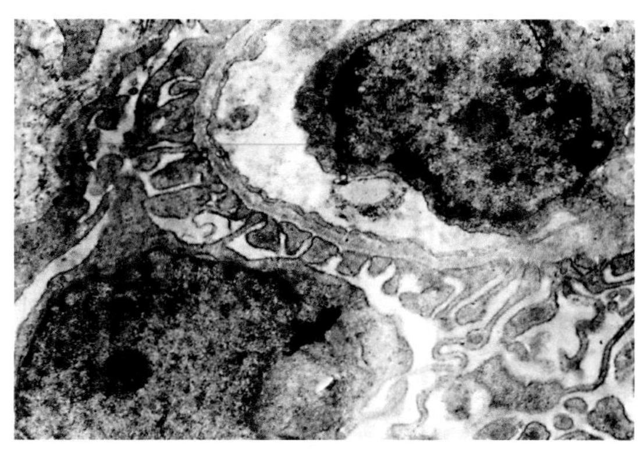

图1-17-10　肾小球正常的滤过屏障。(电镜，×10 000)　(程由铨)

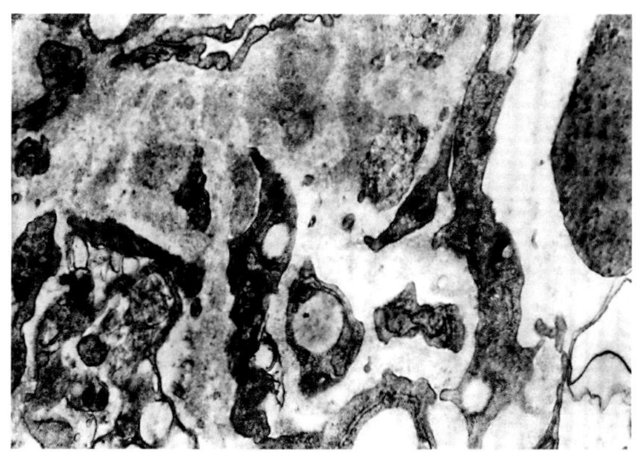

图1-17-11　肾小球系膜区扩大，并有沉淀物，系膜细胞内脂滴增多。(电镜，×12 500)　(程由铨)

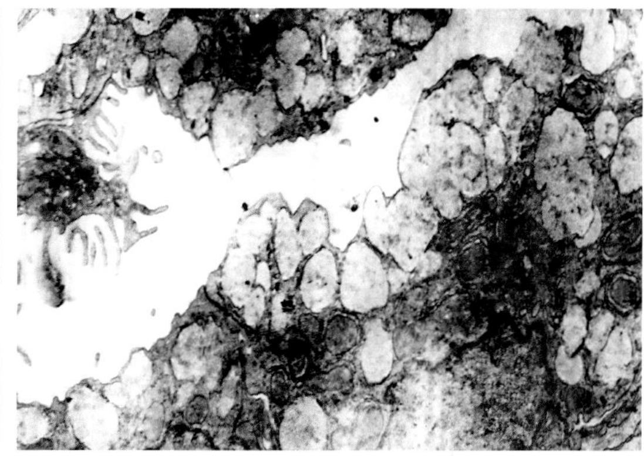

图1-17-12　肾小管上皮细胞脂滴增多。(电镜，×80 000)　(程由铨)

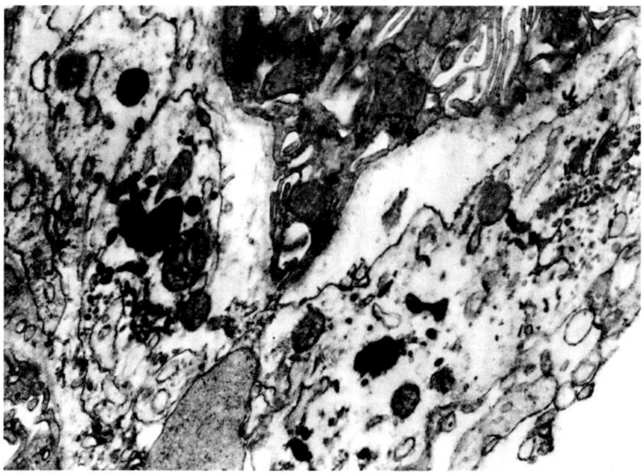

图1-17-13　肾小管上皮细胞水肿，线粒体及内质网减少。(电镜，×10 000)　(程由铨)

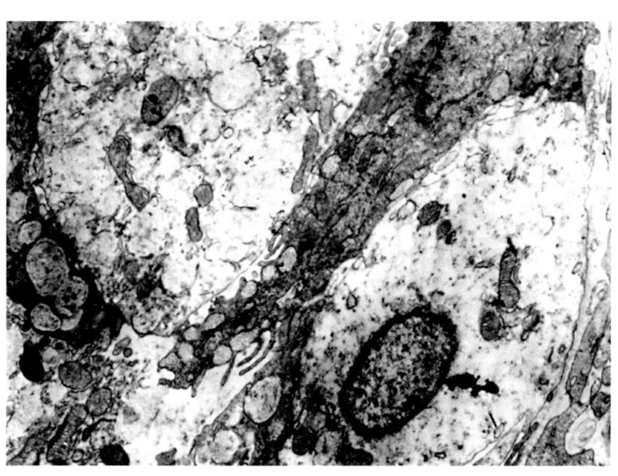

图1-17-14　肾小管上皮细胞水肿，仅见几个完整的线粒体。(电镜，×6 300)　(程由铨)

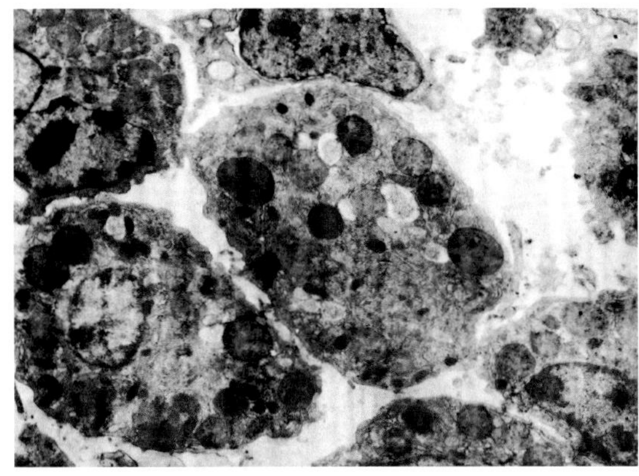

图1-17-15　肾脏中吞噬细胞浸润。（电镜，×5 000）（程由铨）

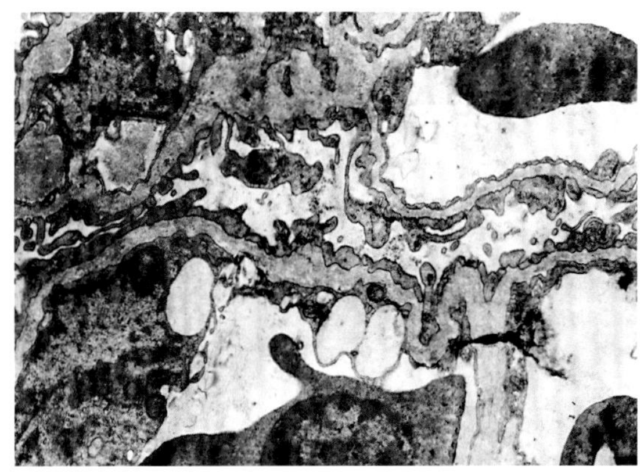

图1-17-16　肾小球毛细血管内皮细胞脂滴增多并突入管腔。（电镜，×8 000）（程由铨）

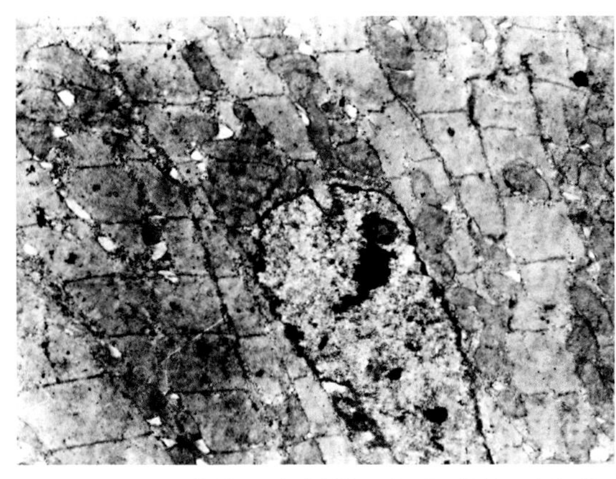

图1-17-17　正常的心肌纤维，闰盘明显。（电镜，×6 300）（程由铨）

图1-17-18　心肌细胞萎缩、肌纤维断裂呈锯齿状。（电镜，×5 000）（程由铨）

图1-17-19　心肌纤维肌丝溶解。（电镜，×8 000）（程由铨）

图1-17-20　心肌胶原纤维明显增生形成瘢痕。（电镜，×10 000）（程由铨）

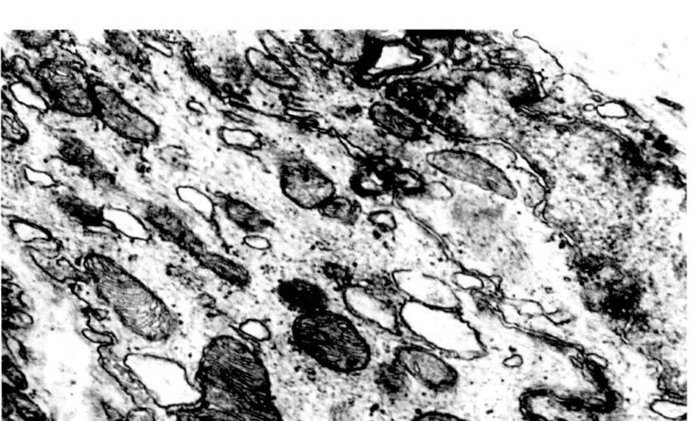

图1-17-21　蜕变的肌细胞。(电镜，×20 000)
(程由铨)

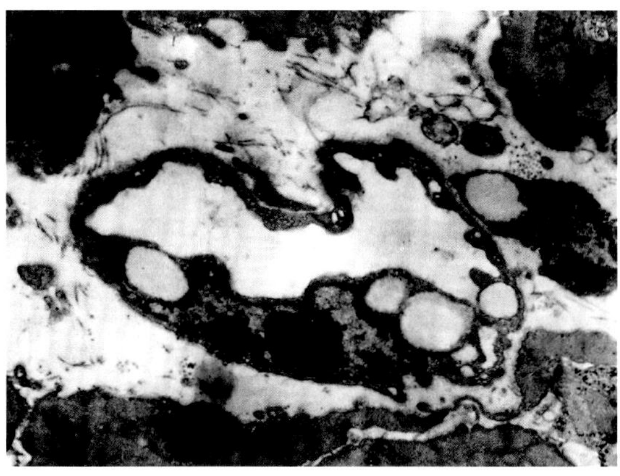

图1-17-22　心肌间血管内皮脂滴增多。(电镜，×8 000)　(程由铨)

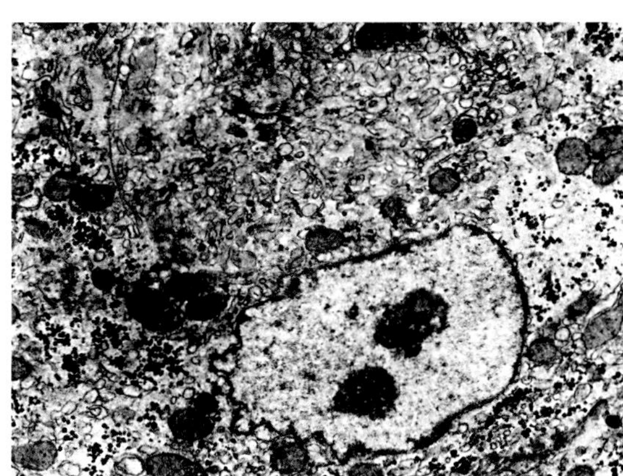

图1-17-23　正常肝细胞内丰富的细胞器和糖原。(电镜，×6 300)　(程由铨)

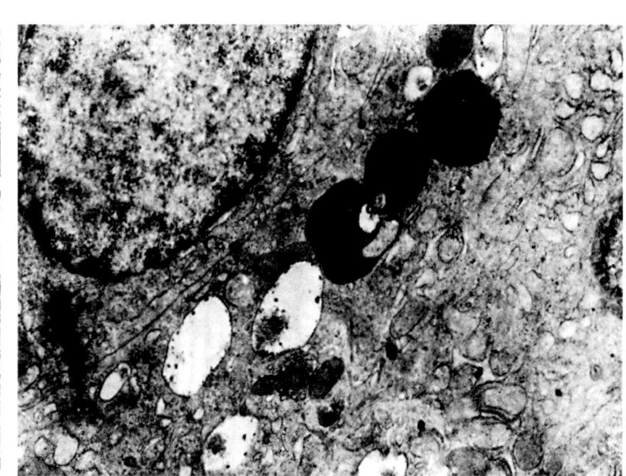

图1-17-24　肝细胞次级溶酶体增多，线粒体呈空泡化。(电镜，×10 000)　(程由铨)

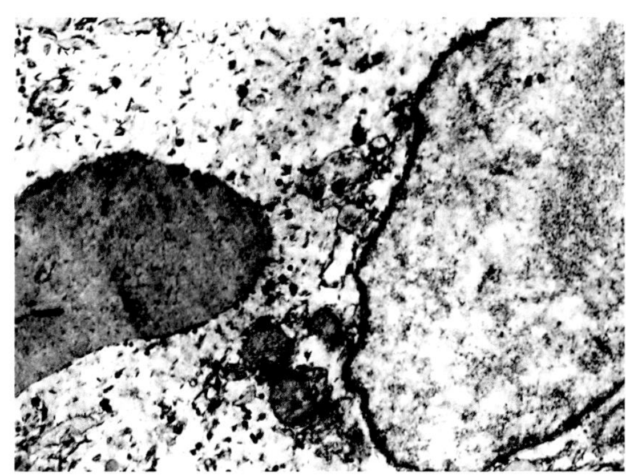

图1-17-25　肝细胞水肿。(电镜，×10 000)
(程由铨)

图1-17-26　肝脏血窦内皮细胞脂滴增多。(电镜，×5 000)　(程由铨)

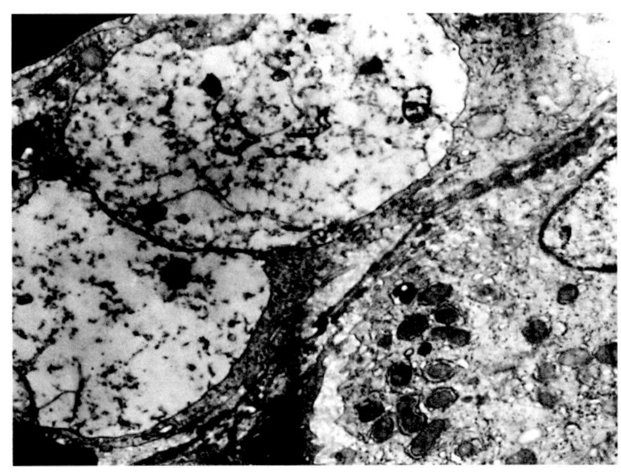

图1-17-27　血窦内皮细胞水肿。（电镜，×5 000）
（程由铨）

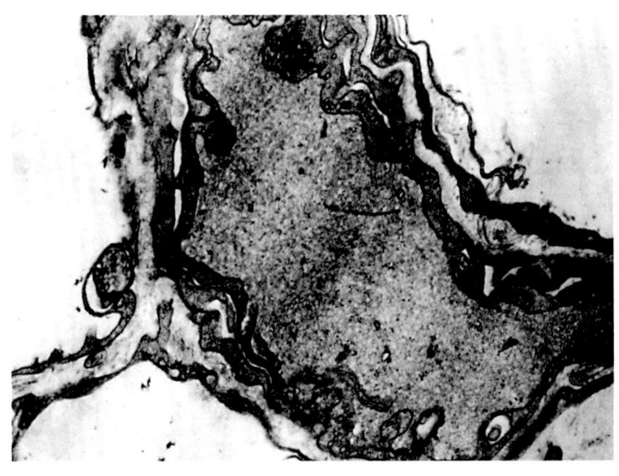

图1-17-28　正常的肺泡间隔、肺泡腔。（电镜，×12 500）　（程由铨）

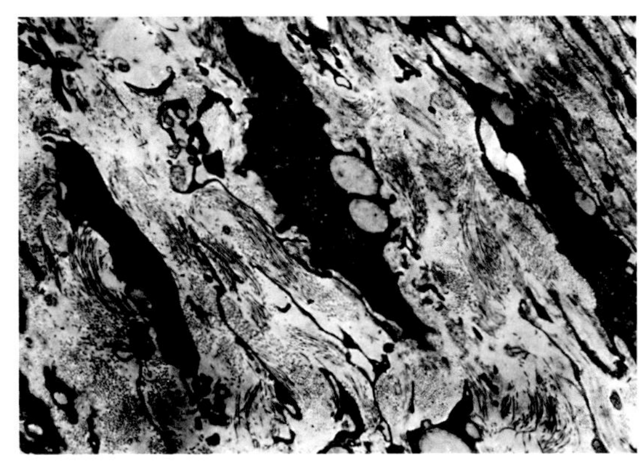

图1-17-29　肺细支气管平滑肌细胞内脂滴增多，管壁胶原纤维增生。（电镜，×5 000）
（程由铨）

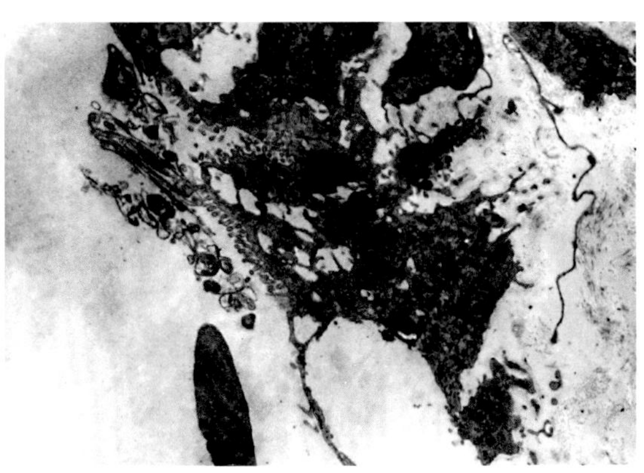

图1-17-30　肺支气管上皮细胞水肿，微绒毛脱落。（电镜，×5 000）　（程由铨）

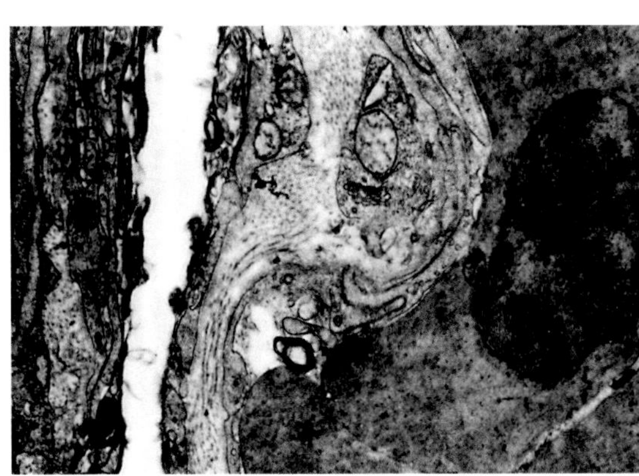

图1-17-31　肺泡充血，胶原纤维增生，肺泡腔狭窄，肺泡上皮水肿。（电镜，×12 500）
（程由铨）

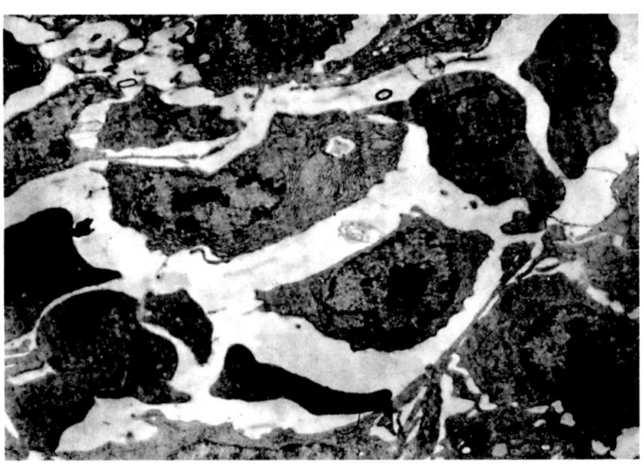

图1-17-32　正常脾窦中的浆细胞、淋巴细胞和红细胞。（电镜，×5 000）　（程由铨）

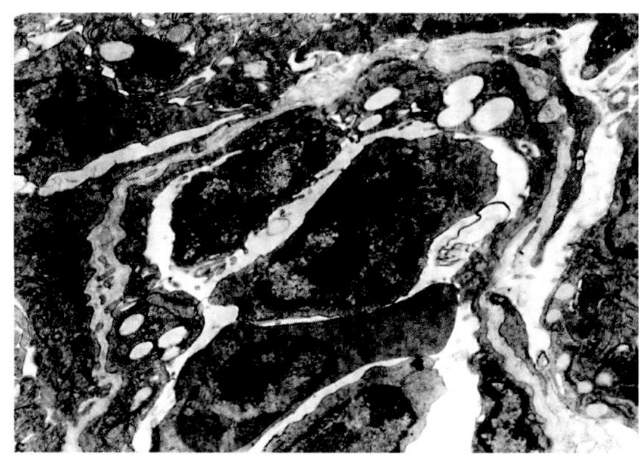

图1-17-33　脾窦内皮细胞脂滴增多。（电镜，×6 300）　（程由铨）

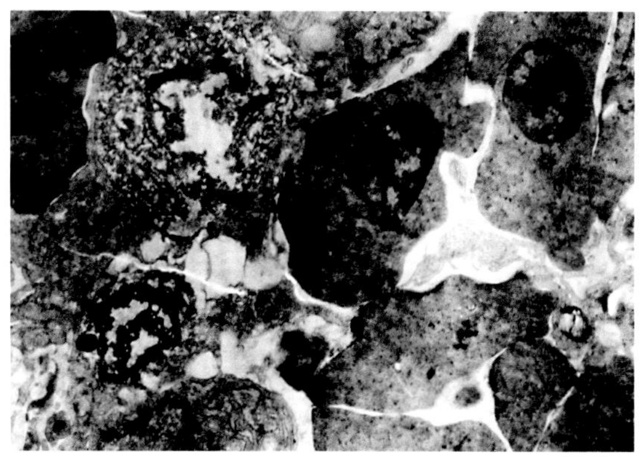

图1-17-34　脾脏淋巴细胞坏死。（电镜，×6 300）　（程由铨）

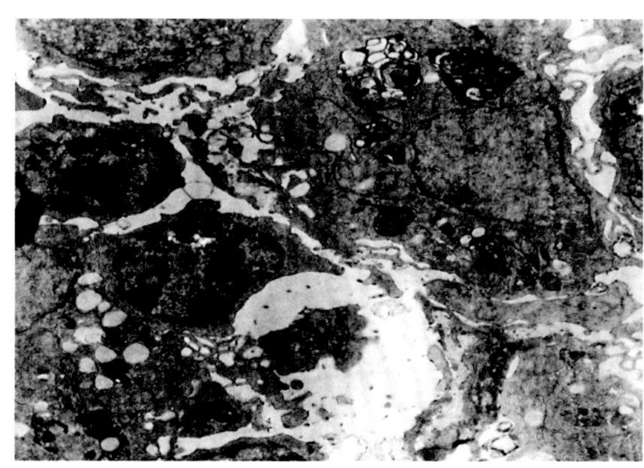

图1-17-35　脾脏吞噬细胞增多。（电镜，×5 000）　（程由铨）

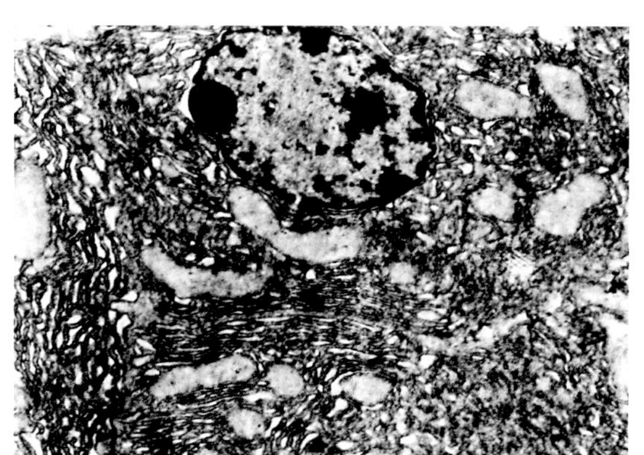

图1-17-36　病鸭组织超微结构变化：正常的胰腺腺泡上皮，内有丰富的粗面内质网。（电镜，×8 000）　（程由铨）

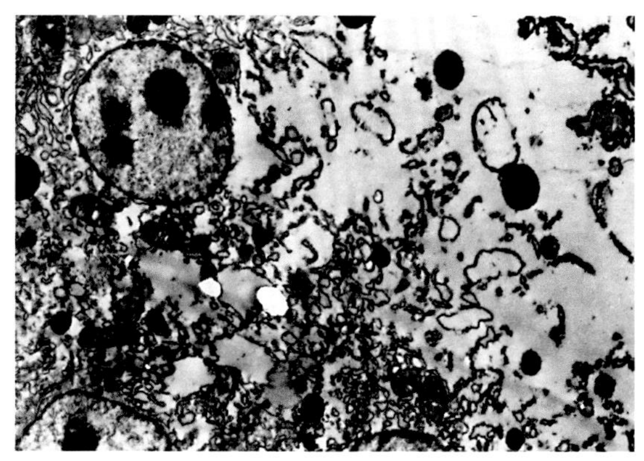

图1-17-37　病鸭组织超微结构变化：胰腺上皮细胞水肿，可见到细胞器肿胀、崩解。（电镜，×5 000）　（程由铨）

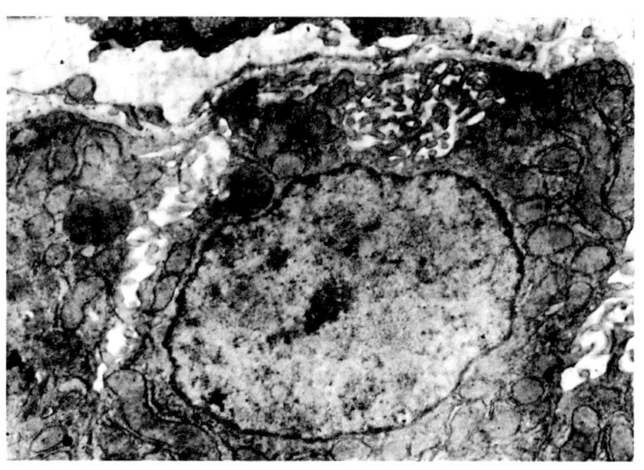

图1-17-38　病鸭组织超微结构变化：正常的肾小管上皮细胞。（电镜，×8 000）　（程由铨）

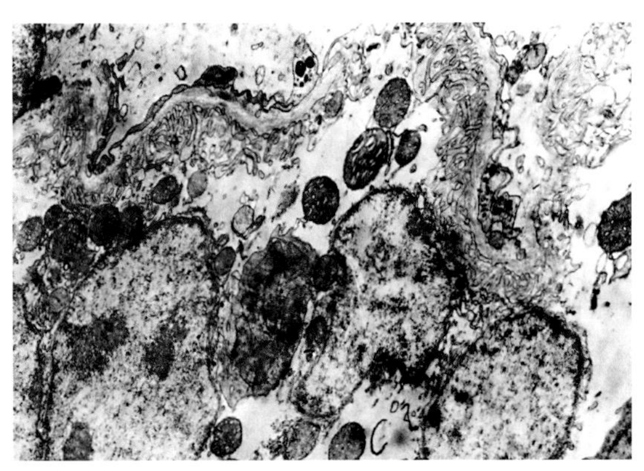

图1-17-39　病鸭组织超微结构变化：肾小管上皮细胞内多数细胞器散失。（电镜，×6 300）
（程由铨）

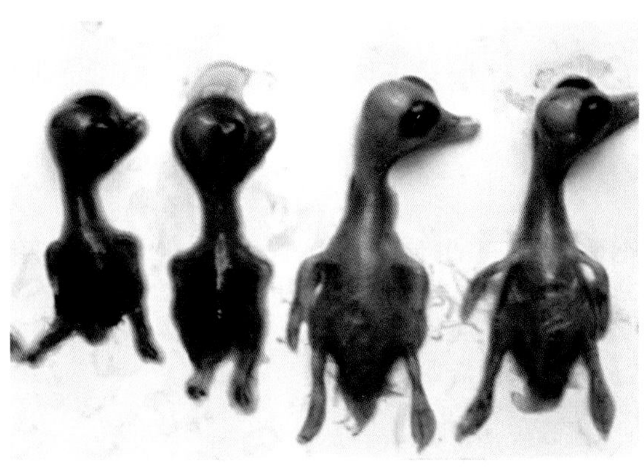

图1-17-40　左边2只为13d胚龄番鸭胚尿囊腔接种MPV后3d死亡，见胚胎全身充血、出血；右边为同胚龄胚胎正常对照。
（程由铨）

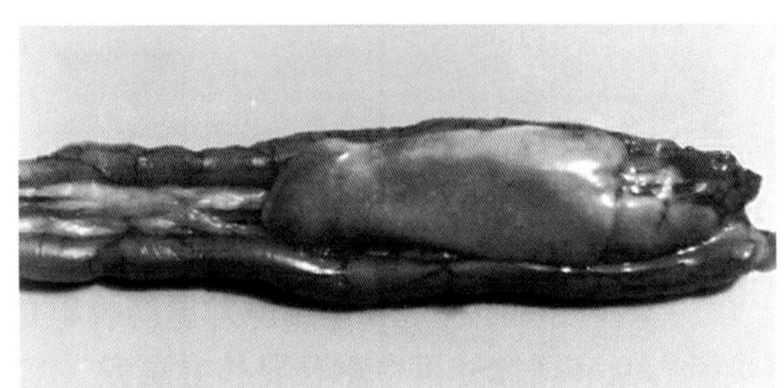

图1-17-41　病番鸭胰脏有白色坏死点。　（黄　瑜）

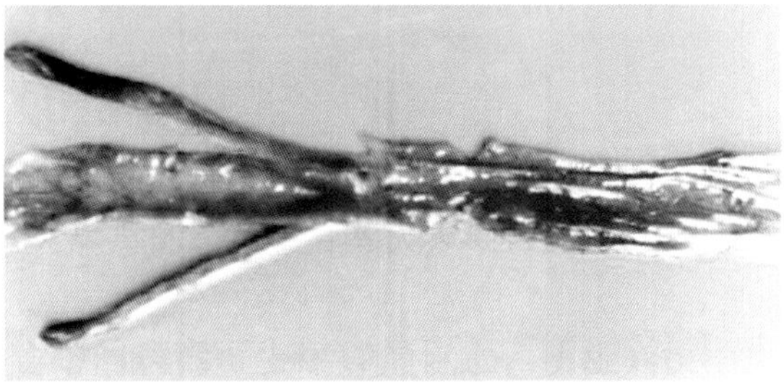

图1-17-42　病番鸭直肠黏膜出血。　（黄　瑜）

第十八节　鸭坦布苏病毒感染

（一）病原

坦布苏病毒呈小球形，直径多数为40 ～ 50nm，该病毒表面有脂质包膜，其上镶有糖蛋白组成的刺突，包膜内为二十面体对称的核衣壳蛋白，中间含病毒RNA。病毒基因组核酸为单股正链RNA。病毒均在细胞质中增殖。病毒对热、脂溶剂和去氧胆酸钠敏感，在pH3 ～ 5的条件下不稳定。

（二）流行病学

不同品种、不同日龄的鸭均可感染，10 ～ 25日龄肉鸭和产蛋鸭更易感。该病一年四季均可发生，但夏、秋季节多发，冬季也能发生。发病率80%以上，死亡率为2%～ 10%，蚊虫、野鸟在该病的传播中起重要作用。饲养管理不良，气候突变能促进该病的发生。

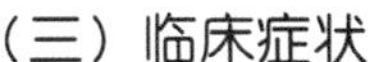

（三）临床症状

1.雏鸭、育成鸭 以病毒性脑炎为特征，病鸭瘫痪，站立不稳，行走时双脚向外叉开、呈八字脚、头部震颤、走路时容易翻滚、腹部朝上、两腿呈游泳状挣扎。病鸭腹泻，排白绿色稀便，有的还排褐色粪便，脱水，蹼干燥。严重病例采食困难，痉挛倒地不起，两腿向后踢蹬，最后衰竭死亡。

2.产蛋鸭 鸭突然发病，采食下降，粪便稀薄、变绿。产蛋鸭采食量突然下降，较正常鸭采食下降40%～50%，体温升高，部分鸭瘫痪，个别鸭流泪，喙出血等。2～3d后，产蛋量急剧下降，在1～2周内，产蛋率从80%～90%或90%以上下降至10%以下，每日降幅可达5%～20%，30～35d后产蛋率逐渐恢复。

（四）病理变化

1.雏鸭、育成鸭 肝脏呈土黄色。肾脏红肿或尿酸盐沉积。腺胃出血，肠黏膜有弥漫性出血。肺出血、水肿。脑水肿，脑膜有弥散性、大小不一的出血点，脑部毛细血管充血。

2.产蛋鸭 心冠脂肪有出血点。肝脏肿大，脾脏肿大、出血。腺胃出血，肠黏膜脱落出血。胰腺出血、水肿。气管环出血，肺脏出血。卵泡变形，卵黄变稀，严重的表现为卵泡出血，卵泡破裂，形成卵黄性腹膜炎。

（五）诊断

该病的发病症状、剖检变化与禽流感类似，易混淆，应注意鉴别。实验室检测可采用以下方法：

1.半套式PCR 根据GenBank发布的黄病毒Bagaza毒株的NS3基因的保守序列设计条引物，该方法的敏感性比普通PCR高。

2.等温扩增法 根据GenBank发表的黄病毒科Bagaza病毒的全基因序列（AY632545.2）中的NS3基因，运用在线设计软件设计LAMP引物。该方法具有快速、直观等特点。

3.地高辛标记探针 利用RT-PCR方法扩增病毒的NS3基因406bp的特异性片段，经回收纯化浓缩后，用地高辛标记，制备地高辛标记的核酸探针。该方法特异性好，敏感度高。

（六）防控

加强饲养管理，减少应激因素对鸭的刺激，加强消毒。实行密闭饲养，避免蚊虫叮咬以及野鸟与鸭的密切接触。做好疫苗接种，可在7～8日龄、50～60日龄、开产以前分别接种黄病毒灭活疫苗。

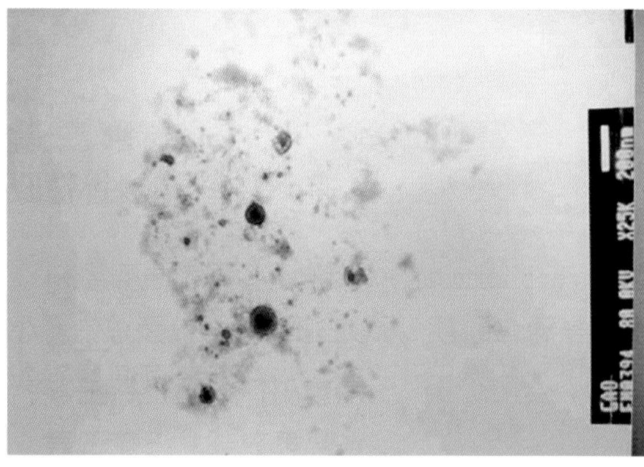

图1-18-1　坦布苏病毒粒子电镜照片。（刁有祥）

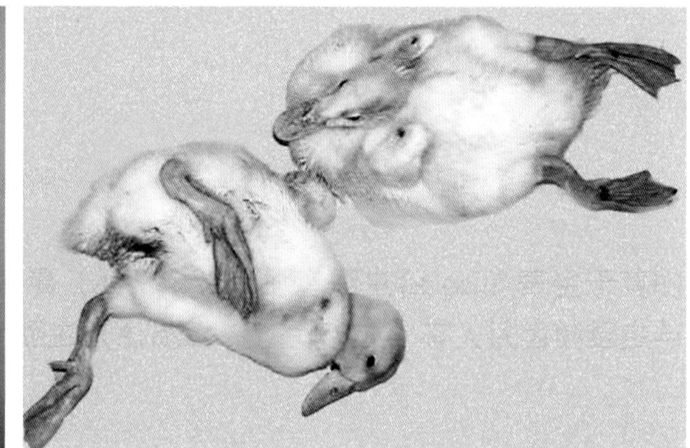

图1-18-2　病雏鸭瘫痪，行走时易跌倒。（刁有祥）

图1-18-3　患病产蛋鸭神经症状，跌倒后背部着地，腿呈划水状。（刁有祥）

图1-18-4　患病产蛋鸭眼肿，流泪。（刁有祥）

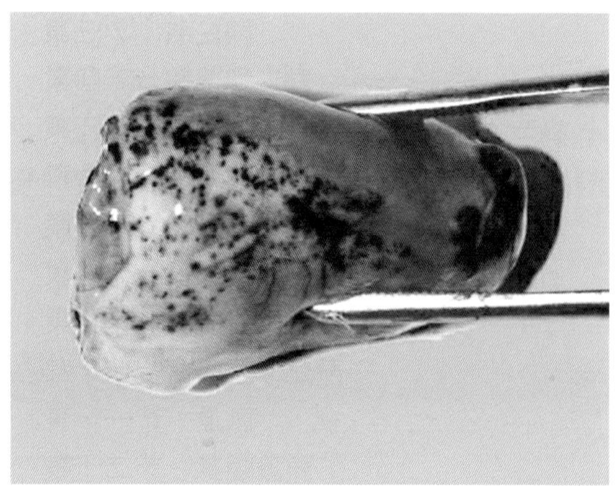

图1-18-5　患病产蛋鸭心冠脂肪有弥漫性的出血点。（刁有祥）

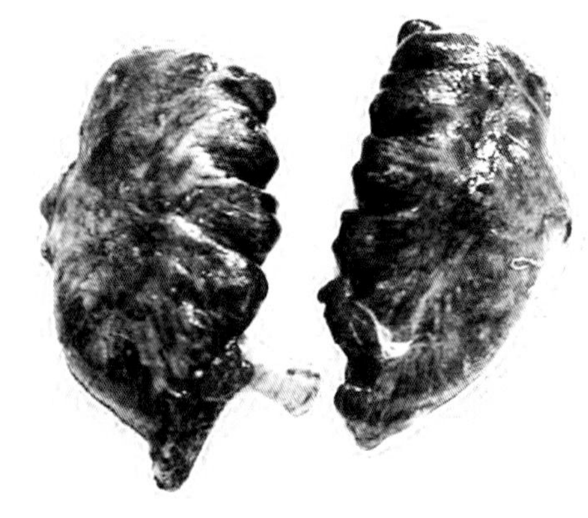

图1-18-6　患病雏鸭肺脏出血，呈紫红色。（刁有祥）

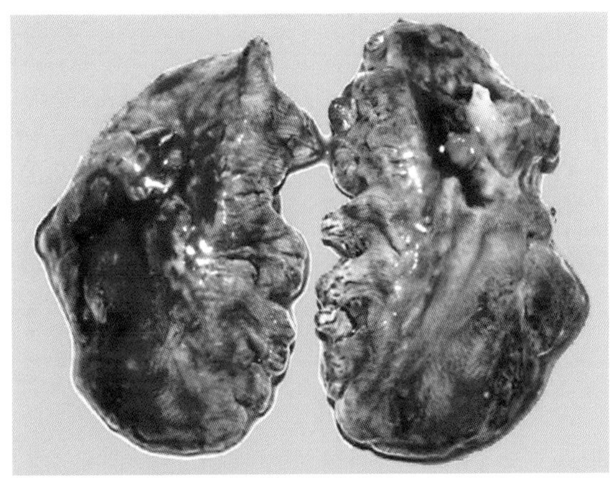

图1-18-7　患病产蛋鸭肺脏出血，呈紫红色。（刁有祥）

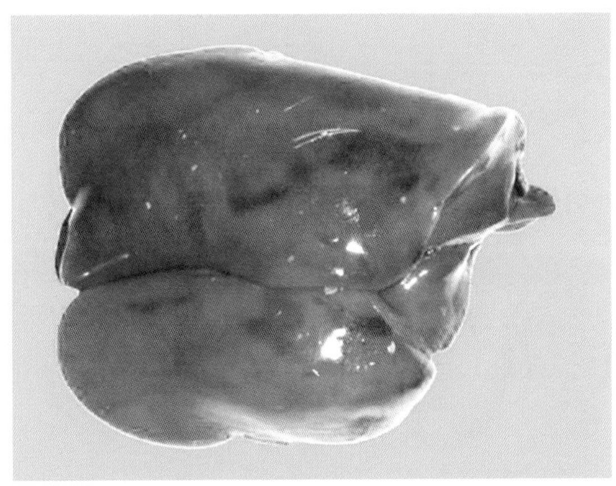

图1-18-8　患病产蛋鸭肝脏肿大，呈浅黄色。（刁有祥）

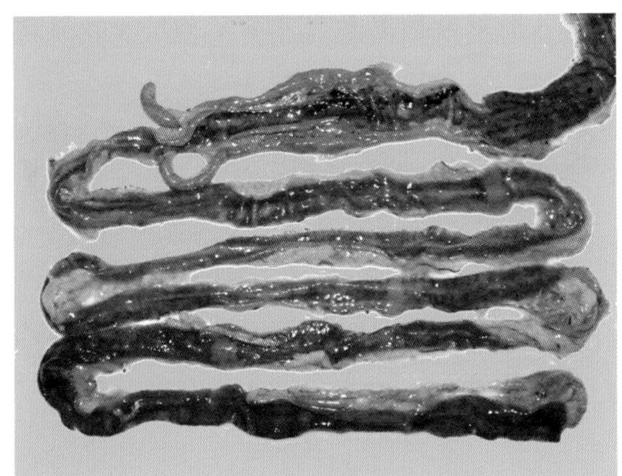

图1-18-9　患病产蛋鸭肠黏膜弥漫性出血。（刁有祥）

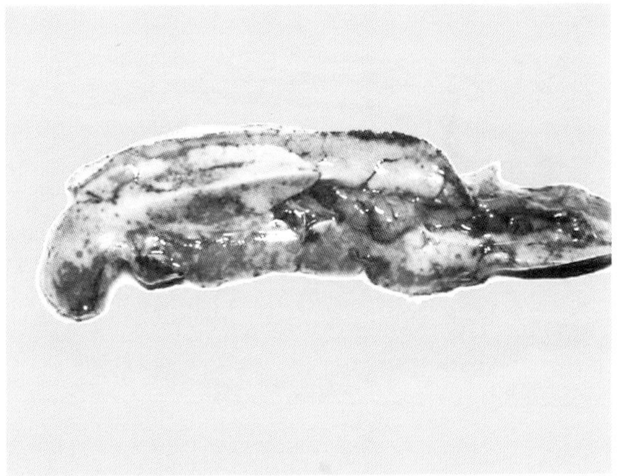

图1-18-10　患病产蛋鸭胰腺水肿、出血。（刁有祥）

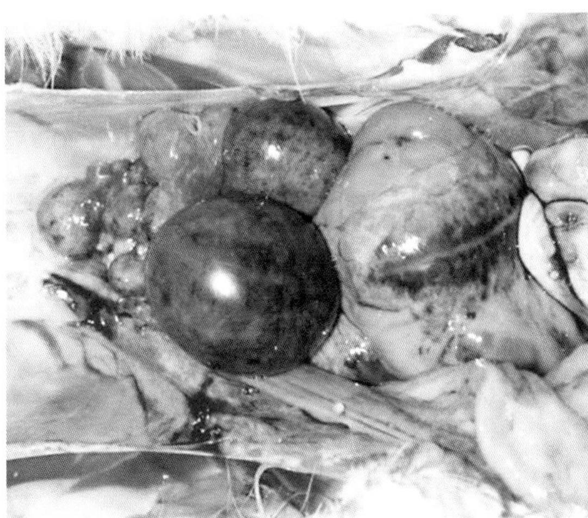

图1-18-11　患病产蛋鸭卵泡出血。（刁有祥）

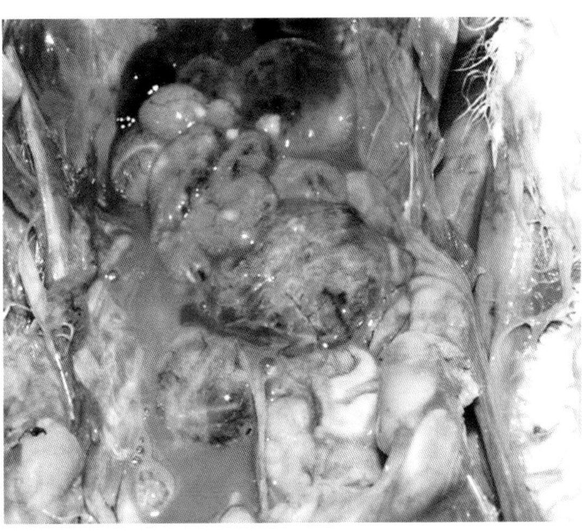

图1-18-12　患病产蛋鸭卵泡出血、破裂，形成卵黄性腹膜炎。（刁有祥）

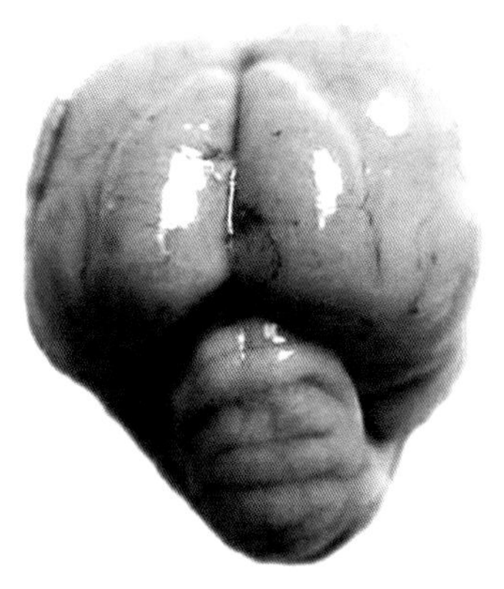

图1-18-13　患病雏鸭脑水肿。（刁有祥）

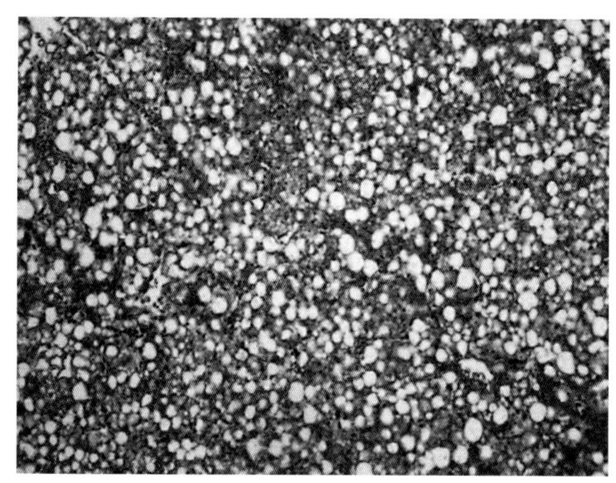

图1-18-14　患病产蛋鸭肝细胞脂肪变性，呈空泡状。（刁有祥）

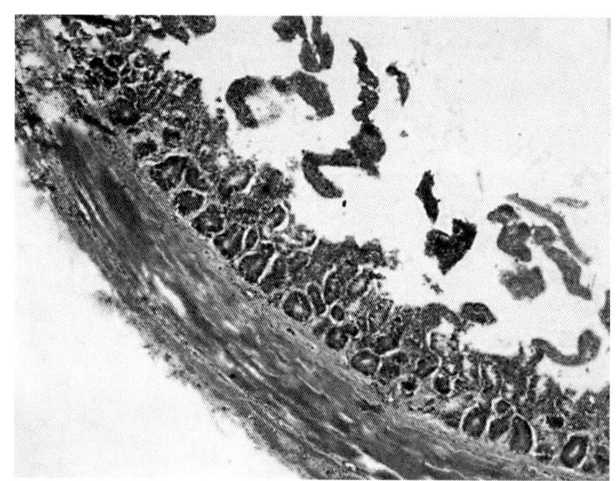

图1-18-15　患病产蛋鸭肠绒毛变短、脱落，固有层有炎性细胞浸润。（刁有祥）

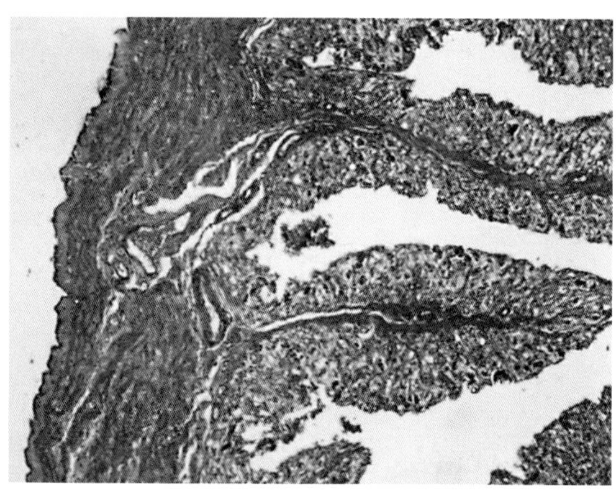

图1-18-16　病鸭输卵管上皮组织及固有层有大量炎性细胞。（刁有祥）

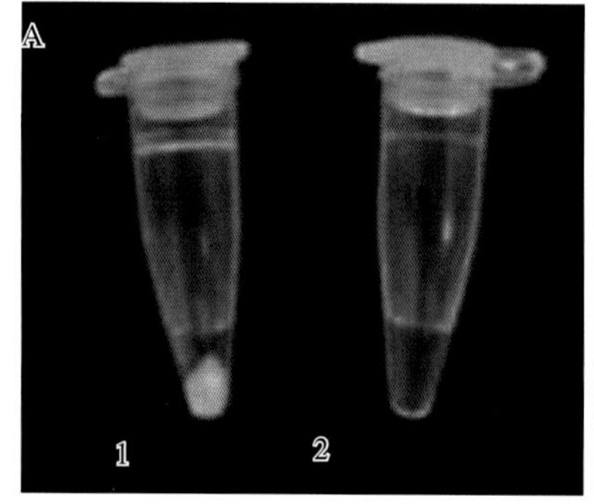

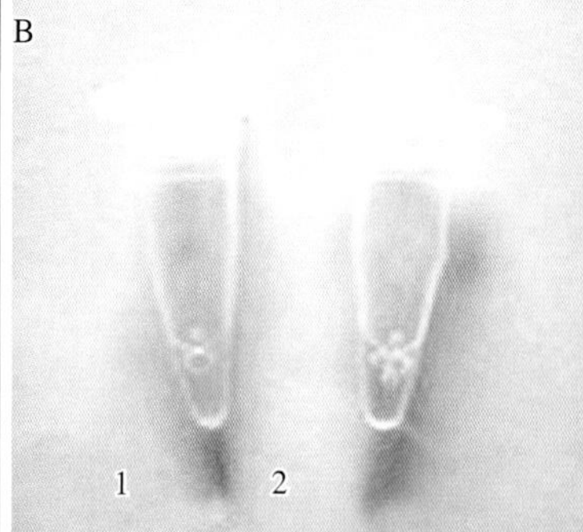

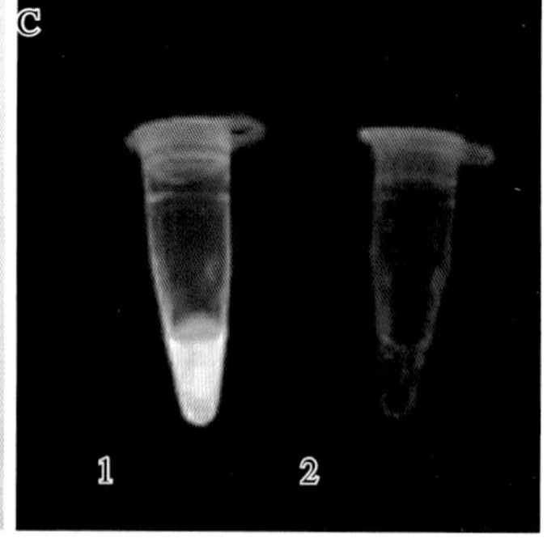

图1-18-17　坦布苏病毒等温扩增结果，管中形成白色絮状物，经紫外光照射后发出荧光。

A：1.阳性，管中形成焦磷酸镁沉淀；2.阴性，管中无白色絮状物形成。

B：1.阳性，加入荧光染料呈绿色；2.阴性，呈红色。

C：1.阳性，经紫外光照射后发出荧光；2.阴性，经紫外光照射后无荧光。

（刁有祥、唐熠）

第十九节　小　鹅　瘟

（一）病原

小鹅瘟病毒属于细小病毒，球形、无囊膜、二十面体对称、单股DNA病毒；病毒颗粒角对角直径22μm，边对边直径为20μm，直径为20 ~ 22μm。有完整的病毒形态和缺少核酸的病毒空壳形态两种，空心内直径为12μm，衣壳厚为4μm；壳粒数为32个。基因组核酸大小约为6kb；有3条结构蛋白，即VP_1、VP_2、VP_3。

（二）流行病学

本病仅发生于1月龄以内各种品种的雏鹅和雏番鸭，而其他禽类包括中国鸭、半番鸭和哺乳动物均不感染发病。发病率和死亡率的高低与易感雏鹅的日龄有密切的关系。最早发病的雏鹅一般在2 ~ 5日龄，7 ~ 10日龄时发病率和死亡率最高，可达90% ~ 100%，11 ~ 15日龄死亡率达50% ~ 70%，16 ~ 20日龄为30% ~ 50%，21 ~ 30日龄为10% ~ 30%，30日龄以上为10%左右。

小鹅瘟的流行有一定周期性。在大流行后，当年余下的鹅群都获得主动免疫，因此不会在一地区连续2年发生大流行。每年全部更换种鹅群一般间隙2 ~ 5年大流行一次，部分更换种鹅群每年常有小流行发生。

（三）临床症状

小鹅瘟的症状以消化道和中枢神经系统紊乱为特征，但其症状的表现与感染发病时雏鹅的日龄有密切的关系。根据病程的长短，分为最急性、急性和亚急性三种类型。

最急性型：常发生于1周龄以内的雏鹅。当发现精神呆滞后数小时内即呈衰弱，或倒地两腿乱划，很快死亡。患病雏鹅鼻孔有浆性分泌物，喙端发绀和蹼色泽变暗。

急性型：常发生于1 ~ 2周龄的雏鹅。患病雏鹅食欲减少或丧失。站立不稳，喜蹲卧，落后于群体。排出黄白色或黄绿色稀粪，并杂有气泡、纤维碎片、未消化饲料。喙端发绀，蹼色泽变暗。死前两腿麻痹或抽搐。

亚急性型：多发生于流行后期，2周龄以上，尤其是3 ~ 4周龄。患病雏鹅消瘦，站立不稳，稀粪中杂有多量未消化的饲料、纤维碎片和气泡。

（四）病理变化

多数病例在小肠的中段和下段，特别是在靠近卵黄柄和回盲部的肠段，外观变得极度膨大，呈淡灰白色，体积比正常肠段增大2 ~ 3倍，形如香肠状，手触肠段质地很坚实。从膨大部与不肿胀的肠段连接处很明显地可以看到肠道被阻塞的现象。膨大部长短不一，最长达10cm以上。膨大部的肠腔内充塞着淡灰白色或淡黄色的栓子状物，将肠腔完全阻塞，很像肠腔内形态的管型。栓子物很干燥，切面上可见中心为深褐色的肠内容物，外面包裹着厚层的纤维素性渗出物和坏死物凝固而形成的假膜。

小肠膨大处的变化为典型的纤维素性坏死性肠炎。假膜脱落处残留的黏膜组织仍保留原有轮廓，但结构已破坏。固有层中有多量淋巴细胞、单核细胞及少数中性粒细胞浸润。黏膜层严重变性或分散成碎片。肠壁平滑肌纤维发生实质变性和空泡变性以及蜡样坏死。大多数病例的十二指肠和结肠呈现急性卡他性炎症。

（五）诊断

小鹅瘟在流行病学、临床症状以及某些组织器官的病理变化方面可能与鹅副黏病毒病、雏鹅副伤寒、鹅巴氏杆菌病、鹅流感、鹅霉菌性脑炎、鹅球虫病等相似，需通过病毒分离进行鉴别诊断。

鹅胚接种：用病料接种8 ～ 10只12 ～ 14胚龄易感鹅胚，每胚绒尿腔或绒尿膜0.2mL，置37 ～ 38℃孵化箱内继续孵化，每天照胚2 ～ 4次，一般观察9d。48h以前死亡的胚胎废弃，72h以后死亡的鹅胚取出置于4 ～ 8℃冰箱内冷却收缩血管。用无菌方式取绒尿液保存和做无菌检验，并观察胚胎病变。无菌的绒尿液冻结保存做传代及检验用。

雏鹅接种：用上述接种材料或鹅胚绒尿液毒接种8 ～ 10只5 ～ 10日龄易感雏鹅，每雏鹅皮下或口服感染0.2 ～ 0.5mL，一般观察10d。发病死亡的雏鹅需做细菌学的检验，并检查其是否与自然病例有相同的病理变化。

（六）防控

注射抗小鹅瘟高免血清能防止80%～ 90%已被感染的雏鹅发病。由于病程太短，抗血清的治疗效果甚微。对于发病初期的病雏，抗血清的治愈率为40%～ 50%。

小鹅瘟主要通过孵房传播，孵房中的一切用具设备，在每次使用前必须清洗消毒，种蛋应用甲醛熏蒸消毒。已污染的孵房所孵出的雏鹅，可立即注射高免血清。

利用弱毒苗免疫种母鹅是预防本病最有效的方法。在留种前1个月做第一次接种，每只种鹅肌内注射弱毒苗绒尿原液100倍稀释物0.5mL，15d后做第二次接种，绒尿原液0.1mL/只，再隔15d方可留种蛋。经免疫的种母鹅所产后代全部能抵抗感染，能维持整个产蛋期。如种鹅未进行免疫，而雏鹅又受到威胁时，也可用雏鹅弱毒苗对刚出壳的雏鹅进行紧急预防接种。

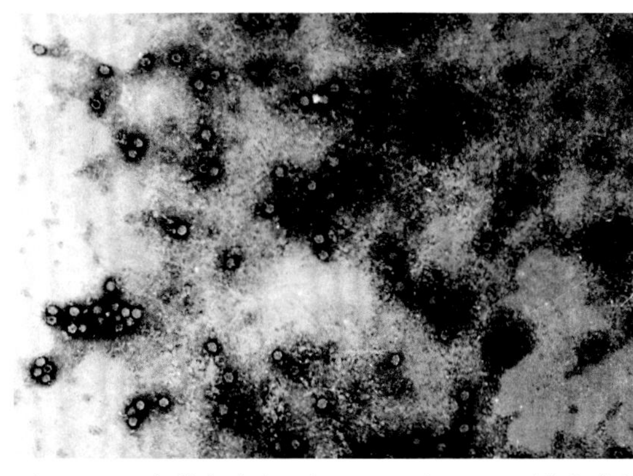

图1-19-1　小鹅瘟病毒。（×28 000）　（李新华）

图1-19-2　病鹅站立不稳，喜蹲卧。　（王永坤）

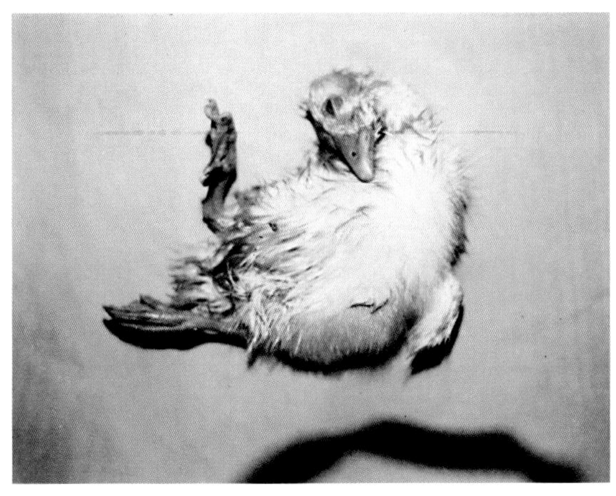

图1-19-3　病鹅站立不稳，两腿乱划。　（王永坤）

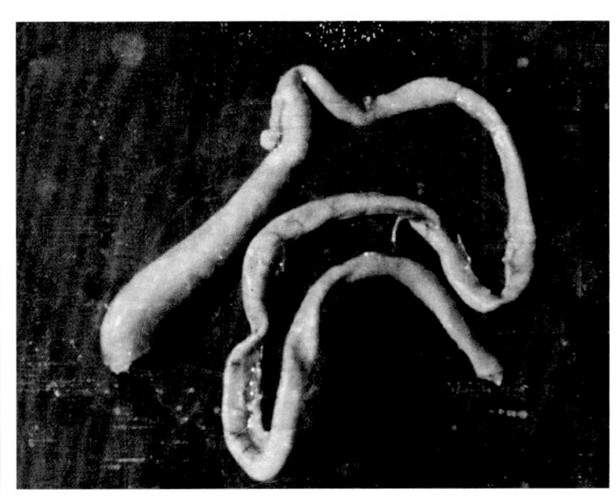

图1-19-4　病鹅小肠部分肠段显著膨大，质地坚实如香肠状。　（朱堃熹）

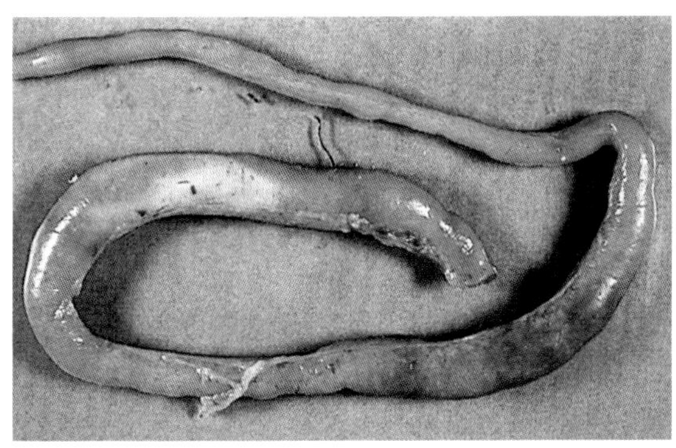

图1-19-5　病鹅小肠部分肠段显著膨大。　（朱堃熹）

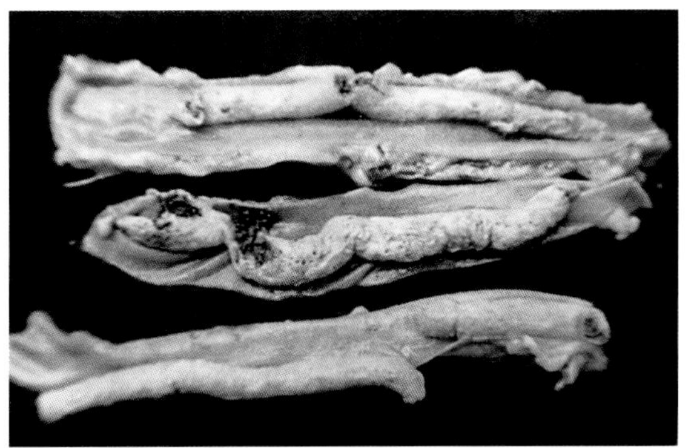

图1-19-6　病鹅小肠膨大肠段的剖面，可见肠壁变薄，肠腔内有栓塞状物堵塞，表面包有凝固的纤维素性渗出物。　（朱堃熹）

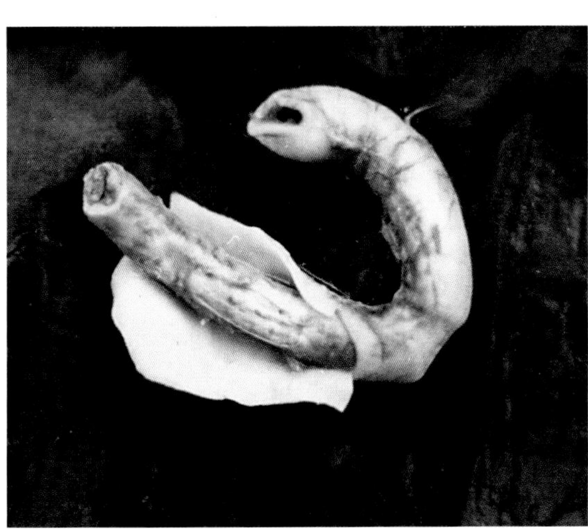

图1-19-7　病鹅小肠膨大部分肠段的剖面，肠腔内有栓塞状物堵塞，表面已有凝固的纤维素性渗出物。　（王永坤）

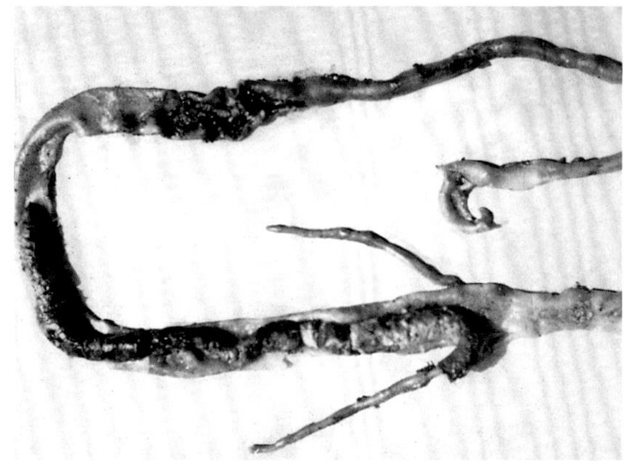

图1-19-8　病鹅回肠内的栓子样阻塞物及坏死物凝固形成的假膜。（王永坤）

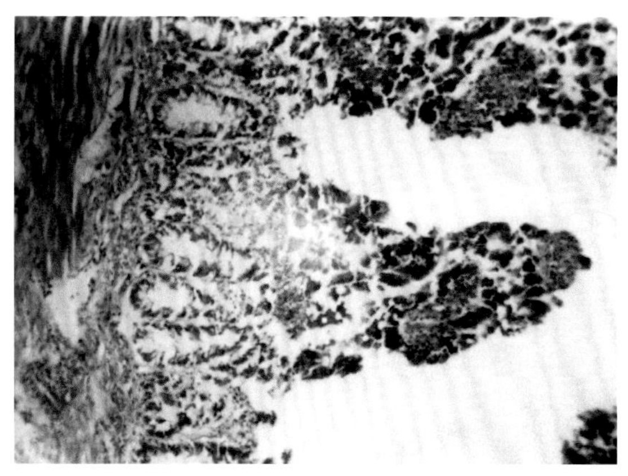

图1-19-9　病鹅小肠黏膜绒毛坏死，深层腺管结构破坏。（朱堃熹）

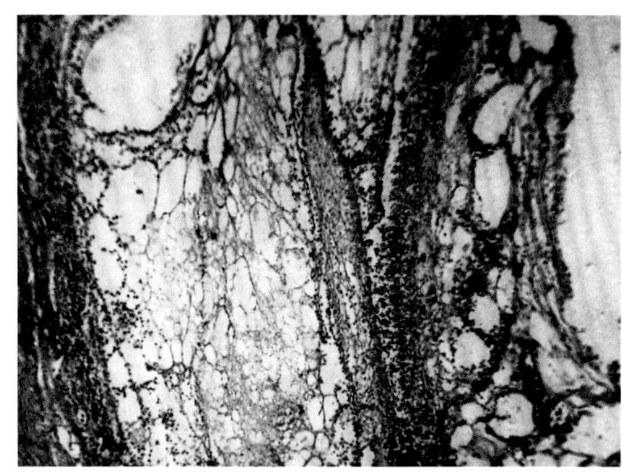

图1-19-10　病鹅小肠黏膜纤维素性坏死性炎症，肠黏膜整片发生坏死，并有大量纤维素性渗出物凝固形成假膜。

（朱堃熹）

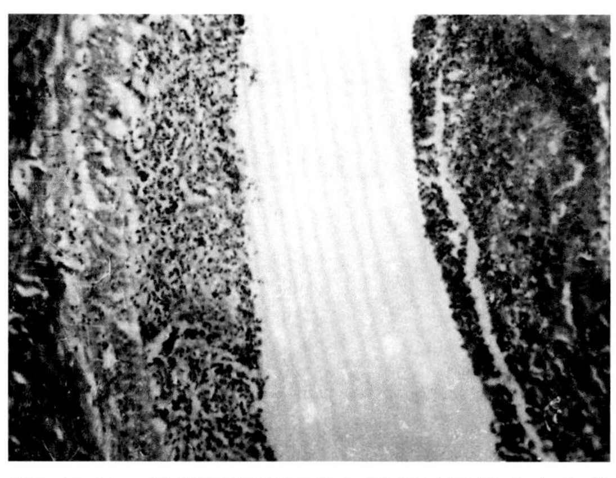

图1-19-11　病鹅坏死凝固物与残留的肠壁完全分离脱落（形成栓塞物），肠壁仅残留一薄层黏膜固有层组织，有多量炎性细胞浸润。

（朱堃熹）

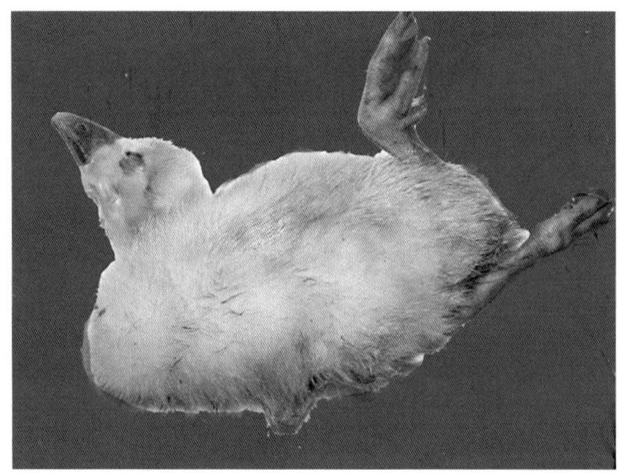

图1-19-12　急性型小鹅瘟，患病雏鹅呈两脚划动的神经症状。（秦爱建）

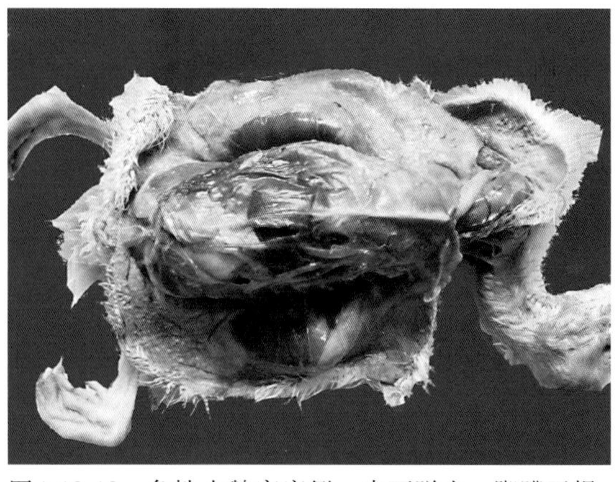

图1-19-13　急性小鹅瘟病例，皮下脱水，脚蹼干燥、皱缩。（许益民）

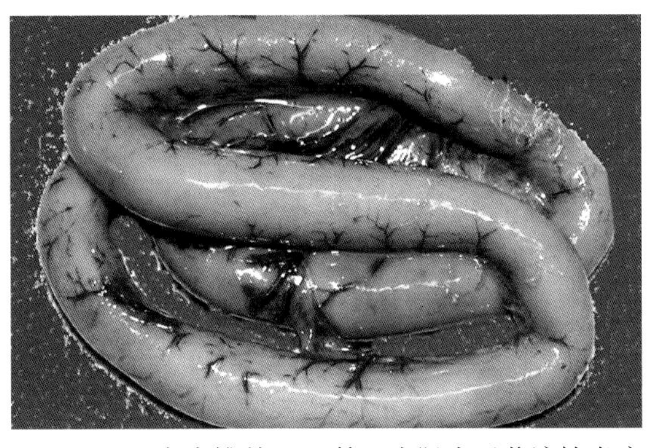

图1-19-14 发病雏鹅25日龄，小肠由于浆液性炎症渗出物集聚而膨胀，栓塞未充分形成。（许益民）

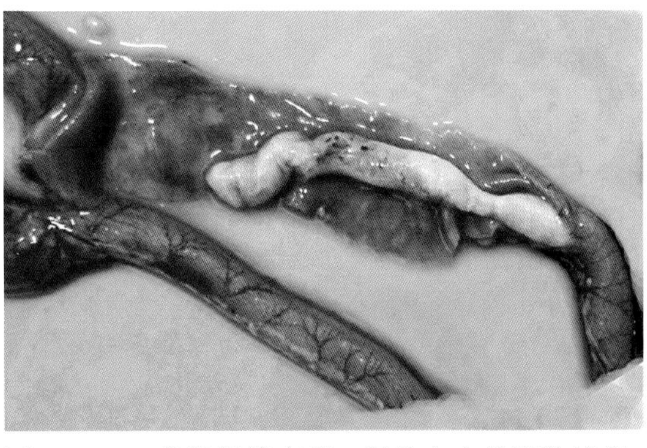

图1-19-15 病鹅肠壁变薄，肠腔内有栓塞物堵塞，表面包有纤维素性渗出物。（王小波）

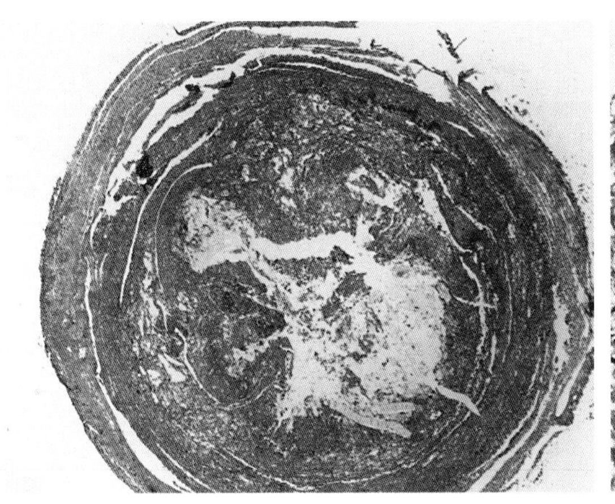

图1-19-16 肠壁坏死，大量纤维素、炎性细胞渗出到肠腔内，肠腔狭窄。(HE，×40)（王小波）

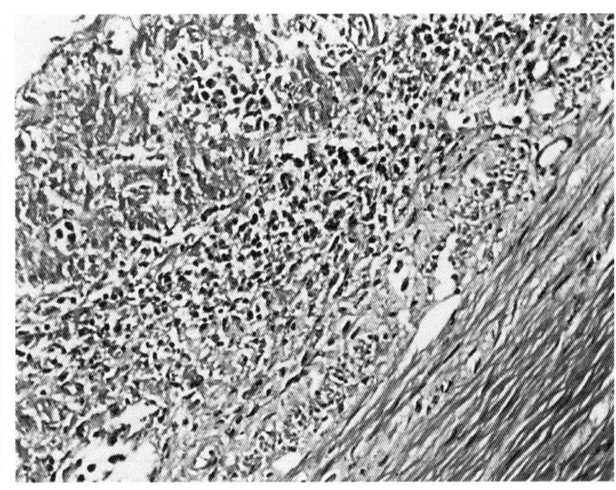

图1-19-17 空肠段肠壁上皮细胞层脱落，固有层组织坏死，炎性细胞浸润。(HE，×400)（王小波）

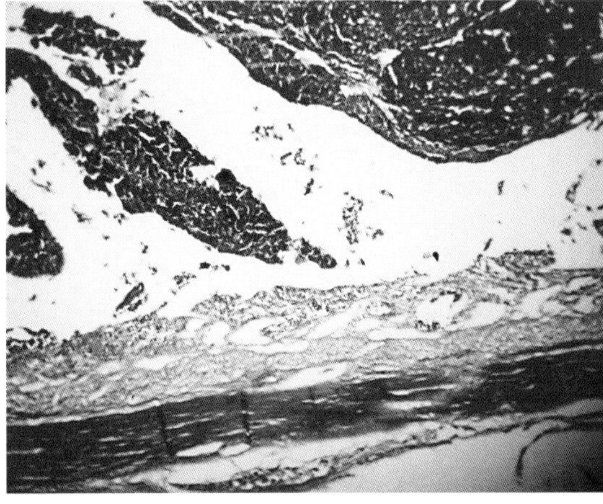

图1-19-18 空肠坏死的黏膜表层与渗出的纤维素性物质以及肠腔内容物凝固起来形成的肠栓，因为组织脱水过程收缩而脱落，残存的黏膜固有层炎性细胞浸润。(HE，×100)（许益民）

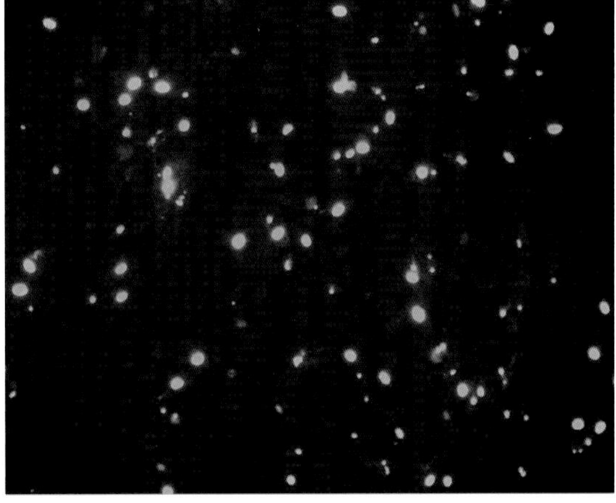

图1-19-19 特异性抗小鹅瘟病毒单克隆抗体检测鹅胚成纤维细胞中的病毒。（秦爱建）

Chapter 2 第二章 细菌性和真菌性疾病

第一节 禽霍乱

（一）病原

禽霍乱病原为多杀性巴氏杆菌。这是一种革兰氏染色阴性、不形成芽孢、没有运动性的椭圆形小杆菌，大小为（0.2 ~ 0.4）μm×（0.6 ~ 2.5）μm。通常单在或成对，偶尔呈链状排列。在连续培养时，可呈现多形性。从病鸡新分离到的细菌通常带有荚膜。在病鸡组织、血液涂片或新分离到的菌，多呈典型的两极染色。

（二）流行病学

多数鸟类都可感染禽霍乱多杀性巴氏杆菌，但以火鸡、鸭、鹅和鸡最为易感。病禽或带菌的飞鸟可能是家禽中发生禽霍乱的主要传染来源。而许多家畜可能携带多杀性巴氏杆菌，不过对家禽往往没有致病性。但来源于猪和猫的多杀性巴氏杆菌有可能对家禽有致病性。

（三）临床症状

家禽感染多杀性巴氏杆菌后可分别表现为急性或慢性禽霍乱。发生急性禽霍乱时，往往在死亡前几小时才显示症状。病禽可表现为精神沉郁、羽毛粗乱、口中流出黏性分泌物、腹泻、呼吸加快等。在临死前，无毛的皮肤处如鸡冠、头部、肉垂明显发绀。转为慢性的病例表现为消瘦、脱水等，并出现呼吸道感染的征候。

（四）病理变化

急性禽霍乱死亡后，可见肺、腹脂、肠黏膜的斑点状或条状出血，心包积液或腹水增多，肝肿大，且带有很多细小的坏死点。

（五）诊断

根据组织触片或血涂片中发现典型的巴氏杆菌，做出初步诊断。确诊应根据对分离细菌的生化鉴定和致病性鉴定。

（六）防控

预防可用适当的灭活疫苗进行接种。治疗可用青霉素、链霉素肌内注射，或用头孢类、喹诺酮类抗菌药物随饮水口服。

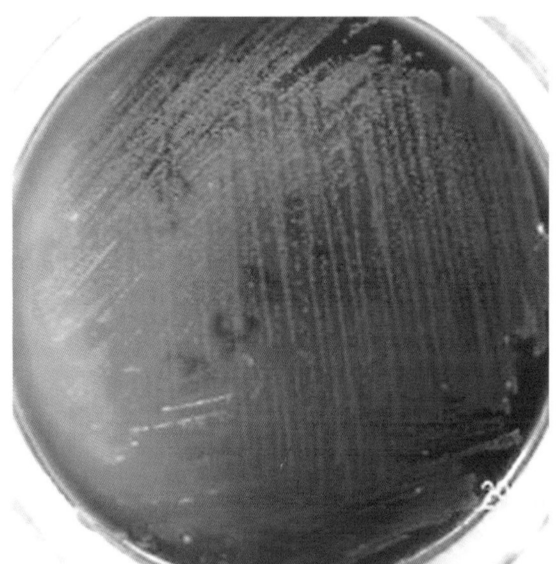

图2-1-1　巴氏杆菌菌落。

（刁有祥）

图2-1-2　鸭霍乱剖检病变，心冠脂肪出血、心外膜呈片状出血。（蔡家利）

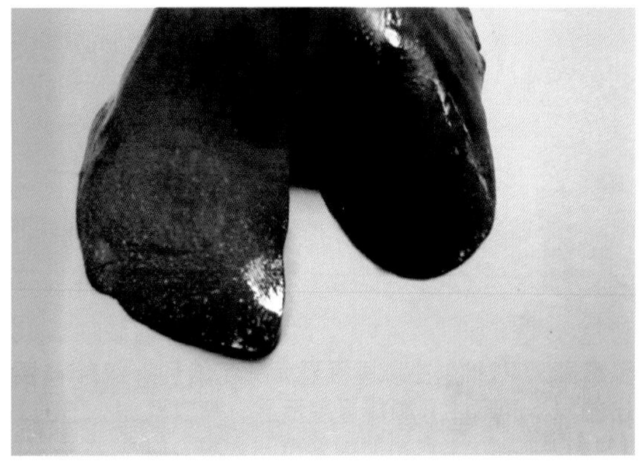

图2-1-3　鸭霍乱剖检病变，肝脏表面有大量白色坏死点。（黄瑜、苏敬良）

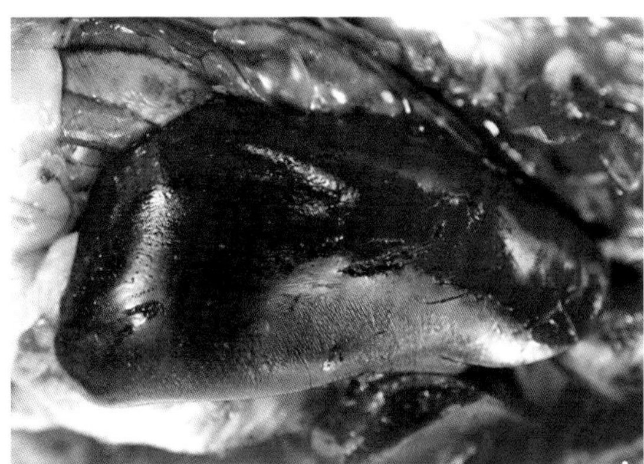

图2-1-4　禽霍乱急性死亡的产蛋鸭，肝脏表面尤其是边缘区出现针尖到针头大小的坏死点。

（蔡家利）

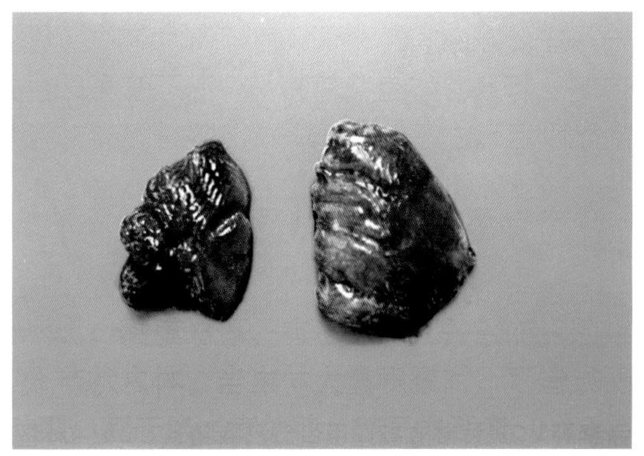

图2-1-5　鸭霍乱剖检病变，肺出血。

（黄瑜、苏敬良）

图2-1-6 鸭霍乱剖检病变，肠道形成出血环，肠黏膜出血，内容物呈血色或胶冻样。

（黄瑜、苏敬良）

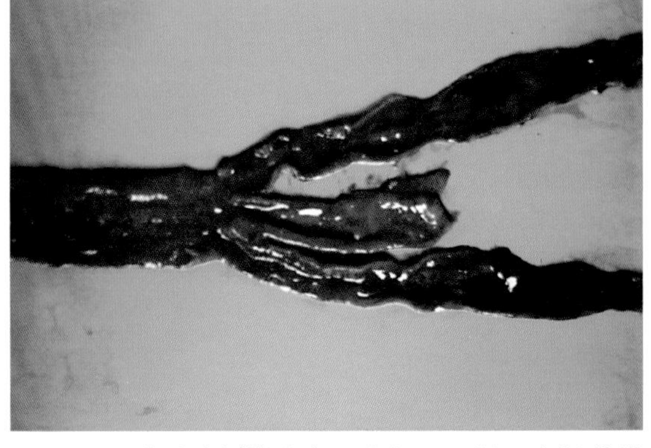

图2-1-7 鸭霍乱剖检病变，直肠、回肠、盲肠黏膜出血，内容物带有血液或呈胶冻样。

（黄瑜、苏敬良）

图2-1-8 禽霍乱急性死亡的产蛋鸭，卵泡膜大片出血。（蔡家利）

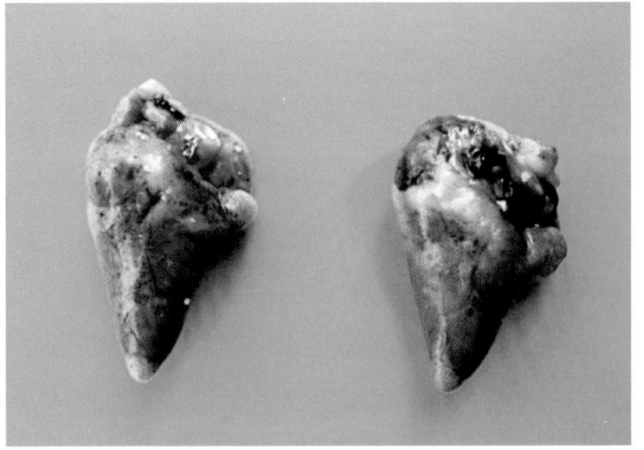

图2-1-9 鸭霍乱剖检病变，心冠脂肪出血、心外膜出血。（黄瑜、苏敬良）

图2-1-10 人工接种鸭精神沉郁（左）、挤堆（右）。（张兴晓）

图2-1-11　病鸭肝脏肿大，弥漫性分布黄白色、细小坏死点。（刁有祥）

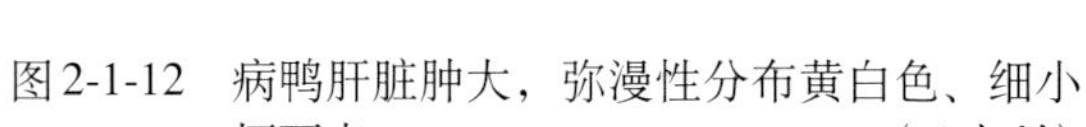

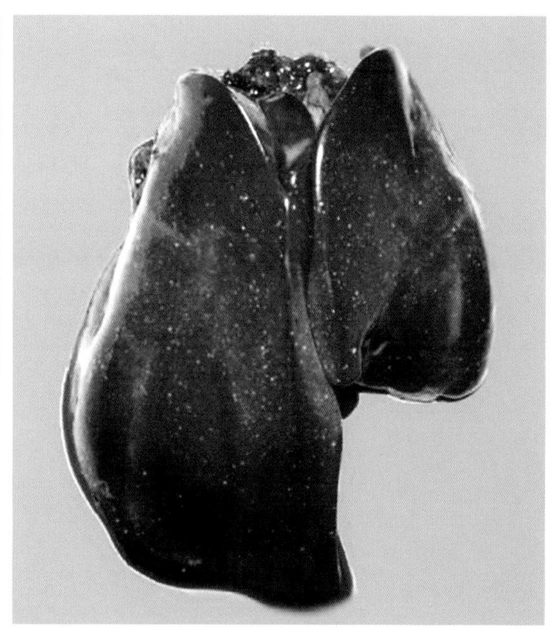

图2-1-12　病鸭肝脏肿大，弥漫性分布黄白色、细小坏死点。（刁有祥）

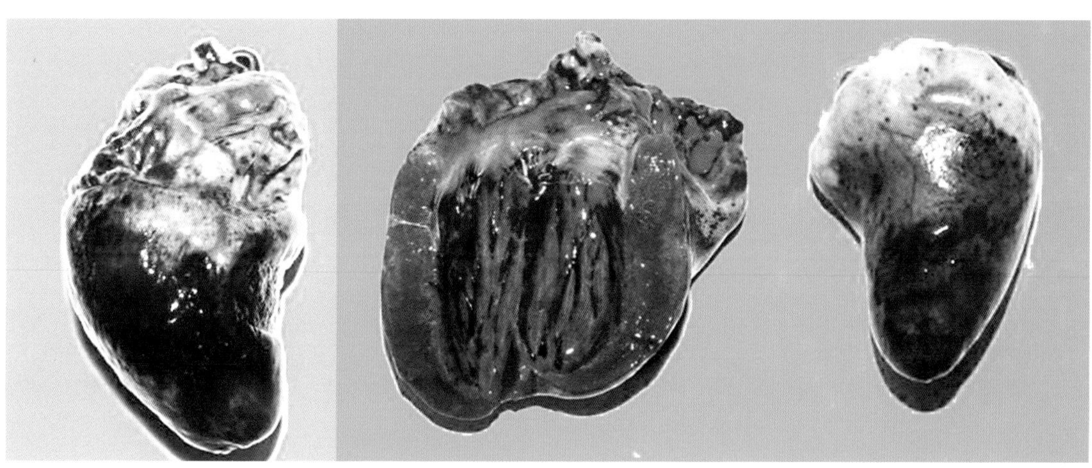

图2-1-13　病鸭心脏表面、心冠脂肪出血以及内膜出血。（刁有祥）

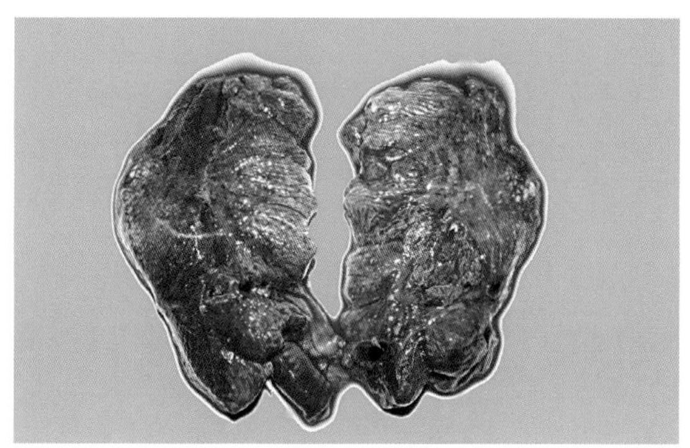

图2-1-14　病鸭肺脏淤血或出血，呈紫红色。（刁有祥）

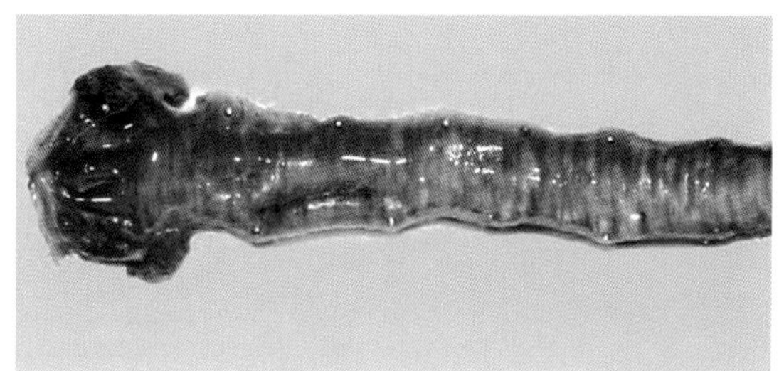

图2-1-15　病鸭气管环出血。（刁有祥）

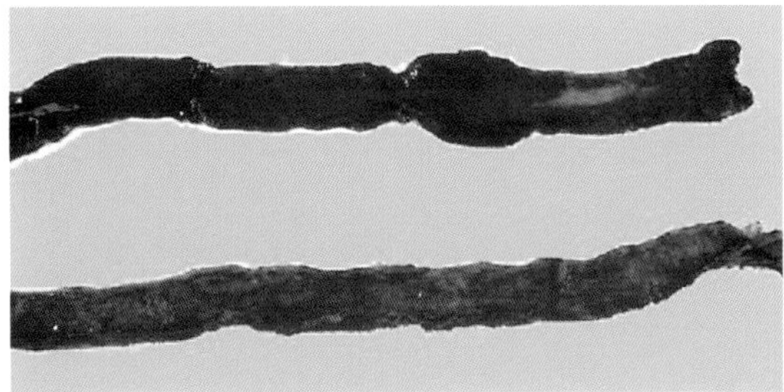
图2-1-16　病鸭肠黏膜弥漫性出血。　（刁有祥）

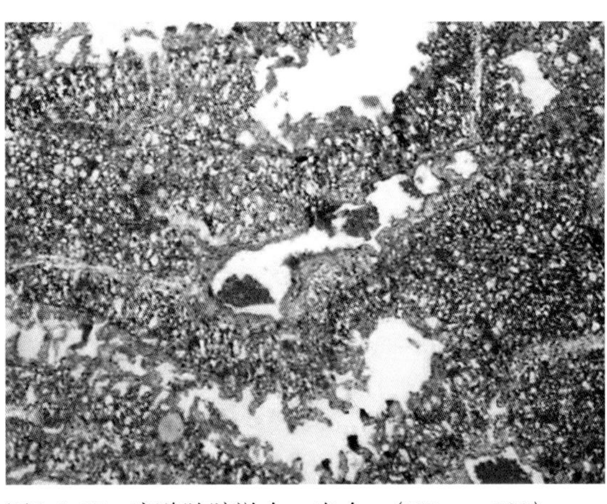
图2-1-17　病鸭肺脏淤血、出血。(HE，×100)
（刁有祥）

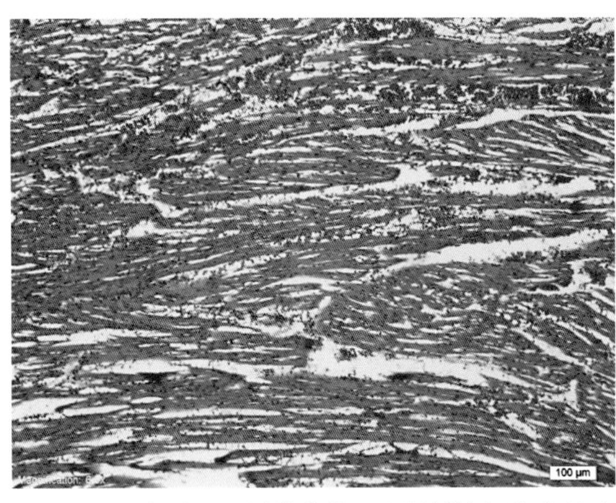
图2-1-18　病鸭心肌纤维萎缩，心肌纤维间有大量炎性细胞浸润，间质出血严重。(HE，×100)
（刁有祥、宋晓娜）

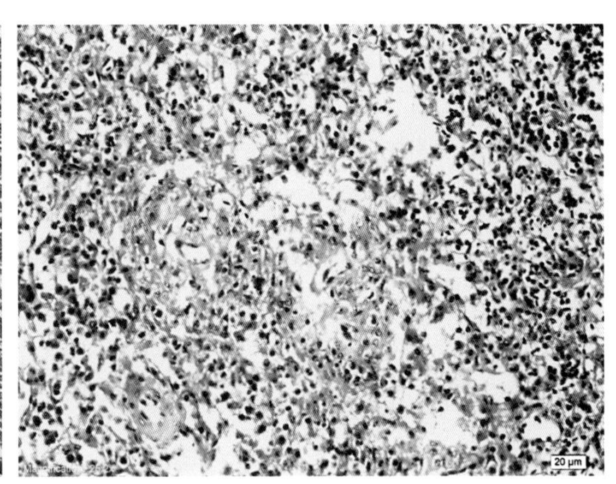
图2-1-19　病鸭脾脏网状细胞增生，淋巴细胞减少。(HE，×400)　（刁有祥、宋晓娜）

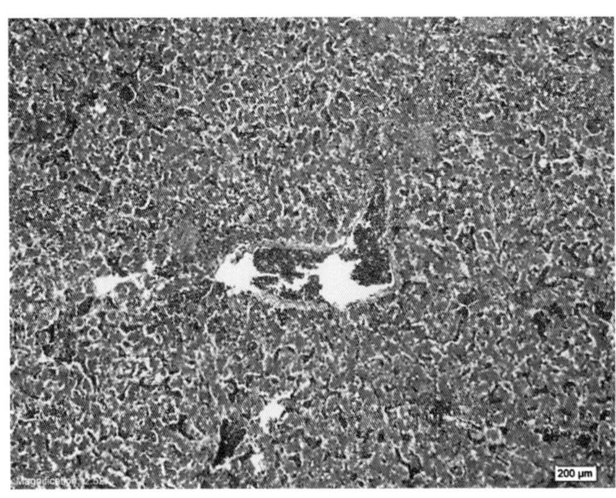
图2-1-20　病鸭肝脏淤血，有坏死灶，肝细胞索狭窄。(HE，×100)　（刁有祥、宋晓娜）

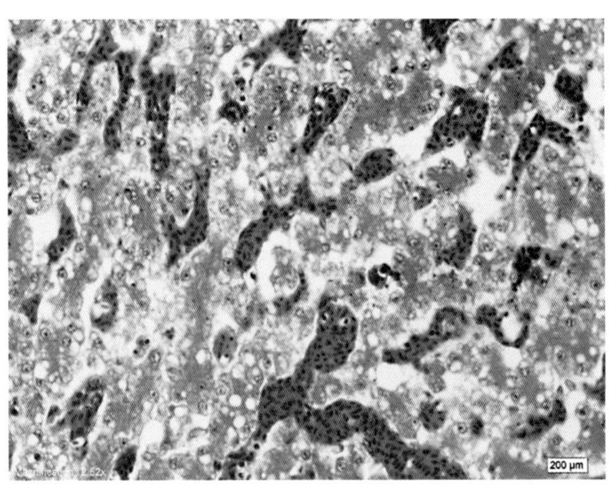
图2-1-21　病鸭肝脏水肿、淤血，有炎性细胞浸润，肝细胞空泡变性、脂肪变性。(HE，×400)
（刁有祥、宋晓娜）

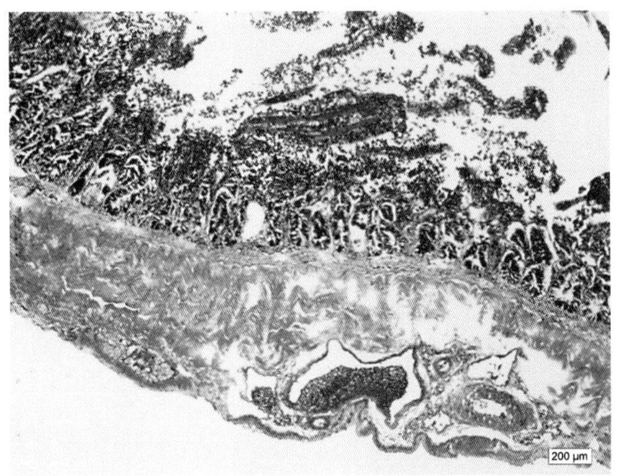

图2-1-22 病鸭十二指肠肠绒毛断裂、脱落，固有层疏松、有大量炎性细胞浸润。(HE，×100) （刁有祥、宋晓娜）

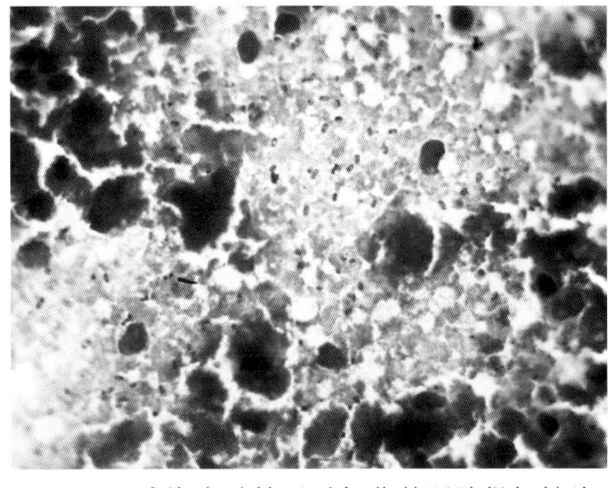

图2-1-23 感染多杀性巴氏杆菌鹅肝脏组织触片。(美蓝染色，×1 000) （秦爱建）

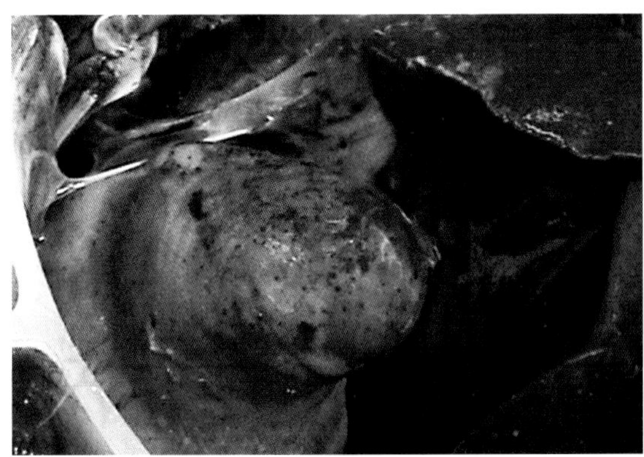

图2-1-24 病鹅心脏有出血点。 （焦库华）

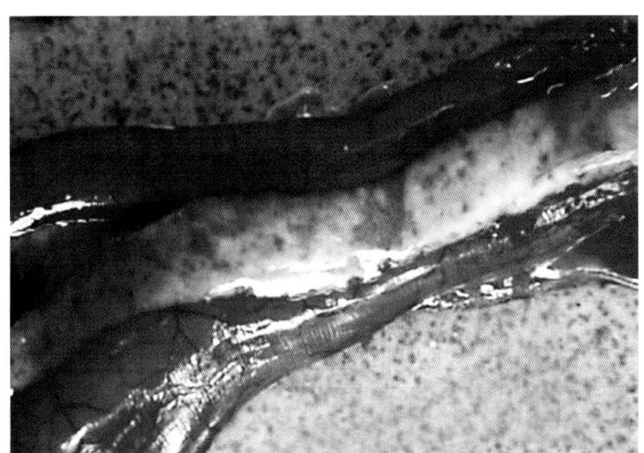

图2-1-25 病鹅胰腺布满出血点。 （焦库华）

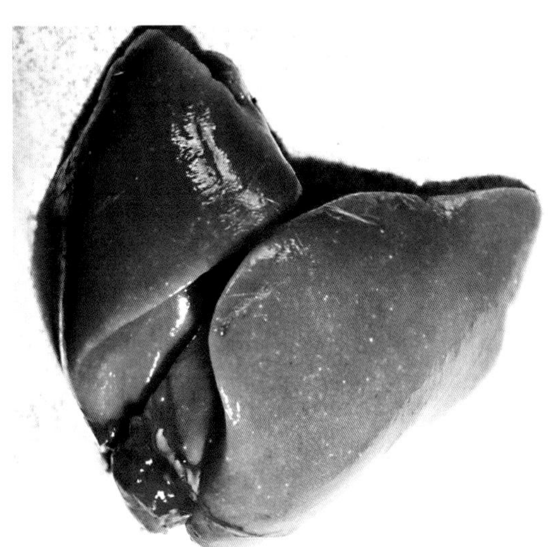

图2-1-26 病鹅肝脏体积增大，色泽变淡，质地稍变坚硬，表面散布着许多灰白色、针头大的坏死点。 （焦库华）

第二节　禽大肠杆菌病

（一）病原

大肠杆菌作为人和动物肠道正常菌系的主要成员在维持肠道正常生理功能上起着重要作用，虽多数菌株在肠道内是非病原性或条件致病性的，但确有一些血清型的大肠杆菌总是或经常与人或动物的大肠杆菌病相关，而很少出现于健康宿主的肠道内。大肠杆菌是革兰氏阴性、非抗酸性、染色均一、不形成芽孢的杆菌。通常为（2 ～ 3）μm × 0.6μm大小。目前已知大肠杆菌的O血清型约170个，K抗原80个，H抗原60个。

（二）流行病学

大肠杆菌普遍存在于家禽肠道及周围环境中，在鸡、鸭、鹅群中都易发生感染发病，仅有少数血清型的大肠杆菌与禽病有关。我国禽病原性大肠杆菌的常见血清型除国外报道的O1、O2、O78外，还有其他常见的血清型，如O18、O88、O11和O26等。

大肠杆菌病的发生需要诱发因素，如皮肤、黏膜的防御屏障受到破坏；由病毒感染、毒素中毒等引起的免疫抑制；环境污染、通风较差、水源污染等不良环境卫生状况。

（三）临床症状和病理变化

在家禽不同生长发育阶段，禽大肠杆菌病有不同表现形式：

1.卵黄囊感染　表现在整个孵化期和出壳后3周内引起鸡胚和雏鸡死亡，雏鸡多有卵黄吸收不良和并发脐炎，病程4d以上的鸡亦可发生心包炎。

2.呼吸道感染（气囊炎）　常发生于2 ～ 12周龄鸡，尤以4 ～ 9周龄鸡最易感。主要表现气囊增厚，表面有干酪样渗出物，也可继发心包炎和肝周炎，从而心包膜和肝被膜上有纤维素性伪膜附着。

3.急性败血症　是性成熟鸡和火鸡的一种感染。以肝脏肿大呈深黑色或绿色以及胸部肌肉充血为特征，有时肝脏有灰白色坏死点。

4.输卵管炎　禽左侧腹气囊感染大肠杆菌后常通过输卵管系膜感染，使输卵管扩张，感染鸡不下蛋。

5.腹膜炎　产蛋禽发生突然的散发性死亡。患病母禽排出含蛋清、凝固蛋白或蛋黄的稀粪；公禽阴茎肿大、充血。输卵管内有黄色纤维素性渗出物，波及卵巢时，可见较大卵泡卵黄液化或煮熟样，后者切面为层状结构，较小卵泡有变形、变色、变质变化。腹腔充满淡黄腥臭的蛋黄水和凝固的蛋黄，肠盘粘连。

6.肿头综合征　以肉鸡、肉用型种鸡和商品蛋鸡面部、眶周出现水肿性肿胀为特征。可能由某些病毒与大肠杆菌混合感染所致。主要病变在面部皮肤和眶周组织出现胶冻样水肿，结膜囊、面部皮下组织和泪腺出现干酪样分泌物。

7.大肠杆菌性肉芽肿（Hjarre氏病）　鸡和火鸡的大肠杆菌性肉芽肿是以肝、盲肠、十二指肠和肠系膜肉芽肿为特征，但在脾脏无病变。此病虽然不太常见，但个别群体死亡率可高达75%。

（四）诊断

根据流行病学、临床症状和病理变化可做出初步诊断，确诊需进行细菌学检查。从受侵害的组织器官分离出大肠杆菌后，应对分离到的大肠杆菌进行致病性鉴定。方法是以分离到的大肠杆菌气管内、气囊或肌肉注射1月龄以内的易感雏鸡，根据接种鸡的死亡率及病变程度，判定分离株的致病性。只有证明分离株是致病的，才有诊断意义。

由于禽大肠杆菌病常与某些血清型相关，有条件时，对分离株进行血清型鉴定，有助于确诊。血清型测定，为该病的流行病学研究所必需。

当怀疑禽大肠杆菌病与其他病毒性、细菌性疾病并发时，应同时对其他疾病进行确诊，以保证实验室诊断的客观性、全面性。某些疾病，尤其是一些细菌性传染病，常产生与大肠杆菌病类似的症状与病变，应注意鉴别。

1.气囊炎 易与支原体、衣原体及其他细菌感染相混淆。

2.心包炎 易与衣原体感染混淆。

3.腹膜炎 巴氏杆菌、链球菌也可引起。

4.滑膜炎-关节炎 也可由病毒、支原体、葡萄球菌、沙门氏菌、念珠状链杆菌及其他微生物引起。

5.鸭疫里默氏杆菌病 产生的气囊炎、心包炎和肝周炎，与大肠杆菌病的上述病变很难区分。

（五）防控

在对分离菌株做药敏试验的基础上，选用合适的抗菌药物可减少或延续死亡。

图2-2-1 大肠杆菌在麦康凯培养基上长成红色菌落。（许益民）

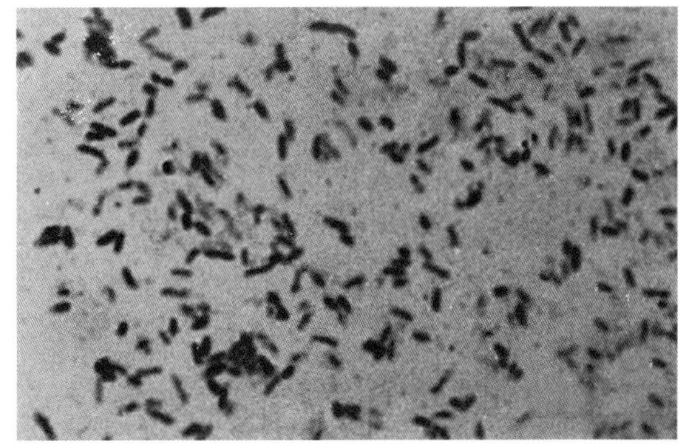

图2-2-2 大肠杆菌的革兰氏染色，菌体呈红色。（许益民）

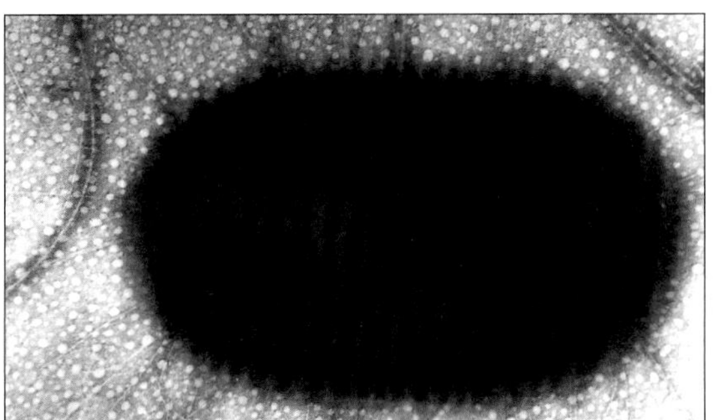

图2-2-3 病原性大肠杆菌的电镜照片，菌体表面有丰富的菌毛，菌体的左、右侧可见粗而长的鞭毛。（高崧）

图2-2-4　大肠杆菌人工感染鸡的症状：图中右边2只鸡为大肠杆菌感染鸡，可见病鸡精神沉郁，被毛松乱，缩颈，呼吸困难；左边2只鸡为健康对照鸡。（陈义平）

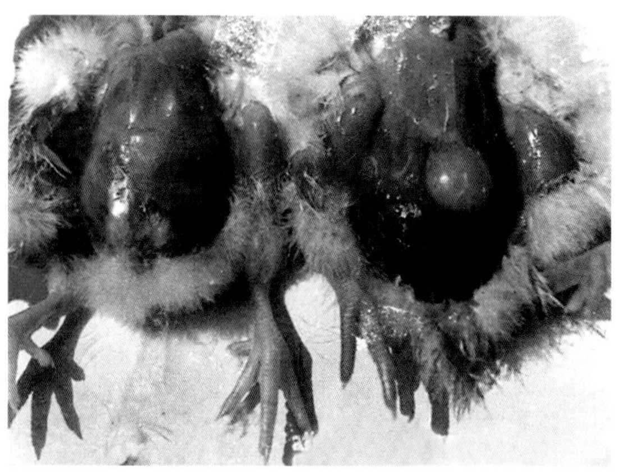

图2-2-5　禽大肠杆菌感染的雏鸡卵黄吸收不良，脐带发炎。（范国雄）

图2-2-6　30日龄肉用雏鸡感染大肠杆菌后形成的气囊病，由于大肠杆菌的扩散可导致多种浆膜炎，可见心包膜及肝被膜上覆有灰白色纤维蛋白渗出物。（陈义平）

图2-2-7　大肠杆菌感染引起肉鸡的气囊炎，可见气囊增厚、呼吸面覆盖有黄白色纤维素性渗出物，同时在肝脏的表面也有纤维素性渗出物。（陈义平）

图2-2-8　禽大肠杆菌感染鸡表现的肿头综合征，眶周肿胀，眼角可见黄色干酪样渗出物，肿胀部可分离到大肠杆菌。（陈义平）

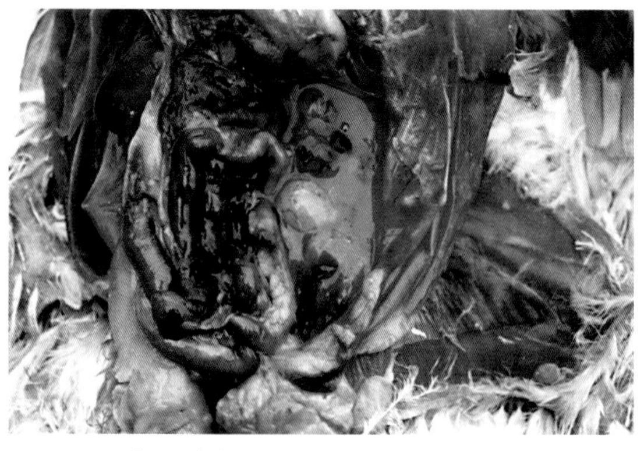

图2-2-9　产蛋鸡急性腹膜炎，腹腔内有多量的卵黄液，可分离到大肠杆菌。（陈义平）

图2-2-10 大肠杆菌感染鸡卵黄性腹膜炎，泄殖腔有挤碎的蛋壳。（陈义平）

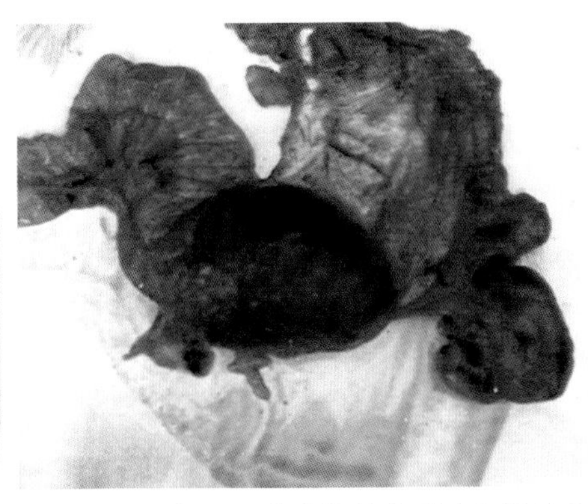

图2-2-11 大肠杆菌感染的产蛋鸡急性输卵管炎，输卵管扩张，内积紫红色渗出物。

（范国雄）

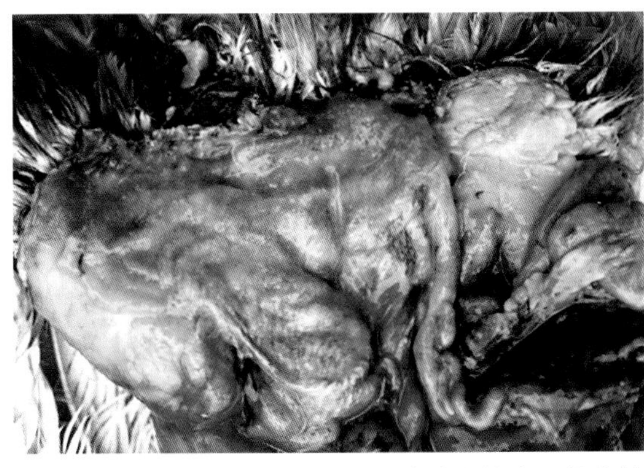

图2-2-12 大肠杆菌感染的产蛋鸡输卵管炎，输卵管（已剖开）黏膜面出血，有干酪样分泌物。

（陈义平）

图2-2-13 大肠杆菌感染鸡肝脏表面很厚的一层黄色的纤维素性渗出物。（崔治中）

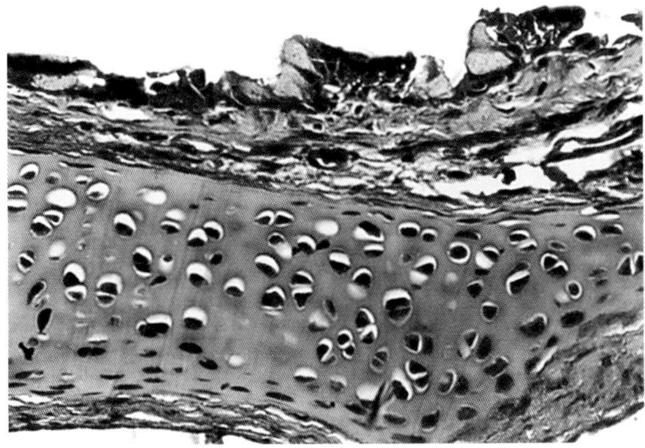

图2-2-14 鸡气管内接种病原性大肠杆菌3小时后，可见纤毛脱落，杯状细胞扩张。（HE，×400）

（石火英、许益民）

图2-2-15 与图2-2-14相比，健康对照鸡气管黏膜层，可见表面纤毛完整。（HE，×200）

（石火英、许益民）

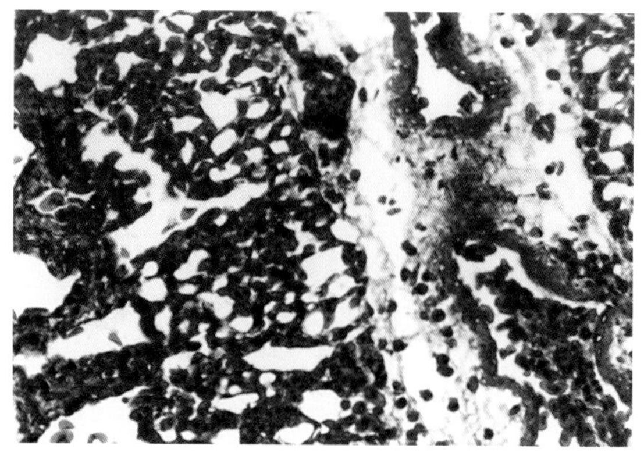

图2-2-16　鸡气管内接种病原性大肠杆菌3h后，肺间质炎性细胞浸润，广泛性出血。（HE，×400）　（石火英、许益民）

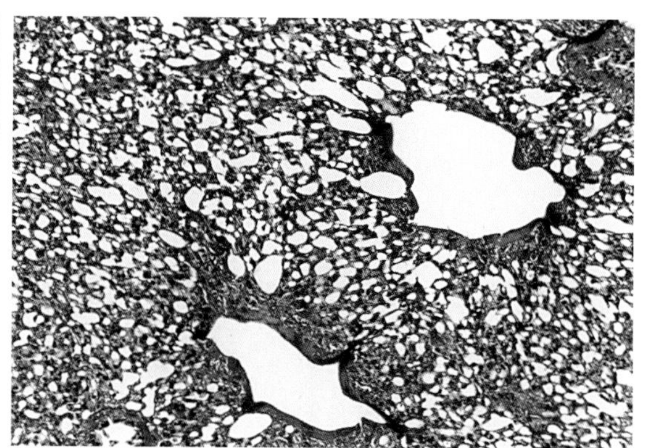

图2-2-17　与图2-2-16相对照，正常肺小叶结构，三级支气管管腔干净，呼吸毛细管结构完好。（HE，×200）　（石火英、许益民）

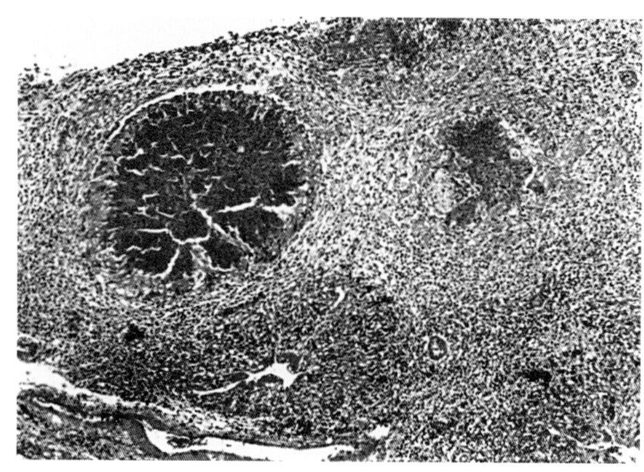

图2-2-18　鸡气管内接种病原性大肠杆菌72h，感染鸡肺内可见肉芽肿形成，同时可见三级支气管周围大量炎性细胞浸润。（HE，×100）　（石火英、许益民）

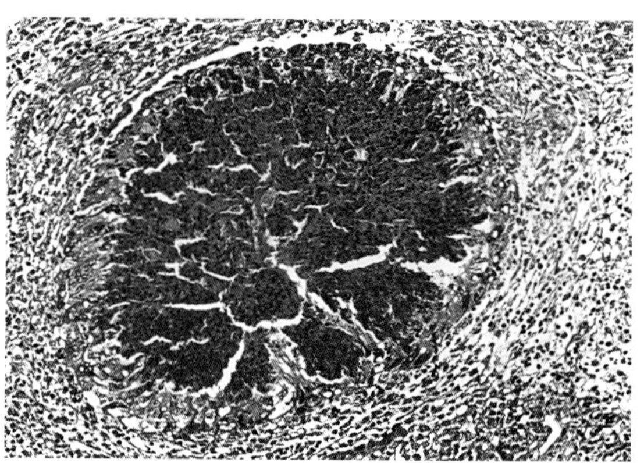

图2-2-19　大肠杆菌感染鸡肺肉芽肿的组织结构中心区可见蓝色的细菌团块，周围炎性细胞包围，肉芽肿的最外层是上皮样细胞。（HE，×200）　（石火英、许益民）

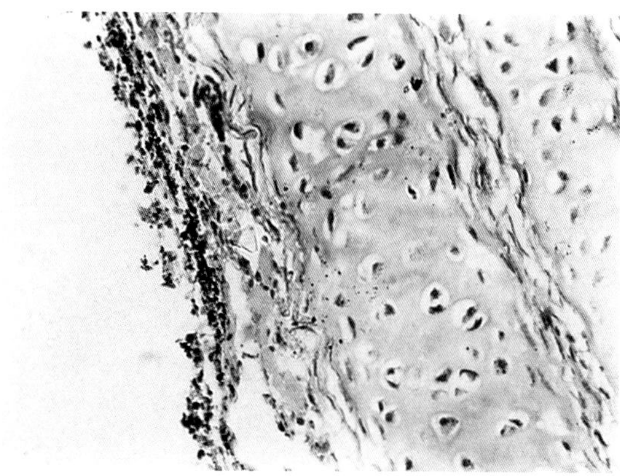

图2-2-20　病原性大肠杆菌气管内接种1h后的气管组织切片经免疫组化染色，可见气管浆膜层吞噬细胞吞噬大肠杆菌后被染成黄色。（HE，×400）　（石火英、许益民）

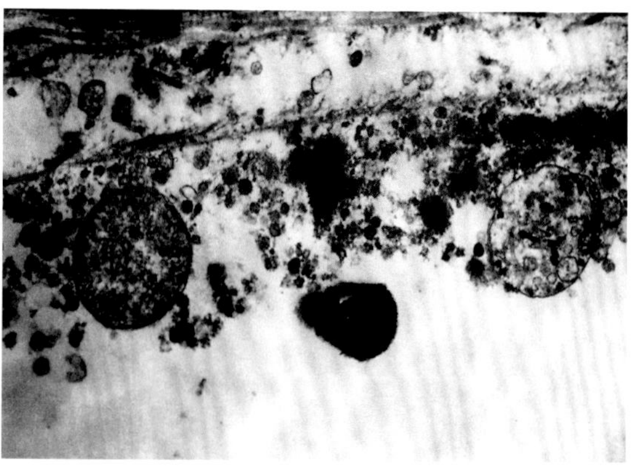

图2-2-21　病原性大肠杆菌气管内接种3h，电镜下可见细菌吸附于气囊上皮细胞，图中深色球形体为大肠杆菌。（HE，×30 000）

（石火英、许益民）

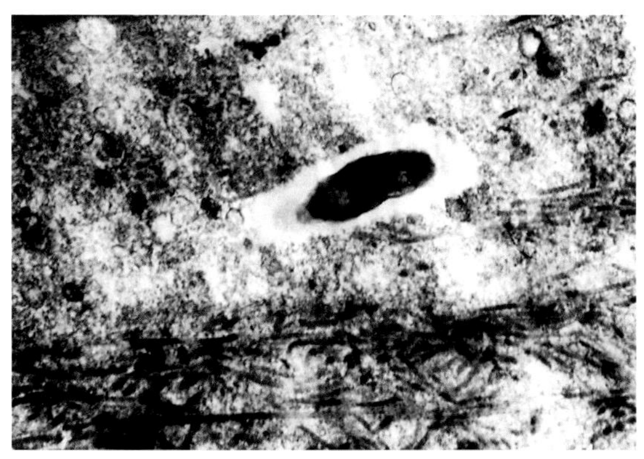

图2-2-22　病原性大肠杆菌鸡气管内接种3h，电镜下可见细菌侵入气囊的结缔组织中，图中深色的椭球形体为大肠杆菌。(×22 500)

（石火英、许益民）

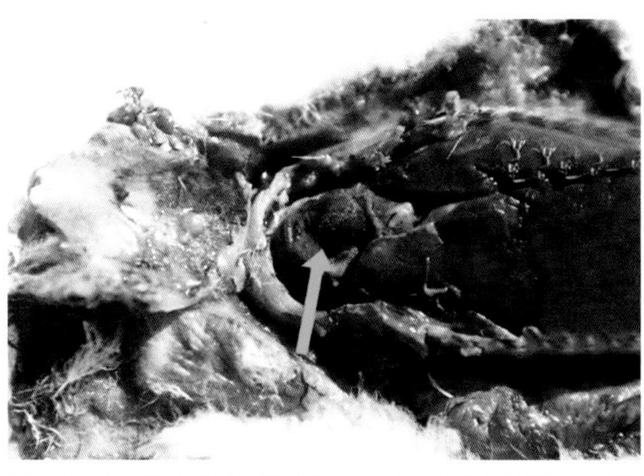

图2-2-23　鸭大肠杆菌感染，心包表面有纤维素性渗出物，增厚，粘连。（苏敬良）

图2-2-24　鸭大肠杆菌感染，肝脏表面有纤维素性渗出物，增厚，粘连。（苏敬良）

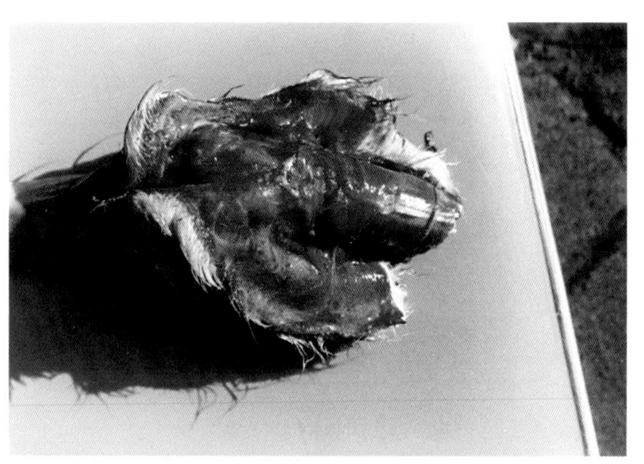

图2-2-25　鸭大肠杆菌感染，头部皮下出血，有黄色胶冻样物。（苏敬良）

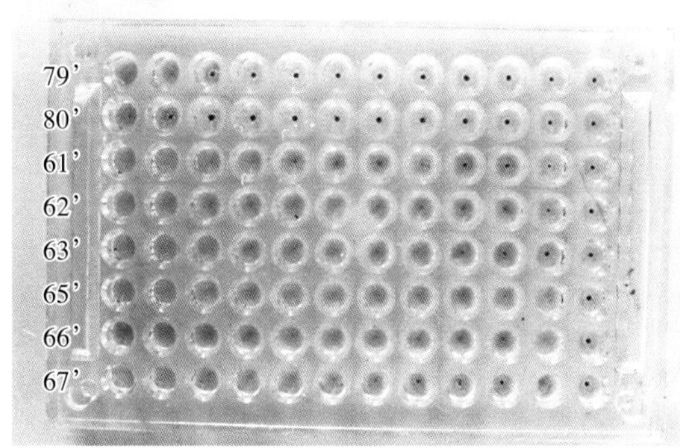

图2-2-26　间接血凝试验测定大肠杆菌脂多糖抗体。图中79、80号样品来自免疫前鸡血清，其间接血凝抗体滴度较低；61 ～ 67号样品为免疫攻毒组存活鸡血清，其间接血凝抗体滴度较高；每一样品的最后一孔为生理盐水对照。（高崧）

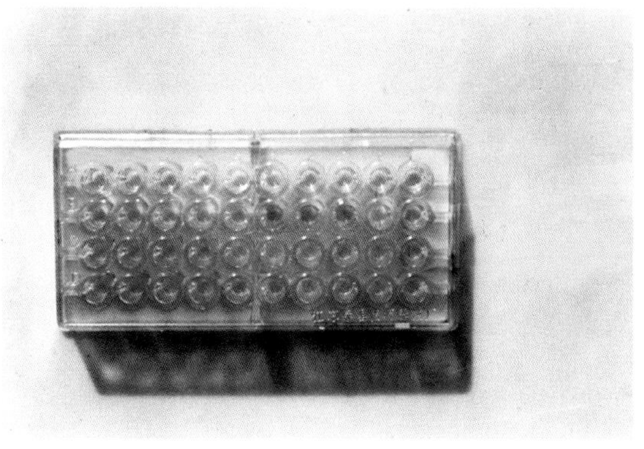

图2-2-27　酶联免疫吸附试验测定大肠杆菌外膜蛋白抗体，免疫前鸡血清，多数鸡抗体滴度低。（高崧）

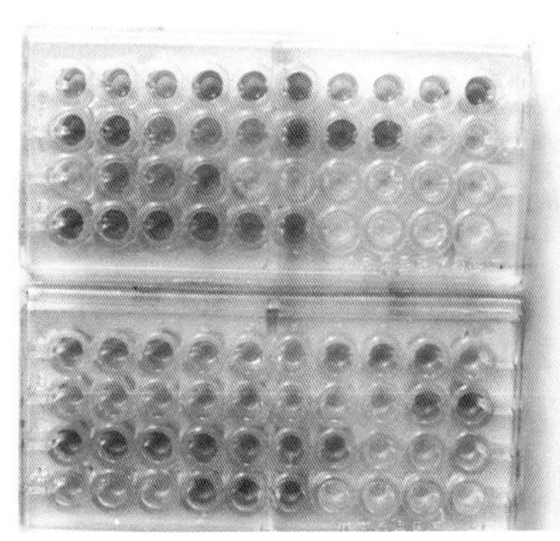

图2-2-28　酶联免疫吸附试验测定大肠杆菌外膜蛋白抗体，氢氧化铝佐剂苗免疫21d后鸡血清，多数鸡抗体滴度明显升高。　（高崧）

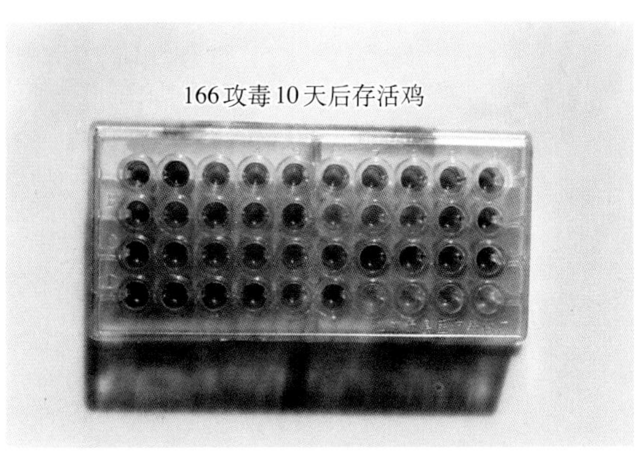

图2-2-29　酶联免疫吸附试验测定大肠杆菌外膜蛋白抗体，免疫攻毒组存活鸡血清，几乎所有鸡的抗体滴度大幅度升高。　（高崧）

图2-2-30　病鸭排绿色粪便。　（刁有祥）

图2-2-31　病鸭精神沉郁。　（刁有祥）

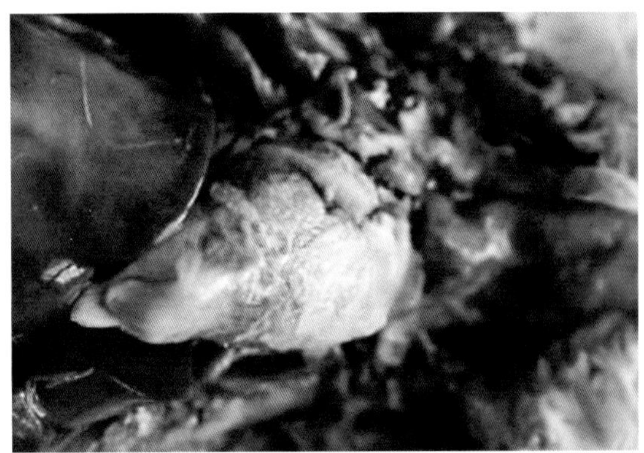

图2-2-32　病鸭纤维素性心包炎，心脏表面有大量黄白色、纤维素性渗出物。　（刁有祥）

图2-2-33　病鸭肝周炎，肝脏表面有纤维素性渗出物。　（刁有祥）

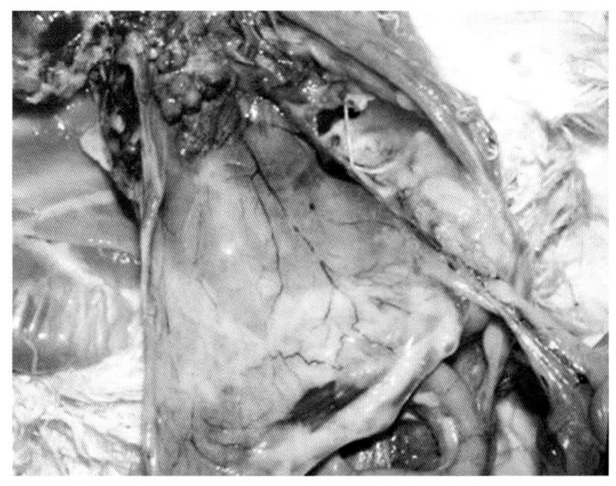

图2-2-34　病鸭气囊炎，气囊表面有黄白色渗出物。（刁有祥）

图2-2-35　病鸭脾脏肿大，呈紫黑色。（刁有祥）

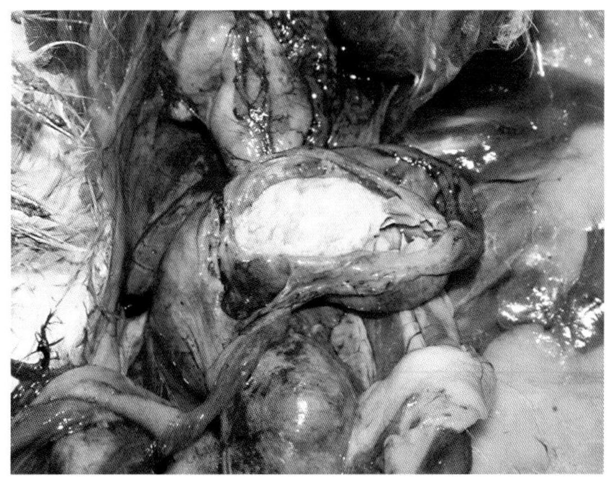

图2-2-36　病鸭输卵管中有黄白色渗出物。（刁有祥）

图2-2-37　病料中分离到的大肠杆菌，革兰氏染色阴性。(HE，×1 000)（秦爱建）

图2-2-38　患病雏鹅眼结膜有纤维素样渗出物。（焦库华）

图2-2-39　病鹅肝脏有黄色纤维素样包膜。（焦库华）

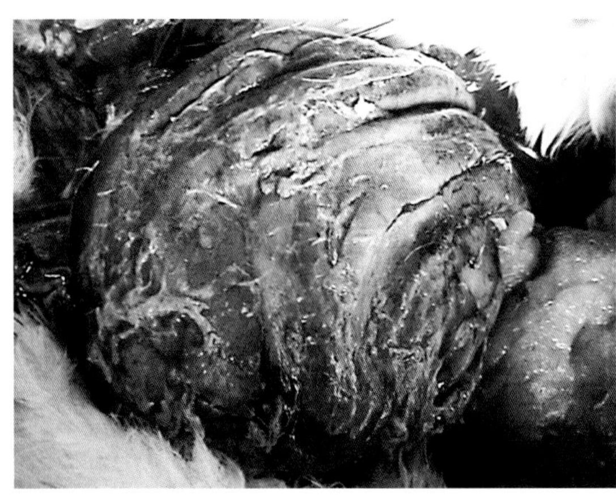
图2-2-40　患病母鹅卵黄性腹膜炎，纤维素性渗出物将肠道粘连在一起。（焦库华）

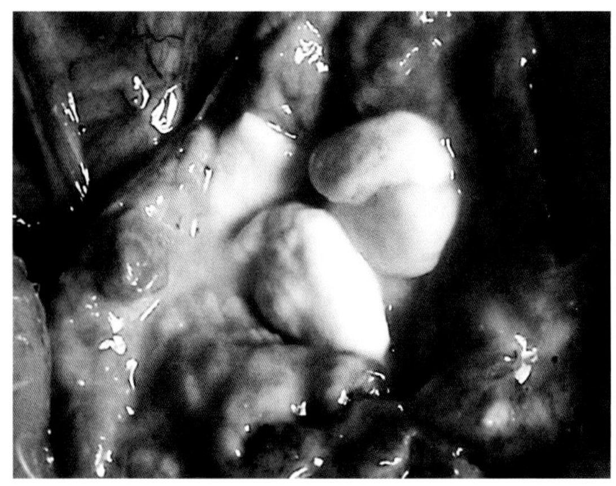
图2-2-41　患病母鹅腹腔内的凝固蛋黄和蛋白，较大卵泡呈煮熟蛋黄样。（焦库华）

第三节　禽沙门氏菌病

（一）病原

沙门氏菌属（*Salmonella*）是一大群血清学相关的革兰氏阴性杆菌，现分为27个DNA同源群（相当于亚属概念），共有3 000多个血清型。

禽沙门氏菌病依据其病原体不同可分为三种类型。由鸡白痢沙门氏菌所引起的称为鸡白痢，由鸡伤寒沙门氏菌引起的称为禽伤寒，而其他有鞭毛能运动的沙门氏菌所引起的禽类疾病则统称为禽副伤寒，在鸭群中也有禽副伤寒发生。禽副伤寒的病原体包括很多血清型的沙门氏菌，其中以鼠伤寒沙门氏菌、肠炎沙门氏菌最为常见，其次为德尔卑沙门氏菌、海德堡沙门氏菌、纽波特沙门氏菌、鸭沙门氏菌等。诱发禽副伤寒的沙门氏菌能广泛地感染各种动物和人类，因此在食品安全和公共卫生上有重要性。

（二）流行病学

各种品种的鸡对本病均易感，以2 ～ 3周龄以内雏鸡的发病率与病死率为最高，呈流行性。成年鸡感染呈慢性或隐性经过。育成阶段的鸡亦有病例发生。

（三）临床症状

1.鸡白痢　患雏表现精神委顿，绒毛松乱，两翼下垂，缩颈闭眼昏睡，不愿走动，拥挤在一起。同时腹泻，排稀薄如糨糊状粪便，有的因粪便干结封住肛门周围，影响排粪。最后因呼吸困难及心力衰竭而死。感染母鸡产蛋量与受精率降低，可用血清学试验查出感染。有的因卵黄囊炎引起腹膜炎。

2.禽伤寒　急性经过者突然停食，排黄绿色稀粪，体温上升1 ～ 3℃。病鸡可迅速死亡，但通常经过5 ～ 10d才死亡。病死率10% ～ 50%或更高些。雏鸡和雏鸭发病时，其症状与鸡白痢相似。

3.禽副伤寒 年龄较大的幼禽主要表现为水泻。病程1～4d。1月龄以上幼禽很少死亡。雏鸭感染本病常见颤抖、喘息及眼睑浮肿等症状，常猝然倒地而亡。成年禽一般为慢性带菌者，偶见水泻症状。

（四）病理变化

不同类型沙门氏菌感染不同年龄鸡后的病理变化不同。但一般可见肝、脾淤血、肿大、变性并呈现不同色泽，可见大小不一的坏死点，不同脏器表面有点状或条纹状出血，胆囊充满胆汁。雏鸡卵黄吸收不良，产蛋鸡严重时卵黄囊破裂，形成卵黄性腹膜炎。

（五）诊断

1.沙门氏菌分离、鉴定 血液、内脏器官经选择性增菌后，接种于选择性培养基或鉴定培养基如TTB、SC或XLD等，挑取可疑菌落接种三糖铁培养基，再做生化鉴定或血清学鉴定。

2.全血或血清玻板凝集试验 用于检测鸡白痢、鸡伤寒感染或带菌情况，按中华人民共和国农业部颁标准执行。

3.单抗竞争ELISA试验 应用针对沙门氏菌常见O抗原、H抗原和共同抗原单克隆抗体为核心试剂，可以对鸡群鸡白痢、鸡伤寒、禽副伤寒的感染实现同时检测。

（六）防控

最重要的方法是严格实施鸡场生物安全措施，从无沙门氏菌感染的种鸡场引进雏鸡，特别是以垂直传播为主的可引起雏鸡发病的鸡白痢沙门氏菌，必须彻底净化。因此，必须对所有种鸡群用鸡白痢沙门氏菌抗原实施玻板凝集试验检测，根据抗体阳性与否淘汰带菌种鸡，实现对鸡白痢沙门氏菌感染的彻底净化。在还没有完全实现这一目标的条件下，可在测定流行菌株对不同抗生素敏感性后，对出壳后雏鸡适当应用相应的抗生素。至于与食品安全相关即可感染人的其他沙门氏菌，主要以横向感染为主（虽然肠炎沙门氏菌等少数沙门氏菌也能垂直感染，但不是主要的传染来源），不论是种鸡场还是商品代鸡场，也要高度重视最大限度地减少沙门氏菌感染的程度。要经常检测所用饲料来源及饮水中是否有沙门氏菌污染，特别要做好严格的灭鼠工作，因为很多老鼠体内都带有沙门氏菌，是鸡群沙门氏菌感染的主要来源之一。此外，应用肠炎沙门氏菌的弱毒疫苗免疫接种，可显著减少鸡群中肠炎沙门氏菌的感染程度。

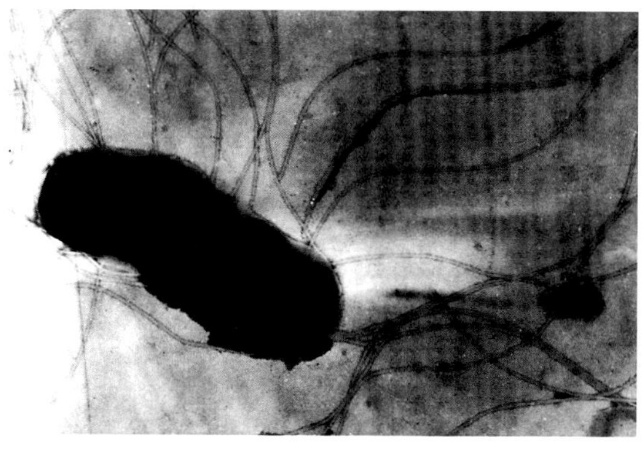

图2-3-1 病原性沙门氏菌电镜观察照片。（焦新安）

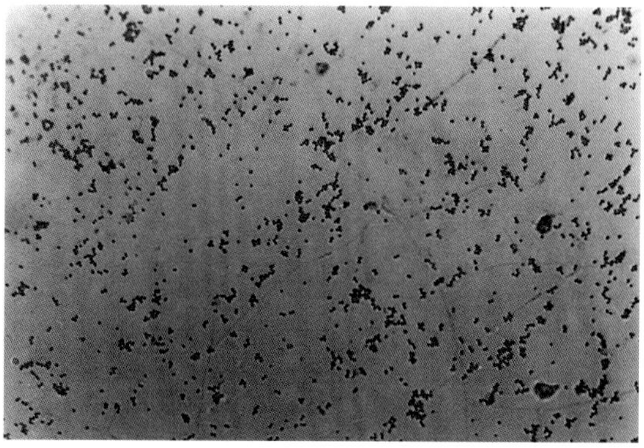

图2-3-2 病原性沙门氏菌革兰氏染色结果。（王芳）

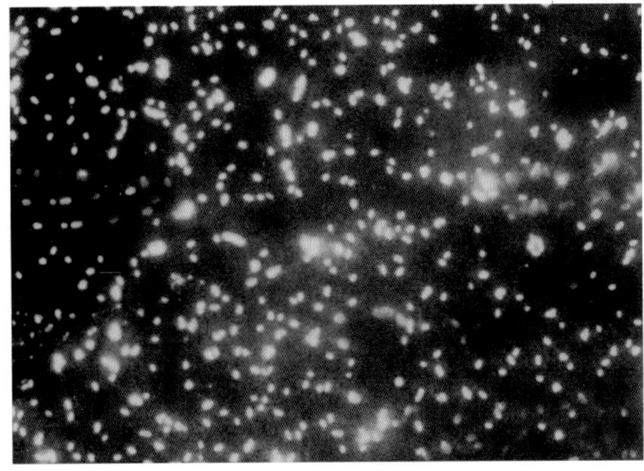

图2-3-3　病原性沙门氏菌O抗原单抗免疫荧光染色照片。（焦新安）

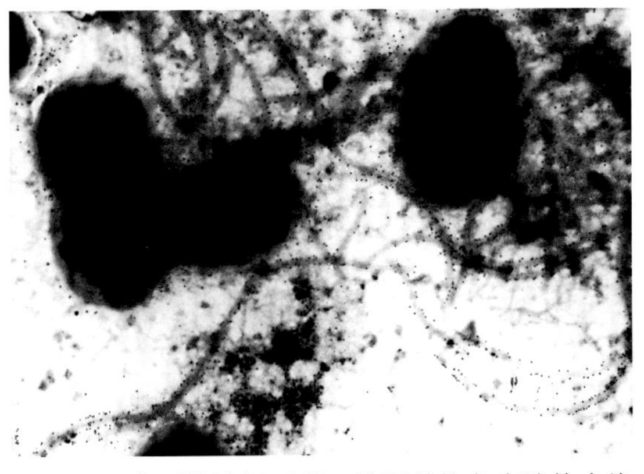

图2-3-4　病原性沙门氏菌H抗原单抗免疫胶体金染色照片。（焦新安）

图2-3-5　禽伤寒患鸡精神委顿，缩颈闭眼昏睡，排黄绿色稀粪。（潘志明）

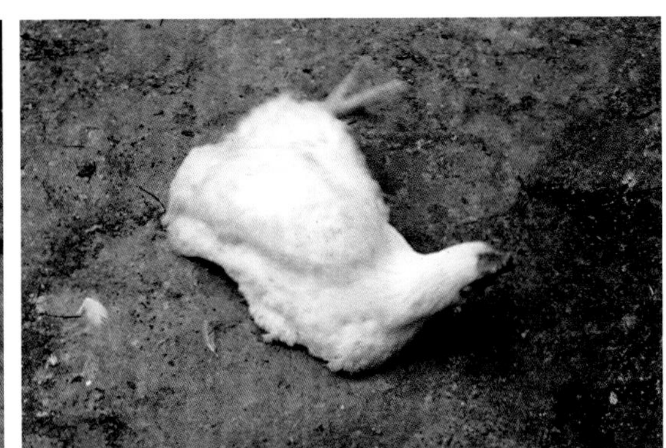

图2-3-6　禽伤寒患鸡衰竭而不能站立。（潘志明）

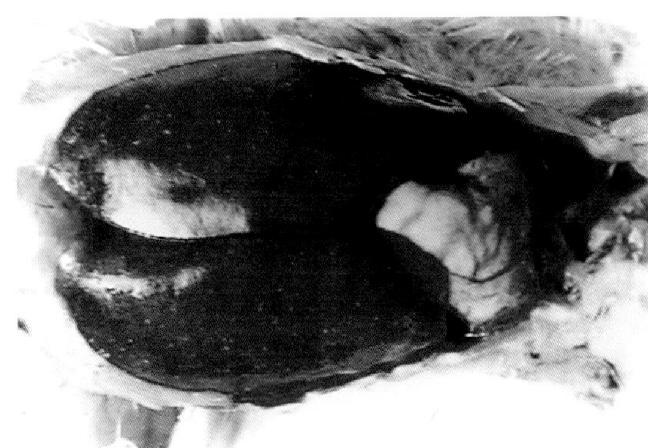

图2-3-7　鸡白痢、鸡伤寒：肝脏有大量坏死灶或结节，并有心包炎。（潘志明）

图2-3-8　鸡白痢、鸡伤寒：胆囊肿大。（潘志明、焦新安）

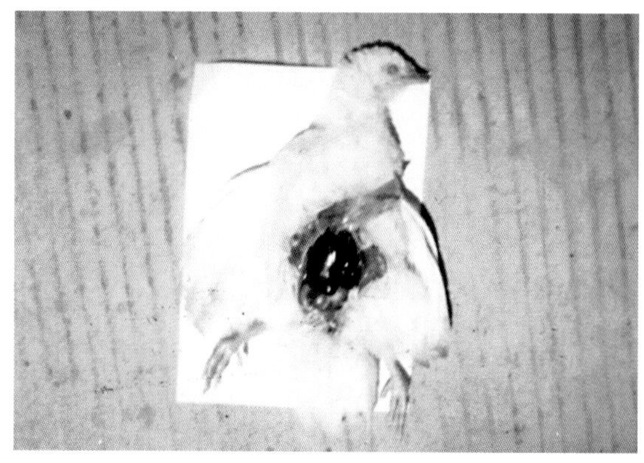

图2-3-9　鸡伤寒：肝脏青铜色病变。　（焦新安）

图2-3-10　雏鸭副伤寒：肝脏表面有大量针尖大小的白色坏死点。　（黄瑜、苏敬良）

图2-3-11　雏鸭副伤寒：肝、脾、肠道外表面见有大量的白色坏死点。　（黄瑜、苏敬良）

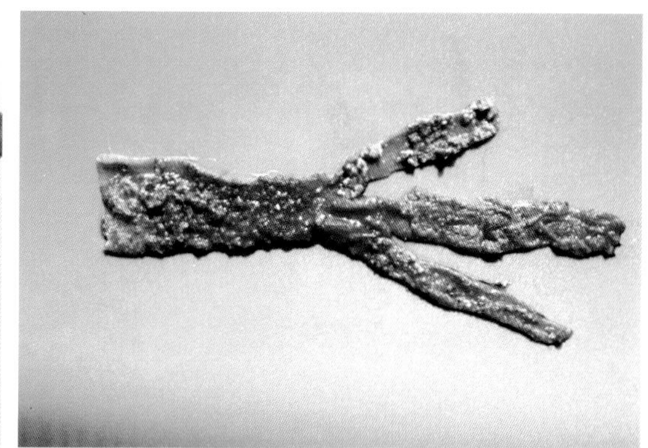

图2-3-12　雏鸭副伤寒：直肠、盲肠、回肠附有糠麸样物。　（黄瑜、苏敬良）

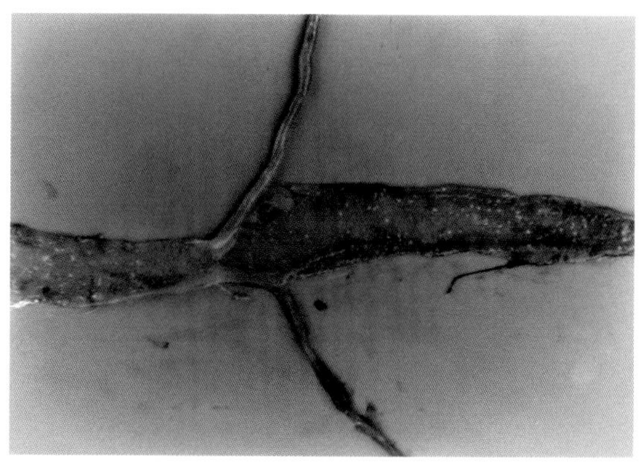

图2-3-13　雏鸭副伤寒：肠壁变薄，肠黏膜可见有大量白色坏死点。　（黄瑜、苏敬良）

图2-3-14　单抗竞争ELISA试验结果。　（焦新安）

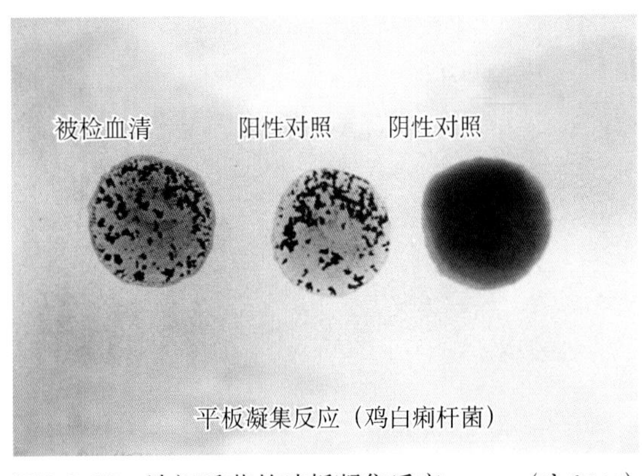

图2-3-15　沙门氏菌的玻板凝集反应。（唐珂心）

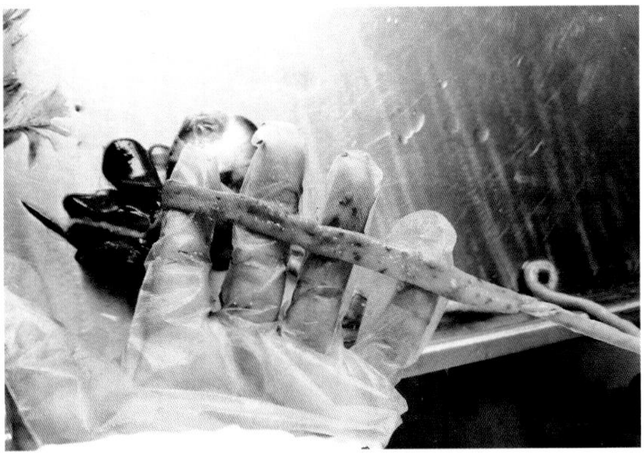

图2-3-16　4周龄海兰褐蛋鸡感染鸡白痢沙门氏菌后，肠道出现出血点。（李培勇、孙淑红）

图2-3-17　4周龄海兰褐蛋鸡感染鸡白痢沙门氏菌后，脾脏肿大。（李培勇、孙淑红）

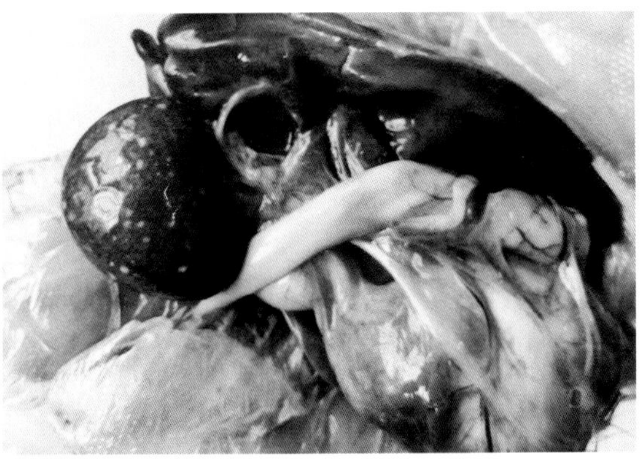

图2-3-18　4周龄海兰褐蛋鸡感染鸡白痢沙门氏菌后，脾脏肿大，出现大小不一的白色坏死灶。（李培勇、孙淑红）

图2-3-19　1月龄海兰褐蛋鸡感染鸡白痢沙门氏菌后，肝脏肿大、变性，表面呈斑驳样。（李培勇、孙淑红）

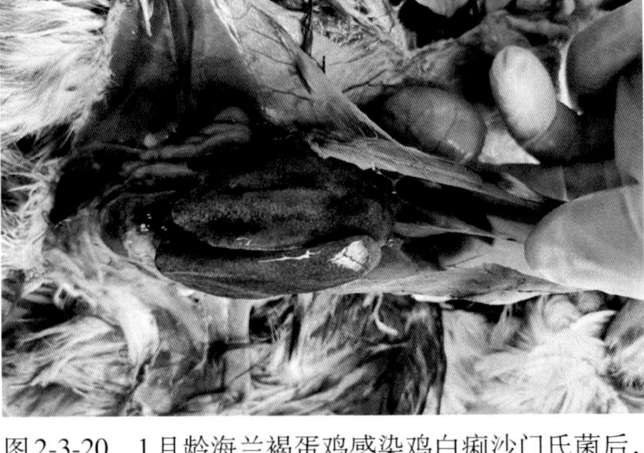

图2-3-20　1月龄海兰褐蛋鸡感染鸡白痢沙门氏菌后，肝脏肿大、变性，表面呈斑驳样。（李培勇、孙淑红）

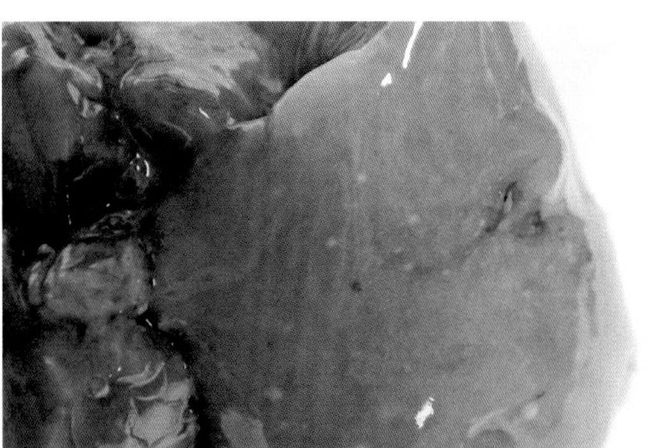

图2-3-21　2周龄SPF鸡人工感染鸡白痢沙门氏菌后，肝脏出现大小不一的白色坏死灶。

（郝桂娟、孙淑红）

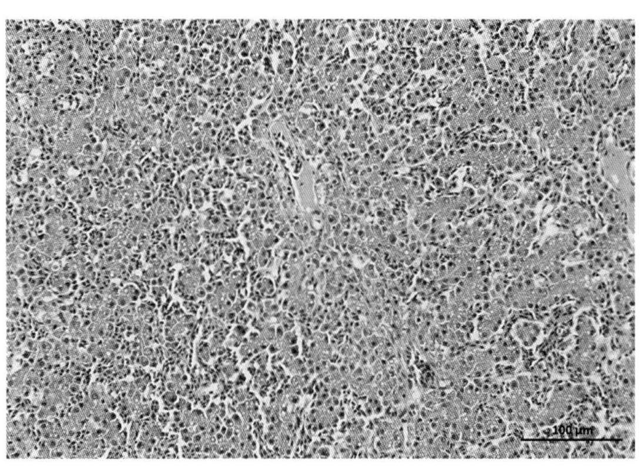

图2-3-22　2周龄SPF鸡人工感染鸡白痢沙门氏菌后，视野中大量肝窦淤血扩张，大量肝细胞胞质内可见微小的圆形脂肪空泡。

（郝桂娟、孙淑红）

图2-3-23　37日龄SPF鸡人工感染肠炎沙门氏菌后，出现心包炎、心脏结节。

（吕鹏昊、孙淑红）

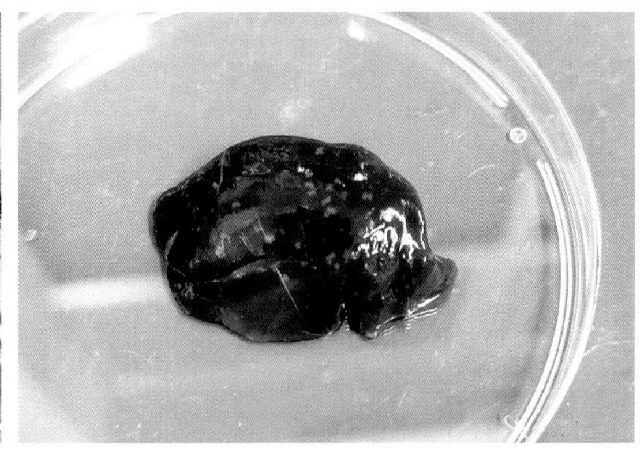

图2-3-24　2周龄SPF鸡人工感染鸡白痢沙门氏菌后，肝脏出现大小不一的白色坏死灶。

（崔克彤、孙淑红）

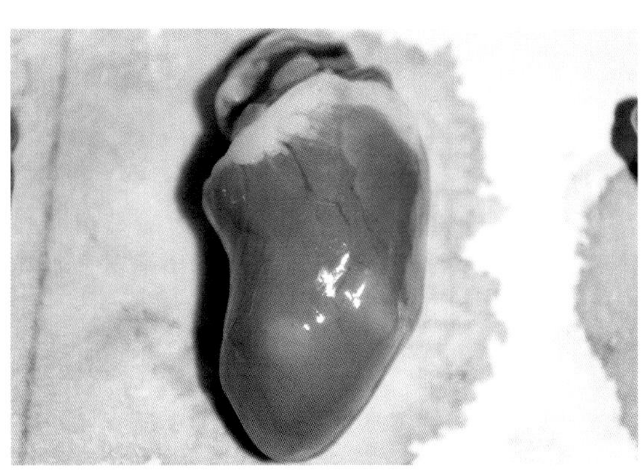

图2-3-25　10日龄SPF鸡人工感染鸡白痢沙门氏菌后，心脏出现白色结节。

（崔克彤、孙淑红）

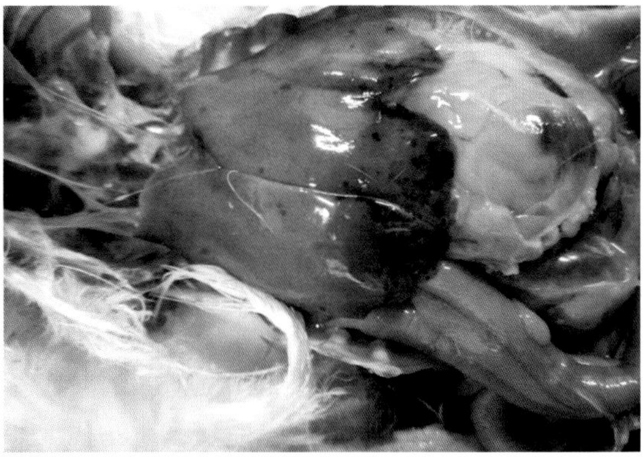

图2-3-26　55周龄SPF鸡人工感染鸡白痢沙门氏菌后，肝脏肿大、变性。

（李培勇、孙淑红）

图2-3-27　25周龄肉种鸡人工感染鸡白痢沙门氏菌后，肝脏肿大、变性。（李培勇、孙淑红）

图2-3-28　24周龄肉种鸡人工感染鸡白痢沙门氏菌后，出现腹泻症状。（李培勇、孙淑红）

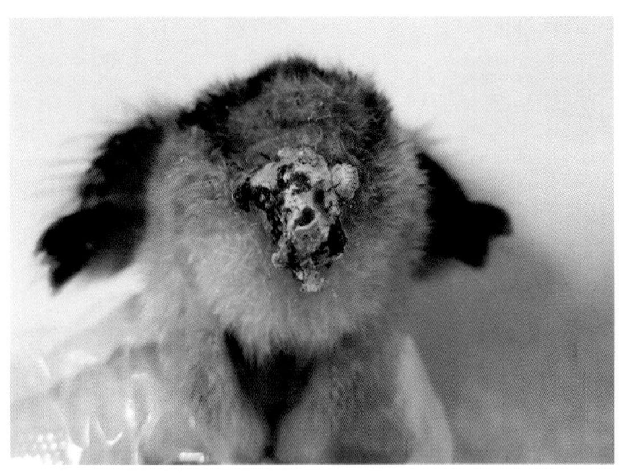

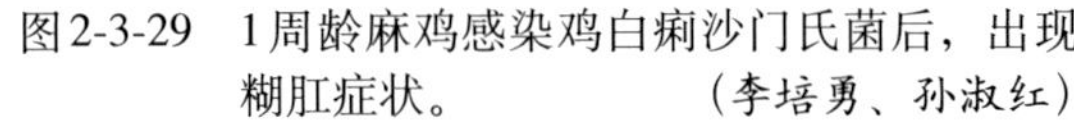

图2-3-29　1周龄麻鸡感染鸡白痢沙门氏菌后，出现糊肛症状。（李培勇、孙淑红）

图2-3-30　病鸭精神沉郁。（杨金保）

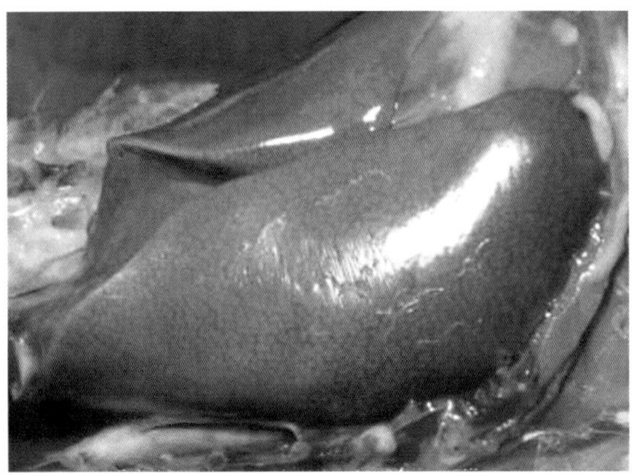

图2-3-31　病鸭肝肿大，呈青铜色。（刁有祥）

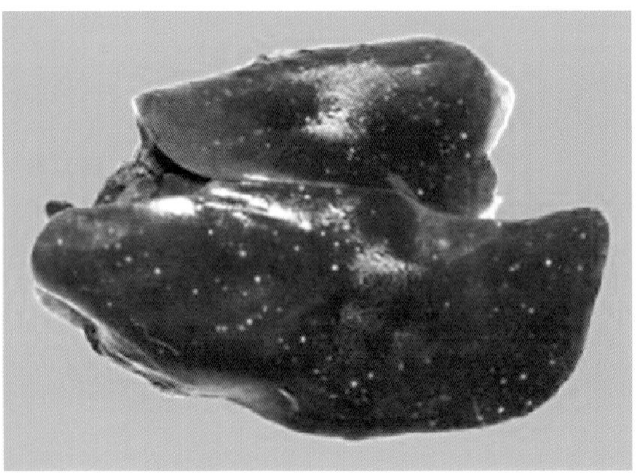

图2-3-32　病鸭肝肿大，表面有大小不一的黄白色坏死点。（刁有祥）

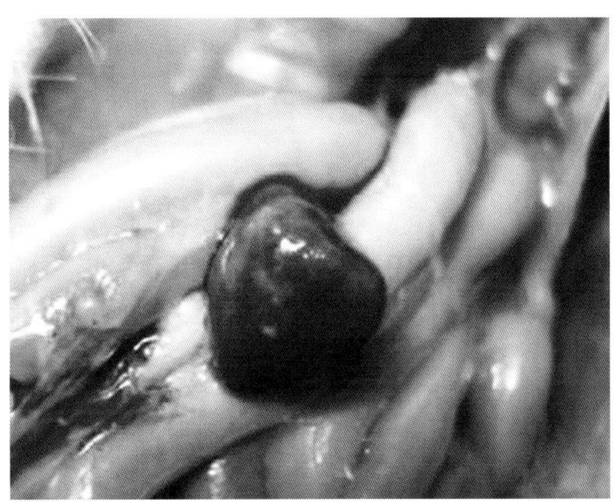

图2-3-33 病鸭脾肿大，表面有黄白色的坏死点。
（刁有祥）

第四节 禽结核病

（一）病原

禽分枝杆菌为多型性菌体，有时呈杆状、球状或链球状等。在陈旧培养基上或在干酪变性的病变组织内，菌体可见分支现象。该菌不产生芽孢和荚膜，无运动性，为革兰氏染色阳性菌，用一般染色法较难着色，常用Ziehl-Neelsen氏抗酸染色法染色。禽分枝杆菌为严格需氧菌，生长最适pH为7.2，最适生长温度为37 ～ 38℃，初次分离可用劳文斯坦-钱森二氏培养基作培养，经10 ～ 14d长出菌落。禽分枝杆菌对外界抵抗力很强，在土壤中可生存7个月，在水和粪便中可生存5个月，但对热的抵抗力差，60℃经30min即可死亡，100℃经1min，直射阳光下经数小时死亡，在70%酒精、3%来苏儿液中很快死亡。

（二）流行病学

禽结核病是由禽分枝杆菌引起的一种慢性接触性传染病。各种家禽均可感染，但以鸡最敏感，不同年龄的家禽均可感染，因为禽结核病的病程发展缓慢，早期无明显的临床症状，故老龄禽中，特别是淘汰、屠宰的禽中发现多。

（三）临床症状

本病潜伏期很长，可达几个月甚至1年以上。病情发展很慢，早期感染看不到明显的症状。待病情进一步发展，可见到病鸡不活泼、易疲劳、精神沉郁。虽然食欲正常，但病鸡出现明显的进行性的体重减轻。全身肌肉萎缩，胸肌最明显，胸骨突出，变形如刀。脂肪消失。病鸡羽毛粗糙，蓬松零乱，鸡冠、肉垂苍白，严重贫血。病鸡的体温正常或偏高。若有肠结核或有肠道溃疡病变，可见到粪便稀，或明显的腹泻，或时好时坏，长期消瘦，最后因衰竭或因肝变性破裂而突然死亡。

患关节炎或骨髓结核的病鸡，可见有跛行，一侧翅膀下垂。肝脏受到侵害时，可见有黄疸。脑膜结核可见兴奋、抑制等神经症状。肺结核病时，病鸡咳嗽、呼吸次数增加。

（四）病理变化

结核病灶的特征，在肝、脾、肠等脏器形成大小不一的结核性肉芽肿，通称结核节。一般为圆形，粟粒大到黄豆大，或形成集合结节，外观颜色为灰白色或灰黄色。病程长的形成钙化灶，质度坚硬。切面呈黄白色干酪样。病灶的常发部位是肝脏、脾脏、大小肠、肺、骨髓、眼结膜、心肌、胰腺、卵巢、胸腺、肠系膜、肉髯。组织学变化，病灶可见以多核巨细胞构成的特异性结核结节。

（五）诊断

根据肝、脾、肠等器官出现的特异性结核结节可做出诊断。

确诊时可做微生物学检验，可采取病料（病灶、痰、尿、粪便、乳及其他分泌液）做抹片镜检、分离培养和实验动物接种。近年来采用荧光抗体技术检查病料中的结核杆菌，具有检验迅速、准确、检出率高等优点。

结核菌素试验：鸡肉髯部位的左侧注射结核菌素0.03 ~ 0.05mL，48h后检查反应结果，阳性反应时注射侧出现炎性肿胀，与对侧肉垂相比，是正常厚度的5倍。患有广泛性结核病的鸡可能没有反应。感染早期，在可见病变出现之前，结核菌素试验就可能呈现阳性反应。为了监测疾病的发生状况，本试验可每隔1 ~ 2个月进行一次。

（六）防控

对已确诊有禽结核病的鸡群，应经常巡视鸡群，尽早淘汰比较瘦弱的可疑病鸡，以减少感染鸡排菌对鸡群环境的污染。目前还无特定预防技术，也不建议用药物治疗。

图2-4-1　结核病鸡肝脏结核结节。（朴范泽）

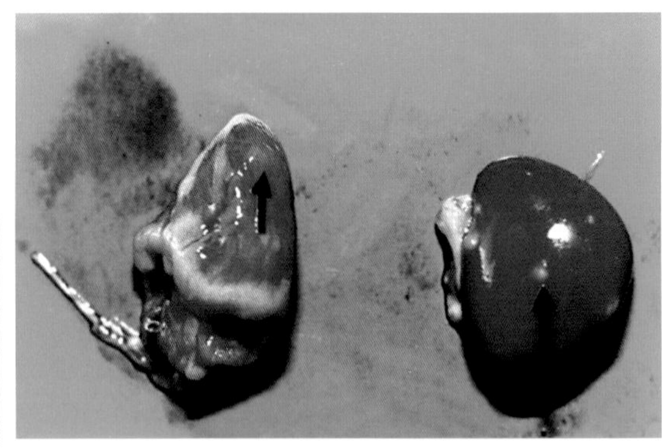

图2-4-2　结核病鸡脾脏、心脏结核结节。（朴范泽）

图2-4-3　结核病鸡大小肠结核结节。　（朴范泽）

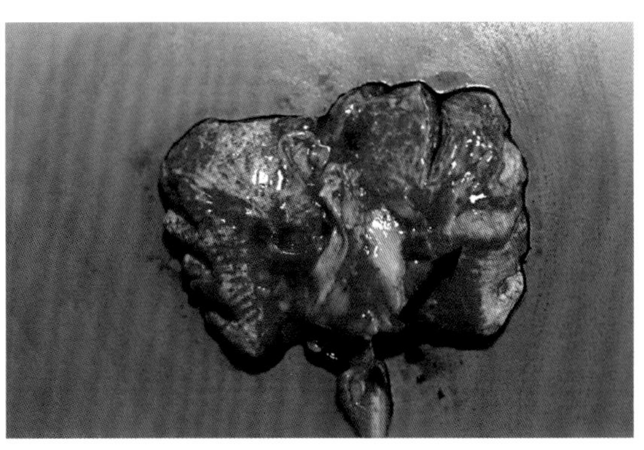

图2-4-4　结核病鸡肺结核结节。　（朴范泽）

图2-4-5　结核病鸡骨髓结核结节。　（朴范泽）

图2-4-6　结核病鸡眼结膜结核结节。　（朴范泽）

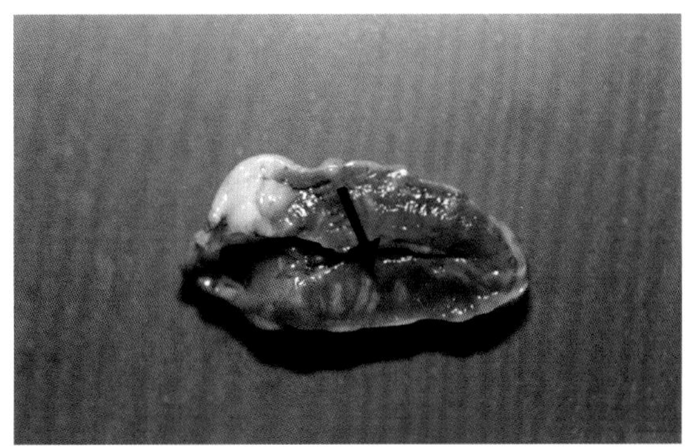

图2-4-7　结核病鸡心肌结核结节。　（朴范泽）

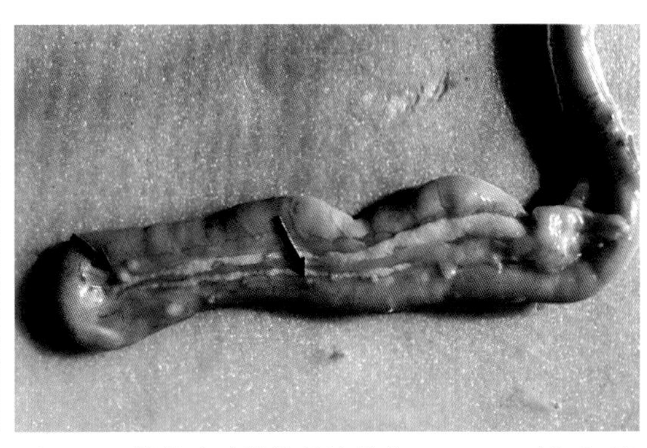

图2-4-8　结核病鸡胰腺结核结节。　（朴范泽）

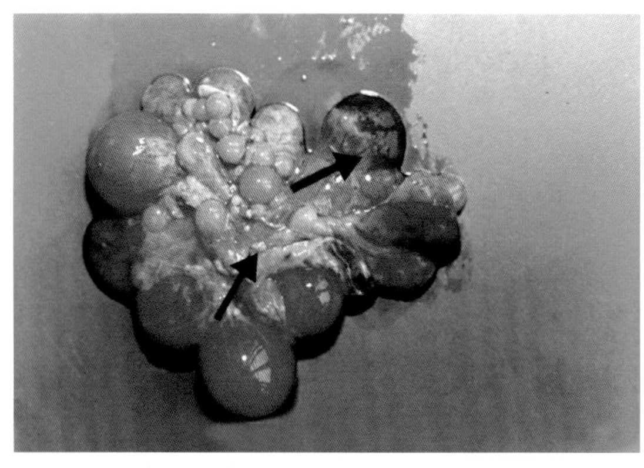
图2-4-9　结核病鸡卵巢结核结节。（朴范泽）

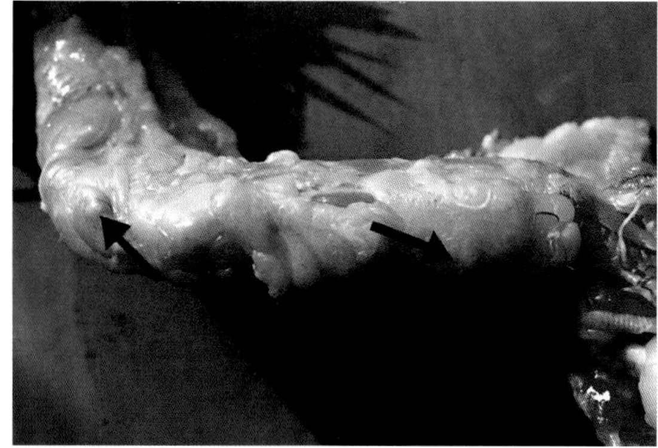
图2-4-10　结核病鸡胸腺结核结节。（朴范泽）

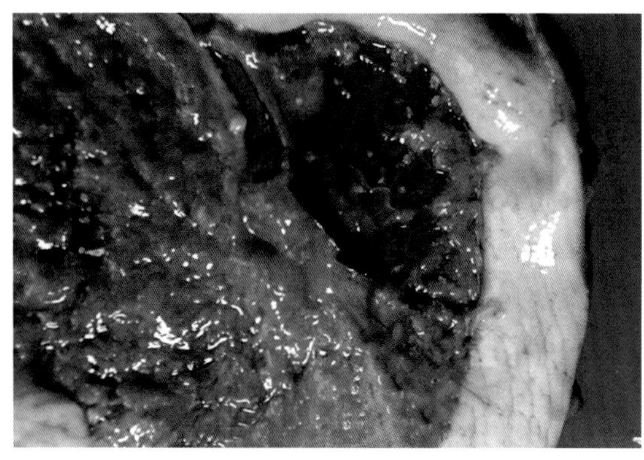
图2-4-11　结核病鸡肠系膜结核结节。（朴范泽）

图2-4-12　结核病鸡肉髯结核结节。（朴范泽）

第五节　禽曲霉菌病

（一）病原

最常见的为烟曲霉菌，偶尔也有其他种类曲霉菌。烟曲霉菌在沙保弱氏葡萄糖琼脂平板上生长迅速，菌落初为白色绒毛状，逐渐变大并变为灰色、灰绿色、暗绿色以至黑色。曲霉菌可形成呈串珠状的分生孢子，其对外界环境中各种理化因子的抵抗力很强。

（二）流行病学

曲霉菌孢子广泛存在于自然界中，在条件适宜时可大量繁殖。因此，在湿度和温度都比较高的季节，如果处理不好，孵化器、育雏室内的垫料和饲料都易被污染，从而造成感染。曲霉菌可引起多种鸟类发病，各种家禽都易感，尤其是20日龄以内的雏禽。发病率和死亡率差异很大，幼禽死亡率可达50%～60%，成年家禽发病率和死亡率相对较低。

（三）临床症状和病理变化

自然感染时，潜伏期为2 ~ 7d，但人工接种24h后就可能现病。雏鸡鸭感染后，多呈急性病程。表现为，吃食减少或停止，羽毛粗乱精神不振，呈闭目嗜睡状。病鸡出现呼吸困难，喘气，张口呼吸。有些鸡出现甩鼻和打喷嚏的症状。一些鸡从眼和鼻流出分泌物或下痢，少数也会出现共济失调和歪头等神经症状。成年禽感染后病程较长，主要为发育不良、逐渐消瘦等非特征性表现。

雏禽患病后的主要病变表现在肺和气囊。在肺上可见从小米到绿豆大小的霉菌结节，呈灰白色或淡黄色，分布在整个肺脏。气囊膜出现点状以至大片状浑浊及炎性渗出物，也会形成大小不一的霉菌结节，甚至隆起的霉菌斑。在腹腔不同脏器的浆膜表面，也可产生霉菌结节。

（四）诊断

虽然本病的病理变化非常明显，但还应对霉菌结节做病原学检查。取不同部位的霉菌结节置于载玻片上，加上一滴15%的氢氧化钠溶液，盖上盖玻片，轻轻压一下后于显微镜下观察，在霉菌结节中心可见到曲霉菌的菌丝，在气囊病料中还可见到分生孢子。如果病料中曲霉菌量很少，不足以直接观察到，可将病料接种于沙保弱氏培养基做霉菌的分离培养，并进一步观察所形成的菌落的形态、色泽和结构。

（五）防控

避免使用发霉饲料和垫料，保持育雏室清洁、干燥。垫料定期用过氧乙酸消毒。可以在饲料中添加防霉剂。

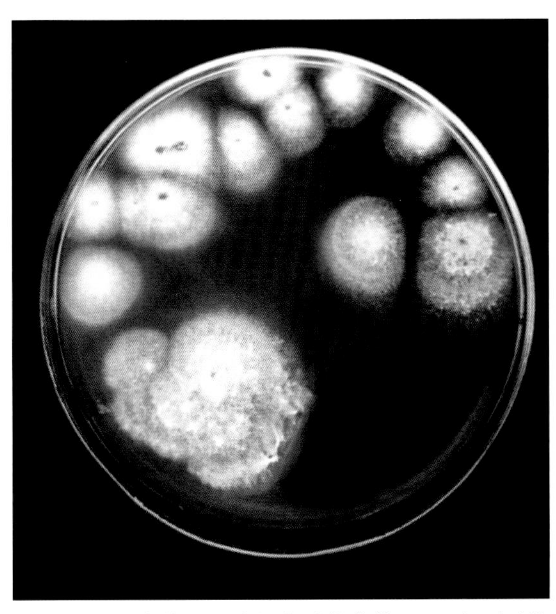

图2-5-1　经培养后形成的曲霉菌菌落。　（刁有祥）

图2-5-2　曲霉菌病患鸡的胸腔中可见许多黄白色霉菌结节。　（刁有祥）

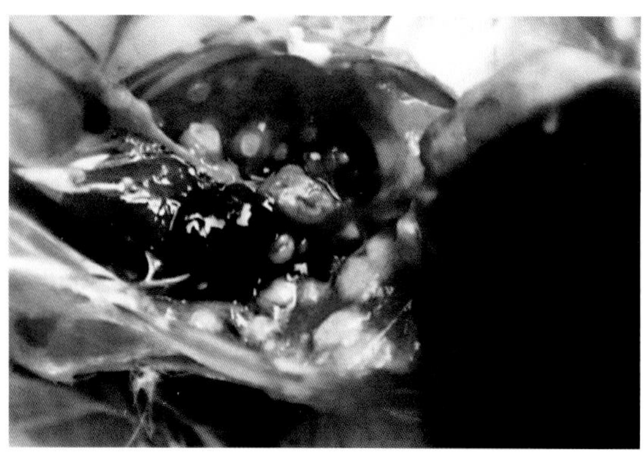

图2-5-3 曲霉菌病患鸡的胸腔浆膜上可见许多黄白色霉菌结节。 （刁有祥）

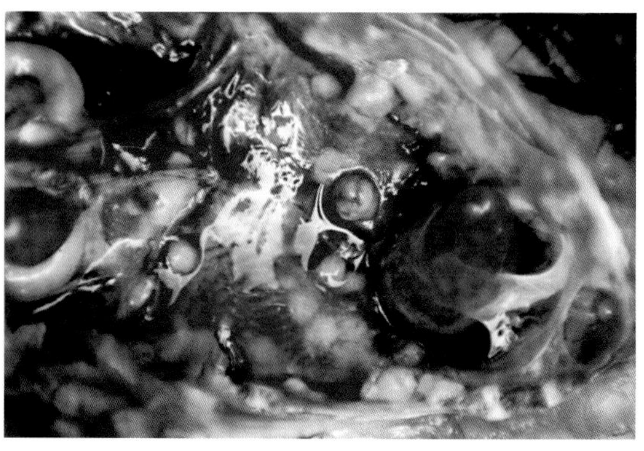

图2-5-4 曲霉菌病患鸡的肺脏上可见许多黄白色霉菌结节。 （刁有祥）

图2-5-5 曲霉菌病患鸡的腹膜上可见许多黄白色霉菌结节。 （刁有祥）

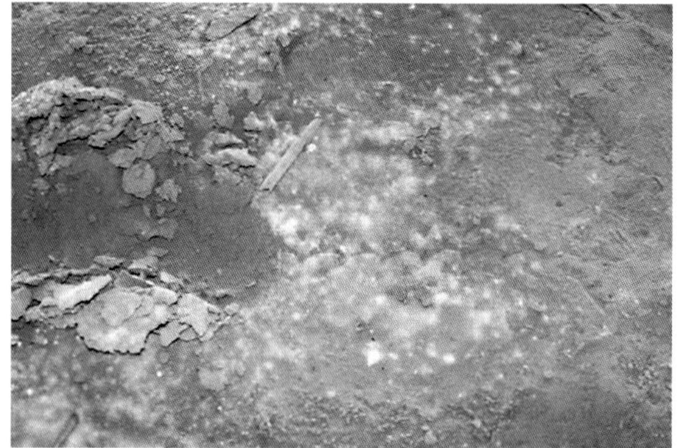

图2-5-6 养殖场地面的霉菌。 （刁有祥）

图2-5-8 病鸭精神沉郁，呼吸困难。 （刁有祥）

图2-5-7 病鸭精神沉郁。 （刁有祥）

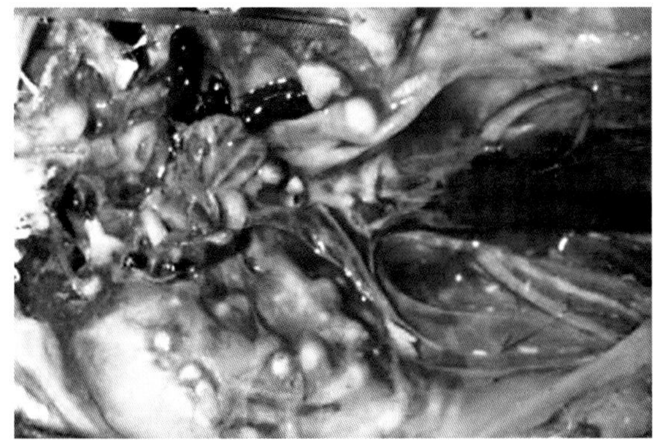
图2-5-9　病鸭肺脏、气囊表面黄白色的霉菌结节。（刁有祥）

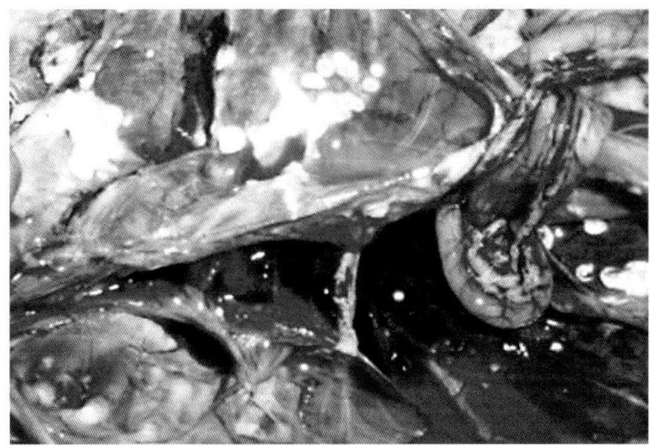
图2-5-10　病鸭气囊囊腔中黄白色的霉菌结节。（刁有祥）

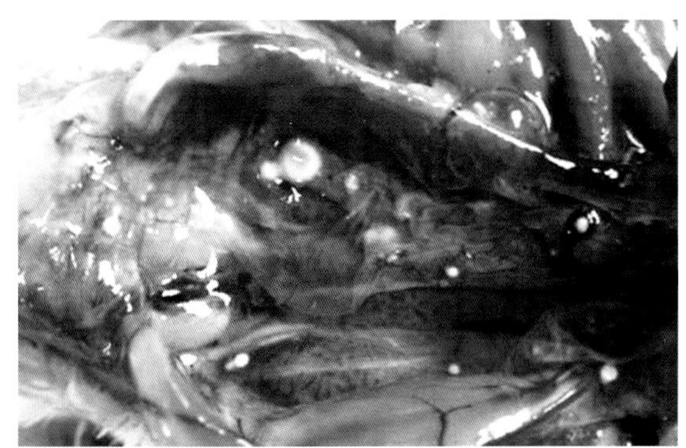
图2-5-11　病鸭腹腔浆膜表面黄白色的霉菌结节。（刁有祥）

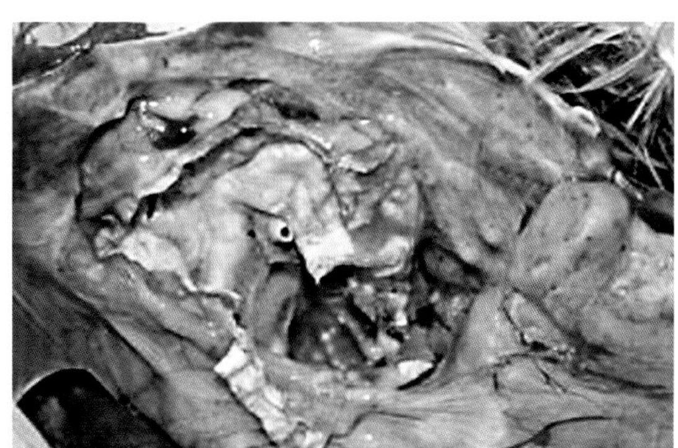
图2-5-12　病鸭气囊中成团的霉菌。（刁有祥）

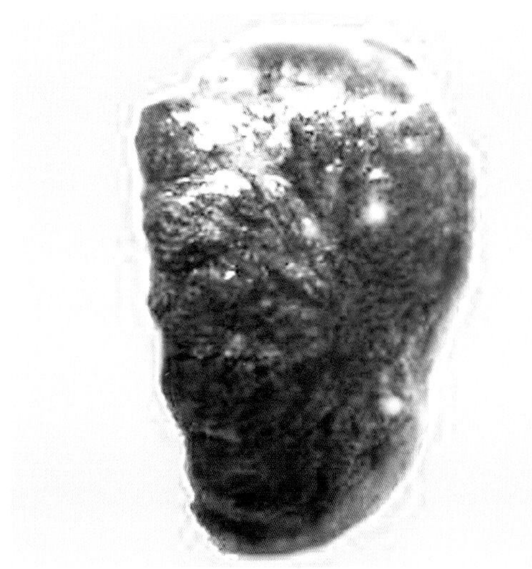
图2-5-13　病鸭肺脏有黄白色结节。（刁有祥）

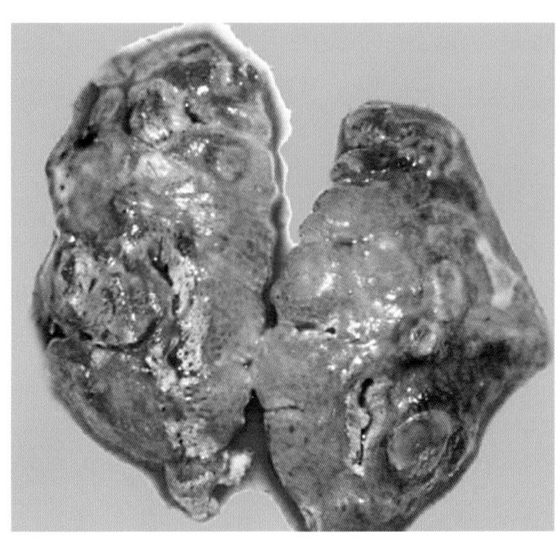
图2-5-14　病鸭肺脏有大小不一的黄白色结节。（刁有祥）

图2-5-15　患病鹅两眼流泪，周围潮湿脱毛。
（焦库华）

图2-5-16　患病鹅气囊、胸腹膜等有黄色针头至黄豆大小肉芽肿结节。　（焦库华）

第六节　禽葡萄球菌病

（一）病原

禽葡萄球菌病的病原主要是金黄色葡萄球菌。典型的葡萄球菌为圆形或卵圆形，直径0.7～1μm，常单个、成对或呈葡萄状排列。葡萄球菌易被碱性染料着色，革兰氏染色阳性，血液琼脂平板上生长的菌落较大，有些菌株的菌落周围还有明显的溶血环（β 溶血），产生溶血环的菌株多为病原菌。

（二）流行病学

金黄色葡萄球菌在自然界分布很广，所有禽类都可感染，创伤是主要的传染途径，但也可以通过消化道和呼吸道传播，容易发生败血性葡萄球菌病，并导致感染水禽急性死亡。

（三）临床症状

1.急性败血型　幼龄鸭精神不振，排出灰白色或黄绿色稀粪。严重者皮肤水肿可自然破溃，流出棕红色液体。

2.关节炎型　跗、趾关节肿大。

3.脐炎型　主要见于雏鸭，脐部肿大，局部呈黄红色或紫黑色，俗称大肚脐。

4.眼病型　病鸭表现为上下眼睑肿胀，眼结膜红肿，后期眼球出现下陷，最后失明。

（四）病理变化

1.急性败血型　以幼龄鸭为主，肝脏肿大，呈淡紫红色。病程稍长者可见数量不等的白色坏死点或出血点，有的看到肺呈黑红色。有些病例可见胸部及大腿内侧水肿，滞留血样渗出液，数量不等。

2.关节炎型　以成年鸭为主，主要表现关节炎，关节囊内或滑液囊内有浆液性或纤维素性物渗出。多见于趾、跗关节。

3.脐炎型 患鸭脐部肿大，局部呈黄红色或紫黑色，时间稍久而坏死，卵黄吸收不良。

（五）诊断

本病的诊断主要根据发病特点、发病症状及病理变化作出初步诊断，最后确诊还需要结合实验室检查来综合诊断。

1.直接镜检 根据不同病型采取病变部位病料涂片、染色、镜检，可见到大量的球菌，根据细菌形态、排列和染色特性，可作出初步诊断。

2.分离培养与鉴定 将病料接种到普通琼脂培养基，在5%绵羊血液琼脂平板和高盐甘露醇琼脂上进行分离培养。对分离物的鉴定主要是致病性的鉴定，致病的金黄色葡萄球菌其凝固酶试验和甘露醇发酵试验均呈阳性。其次是致病性葡萄球菌菌落具有色素和溶血性。另一种为试管法，检查游离凝固酶，方法是挑取细菌菌落，混悬于1 ∶ 4稀释的兔血浆0.5mL中制成混悬液，置37℃培养24h，凝固者为阳性。此外，还可通过动物试验来鉴定毒力。

（六）防控

葡萄球菌是环境中广泛存在的细菌，可以通过加强卫生管理来有效防预。平时做好消毒管理工作。接种疫苗时做好局部消毒。运动场内无铁钉、铁丝等尖锐异物，防止鸭被刺伤、划伤、啄伤。

一旦发现病禽，立即给予隔离治疗，可选用丁胺卡那霉素、庆大霉素、氨苄西林等抗菌药物。

图2-6-1 切开图2-6-5中的肿大关节后，用浑浊的渗出物在血琼脂平板上分离到的葡萄球菌纯培养菌落。 （崔治中）

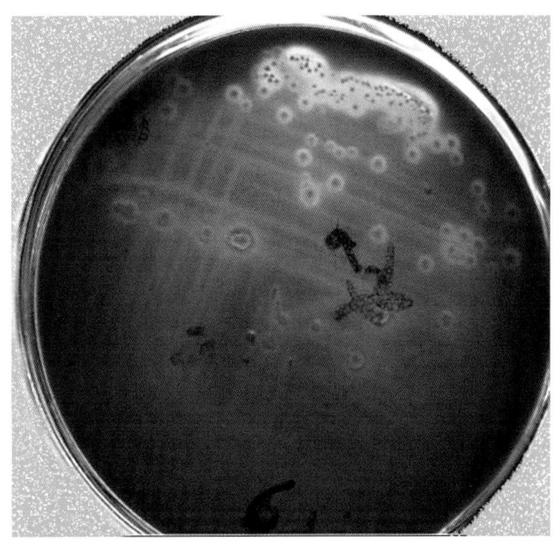

图2-6-2 葡萄球菌菌落，血液琼脂平板上生长的菌落较大，有些菌株的菌落周围还有明显的溶血环（β溶血）。 （刁有祥）

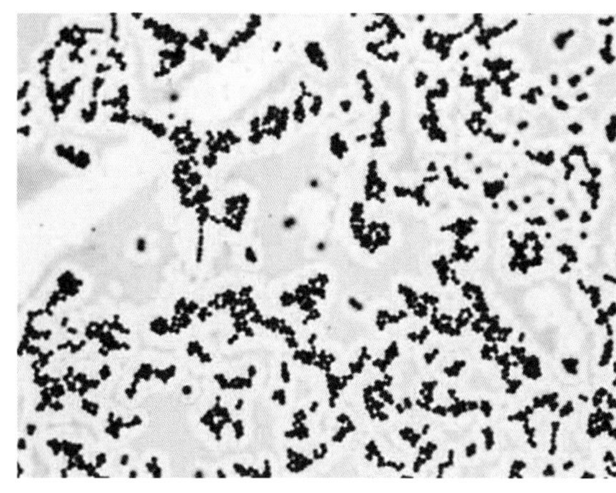

图2-6-3　葡萄球菌染色特点。（刁有祥）

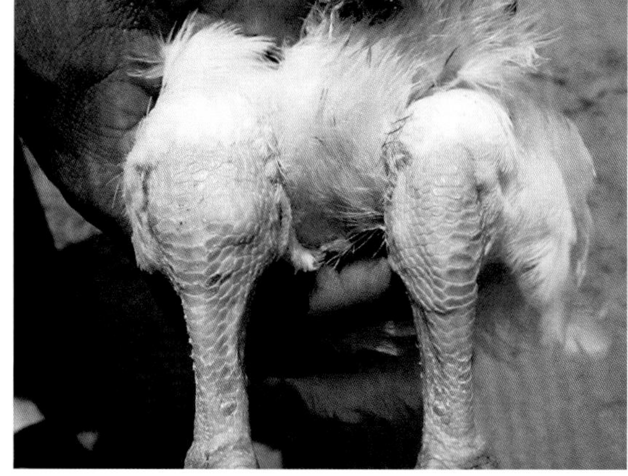

图2-6-4　葡萄球菌感染后一侧关节肿大。（崔治中）

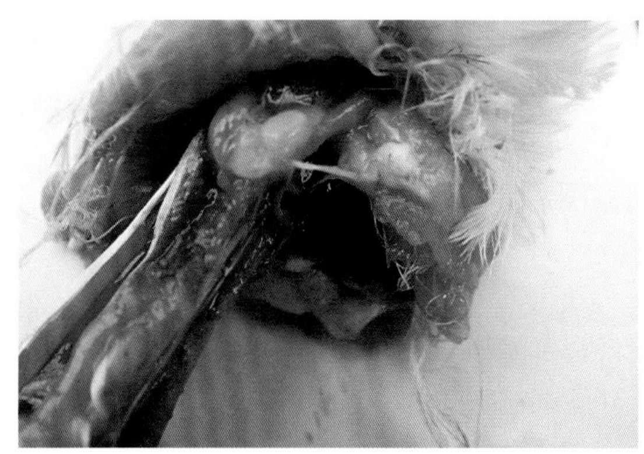

图2-6-5　切开上图中的肿大关节后，见关节中有许多浑浊的渗出物。（崔治中）

图2-6-6　葡萄球菌感染鸡，胸、腹部肌肉和大腿肌肉出血、糜烂，羽毛脱落。（刁有祥）

图2-6-7　同图2-6-6，病变部位进一步放大拍摄。（刁有祥）

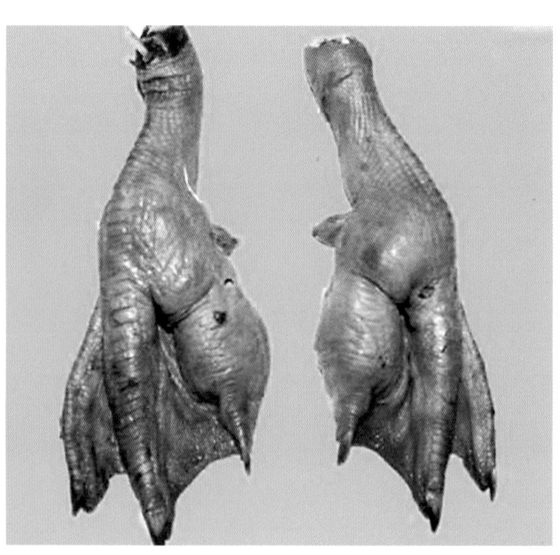

图2-6-8　趾关节肿胀。（刁有祥）

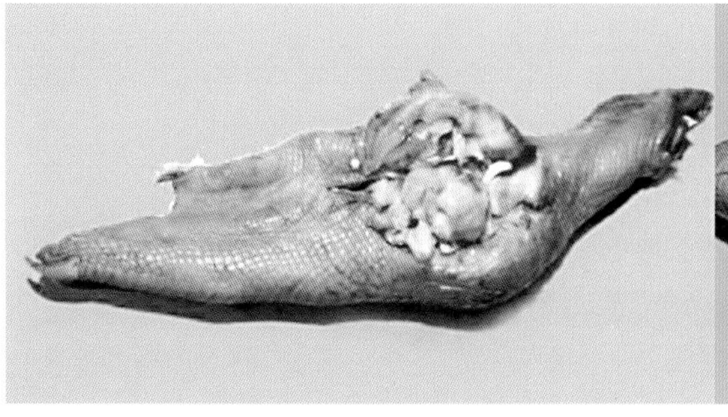

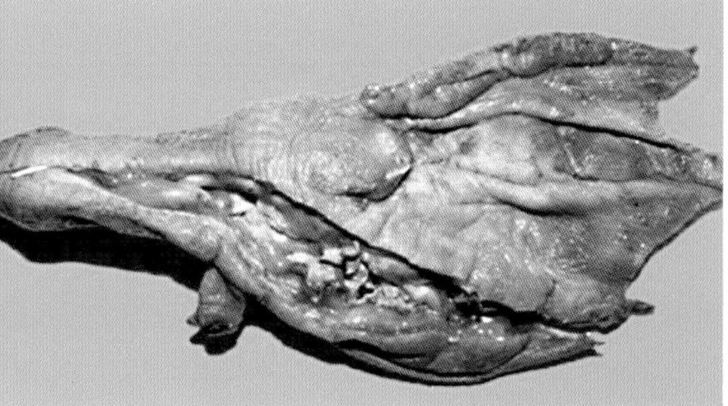

图2-6-9　趾关节肿胀，有黄白色干酪样渗出物。（刁有祥）

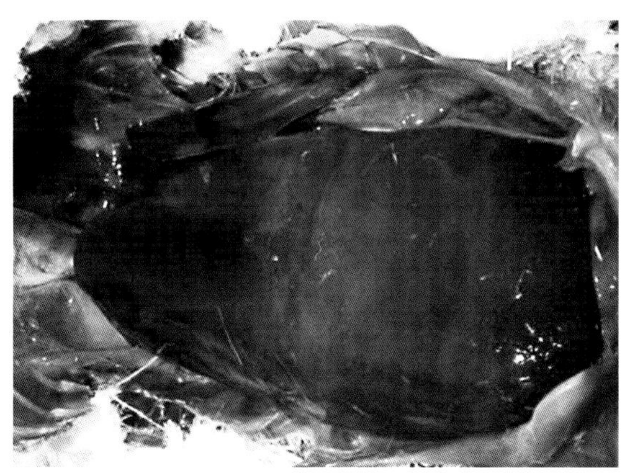

图2-6-10　肝脏肿大，呈蓝紫色。（刁有祥）

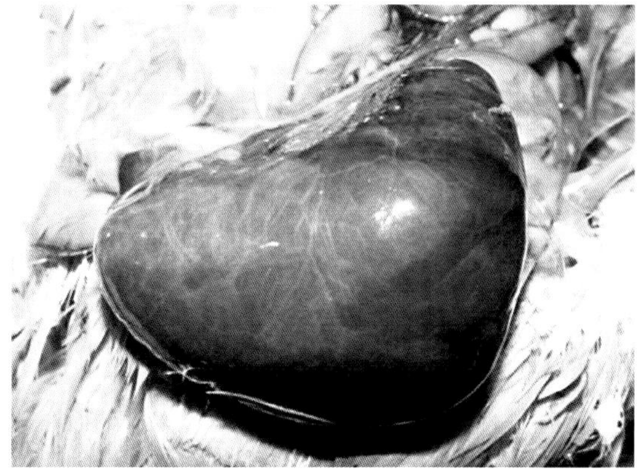

图2-6-11　脾脏肿大，呈紫黑色。（刁有祥）

第七节　支原体感染（慢性呼吸道病）

鸡（禽）支原体感染主要诱发呼吸道的病变，所以又称为鸡（禽）慢性呼吸道病。

（一）病原

支原体是一类无细胞壁的革兰氏阴性细菌，细胞柔软，高度多形性，能透过细菌滤器。在不同鸟类的体内，有可能感染多种不同的支原体，这些支原体不仅在基因组、抗原性上有很大差别，而且在致病性上差异也很大，从强致病性到弱致病性，直至没有致病性。就目前所知，对规模化养禽业危害最严重的是鸡毒支原体（*Mycoplasma gallisepticum*，MG）和滑液囊支原体（*M. synoviae*，MS），又以鸡毒支原体对鸡的危害最严重，主要是引起鸡的慢性呼吸道病，是危害养鸡业的重要疫病之一。

（二）流行病学

以鸡和火鸡对支原体最易感，但其他鸟类也能感染。鸡（禽）各个年龄段都能感染发病，但以1～2月龄的雏鸡和纯种鸡最易感，发病率和死亡率也高。MG和MS在鸡群内很容易通过直接接触和通过空气及其他污染物水平传播感染全群。垂直传播是由感染母鸡经卵传递给雏鸡，或感染本病的种公鸡通过精液经交配传给母鸡及其所产的种蛋。

本病一年四季均可发生，但在寒冷季节临床表现比较严重 。

（三）临床症状

人工接种MG或MS，潜伏期6 ~ 21d，自然感染的潜伏期差异很大。MG致病性较强，部分感染鸡表现明显的临床症状，如喘气、咳嗽、从鼻腔流出分泌物，气管有啰音等。本病主要呈慢性经过，病程可持续1个月以上。产蛋鸡群感染后症状较轻，甚至呈无症状感染，但产蛋率下降。MS主要引起上呼吸道的亚临床感染，其对呼吸道的致病性比MG低，但在表现呼吸道症状的同时还可能呈现一些全身性表现，如鸡冠发白、跛行、关节肿大，还有生长迟缓等。在支原体感染同时有鸡新城疫、传染性支气管炎或大肠杆菌感染并发时，症状更为严重。

（四）病理变化

在感染后的发病鸡，随病程和发病严重程度不同，病或死鸡（禽）分别在鼻腔、气管、支气管和气囊黏膜出现淤血、卡他性或干酪样渗出物，这些干酪样分泌物可呈点状或多点状，也有呈条带或片状，也有呈弥散性分布。有时鼻窦也出现干酪样分泌物。发病严重的鸡和火鸡还可发生干酪性气囊炎、纤维素性肝周炎或心包炎，这些病变多出现在死亡的病鸡（禽）。这些病变在有其他病原如鸡新城疫病毒、传染性支气管炎病毒、H9亚型禽流感病毒或大肠杆菌共同感染时更为严重。此外，偶尔由于发生眼角膜炎或结膜炎而导致眼睑水肿。通常MG诱发呼吸道的病变比MS严重，但MS还能诱发关节炎。特别是跗关节炎时，可见渗出性滑液囊炎、腱鞘炎，在滑液囊中的黏性滑液增多，腱鞘肿大出血。有的还能诱发输卵管炎。

（五）诊断

根据流行病学表现、临床症状和病理变化只能对该病作出初步诊断。要确诊必须做血清学、病原学的实验室检测。血清学试验可采用市场上可以买到的分别针对MG或MS的ELISA试剂盒。病原学检测既可用支原体分离技术，也可用PCR等核酸检测方法。可分别用棉拭子从病（死）禽气管、肺、气囊、眶下窦、鼻窦等处采集样品，也可从死胚或未孵化出的弱雏采样。支原体分离需用特殊的选择培养基，而且需多天，很难普遍采用。用特定引物对采集样品中提取的DNA做PCR则比较方便易操作，而且可以区别MG或MS。

（六）防控

对鸡（禽）场实施严格的生物安全措施是最有效的预防方法。其中最重要的是，原种鸡（禽）场必须彻底净化支原体感染。其他鸡（禽）场必须强调要从没有支原体感染的种鸡场引进苗禽。此外，选用的各种弱毒疫苗，在进场使用前必须经检测没有任何支原体污染。

接种疫苗对预防支原体感染有较好效果，如果在鸡（禽）群感染支原体前就成功使用疫苗，接种效果更好。目前在市场上有销售的MG弱毒疫苗分别有F株、ts-11株和6/85株，对MS也有MS-H株疫苗，各鸡（禽）场在购买后可按产商的说明书规定的年龄和方法使用。

弱毒疫苗使用后可能会有一定的副反应，其中F株的副反应较大一点。此外，还有不同厂家生产的灭活疫苗。

对于已发生支原体感染的鸡（禽）群，可适当应用四环素、氟喹诺酮类、链霉素、土霉素、泰乐菌素、大观霉素、林可霉素、红霉素治疗都有一定疗效，可减轻临床症状和死亡率，但不能彻底杀灭支原体，停药后鸡群可能继续发病。

图2-7-1　青年鸡腹膜炎，气囊炎，MG检测阳性。（郭龙宗）

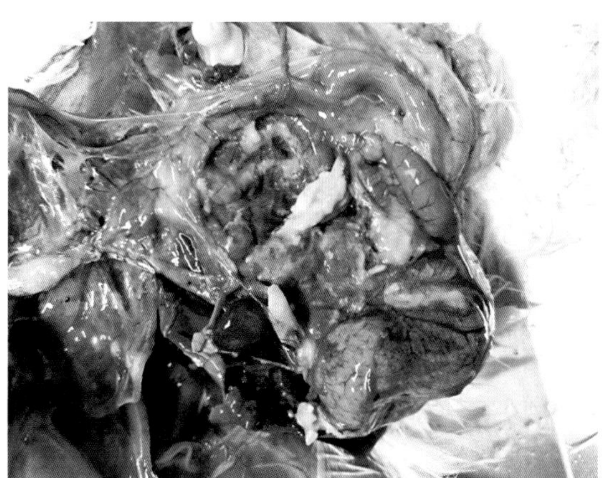

图2-7-2　青年鸡腹膜炎，气囊炎，MG检测阳性。（郭龙宗）

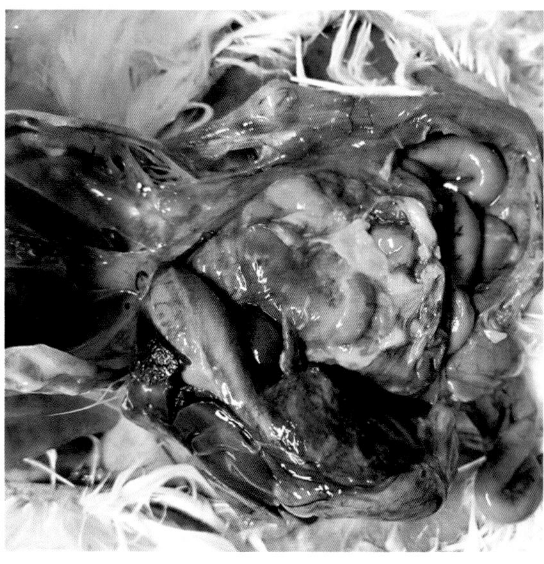

图2-7-3　青年鸡腹膜炎，气囊炎，MG检测阳性。（郭龙宗）

图2-7-4　出壳雏鸡气囊炎，MG检测阳性。（郭龙宗）

图2-7-5　出壳雏鸡气囊炎，MG检测阳性。（郭龙宗）

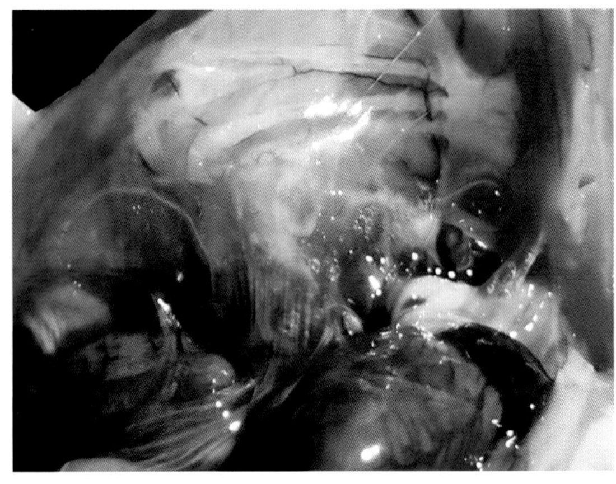

图2-7-6　出壳雏鸡气囊炎，MG检测阳性。（孟凡峰）

图2-7-7　出壳雏鸡气囊炎，MG检测阳性。（孟凡峰）

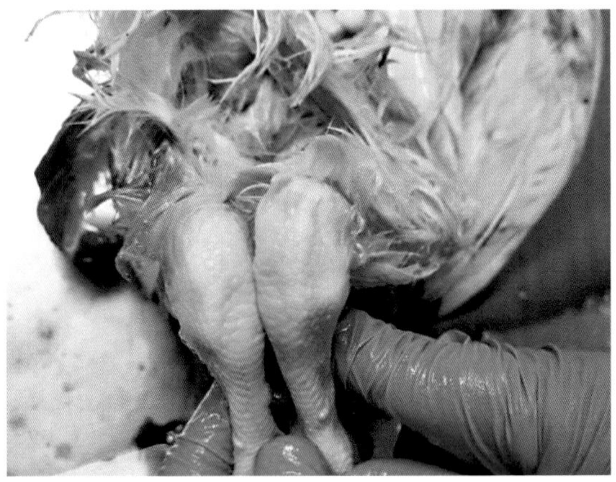

图2-7-8　青年鸡MS感染后跗关节轻度肿大。（郭龙宗）

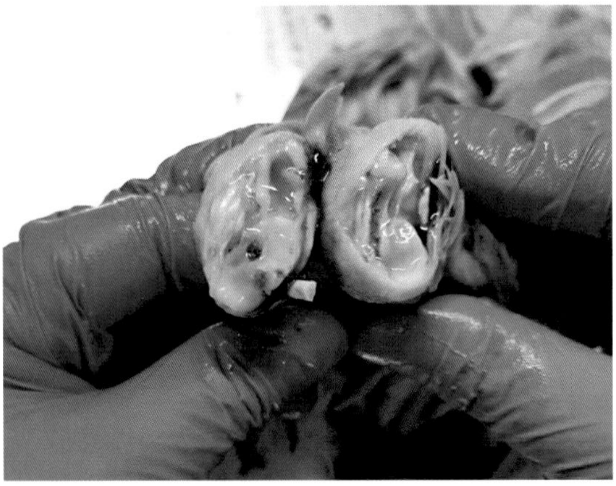

图2-7-9　与上图同一只鸡的肿大的跗关节切开后见化脓、积液，MS检测阳性。（郭龙宗）

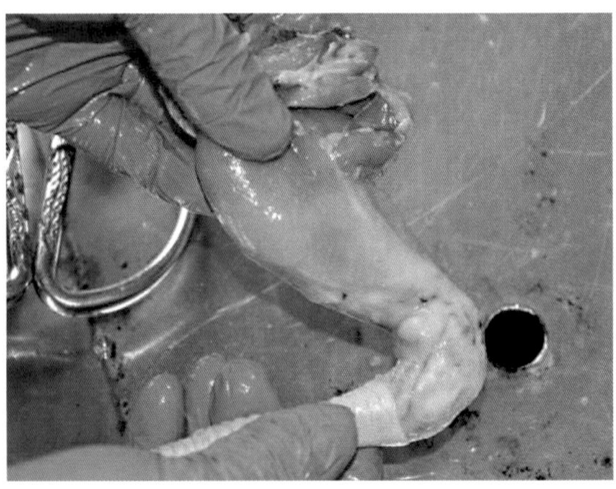

图2-7-10　肿大的跗关节皮下组织炎性肿大。（郭龙宗）

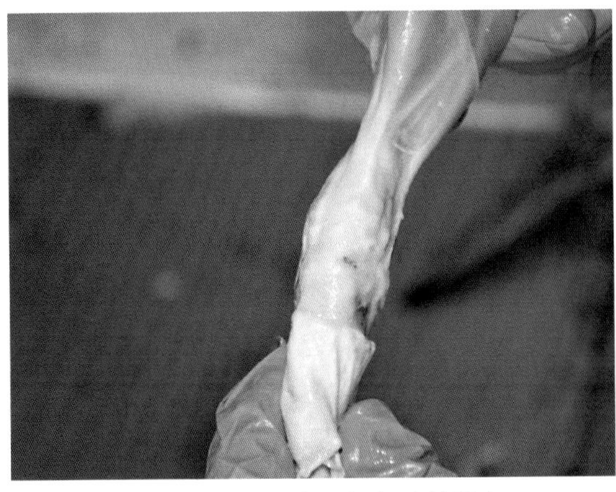

图2-7-11　肿大的跗关节皮下组织炎性肿大。（郭龙宗）

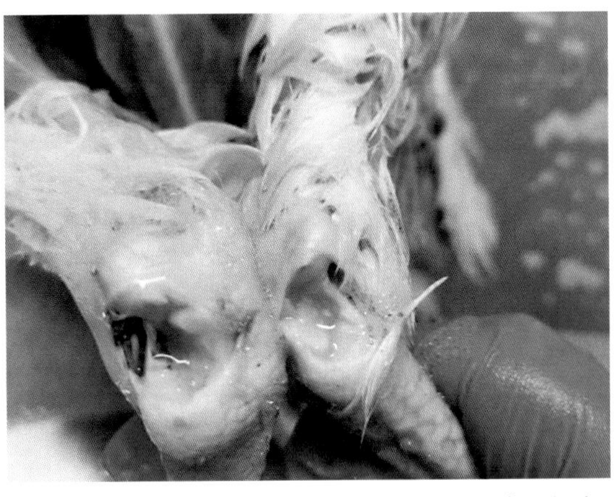

图2-7-12　另一只MS感染鸡两侧跗关节化脓、积液。（郭龙宗）

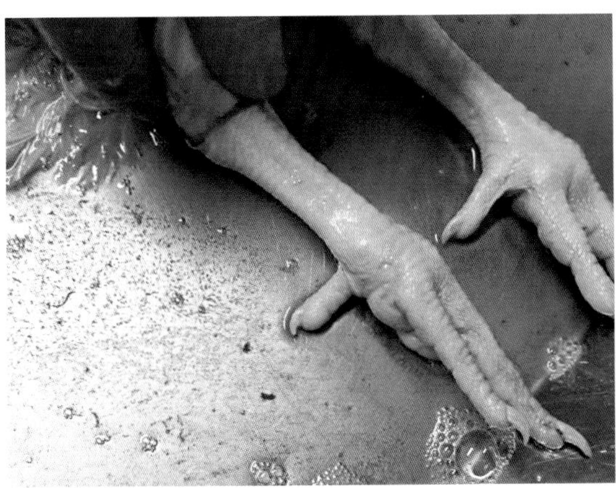

图2-7-13　MS感染鸡爪肿大。（郭龙宗）

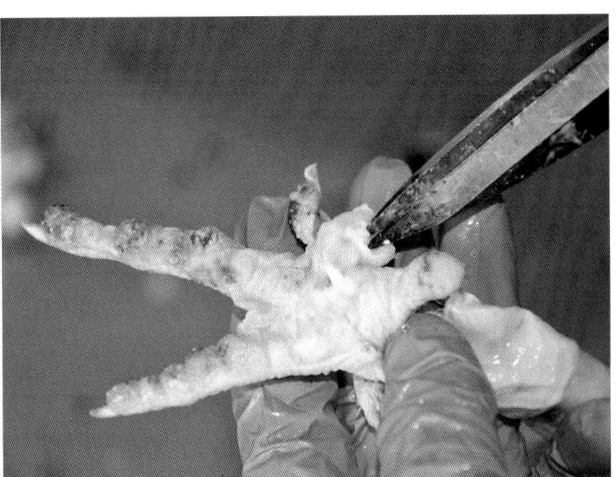

图2-7-14　MS感染鸡肿大的爪切开后显示皮下结缔组织轻度水肿。（郭龙宗）

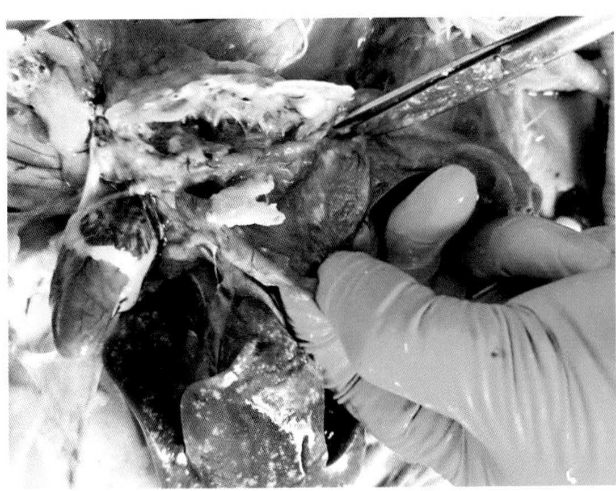

图2-7-15　MS感染鸡表现的气囊炎。（郭龙宗）

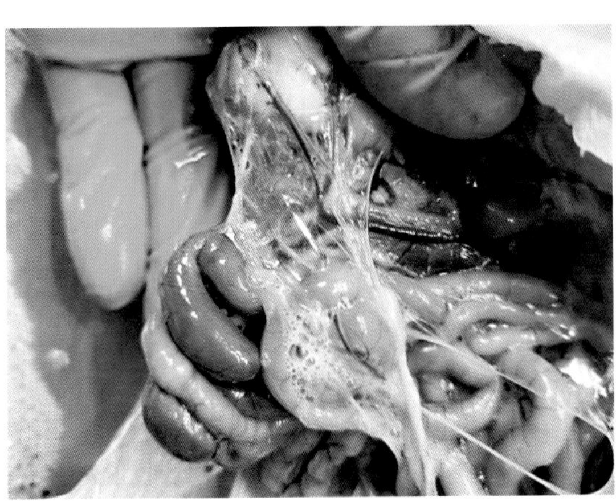

图2-7-16　MS感染鸡表现的泡沫状气囊炎。（郭龙宗）

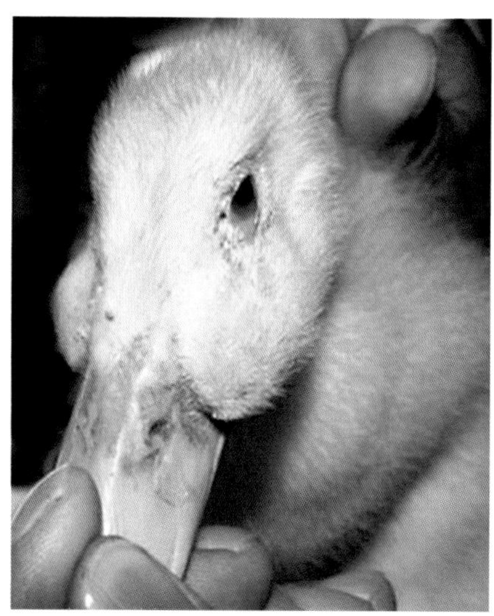

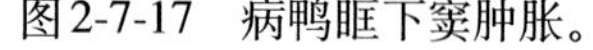

图2-7-17　病鸭眶下窦肿胀。

（刁有祥）

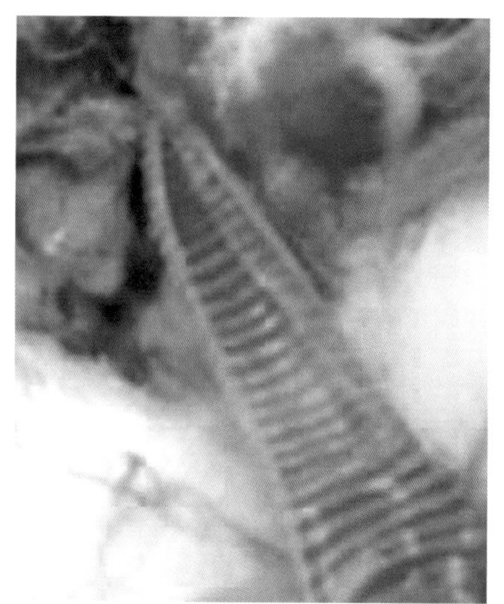

图2-7-18　病鸭气管环出血。

（杨金宝）

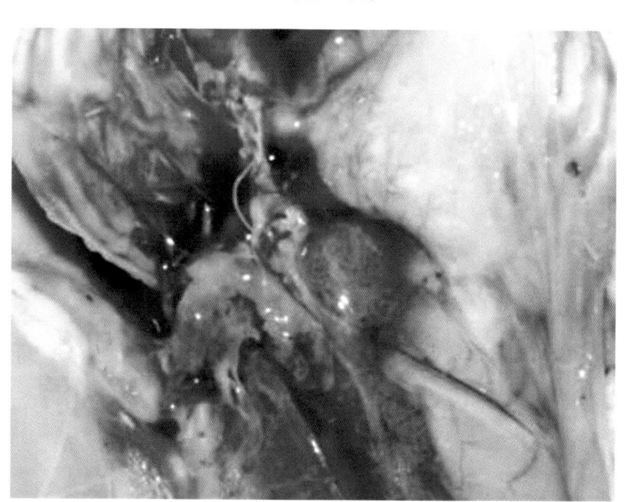

图2-7-19　病鸭气囊混浊，有黄白色渗出物。

（刁有祥）

第八节　鸡奇异变形杆菌病

（一）病原

奇异变形杆菌属肠杆菌科（Enterobacteriaceae）变形杆菌属（*Proteus*）的细菌。该菌为两端钝圆的革兰氏阴性小杆菌，为单个或成对的球状、球杆状、长丝状或短链状的多形性杆菌，以杆状为主，多单在，大小为（0.4 ~ 0.6）μm×（0.8 ~ 3）μm，无荚膜，无芽孢，有周身鞭毛，能旋转运动。

本菌需氧兼性厌氧，在10 ~ 43℃的范围内均可生长，最适生长温度为20℃。在普通培养基上呈迁徙扩散生长，形成一层波纹薄膜，称为迁徙生长现象。在普通血琼脂培养基上，可形成部分的β-溶血。在SS琼脂上形成圆形、扁平、半透明、淡橘红色或淡粉红色菌落。

（二）流行病学

奇异变形杆菌是一种条件性致病菌。在自然条件下，本病可由内源性感染，或外源性感染导致。外源性感染主要是由污染的饲料、饮水经消化道感染。此外，环境因素，如温度变化、饲料突变、卫生条件差、疫苗接种、转群等应激均可使机体抵抗力下降，从而引起本病的发生。各种日龄的鸡群均可感染本病，但以7周龄内的雏鸡最易感。一般在4日龄发病，呈流行性。流行时间长达15d，7 ~ 13日龄达死亡高峰。成年鸡的发病率、死亡率明显低于雏鸡。育成鸡及成年产蛋鸡包括种鸡在内均可发生本病，但发病率一般在30%以下，死亡率不超过10%。感染本病后可通过种鸡传给后代，从而造成雏鸡的大批死亡。

（三）临床症状

精神萎靡，翅膀下垂，羽毛蓬乱，垂头缩颈，畏寒聚集，食欲不振或废绝，排黄绿色或灰白色水样稀便。多数患鸡一侧或两侧肢体麻痹，少数病例出现神经症状。剖检可见尸体瘦弱，肛门周围的绒毛沾满黄绿色或灰白色粪便。

（四）诊断

本病缺乏特征性的临床症状和病理变化，所以不能确诊，需要进行细菌分离培养和鉴定，可通过将病料接种在普通琼脂培养基上培养，根据迁徙生长现象及生化试验快速分解尿素等即可确诊。

（五）防控

要加强鸡舍环境消毒清洁，防止鸡群过度拥挤和舍内温度过高或过低，同时应减少应激。也要避免该病的垂直传播。 在发病较严重的鸡群，用本场分离菌株制成甲醛灭活菌苗特别是油乳剂菌苗免疫鸡群，有较好的免疫效果。间隔11d，共注射2次菌苗，每次每雏0.5mL。该菌对诺氟沙星、青霉素、庆大霉素、先锋霉素等有比较高的敏感性，如果能够做到早发现、早治疗，可显著减少经济损失。

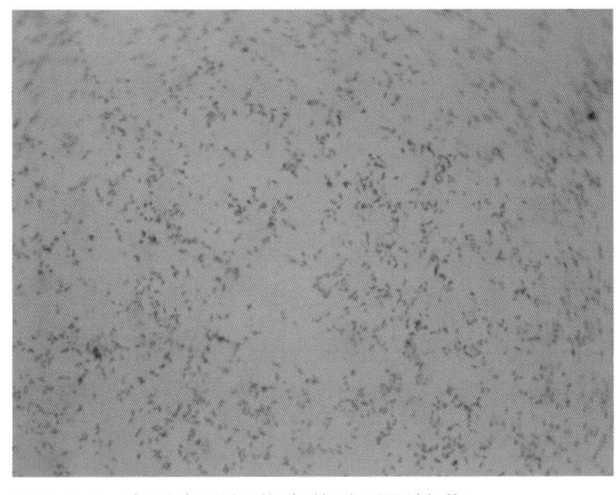

图2-8-1　奇异变形杆菌为革兰氏阴性菌。（朱瑞良）

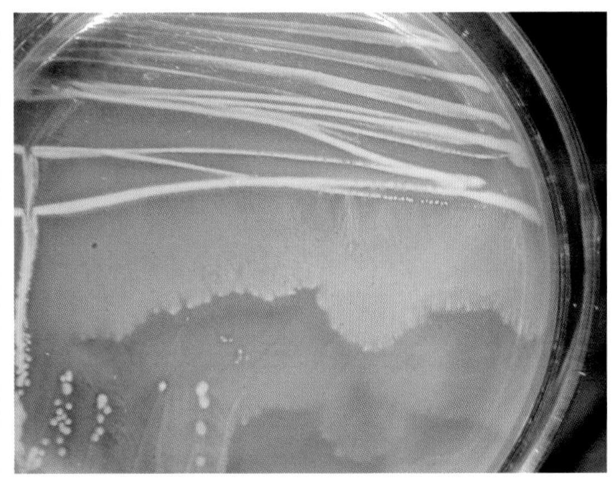

图2-8-2　奇异变形杆菌在普通平板培养基上呈迁徙性生长。（朱瑞良）

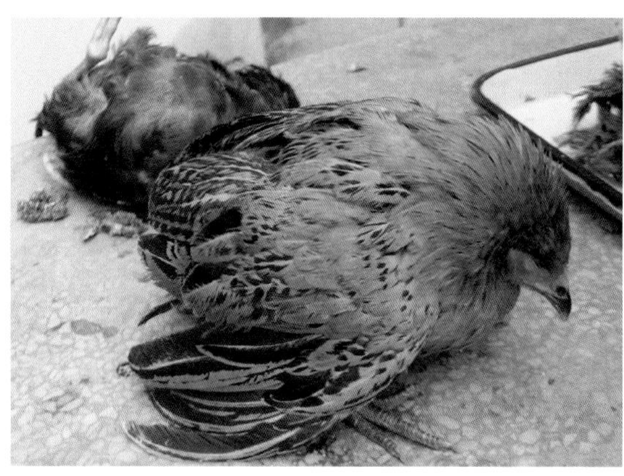

图2-8-3　奇异变形杆菌引起鸡萎靡不振，两侧肢体麻痹。（朱瑞良）

图2-8-4　奇异变形杆菌病死鸡剖检尸体瘦弱。（朱瑞良）

图2-8-5　奇异变形杆菌引起雏鸡畏寒聚集，肛门周围沾污粪便。（朱瑞良）

图2-8-6　奇异变形杆菌引起雏鸡精神萎靡，羽毛蓬乱。（朱瑞良）

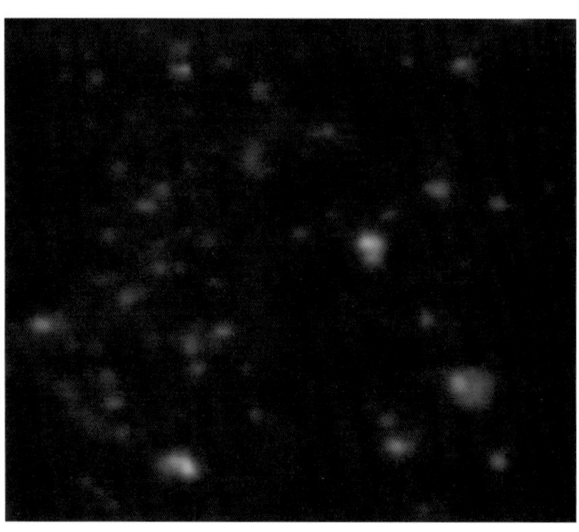

图2-8-7　奇异变形杆菌间接荧光抗体技术检测。（朱瑞良）

第九节 禽波氏杆菌病

（一）病原

本病病原为禽波氏杆菌（*Bordetella avian*），由Kersters等人于1984年定名。该菌为革兰氏阴性、周鞭毛、能运动、有荚膜和菌毛、两端钝圆的小杆菌，大小为（0.4 ~ 0.5）μm×（1 ~ 2）μm，单在或成双存在。

在普通肉汤培养基内生长旺盛，培养24h，肉汤混浊，有厚厚的一层菌膜。在普通琼脂培养基上形成中等大、灰白色、湿润、沿划线生长呈边缘不整齐的棱形菌落。在血平板培养基上呈 β 溶血。该菌不发酵碳水化合物，为严格需氧性杆菌，硫化氢试验、靛基质试验、VP试验、尿素酶试验均为阴性，不还原硝酸盐，氧化酶和过氧化氢酶试验阳性，能利用枸橼酸盐。

（二）流行病学

雏鸡、鹌鹑、鸭、山鸡等均可感染发病，以对雏禽的危害较严重，1月龄以上的禽具有较强的抵抗力，成年禽感染后基本无临床症状，但可垂直传播。传染源为感染禽、康复带菌者及其污染的垫料、饮水等，易感禽可通过与这些传染源接触而被感染。垂直传播造成胚胎死亡和孵化率下降。另外，还会造成成年禽的眼炎，致使单侧或双侧眼睛失明。

（三）临床症状

禽波氏杆菌主要危害禽类胚胎及雏禽，可造成胚胎死亡，孵化率降低，弱雏增多，雏禽急性死亡。成年种禽感染基本无异常现象。个别出现排绿便、眼流泪、轻度气喘等症状。健康带菌的禽所产种蛋进行孵化，孵化率降低10%～60%不等，死胚率一般在30%～40%，高者可达60%。同时，种蛋孵出的弱雏增多，弱雏率在5%～20%，雏禽多在3 ～ 5日龄发病，弱雏表现气喘、腹泻，食欲降低或废绝，精神沉郁，呆立一隅，多数因衰竭而死。

眼炎型波氏杆菌病多见于成年禽，常与葡萄球菌、链球菌、大肠杆菌等共感染所致。初期眼流泪，食欲消减，3 ～ 5d后单侧或双侧眼失明，精神不振，逐渐消瘦，病情进一步发展，眼部形成坚硬的痂皮，眼结膜囊内充满干酪样物或液体分泌物，多数病禽最终因衰竭死亡。

（四）诊断

（1）种鸡检疫：可采用禽波氏杆菌全血平板凝集试验进行，方法是先在载玻片或玻璃板上滴一滴禽波氏杆菌平板凝集抗原，然后取一滴被检鸡全血，混匀。室温下放置3 ～ 5min，若出现肉眼可见的凝集块，则判断为禽波氏杆菌抗体阳性。

（2）采用荧光抗体染色法或酶标抗体染色法来诊断禽波氏杆菌病。

（3）细菌分离培养：用棉拭子采取活禽鼻腔分泌物或病死禽的鼻腔、眶下窦及气管黏液，或鸡胚、雏禽脏器直接划线于麦康凯琼脂平板，37℃培养24 ～ 48h，挑取可疑菌落进行生化鉴定。

（五）防控

由于禽波氏杆菌病不仅能水平传播，而且可垂直传播，故做好种禽的净化工作尤其重要。因为用药物难以完全除去在卵巢等处存在的禽波氏杆菌，需淘汰感染的种鸡，防止该病的垂直传播。

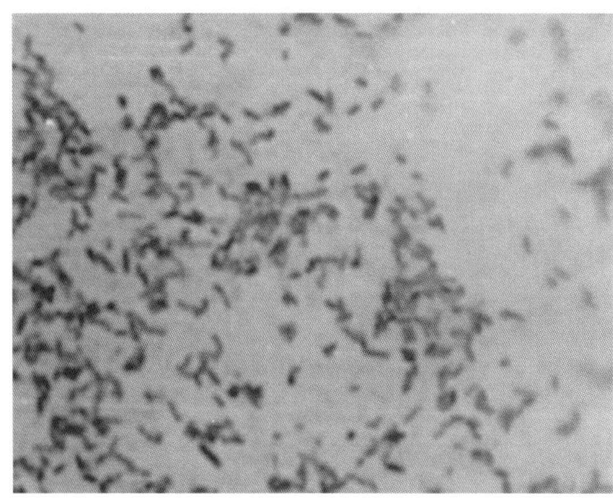

图2-9-1　禽波氏杆菌革兰氏染色为阴性、两端钝圆的球杆菌。（朱瑞良）

图2-9-2　禽波氏杆菌在不同培养基上的菌落特征。（朱瑞良）

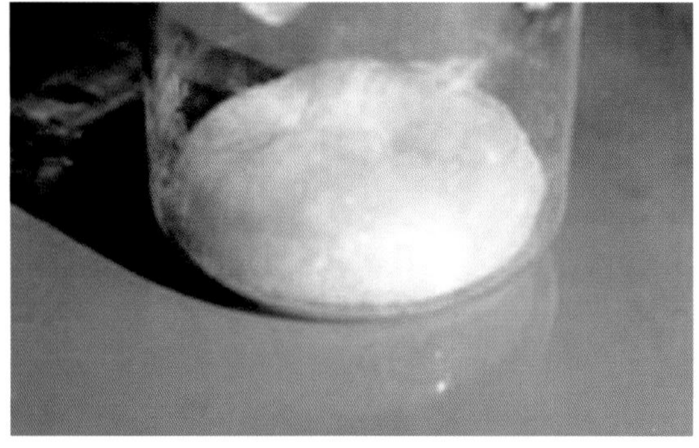

图2-9-3　提取的禽波氏杆菌内毒素精制品，呈晶体状态。（朱瑞良）

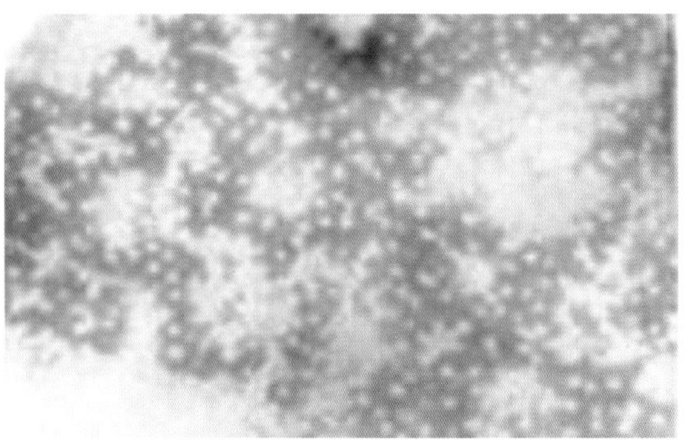

图2-9-4　提取的禽波氏杆菌内毒素精制品在透射电镜下的超微结构。（朱瑞良）

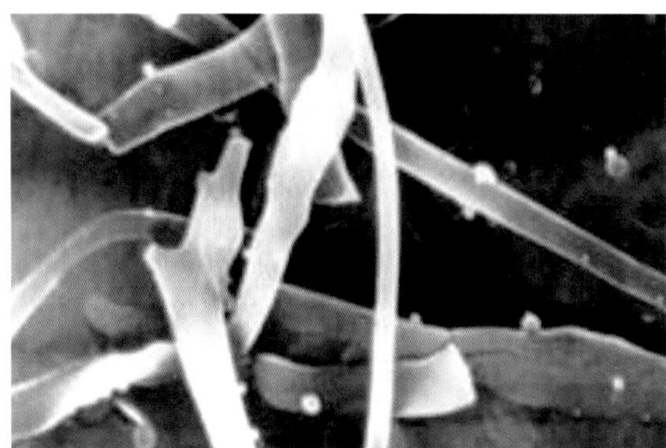

图2-9-5　禽波氏杆菌内毒素精制品在扫描电镜下的结晶结构。（朱瑞良）

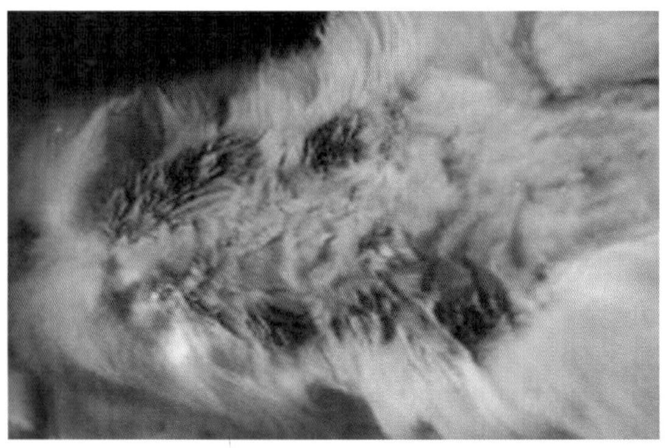

图2-9-6　禽波氏杆菌内毒素局部Shwartzman试验（家兔背部肿胀、出血、坏死）。（朱瑞良）

图2-9-7　禽波氏杆菌造成鸡胚死亡，孵化率降低。（朱瑞良）

图2-9-8　禽波氏杆菌造成鸡胚死亡，胚体出血，肝脏黄染。（朱瑞良）

图2-9-9　禽波氏杆菌造成雏鸡发病，表现为精神沉郁，个别死亡。（朱瑞良）

图2-9-10　禽波氏杆菌造成雏鸡呼吸道症状。（朱瑞良）

图2-9-11　禽波氏杆菌造成雏鸡扎堆、衰弱、呼吸困难。（朱瑞良）

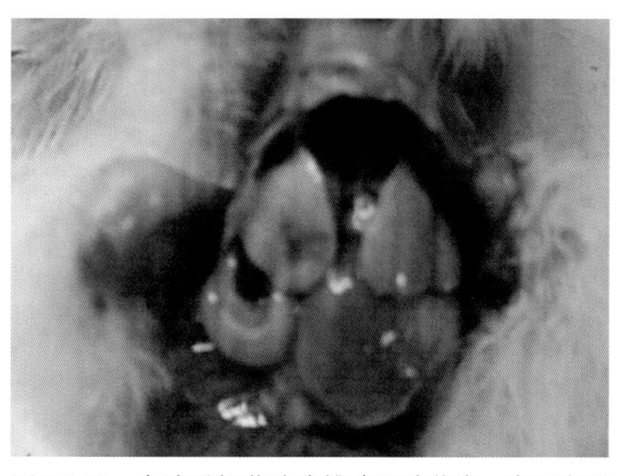

图2-9-12　禽波氏杆菌造成雏鸡肝脏黄染，皮下出现胶冻状渗出。（朱瑞良）

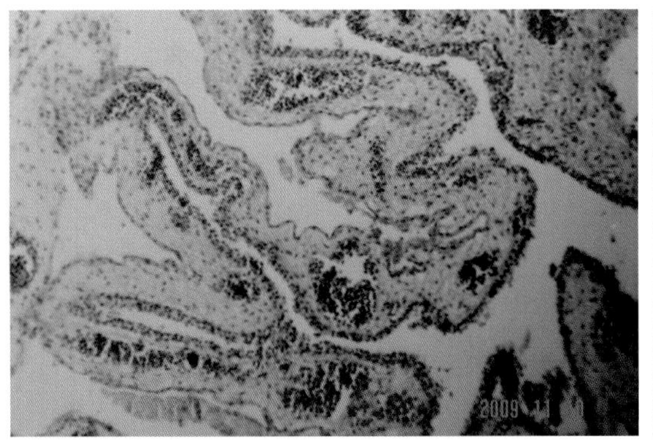

图2-9-13　禽波氏杆菌感染鸡胚尿囊膜增厚，毛细血管扩张、充血，并有灶状出血。（HE，×100）　（朱瑞良）

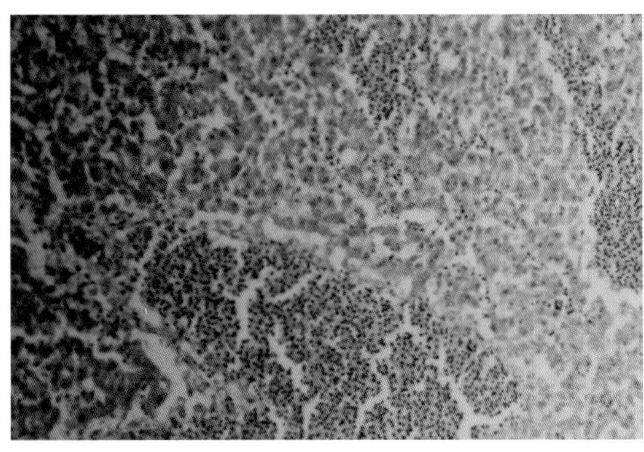

图2-9-14　禽波氏杆菌感染鸡胚造成肝脏充血、出血、变性。（HE，×100）　（朱瑞良）

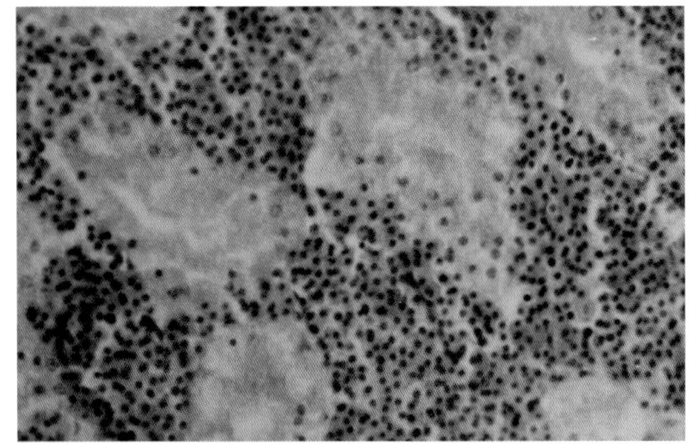

图2-9-15　禽波氏杆菌感染鸡胚造成肾脏间质内充血、出血，肾小管上皮细胞变性、坏死。（HE，×200）　（朱瑞良）

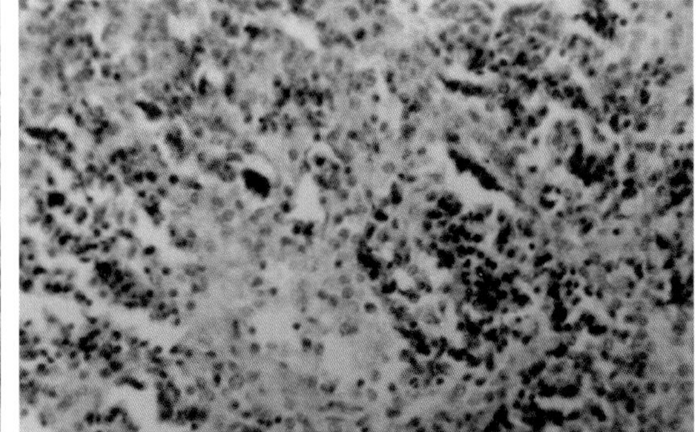

图2-9-16　禽波氏杆菌感染鸡胚造成肺充血、出血。（HE，×200）　（朱瑞良）

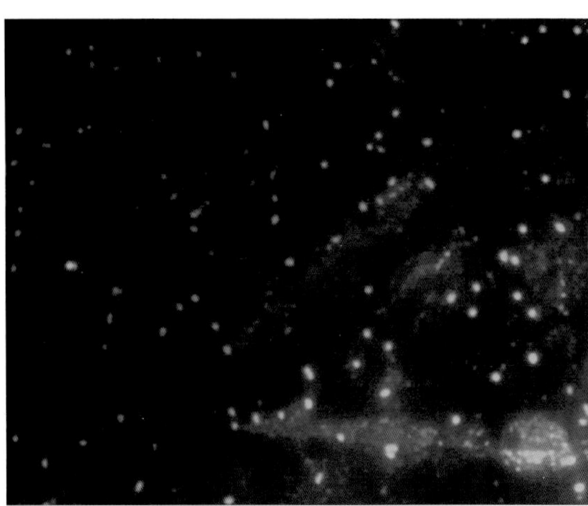

图2-9-17　禽波氏杆菌间接荧光抗体技术检测。　（朱瑞良）

第十节　鸡传染性鼻炎

（一）病原

病原体为副鸡嗜血杆菌，为革兰氏染色阴性、不能运动的细菌。24h培养物涂片镜检呈现（1 ～ 3）mm×（0.4 ～ 0.8）mm杆菌或球杆菌，并可呈丝状体。从病料中新分离到的菌可能有荚膜。位于表皮葡萄球菌生长线附近的副鸡嗜血杆菌呈卫星状生长。

（二）流行病学

鸡是副鸡嗜血杆菌的自然宿主，任何年龄的鸡都可感染，但成年鸡较幼鸡更易感。慢性病鸡和隐性带菌鸡是传染源。传播途径可通过飞沫或尘埃经呼吸道传染，也可通过被污染的饲料和饮水经消化道传染。该病常发生于秋冬季节。

（三）临床症状

自然感染的潜伏期为1 ～ 3d。人工接种病料或培养物24 ～ 48h内可发病。同居感染2 ～ 3d也能发病。病鸡鼻腔有浆液性或黏液性分泌物、面部水肿、鸡冠和肉垂也可能肿胀。眼可能有分泌物，眼眶周围肿胀，严重的会失明。单纯感染病程2 ～ 3周。冬季发病较严重。与其他病混合感染可造成高死亡率。

（四）病理变化

鼻腔、眶下窦、气管黏膜和腺上皮脱落、崩解和增生，黏膜固有层水肿和充血并伴有异染细胞浸润。病变最早在感染后20h左右出现，7 ～ 10d时最为严重，然后在14 ～ 21d内逐渐恢复。下呼吸道受侵害的鸡，可观察到急性卡他性支气管肺炎，并在第二和第三级支气管的管腔内充满异嗜白细胞和细胞碎片，毛细支气管上皮细胞肿胀并增生。气囊的卡他性炎症以细胞的肿胀和增生为特征，并伴有大量的异嗜白细胞的浸润。另外，在鼻腔黏膜固有层可见显著的肥大细胞的浸润。肥大细胞、异嗜白细胞和巨噬细胞的产物与严重的血管变化和细胞损伤有关，并引发鼻炎。

（五）诊断

需要与慢性呼吸道病、慢性禽霍乱、非典型性新城疫、禽流感、鸡痘、传染性支气管炎、传染性喉气管炎、肿头综合征、维生素A缺乏症等病区别。副鸡嗜血杆菌常同其他病原混合感染，在死亡率高和病程延长的情况下，应考虑有其他细菌和病毒并发的可能性。

实验室鉴别诊断方法：从2 ～ 3只处于急性发病阶段的病鸡中采取样品。烧烙位于眼下的皮肤并用无菌刀片划开窦腔，将无菌棉拭子伸入窦腔深部，这里的细菌往往很纯净。在血液琼脂平板上划线，然后再用表皮葡萄球菌与之交叉划线，并将其置于有螺丝口的蜡烛罐中于37℃培养。还可以使用含20 ～ 100μg/mL NAD和5%无菌鸡血清的营养琼脂平板分离副鸡嗜血杆菌。另一种有效的诊断方法是将鼻腔或眶下窦内分泌物或培养物经眶下窦内接种2 ～ 3只健康鸡，若在24 ～ 48h出现鼻炎症状即可做出诊断。

（六）防控

给鸡接种鸡传染性鼻炎灭活疫苗有一定预防作用，可根据各地流行菌株的抗原性，选用相应的单价或双价、三价疫苗。抗菌药物有一定预防和治疗作用。

图2-10-1　鸡传染性鼻炎，肉垂肿胀。（姜北宇）

图2-10-2　鸡传染性鼻炎，面部水肿，鸡冠和肉垂肿胀。（姜北宇）

图2-10-3　鸡传染性鼻炎，眼眶周围肿胀。（姜北宇）

图2-10-4　鸡传染性鼻炎，面部及眼眶肿胀。（姜北宇）

图2-10-5　鸡传染性鼻炎，鼻孔有分泌物。（姜北宇）

图2-10-6　鸡传染性鼻炎，头面肿胀，鸡冠肉垂红肿。（朱士盛）

图2-10-7　鸡传染性鼻炎，头面肿胀。　（朱士盛）

图2-10-8　鸡传染性鼻炎，头面肿胀。　（朱士盛）

第十一节　禽念珠菌病

（一）病原

病原主要为白色念珠菌（*Candida albicans*）。此外，鸡念珠菌新种（*Oidium pullorum* sp. nov）也与本病有关。我国台湾学者Lin et al（1989）从49例典型的本病病禽中分离出44株酵母样菌，经鉴定89%（39/44）为白色念珠菌，11%（5/44）为鼠肝球拟酵母菌（*Torulopsis pintolopesii*）。

（二）流行病学、临床症状及病理变化

鸡、鸽、鸭、鹅、火鸡、雉、鹌鹑和孔雀等均发现过本病。幼禽的发病率较高。经消化道传播。不良的环境卫生、营养不全的饲料和应激因素等与本病有密切的关系。

病禽生长发育不良，羽毛粗乱，有些病例嗉囊松弛下垂，压迫时有酸臭的液体流出。乳鸽发生时死亡率较高。

典型病变为嗉囊黏膜增厚，有白色圆形凸出形似火山口的溃疡，表面的伪膜易剥离。严重的病例，此类病变可波及食道、口腔、腺胃及小肠。

（三）诊断

诊断主要依据下列各项：

（1）病禽生长发育不良，有时嗉囊下垂，压迫时流出酸水。一般死亡率不高，但幼禽特别是雏鸽的死亡率较高；

（2）嗉囊黏膜上特殊的病变；

（3）从病变部位用沙保弱氏培养基分离培养，可分离出众多的酵母样菌落，菌落圆形突起，乳白色，使培养基有酒香味。纯培养涂片菌体肥大呈酵母样细胞；

（4）纯培菌作微管发芽试验，对白色念珠菌诊断有帮助；

（5）纯培菌作悬液，静注家兔，家兔可死于全身性脓肿；

（6）本病常与毛滴虫并发感染，毛滴虫可加重本病的症状及提高死亡率。

（四）防控

注意防止垫草、饲料霉变。发病鸡（禽）群可适当应用硫酸铜溶液（0.25%～0.5%）混饮，或在饲料中添加制霉菌素。

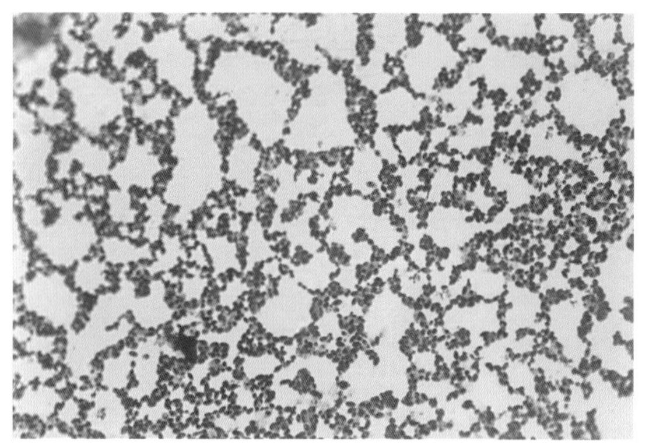

图2-11-1　白色念珠菌的显微照片。（HE，×400）（李康然）

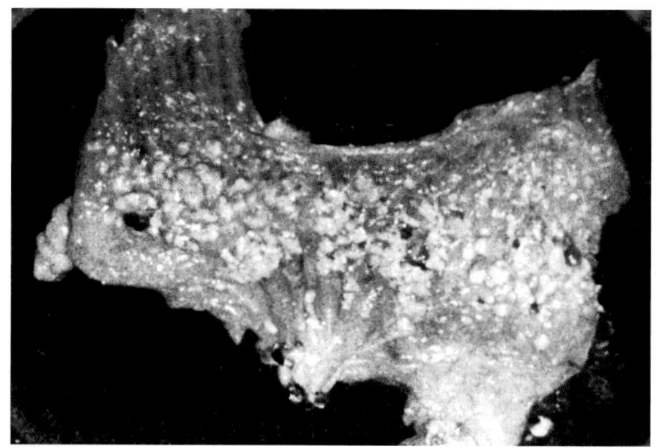

图2-11-2　病鸽嗉囊黏膜上的病变。（李康然）

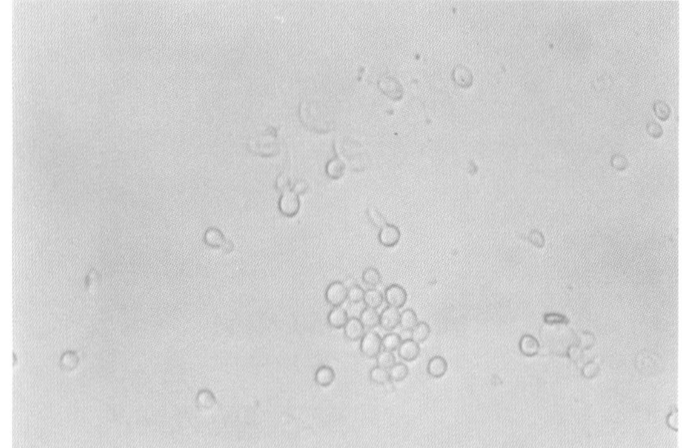

图2-11-3　白色念珠菌的管芽试验。（HE，×400）（李康然）

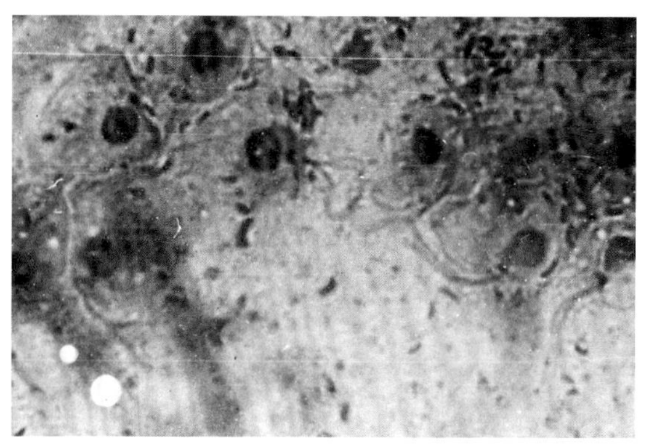

图2-11-4　毛滴虫并发感染。（HE，×1 000）（李康然）

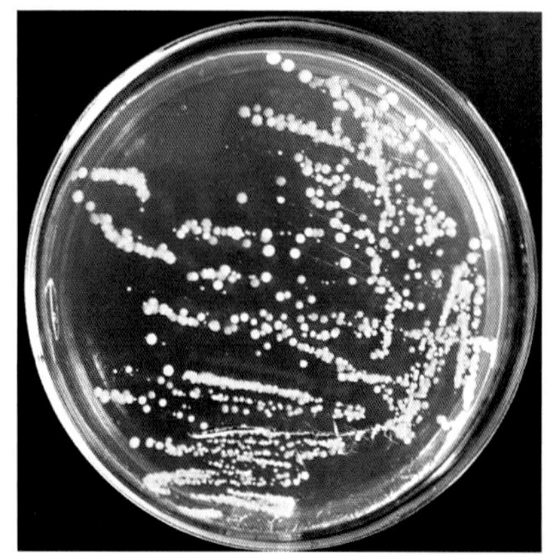

图2-11-5　念珠菌普通营养琼脂培养基菌落特点。（刁有祥）

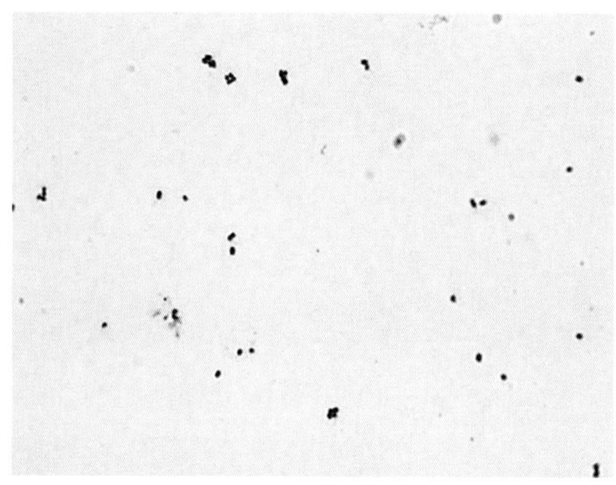

图2-11-6　念珠菌瑞氏染色特点。（刁有祥）

第十二节　鸭传染性浆膜炎（鸭疫里默氏菌病）

（一）病原

本病病原为鸭疫里默氏菌（*Riemerella anatipestifer*），革兰氏阴性短杆菌，不形成芽孢，无运动性，单个、成双或呈短链状排列，大小为（0.2 ~ 0.4）μm×（1 ~ 5）μm。瑞氏染色两极着染稍深。目前已报道该菌共有21个血清型，在我国常见的为1、2、6、10型。

（二）流行病学

1 ~ 8周龄鸭对本病敏感，但多发于10 ~ 30日龄雏鸭。本病主要经呼吸道感染，脚蹼刺种、肌注等途径也可引起发病、死亡。自然感染发病率一般为20% ~ 40%，有的鸭群可高达70%；发病鸭死亡率为5% ~ 80%。感染耐过鸭多转为僵鸭或残鸭。不同品种鸭发病率和死亡率差异较大，其中北京鸭、樱桃谷鸭和番鸭发病率和死亡率较高。本病于冬春季多发，环境卫生差、饲养密度过高、通风不良等均可促发本病。

（三）临床症状

感染鸭临床表现为精神沉郁、蹲伏、缩颈、头颈歪斜、步态不稳和共济失调，粪便稀薄呈绿色或黄绿色。随着病程的发展，部分病鸭转为僵鸭或残鸭，表现为生长不良、极度消瘦。

（四）病理变化

最明显的剖检病变为纤维素性心包炎、肝周炎、气囊炎和脑膜炎，脾脏肿大、呈斑驳样。慢性感染病鸭，在屠宰去毛后可见局部肿胀，表面粗糙、颜色发暗，切开后见皮下组织出血、有多量渗出液。

组织学病变表现为肝细胞浊肿或脂变，肝门静脉周围单核细胞、异嗜细胞及浆细胞浸润。气囊渗出物中有单核细胞，慢性病例可见多核巨细胞，渗出物可部分钙化。脾白髓萎缩，红髓充血，淋巴细胞减少，网状细胞增多，并可见单核细胞。脑组织表现为纤维素性脑膜炎，血管周围白细胞浸润。

（五）诊断

根据该病典型的临床症状和剖检病变，结合流行病学特点，一般可初步诊断。本病在临床诊断上应注意与雏鸭大肠杆菌病、衣原体感染相区别。根据在麦康凯琼脂上能否生长可将本病和大肠杆菌病区别开，而衣原体在人工培养基上不生长。

对本病可用如下实验室诊断方法：

1.荧光抗体技术　取病死鸭肝脏、脾脏或脑组织触片，丙酮固定，然后用直接或间接免疫荧光抗体技术进行检测，可见组织触片中的菌体周边荧光着染，中央稍暗。细菌呈散在分布或成簇排列。

2.细菌分离鉴定　取病变组织接种于胰酶大豆琼脂平板（TSA）或巧克力琼脂平板，置于5% ~ 10%二氧化碳培养箱中37℃培养24h，可见表面光滑、稍突起、直径为1 ~ 13mm的圆形露珠样小菌落。之后取典型菌落以标准阳性血清做玻片凝集试验或荧光抗体染色进行鉴定。

（六）防控

给7日龄雏鸭肌肉注射鸭疫里默氏菌病灭活苗，14日龄加强免疫一次，有一定预防效果。可在药敏试验基础上选用抗菌药物混饲或混饮治疗，如卡那霉素、氟氧甲矾霉素、加替沙星、环丙沙星、氧氟沙星等。

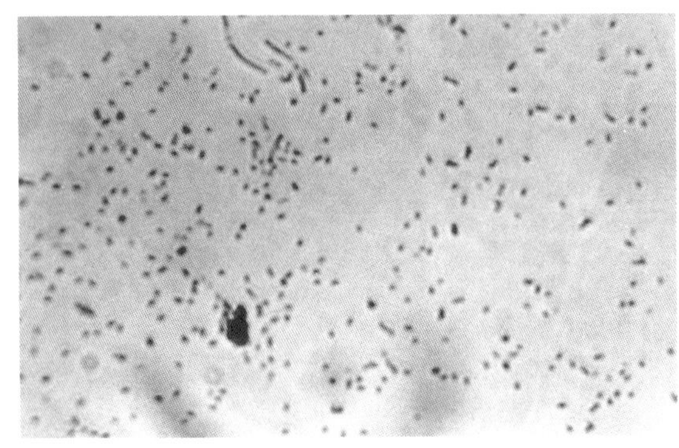

图2-12-1　鸭疫里默氏菌革兰氏染色阴性，短小杆菌，单个、成双或呈短链状排列。（×1 250）（苏敬良、黄瑜）

图2-12-2　感染鸭精神沉郁、蹲伏、流鼻液。（苏敬良、黄瑜）

图2-12-3　病鸭缩颈、拱背。（郭玉璞）

图2-12-4　病鸭显示神经症状，头颈歪斜。（郭玉璞）

图2-12-5　病鸭显示神经症状，头颈歪斜，站立不稳。（苏敬良、黄瑜）

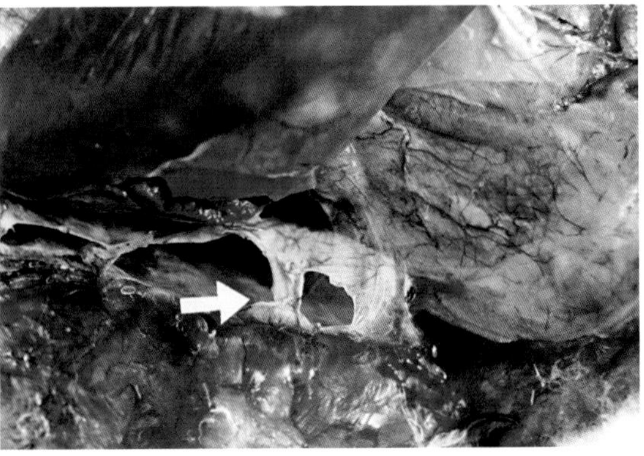

图2-12-6　病鸭剖检病变，气囊膜增厚、浑浊（箭头）。（苏敬良、黄瑜）

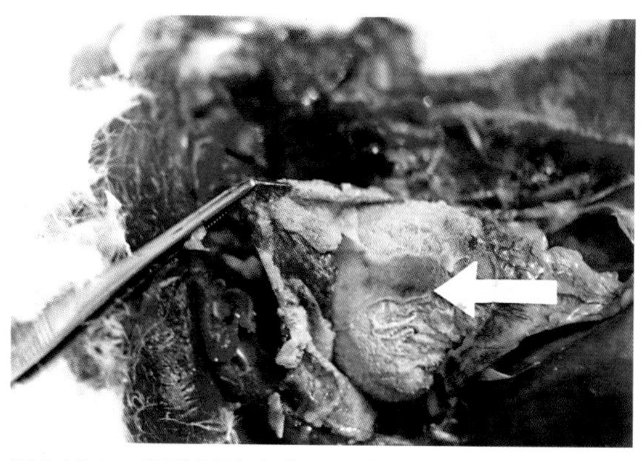

图2-12-7 病鸭剖检病变，心包炎，心包膜有纤维素性渗出、增厚、粘连。（苏敬良、黄瑜）

图2-12-8 病鸭剖检病变，肝周炎，肝脏表面有一层纤维素性渗出膜。（苏敬良、黄瑜）

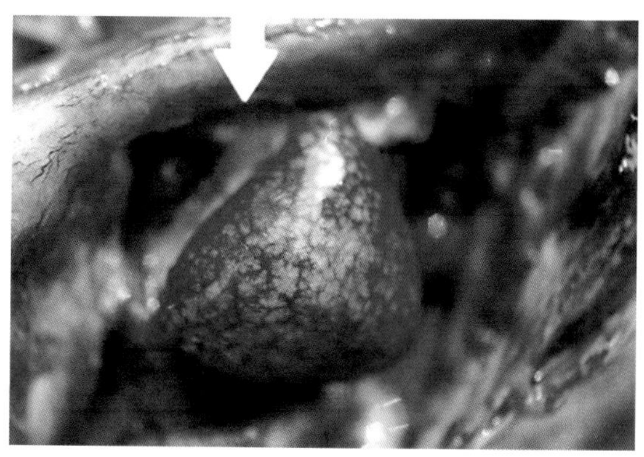

图2-12-9 病鸭剖检病变，脾脏肿大，外观呈斑驳样。（苏敬良、黄瑜）

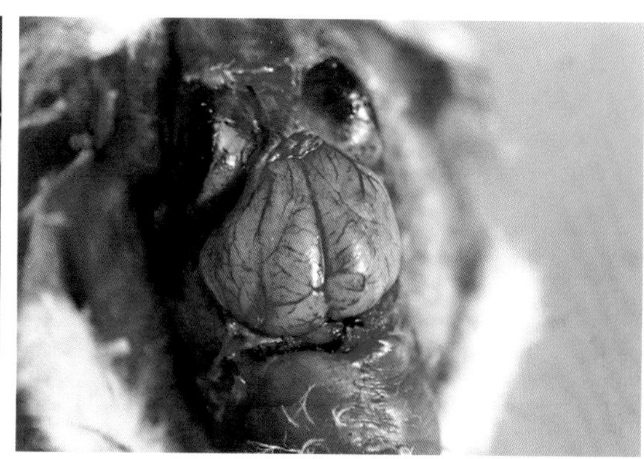

图2-12-10 病鸭剖检病变，脑膜充血。（苏敬良、黄瑜）

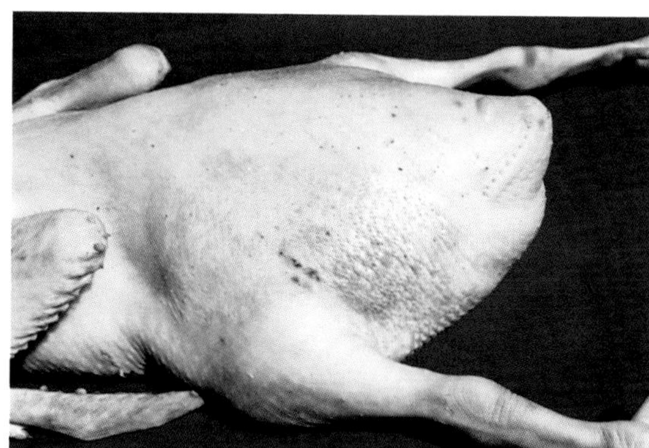

图2-12-11 病鸭皮肤病变，局部肿胀、表面粗糙、颜色发暗。（郭玉璞）

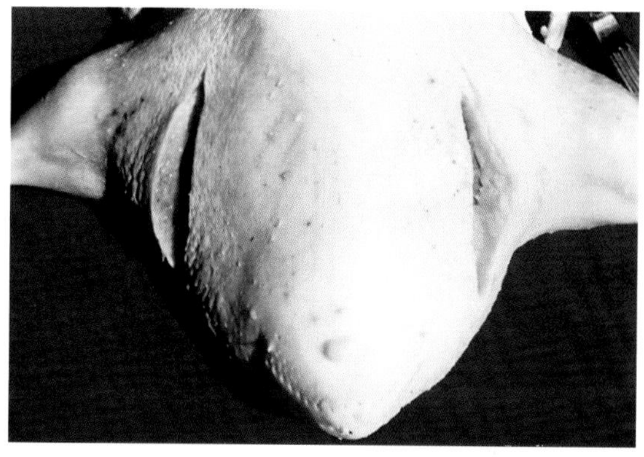

图2-12-12 病鸭皮肤病变，左侧为图2-12-11中的肿胀处，切口（左侧）处皮下组织出血，有淡黄色渗出液。右侧切口正常为正常皮肤。（郭玉璞）

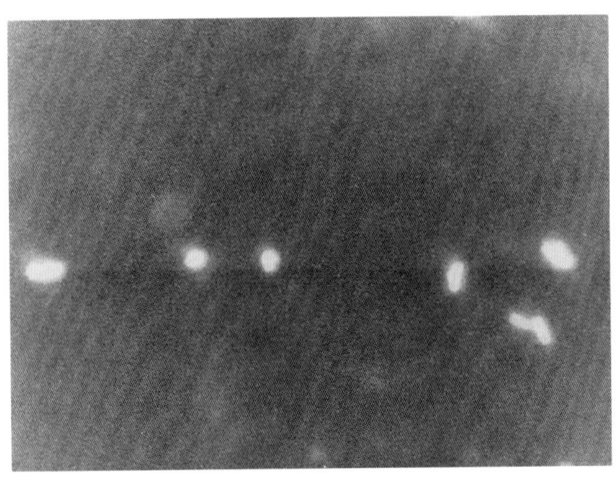

图2-12-13 鸭疫里默氏菌培养物的荧光抗体染色，菌体中央发暗，周边蓝绿色荧光。

（郭玉璞）

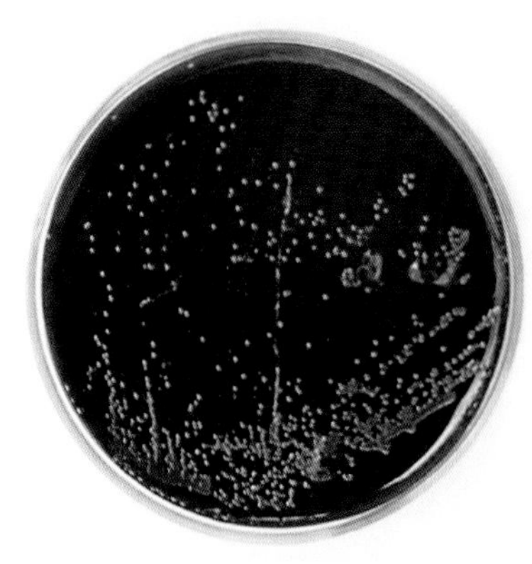

图2-12-14 分离的鸭疫里默氏菌在兔血琼脂和巧克力琼脂上的菌落形态。菌落圆形，光滑湿润，奶油色，直径2 ~ 2.5mm。

（蔡家利）

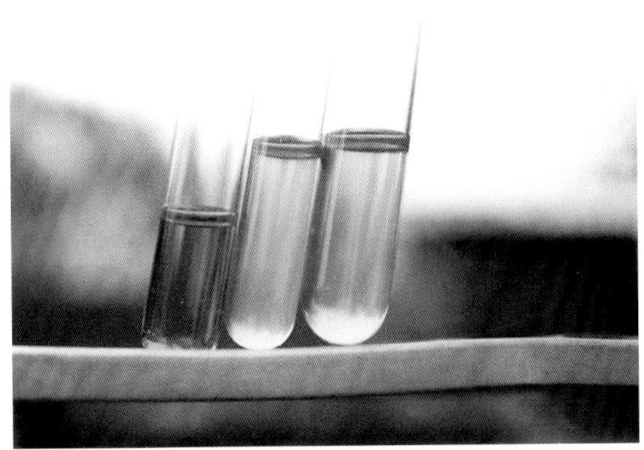

图2-12-15 分离的鸭疫里默氏菌在加有5%犊牛血清的改良肉汤培养基中培养增殖后呈轻度浑浊。（蔡家利）

图2-12-16 病鸭打呵欠，拉稀粪。喙部变灰白色。

（许益民）

图2-12-17 病鸭死前仰卧地面，双腿乱蹬。

（许益民）

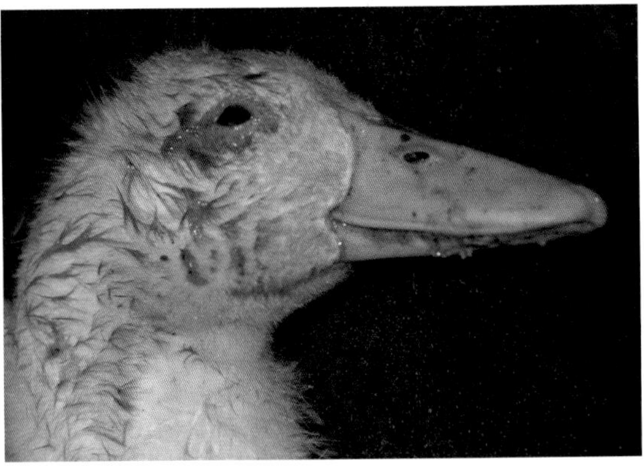

图2-12-18 病鸭和死鸭的喙部变为灰白色，眼睛和鼻孔有浆液性或黏液性分泌物。

（许益民）

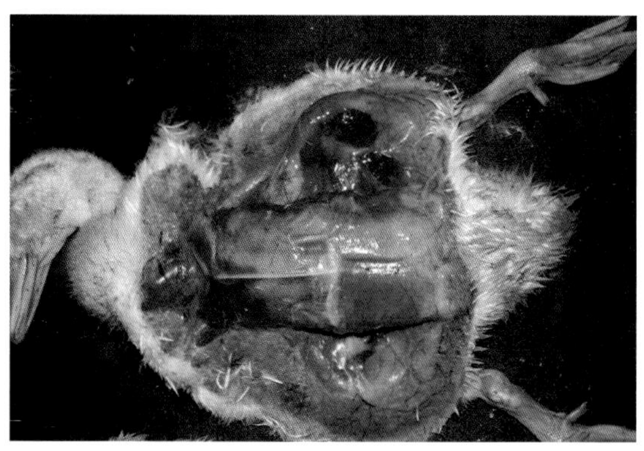

图2-12-19 病死鸭皮下淤血。（许益民）

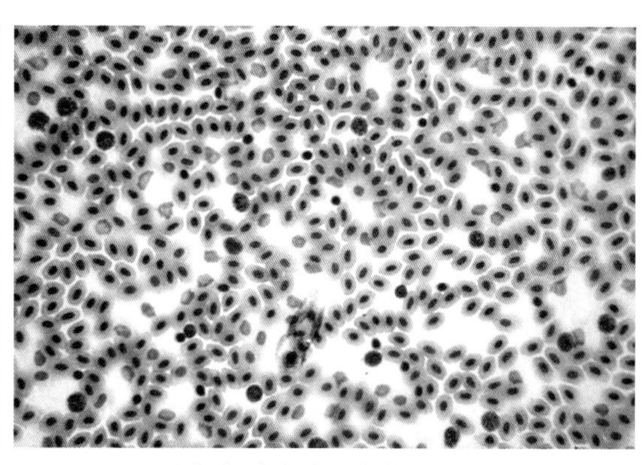

图2-12-20 采集病鸭血液，制作涂片。血涂片中可见多量白细胞散布于红细胞之间。大型胞质红染色深的是多形核异嗜白细胞；大型蓝染的4 ~ 5个细胞是单核细胞；其他较小的深蓝色细胞是淋巴细胞。（瑞氏染色，×400）（许益民）

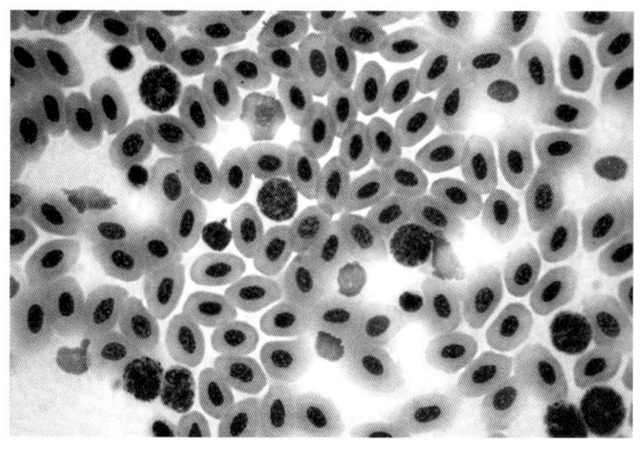

图2-12-21 病鸭血涂片置于油镜下进一步放大，可见多量白细胞。图中有8个完整的异嗜白细胞，胞浆红染，含有颗粒，细胞核一般分为2个叶。（瑞氏染色，×1 000）（许益民）

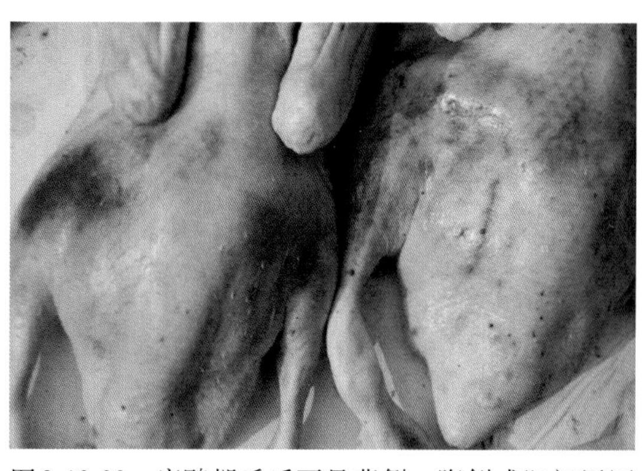

图2-12-22 病鸭煺毛后可见背侧、腹侧或肛门周围皮肤红肿，发生蜂窝织炎或坏死性皮炎。皮肤和脂肪层之间可见淡黄色渗出物。（许益民）

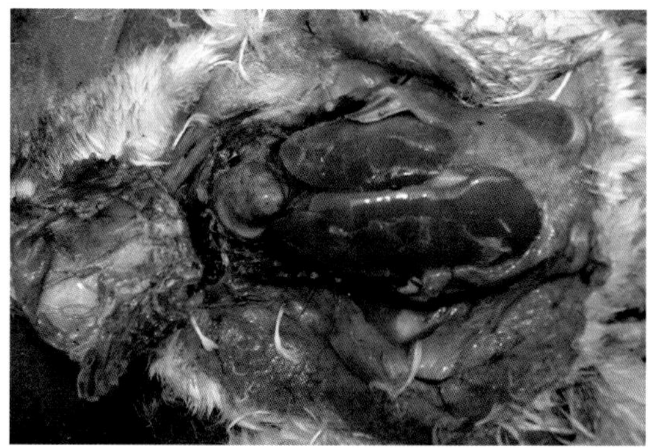

图2-12-23 病鸭常见心包炎与肝周炎以及胸膜炎、气囊炎同时存在。（许益民）

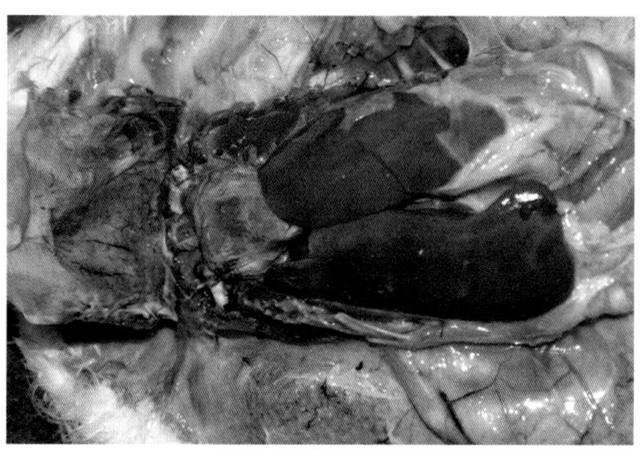

图2-12-24 心包炎和肝周炎。肝周炎的灰黄色的纤维素性膜被拉脱后见肝脏实质无明显异常。（许益民）

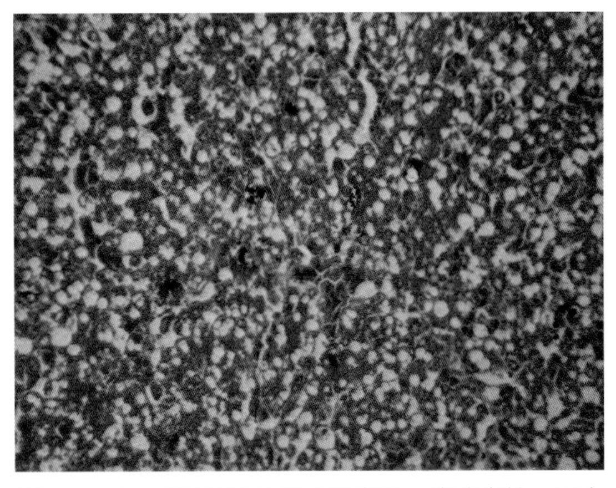

图2-12-25　肝脏普遍表现水泡变性、脂肪变性，还有胆色素沉着（图中褐黄色）。(HE，×400)
（许益民）

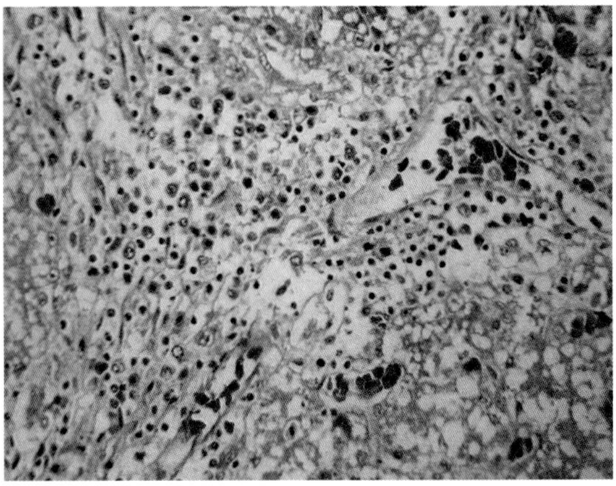

图2-12-26　病鸭的肝细胞水泡变性，汇管区单核细胞、淋巴细胞和异嗜白细胞浸润。(HE，×400)
（许益民）

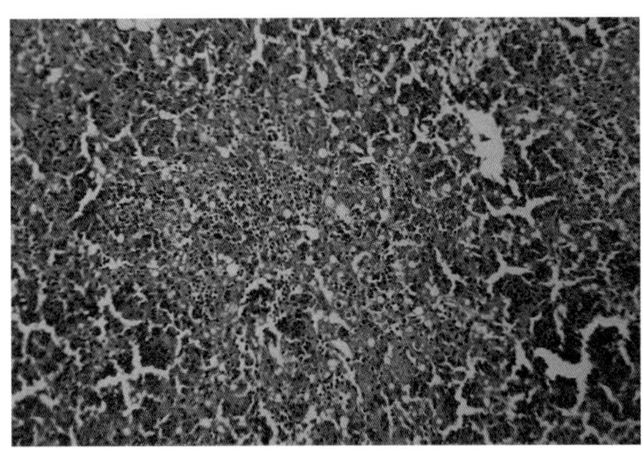

图2-12-27　病鸭肝脏内的凝固性坏死出血区，这与肉眼所见的出血坏死区一致。(HE，×200)
（许益民）

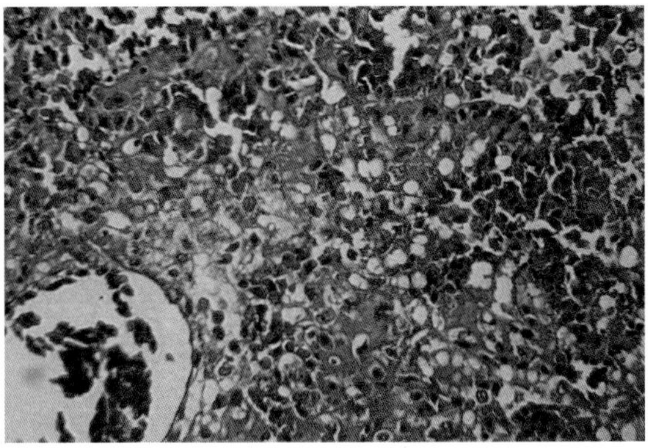

图2-12-28　病鸭肝脏内的凝固性坏死和出血，提示可能伴发感染雏鸭病毒性肝炎。(HE，×400)
（许益民）

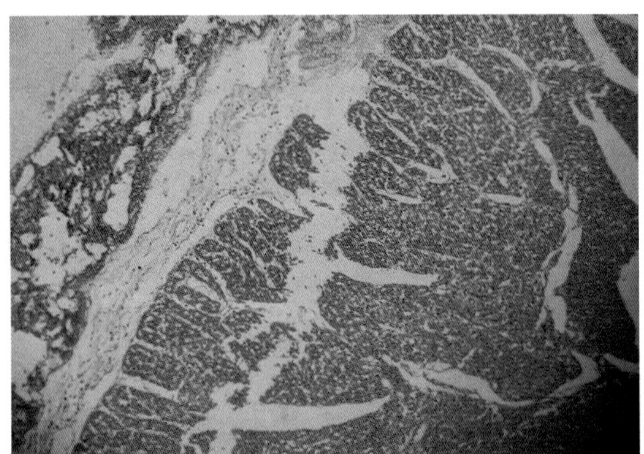

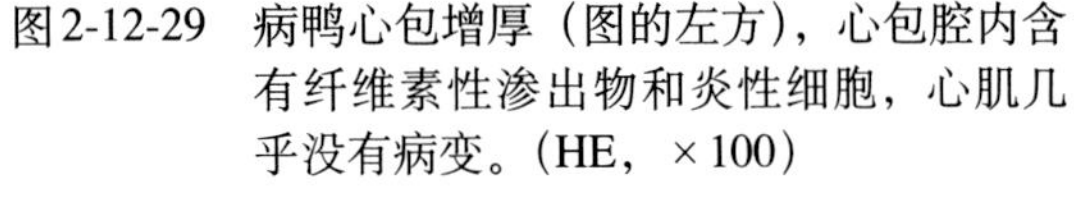

图2-12-29　病鸭心包增厚（图的左方），心包腔内含有纤维素性渗出物和炎性细胞，心肌几乎没有病变。(HE，×100)
（许益民）

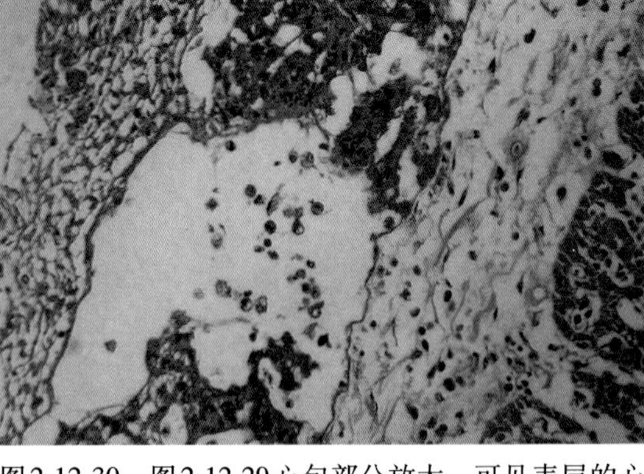

图2-12-30　图2-12-29心包部分放大，可见表层的心包膜和心肌表面的心外膜由于炎性水肿而增厚，心包腔内含有纤维素性渗出物和炎性细胞，心包内的纤维素已经将两层心包膜粘连在一起。(HE，×400)
（许益民）

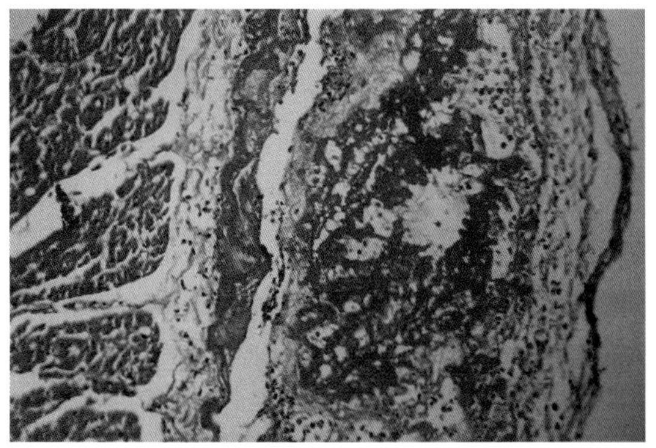

图2-12-31 心包炎：增厚的心外膜和心包膜含有纤维素和炎性细胞。心包积液中含有多量纤维素和炎性细胞，心肌没有明显改变。(HE，×200) (许益民)

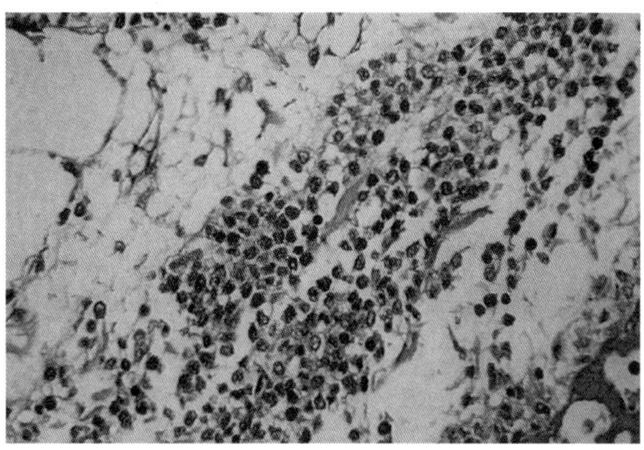

图2-12-32 某些病例心包炎的心包积液中含有多量异嗜白细胞。(HE，×400)

(许益民)

图2-12-33 病死鸭的脑膜充血、出血。 (许益民)

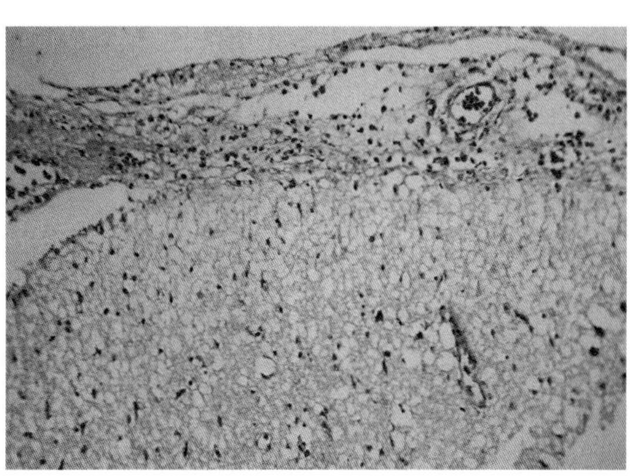

图2-12-34 多数病例可见软脑膜炎。大脑表面的软脑膜水肿，加厚，其中的淋巴管扩张，血管淤血，散在异嗜白细胞。(HE，×200)

(许益民)

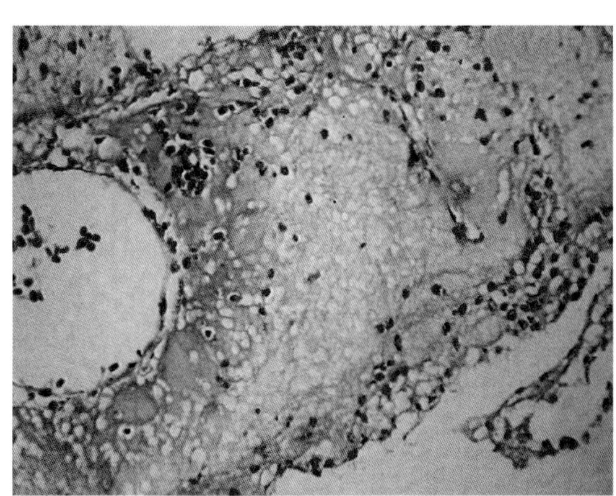

图2-12-35 脑膜炎在高倍镜下可见软脑膜水肿加厚，其中血管淤血，散在异嗜白细胞。(HE，×400) (许益民)

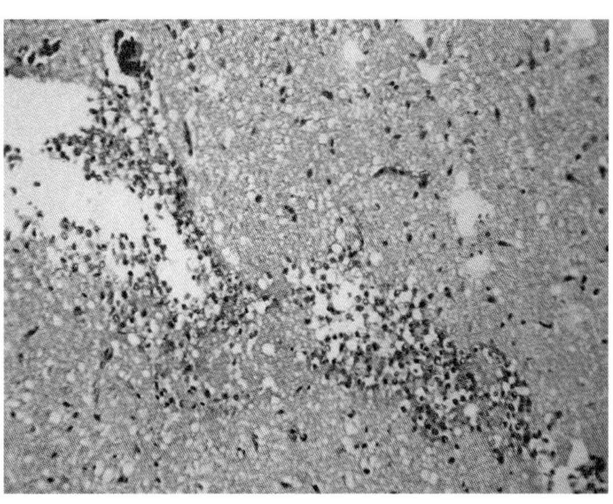

图2-12-36 脑膜炎：脑回中的软脑膜炎症，异嗜白细胞浸润。(HE，×200) (许益民)

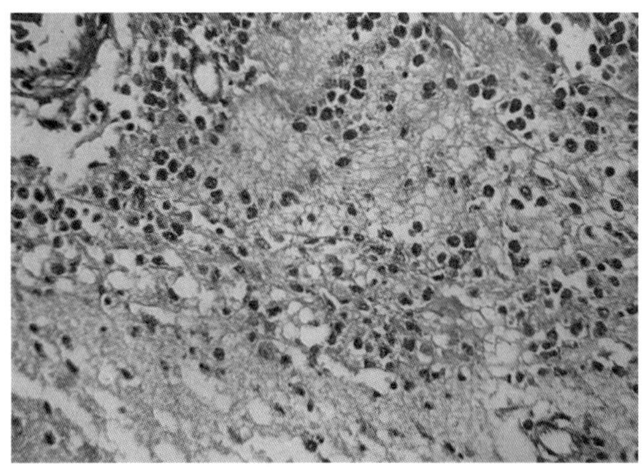

图2-12-37　脑炎：血管外周脑组织中大量异嗜白细胞浸润。（HE，×400）　（许益民）

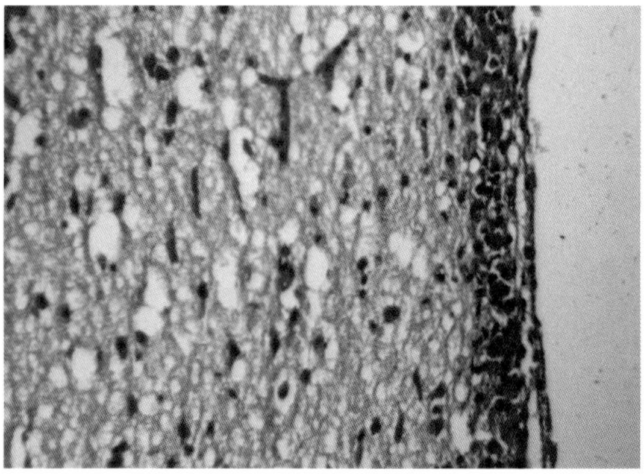

图2-12-38　软脑膜炎：接近脑膜浅层的脑组织内异嗜白细胞密集浸润。（HE，×400）　（许益民）

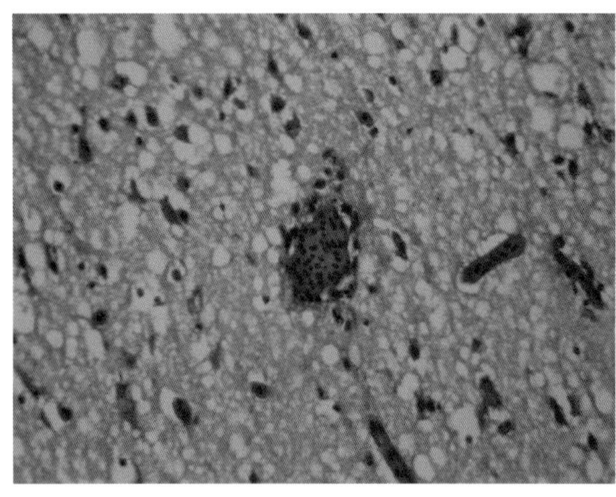

图2-12-39　脑实质内脑血管壁细胞肥大、增多。（HE，×400）　（许益民）

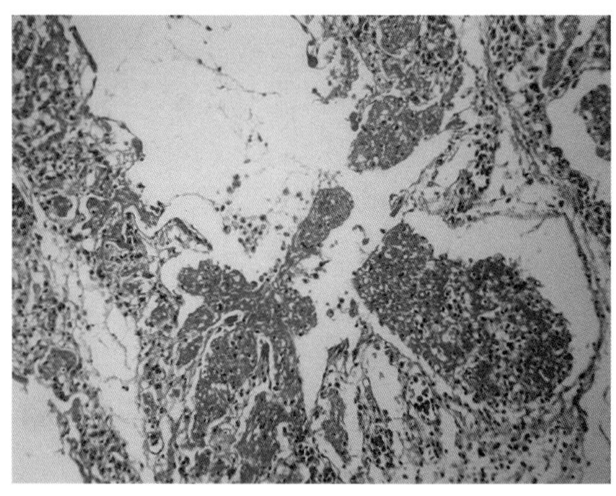

图2-12-40　病鸭表现纤维素性肺炎，常见三级支气管和肺房内纤维素沉着，使病鸭呼吸困难。（HE，×200）　（许益民）

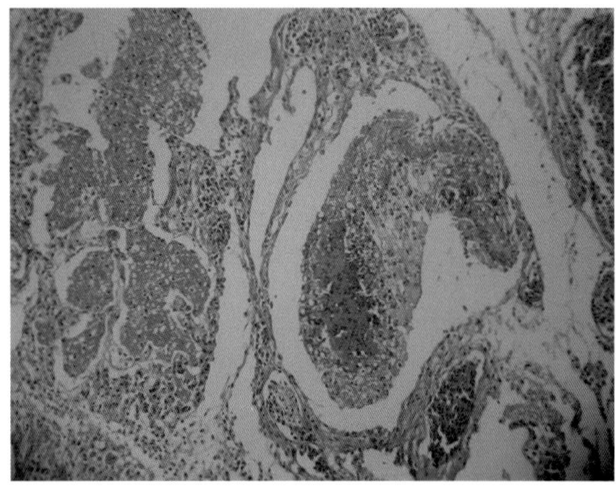

图2-12-41　肺炎：三级支气管内纤维素性坏死物质和炎性细胞。（HE，×200）　（许益民）

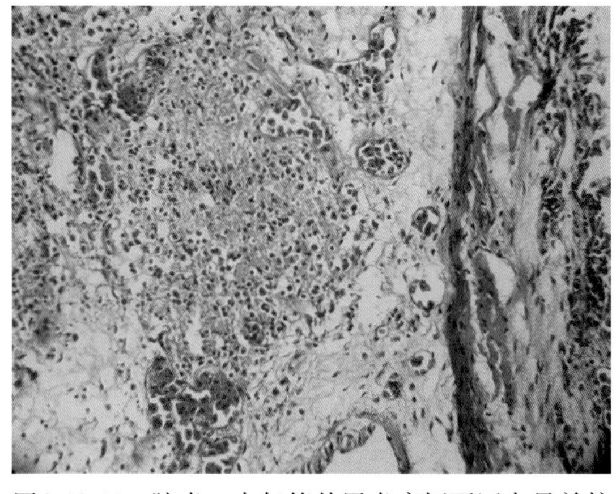

图2-12-42　肺炎：支气管外周炎症坏死区大量单核细胞渗出。（HE，×200）　（许益民）

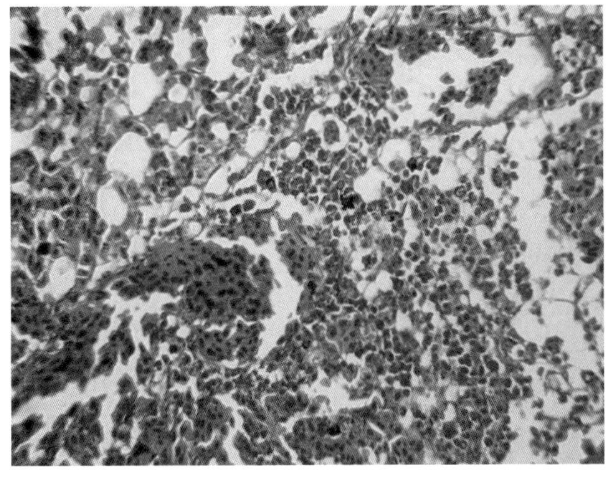

图2-12-43　肺炎：肺实质内的单核细胞浸润区。(HE，×400)　(许益民)

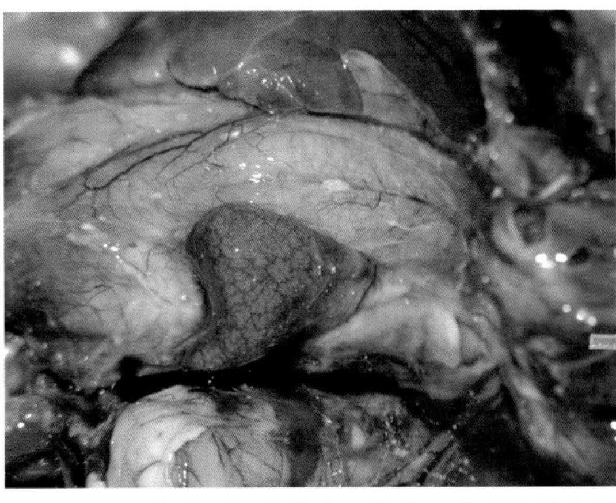

图2-12-44　脾脏：轻度肿大，淤血，花斑状或有纤维素附着。　(许益民)

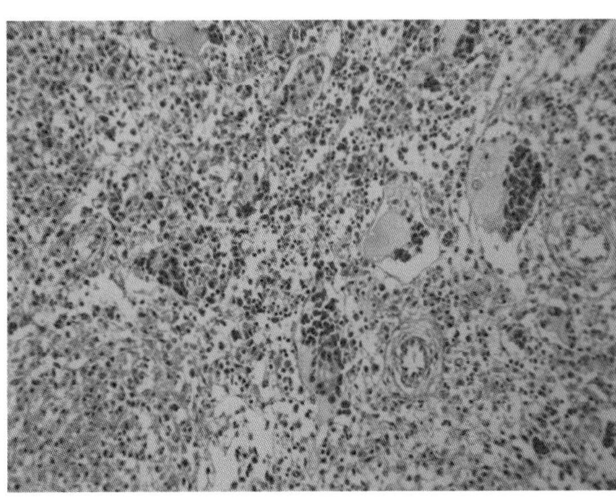

图2-12-45　脾脏血管淤血，淋巴管扩张，淋巴细胞稀疏。(HE，×200)　(许益民)

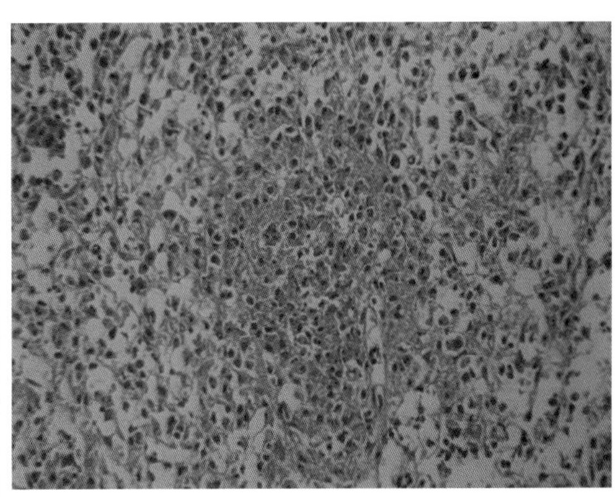

图2-12-46　脾脏切片的一个坏死灶内淋巴细胞坏死和炎症细胞浸润。(HE，×400)　(许益民)

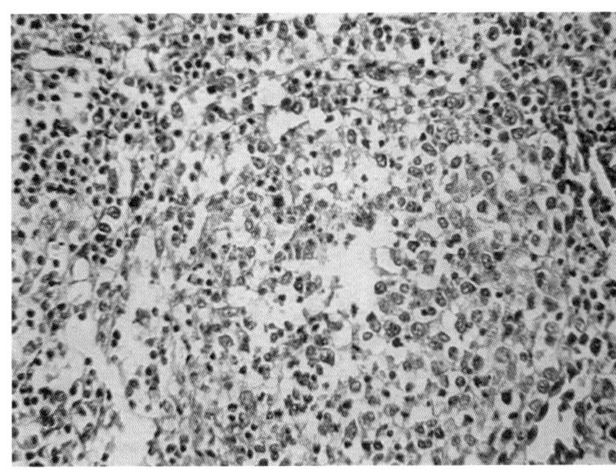

图2-12-47　脾小体内淋巴细胞坏死，细胞排列稀疏，淋巴细胞明显减少。(HE，×400)　(许益民)

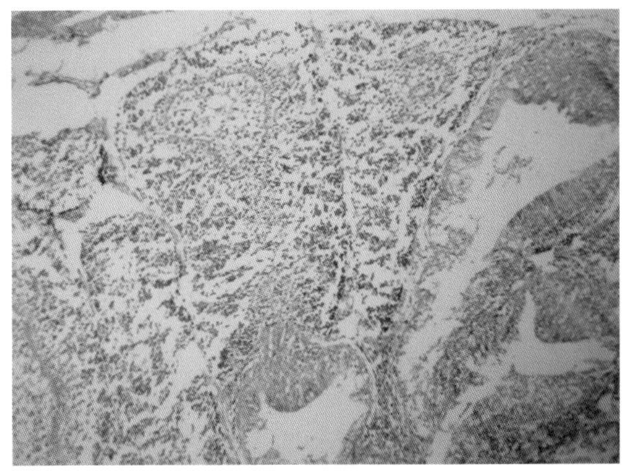

图2-12-48　法氏囊内淋巴细胞稀疏。(HE，×100)　(许益民)

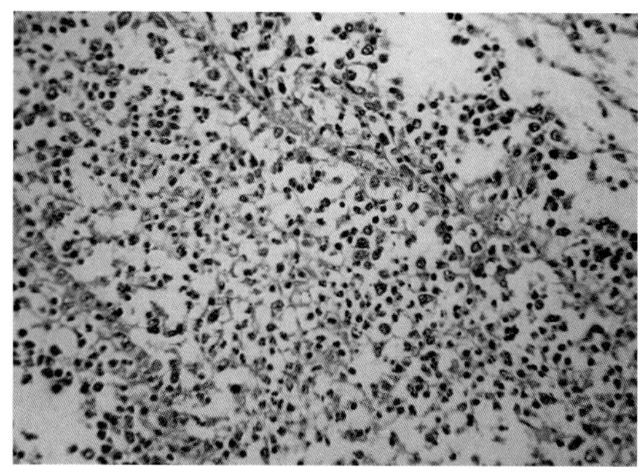

图2-12-49　法氏囊淋巴细胞坏死和炎症细胞浸润。（HE，×400）　（许益民）

图2-12-50　鸭疫里默氏菌在血琼脂培养基上置于烛罐中37℃培养24 ～ 72h，产生直径1 ～ 2mm，凸起，边缘整齐、透明、有光泽、呈奶油状的菌落。　（王永坤）

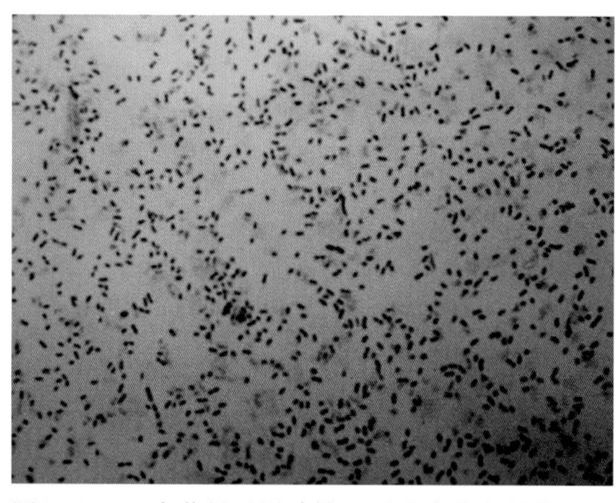

图2-12-51　本菌是无运动性、不形成芽孢的革兰氏阴性杆菌。菌体为小杆菌或椭圆形，单个存在，少数成双排列，偶有长丝状。瑞氏染色时多数菌体呈两极染色。　（王永坤）

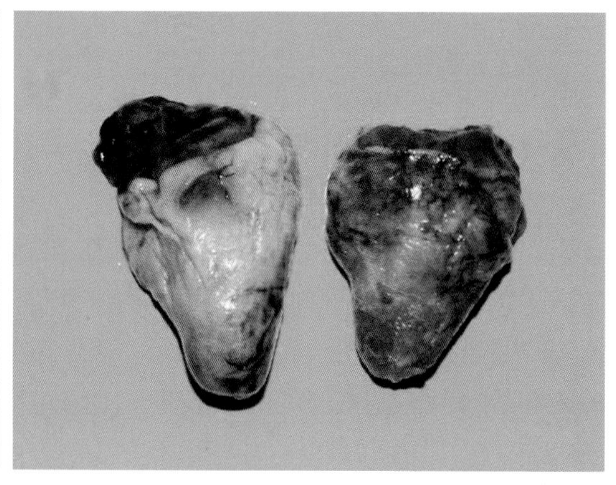

图2-12-52　心包膜增厚，有黄白色的纤维素性物渗出。　（刁有祥）

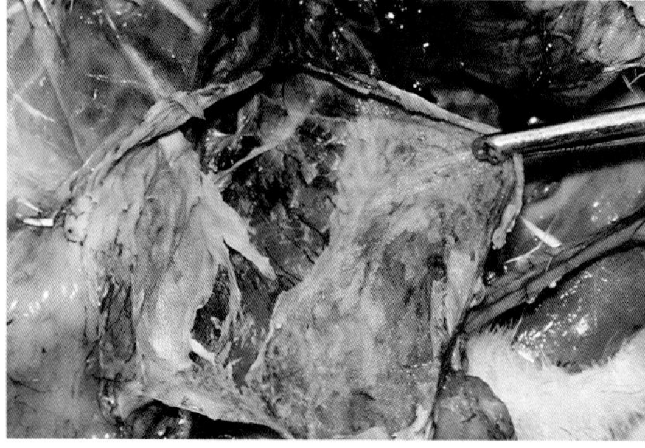

图2-12-53　气囊增厚，囊腔中有黄白色的纤维蛋白渗出。　（刁有祥）

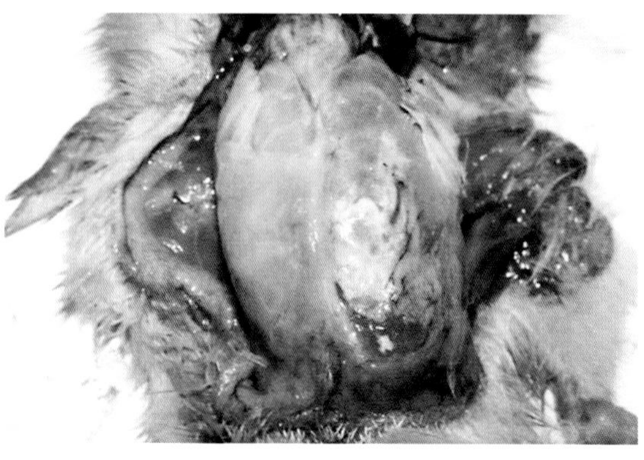

图2-12-54　肝脏表面覆盖灰白色、纤维素性渗出物。　（刁有祥）

图2-12-55　脾脏肿大，呈大理石状。（刁有祥）

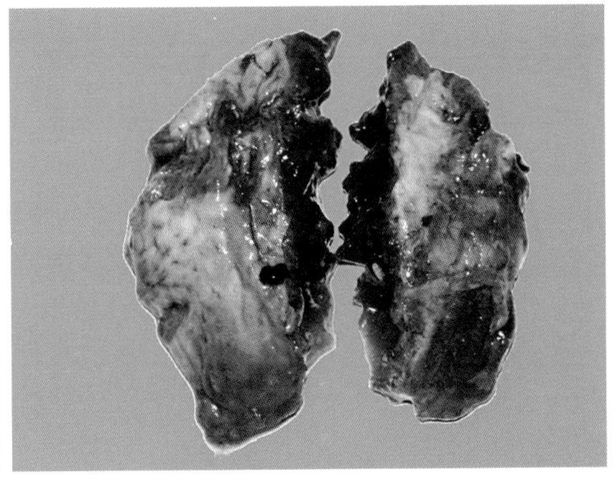

图2-12-56　肺脏出血，表面有黄白色的纤维蛋白渗出。（刁有祥）

第十三节　鸭链球菌病

（一）病原

链球菌为革兰氏阳性球菌，不能运动，不形成芽孢，兼性厌氧，单个、成对或呈短链存在。接触酶阴性，发酵糖类，通常产生乳酸。在血液琼脂平板上兽疫链球菌呈 β 型溶血。

（二）流行病学

各个日龄的鸭均易感，发病率和死亡率较低。鸭舍地面潮湿，空气污浊，卫生条件差，是本病发生的重要因素。中鸭和成鸭可经皮肤外伤感染，幼雏多经脐带感染，也可经污染的蛋壳和胚体垂直感染。本病多见于舍饲期，无明显季节性。

（三）临床症状

雏鸭表现体弱，缩颈合眼，精神委靡，羽毛松乱，呆立一旁，不愿走动，腹围膨胀，卵黄吸收不全，脐发炎、肿胀，有时化脓，常因严重脱水或败血症死亡。中鸭常呈急性败血症经过，临床表现为两肢软弱，步态蹒跚，驱赶时容易跌倒，食欲废绝，最后因衰竭而死。成鸭常见跗关节或趾关节肿胀，腹部肿胀下垂，不愿走动，在无其他临床症状的情况下，突然死亡。

（四）病理变化

多表现为急性败血症，实质器官出血严重，肝、脾肿大，表面可见局灶性密集的小出血点或出血斑，质地柔软。心包腔内积淡黄色液体，心冠脂肪、心内膜和心外膜可能有小点出血；肾脏肿大、出血，肠道呈卡他性变化，有时见出血点。雏鸭常引起脐炎。慢性可见关节炎。

（五）诊断

链球菌病根据其流行情况、发病症状、病理变化，结合涂（触）片染色后镜检可以做出初步诊断。涂（触）片检查是采用血涂片或病变的心瓣膜或其他病变组织作触片进行镜检，可见到典型的链球菌，进一步确诊需要通过细菌分离鉴定。

（六）防控

注意鸭舍的卫生和垫草的卫生，防止鸭皮肤和脚掌创伤感染。勤捡蛋，保持种蛋清洁，粪便污染的蛋不能孵化。入孵前，孵坊及用具应清洗干净并要消毒，入孵种蛋要用甲醛熏蒸消毒。

对病鸭群进行治疗，可用庆大霉素或新霉素，也可选用土霉素、多西环素等药物。

图2-13-1　病鸭跛行。　（刁有祥）

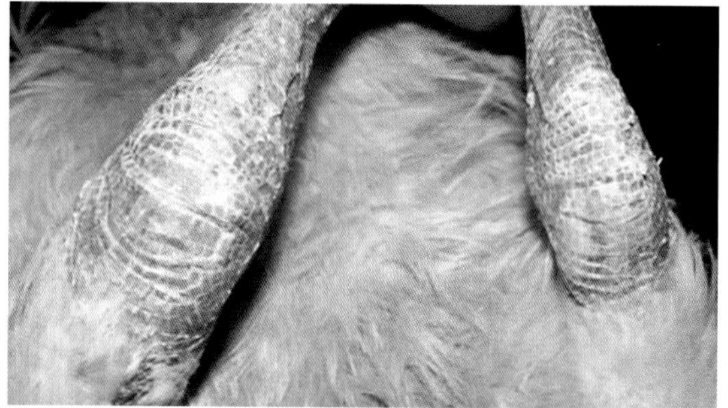

图2-13-2　病鸭关节肿大。　（刁有祥）

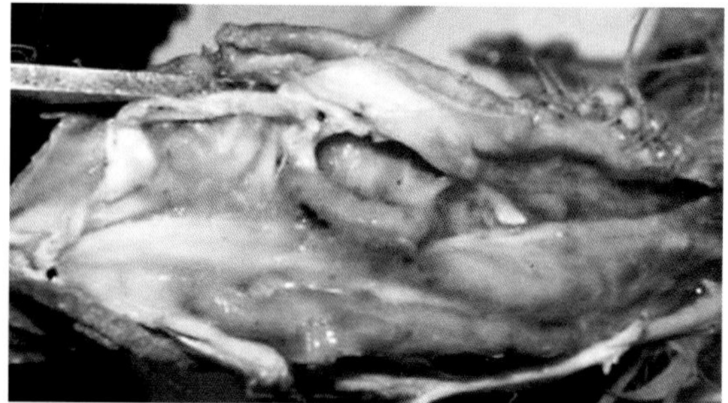

图2-13-3　病鸭关节肿大，关节腔中有脓性分泌物。　（刁有祥）

第十四节　鸭坏死性肠炎

（一）病原

本病病原为A型或C型产气荚膜梭菌，为革兰氏阳性菌，长4 ~ 8μm，宽0.8 ~ 1μm，两端钝圆的粗短杆菌，单独或成双排列。在自然界中形成芽孢较慢，芽孢呈卵圆形，位于菌体中央或近端，在机体内形成荚膜，是本菌的重要特点，但没有鞭毛，不能运动，人工培养基上常不形成芽孢。其最适培养基为血液琼脂平板，37℃厌氧培养过夜，在血液琼脂上形成圆形、光滑的菌落，直径2～4 mm，周围有两条溶血环，内环呈完全溶血，外环不完全溶血。A型产气荚膜梭菌产生的α毒素，C型产气荚膜梭菌产生的α、β毒素是引起肠黏膜坏死病变的直接原因。

（二）流行病学

本病主要自然感染2周至6月龄的鸭，以2～5周龄的地面平养肉鸭多发，3～6月龄的蛋鸭也可感染发病。产气荚膜梭状芽孢杆菌主要存在于粪便、土壤、灰尘、污染的饲料、垫草及肠内容物中。带菌鸭、病鸭及发病耐过鸭为重要传染源，被污染的饲料、垫料及器具对本病的传播起着重要的媒介作用。本病主要经消化道感染。球虫、流感病毒感染及肠黏膜损伤是引起本病发生的一个重要因素。此外，饲料中蛋白质含量增加，滥用抗生素，均可促使本病的发生。

（三）临床症状

自然病例表现严重的精神委顿、食欲减退、懒动、腹泻及羽毛蓬乱。临床经过极短，常呈急性死亡。严重者常见不到临床症状即已死亡，一般不表现慢性经过。

（四）病理变化

病变主要在小肠后段，尤其是回肠和空肠部分，盲肠也有病变。肠壁脆弱、扩张、充满气体。肠黏膜上附着疏松或致密的黄色或绿色的假膜，有时可出现肠壁出血。病变呈弥漫性，并有病变形成的各种阶段性景象。该病的组织学变化主要表现为肠黏膜的严重坏死。坏死的黏膜表面附有多量纤维蛋白、细胞碎片，并见有大量病原菌。

（五）诊断

根据症状及典型的剖检及组织学病变做出诊断。进一步确诊可采用实验室方法进行病原的分离鉴定。

用肠内容物、病变肠黏膜刮取物及出血的淋巴样小结作为病料样本，划线接种血琼脂平板，37℃厌氧培养过夜，然后根据菌落生长状态、菌体特征及生化特性进行鉴定。

（六）防控

泰乐菌素、林可霉素、喹诺酮类药物对本病有较好的治疗效果。也可用环丙沙星或恩诺沙星、甲磺酸培氟沙星、加替沙星等治疗。

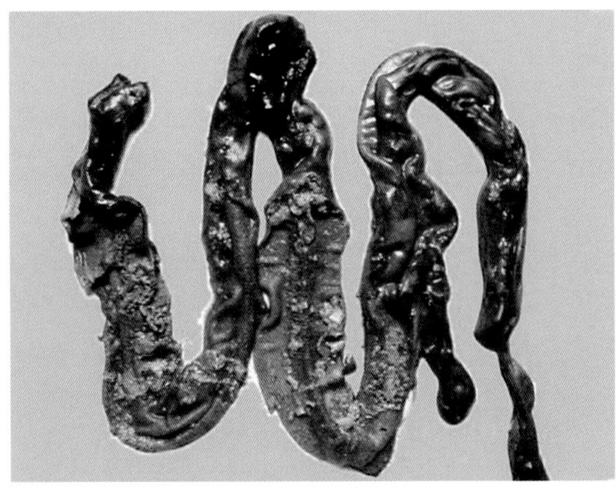

图2-14-1 肠道表面有黄白色纤维素渗出，肠黏膜出血。
（刁有祥）

图2-14-2 肠道表面有黄白色纤维素渗出。
（刁有祥）

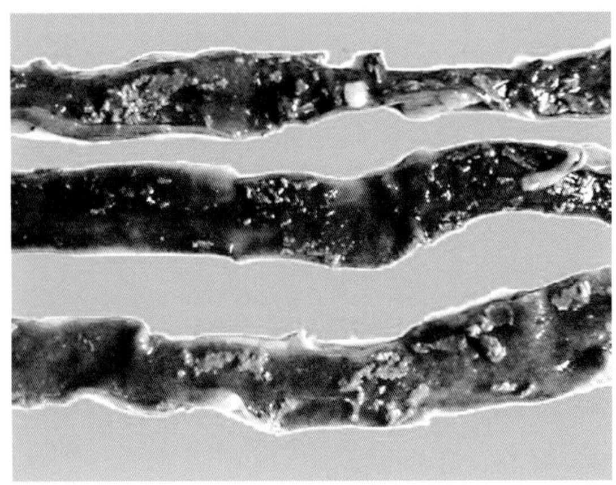

图2-14-3 肠道表面有黄白色纤维素渗出，肠黏膜出血。
（刁有祥）

Chapter 3 第三章 寄生虫病

第一节 球 虫 病

一、鸡球虫病

（一）病原

鸡球虫病由艾美耳科（Eimeriidae）艾美耳属（*Eimeria*）的各种球虫寄生于鸡小肠或盲肠而引起的原虫病，是养鸡业危害最严重的疾病之一。迄今全世界已记载的鸡球虫共有15种，公认的有7种，即堆型艾美耳球虫（*Eimeria acervulina*）、巨型艾美耳球虫（*E.maxima*）、和缓艾美耳球虫（*E.miiis*）、毒害艾美耳球虫（*E.necatrix*）、早熟艾美耳球虫（*E.praecox*）、柔嫩艾美耳球虫（*E.tenella*）、布氏艾美耳球虫（*E.bonetti*）。以上7种鸡艾美耳球虫在我国各地均有流行。

（二）流行病学

本病呈世界性分布，世界各国都有发生。球虫病常感染15 ～ 50日龄的鸡，死亡率很高。鸡球虫的感染途径是摄入有活力的孢子化卵囊。卵囊对恶劣的外界环境条件和消毒剂具有很强的抵抗力，但对高温和干燥的抵抗力较弱。饲养管理条件不良能促使本病的发生。当鸡舍潮湿、拥挤、饲养管理不当或卫生条件恶劣时，最易发病，而且往往可迅速波及全群。发病时间与气温和雨量有密切关系，通常多在温暖的季节流行。在北方，大约从 5月份开始到9月末为流行季节，7 ～ 8月份最严重。而规模化舍饲的鸡场中，一年四季均可发病。

（三）临床症状

鸡球虫病按病程长短分为急性和慢性两型。急性型多见于雏鸡，其病程约数日至二三周。病初精神不佳，羽毛耸立，食欲减退。以后由于肠上皮的大量破坏和机体中毒的加剧，病鸡出现共济失调，翅膀轻瘫，嗉囊内充满液体，鸡冠和可视黏膜贫血，逐渐消瘦，粪呈水样，并带有少量血液。末期发生痉挛和昏迷，不久死亡。如不及时采取防治措施，死亡率可达50%以上。慢性型多见于4 ～ 6个月龄的鸡或成年鸡。症状与急性型的相似，病期较长，可延续数周至数月。病鸡逐渐消瘦，足和翅膀发生轻瘫，产卵量减少，有间歇性下痢，很少死亡。

（四）病理变化

柔嫩艾美耳球虫主要侵害盲肠，是致病力最强的一种球虫。在急性型，两支盲肠显著肿大，可为正常的3～5倍，其中充满凝固的或新鲜的暗红色血液，盲肠上皮变厚，有严重的糜烂。

巨型艾美耳球虫损害小肠中段，肠管扩张，肠壁增厚，内容物黏稠，呈淡灰色、淡褐色或淡红色，有时混有很小的血块。

毒害艾美耳球虫损害小肠中段，使肠壁扩张、增厚，有严重的坏死。在裂殖体繁殖的部位，呈明显的淡白色斑点，和黏膜上的许多小出血点相间杂。肠壁深部和肠管中均有凝固的血液，依新鲜或陈旧程度之不同，外观呈淡红白色或黑色。

堆型艾美耳球虫多在上皮表层发育，并且同一发育阶段的虫体常聚集在一起；在被损害的肠段（十二指肠和小肠前段）出现大量淡白色斑点，排列成横行，外观呈阶梯样。

（五）诊断

取粪便进行卵囊检查，当发现大量卵囊时即可确诊。尸体剖检病鸡，检查出内生发育阶段虫体也可确诊。

（六）防控

常用的治疗药物有妥曲珠利、地克珠利。

目前所有的肉鸡场都应无条件地进行药物预防，而且应从雏鸡出壳后第1天即开始使用预防药物。使用的抗球虫药物有下列几种：盐酸氨丙啉、地克珠利、盐霉素等。另外，为了避免药物残留对环境和食品的污染和耐药虫株的产生，可以利用疫苗对球虫病进行防治。

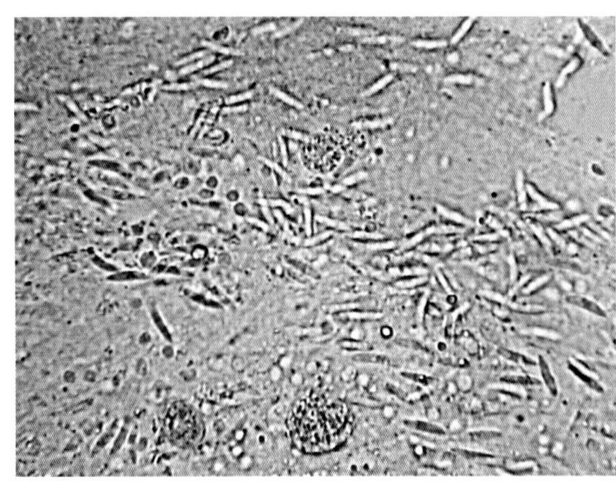

图3-1-1　毒害艾美耳球虫病。病鸡的肠黏膜未染色涂片，在显微镜下可见鸡回肠内的裂殖子与裂殖体。（许益民）

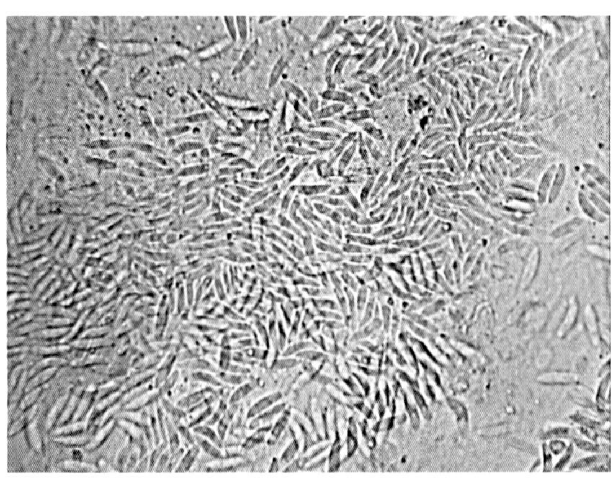

图3-1-2　毒害艾美耳球虫病。病鸡回肠黏膜未染色涂片，在显微镜下可见裂殖子。（许益民）

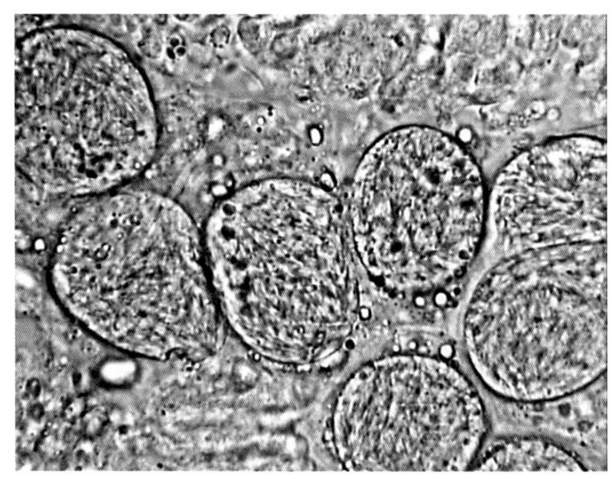

图3-1-3　毒害艾美耳球虫病。病鸡的回肠黏膜未染色涂片，在显微镜下可见鸡回肠内的裂殖子与裂殖体。（许益民）

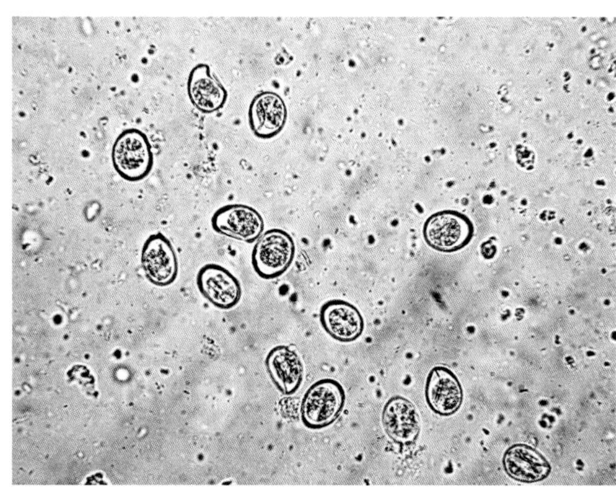

图3-1-4　饱和盐水漂浮法检查时，在粪便中检出的大量球虫卵囊。（王春仁）

图3-1-5　雏鸡感染急性球虫病死亡。小肠中段严重出血或者被损害肠段浆膜有多量淡白色斑点。（许益民）

图3-1-6　毒害艾美耳球虫损害鸡的小肠中段，肠壁扩张、增厚，浆膜可见白色、坏死小点和出血点。淡白色斑点是裂殖体繁殖部位，和黏膜上小出血点相间杂。肠管中有淡红白色或黑色凝血。（许益民）

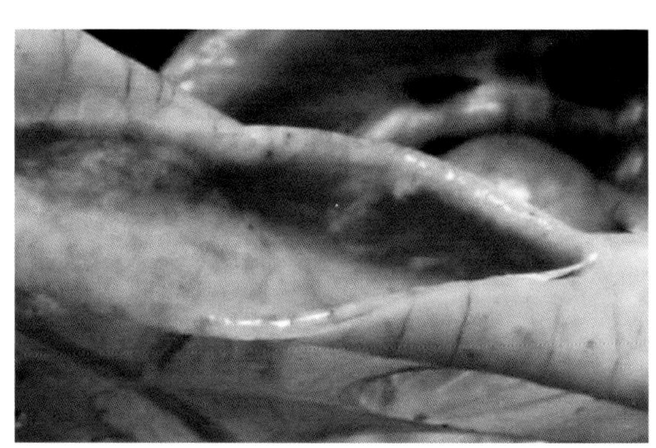

图3-1-7　毒害艾美耳球虫损害鸡的小肠中段，浆膜可见白色、坏死小点和出血点。肠壁扩张、增厚，肠道含有黄色、稀薄内容物。（许益民）

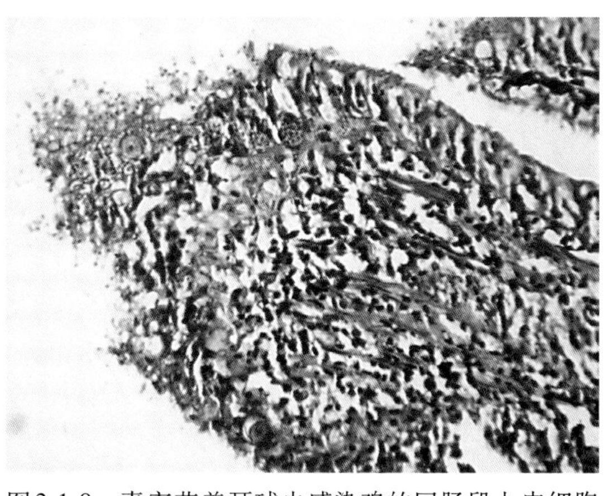

图3-1-8　毒害艾美耳球虫感染鸡的回肠段上皮细胞脱落，固有层裸露，裂殖体和裂殖子散在于组织中以及损坏的黏膜表面。(HE，×400)（许益民）

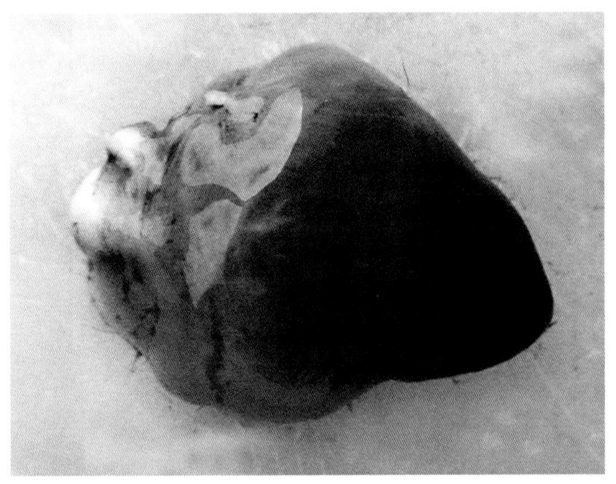

图3-1-9 毒害艾美耳球虫感染鸡的心肌和冠状沟脂肪水肿，心脏有白色条纹。显微镜下心肌颗粒变性。（许益民）

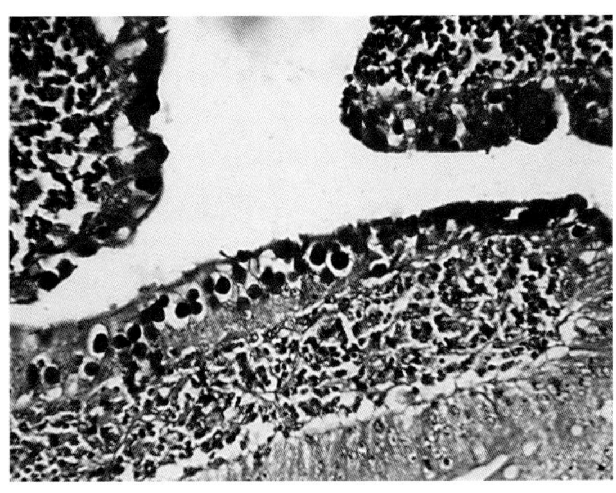

图3-1-10 20日龄鸡十二指肠球虫病。病鸡消瘦，十二指肠浆膜外可见小白点。病理学检查十二指肠，可见肠黏膜上皮细胞内球虫的配子体阶段。（HE，×400）（许益民）

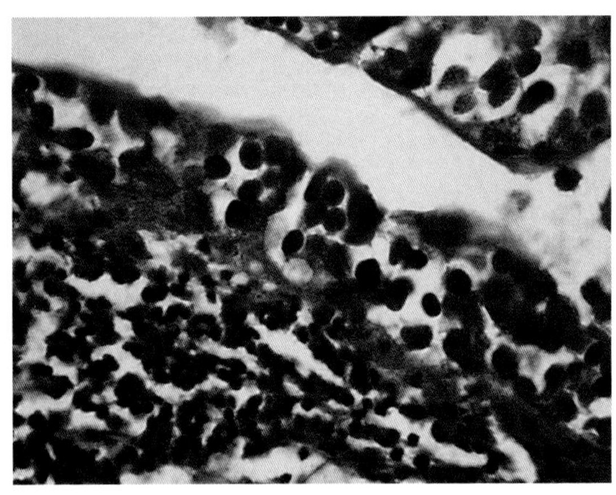

图3-1-11 20日龄鸡十二指肠球虫病。病鸡消瘦，十二指肠浆膜外可见小白点。显微镜检查十二指肠肠黏膜可见上皮细胞内球虫的配子体阶段和固有层的炎症反应。（HE，×1 000）（许益民）

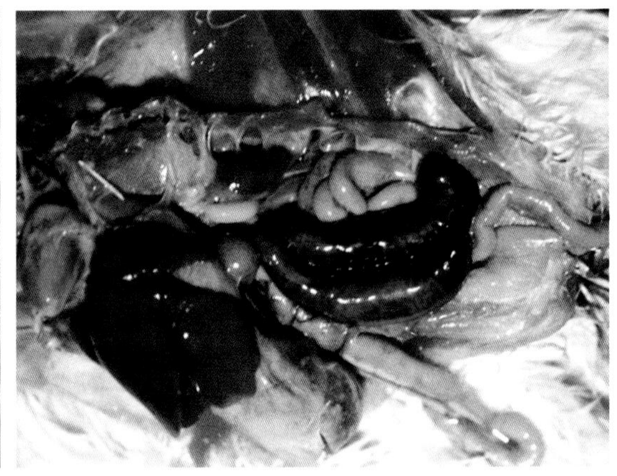

图3-1-12 柔嫩艾美耳球虫引起的鸡盲肠球虫病。图示SPF来杭鸡放到环境中感染的急性盲肠球虫病。其他脏器无明显异常。（许益民）

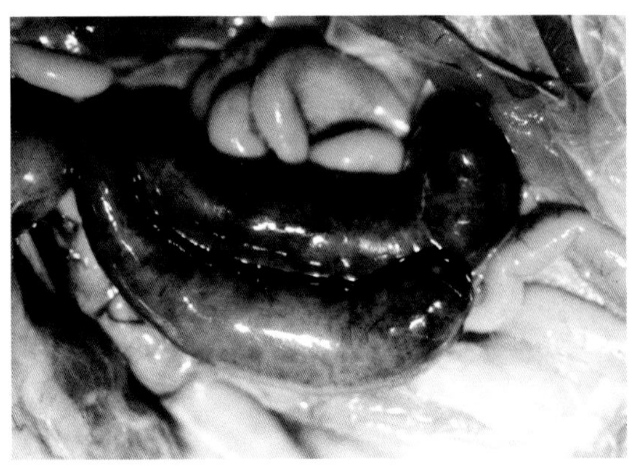

图3-1-13 柔嫩艾美耳球虫引起的鸡盲肠球虫病。SPF来杭鸡放到环境中感染的急性盲肠球虫病病变的进一步放大。（许益民）

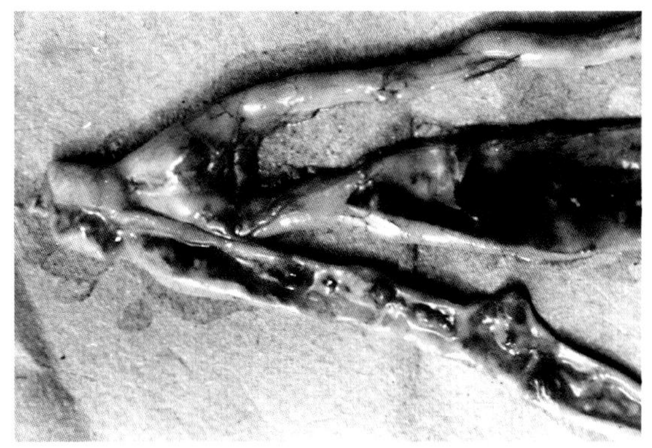

图3-1-14 柔嫩艾美耳球虫引起的鸡盲肠球虫病。图示SPF来杭鸡放到环境中感染的急性盲肠球虫病。两侧盲肠显著肿大，肠腔充满凝固的或新鲜的暗红色血液，盲肠上皮溃疡。回肠病变相同。 （许益民）

二、鸭球虫病

（一）病原

感染鸭的球虫有10个种，分属3个属，即艾美耳属（*Eimeria*）、泰泽属（*Tyzzeria*）和温扬属（*Wenyonella*）。后两属球虫均寄生于小肠。鸭由于吞食了土壤、饲料和饮水等外界环境中的孢子化卵囊而造成感染。

（二）流行病学

鸭球虫病的传播是通过被病鸭或带虫鸭粪便污染的饲料、饮水、土壤或用具等。鸭球虫具有明显的宿主特异性，只能感染鸭。雏鸭发病严重，死亡率高。发病与季节有密切关系，流行季节多在9 ～ 10月份。

（三）临床症状

鸭群突然发病，急性期病鸭精神沉郁，食欲减退或废绝，喜饮水。后期逐渐衰弱，不能站立，卧地时鸣叫，排出含黏液、血液的腥臭稀粪，严重的发病5 ～ 6d后死亡。

（四）病理学变化

特征性病变是小肠前半段出血严重，肠黏膜密布针尖大小的出血点，肠内容物为淡红色或鲜红色胶冻样血性黏液，有的覆盖一层糠麸样物。后半段肠道黏膜有轻度散在出血点，直肠黏膜红肿。

（五）诊断

1.漂浮检查法 一般采用65%硫酸镁水溶液漂浮检查法，将病鸭粪便充分混合，取2 ～ 3g，加10 ～ 20倍量的漂浮液，充分搅匀后移入小试管中，使粪液面凸出试管口但不溢出，静置20 ～ 60min，将盖玻片轻轻覆在液面上后，随即迅速取走盖玻片，然后将盖玻片置于载玻片上镜检。

2.直接涂片检查法 刮取病死鸭少量盲肠黏膜涂在载玻片上，加入1 ～ 2滴50%甘油水溶液，调和均匀，加上盖玻片，置显微镜下观察，可见大量球形的裂殖体，香蕉形或月牙形的裂殖子、大小配子体、大小配子和卵囊。

（六）防控

清除鸭舍内和场地的污草和粪便，焚烧或堆肥，并彻底清洗后用火焰喷烧地面，并加大鸭舍的通风换气。

治疗可用复方新诺明、磺胺-6-甲氧嘧啶、地克珠利、马杜拉霉素等药物。同时保持鸭舍清洁、干燥，及时清粪并堆积发酵。

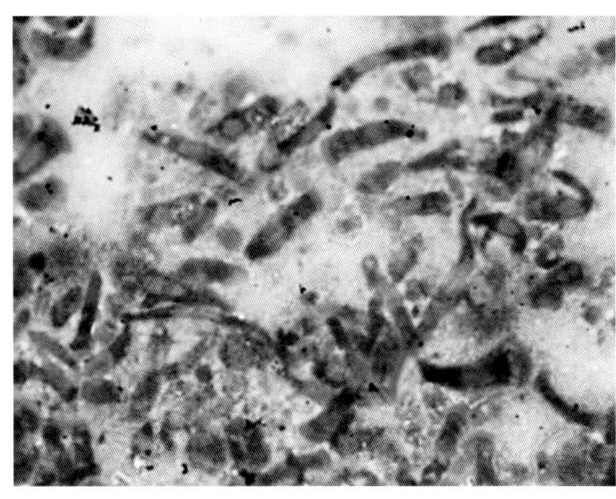

图3-1-15　鸭球虫裂殖子。（李宏梅）

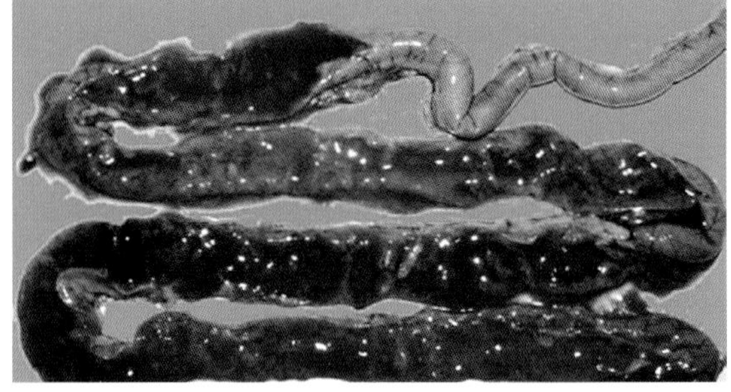

图3-1-16　病鸭肠管增粗，肠道中充满大量血液。（刁有祥）

图3-1-17　病鸭肠道中充满大量血液，黏膜出血。（刁有祥）

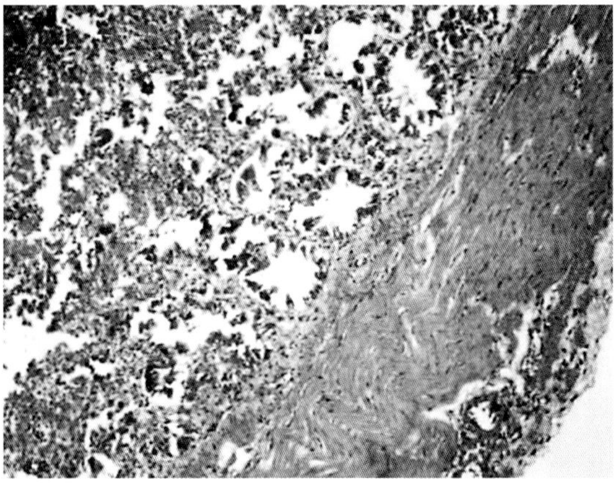

图3-1-18　肠黏膜上皮细胞坏死脱落，肠绒毛断裂，黏膜固有层炎性细胞浸润。（刁有祥）

三、鹅球虫病

（一）病原

已报道的感染鹅的球虫有16种之多，分别属于艾美耳属（*Eimeria*）、等孢属（*Isospora*）

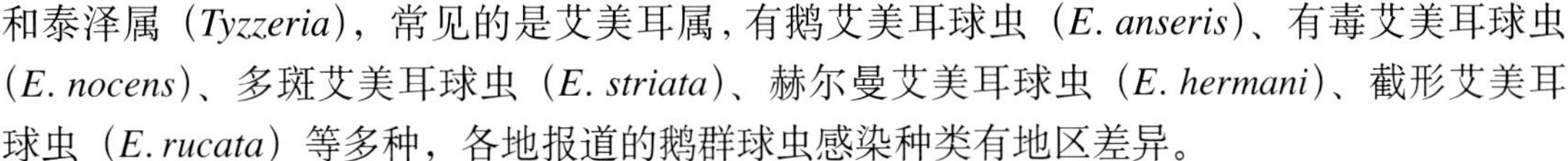

和泰泽属（*Tyzzeria*），常见的是艾美耳属，有鹅艾美耳球虫（*E. anseris*）、有毒艾美耳球虫（*E. nocens*）、多斑艾美耳球虫（*E. striata*）、赫尔曼艾美耳球虫（*E. hermani*）、截形艾美耳球虫（*E. rucata*）等多种，各地报道的鹅群球虫感染种类有地区差异。

（二）流行病学

主要发生于2 ～ 7周龄不同日龄段的雏鹅和仔鹅，一旦流行，发病率可高达90%～100%，死亡率高，康复鹅成为带虫者。本病传播途径主要是消化道，放牧场地、饲料或饮水中的鹅球虫孢子化卵囊被鹅吞入后感染。本病多发生于每年天气温暖和多雨湿度大的3月至9月底的季节。

（三）临床症状

按寄生部位不同，可分为肠球虫和肾球虫两种类型。

肠球虫病：急性病例多见于雏鹅，开始精神不振，羽毛松乱无光泽，缩头，行走缓慢，闭目呆立，有时卧地头弯曲藏至背部羽下，食欲减少或不食，喜饮水，先便秘后排稀便，由糊状逐渐变为白色稀便或水样便，泄殖腔周围沾有粪便。后由于肠道损伤及中毒，翅膀轻瘫，共济失调，渴欲增加，食道膨大部充满液体，粪便带血，逐渐消瘦。出现神经症状者，痉挛性收缩，不久即死亡。

肾球虫病：由致病力很强的截形艾美耳球虫引起，此种球虫分布很广，对3 ～ 12周龄的幼鹅和中鹅有致病力，其死亡率高达30%～ 100%，甚至引起暴发流行。发病急，食欲不振，排白色粪便，翅膀下垂，目光迟钝，眼睛凹陷。存活者歪头扭颈，步态不稳，摇晃。

（四）病理变化

肠球虫病：尸体干瘦，黏膜苍白或发绀，泄殖腔周围羽毛被粪血污染，急性者呈严重的出血性卡他性炎症。肠黏膜增厚、出血、糜烂，在回盲段和直肠中段的肠黏膜具有糠麸样的假膜覆盖，黏膜上有出血点和球虫结节，肠内容物为红色或褐色黏稠物。

肾球虫病：主要在肾脏，肾脏肿大，呈淡灰色或红色，在肾的表面见有血斑和针头大灰白色病灶或条纹，病灶中有尿酸盐沉积物和大量卵囊。

（五）诊断

取肾脏组织或肠黏膜涂片镜检发现大量球虫的各个发育阶段如裂殖体、裂殖子、配子体、未孢子化卵囊，或饱和盐水漂浮法在鹅粪便中发现大量未孢子化卵囊即可确诊。

（六）防控

在流行地区，可用复方磺胺甲基异噁唑预防球虫病。对发病鹅群，治疗鹅球虫病主要应用磺胺类药，尤以磺胺间甲氧嘧啶和磺胺喹噁啉治疗效果较好。为防止形成抗药性可选用2种以上药物交替使用。

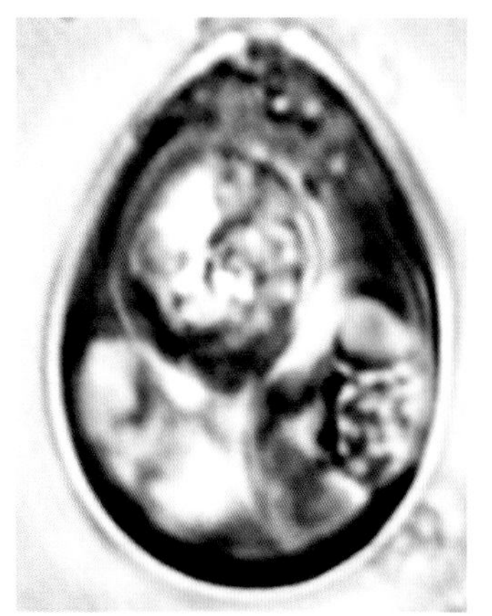

图3-1-19　鹅艾美耳球虫孢子化卵囊。
（陶建平、许金俊）

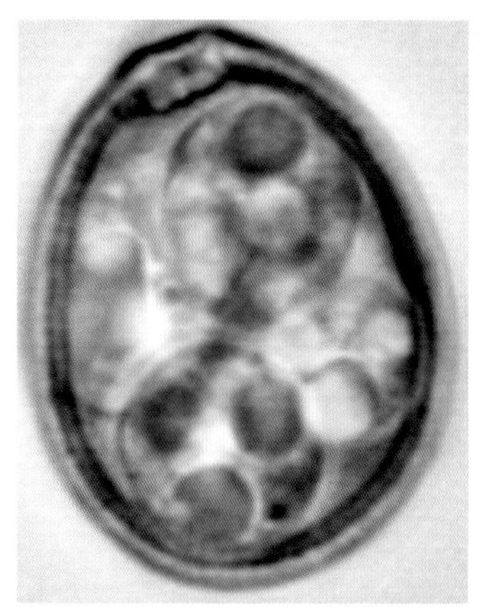

图3-1-20　多斑艾美耳球虫孢子化卵囊。
（陶建平、许金俊）

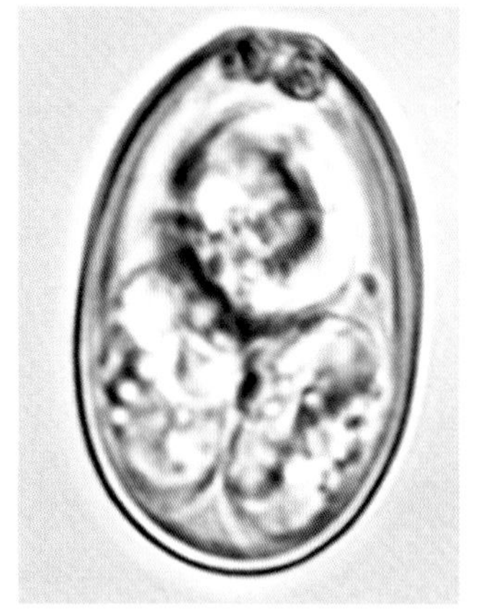

图3-1-21　赫尔曼艾美耳球虫孢子化卵囊。
（陶建平、许金俊）

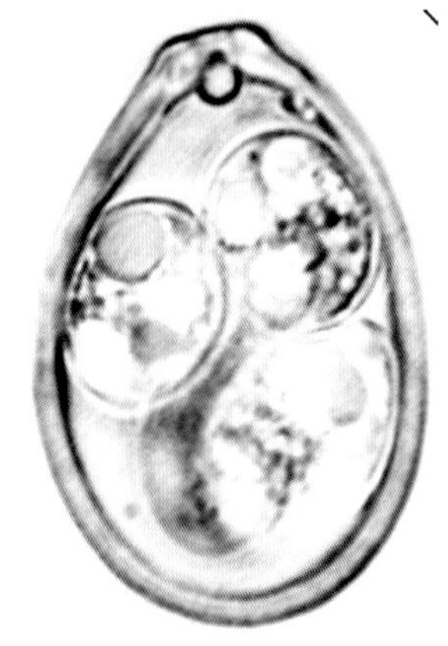

图3-1-22　有害艾美耳球虫孢子化卵囊。
（陶建平、许金俊）

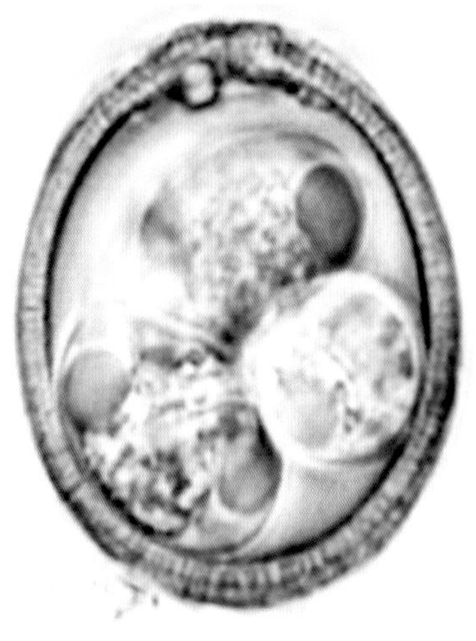

图3-1-23　棕黄艾美耳球虫孢子化卵囊。
（陶建平、许金俊）

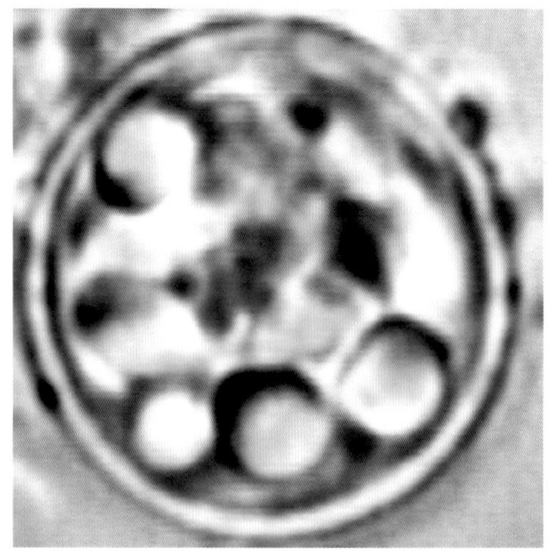

图3-1-24　稍小泰泽艾美耳球虫孢子化卵囊。
（陶建平、许金俊）

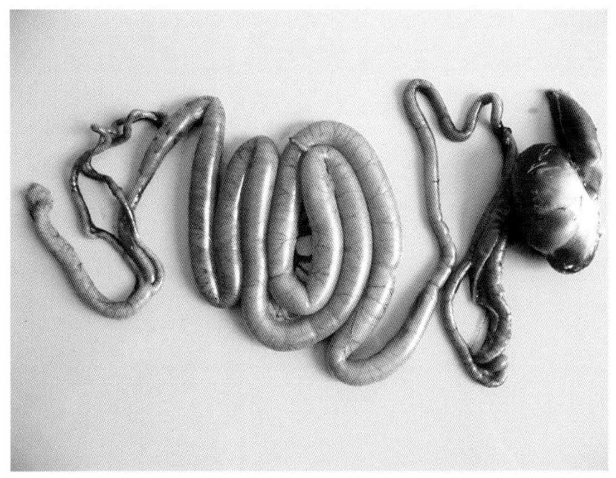

图3-1-25　鹅艾美耳球虫人工感染早期肠管臌气。（陶建平、许金俊）

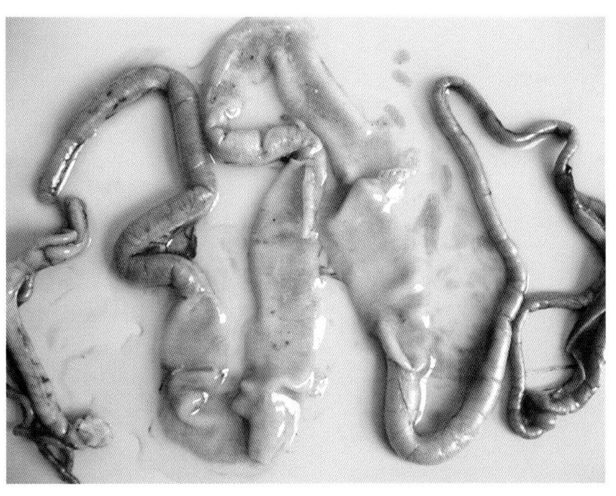

图3-1-26　鹅艾美耳球虫人工感染早期小肠炎症、渗出。（陶建平、许金俊）

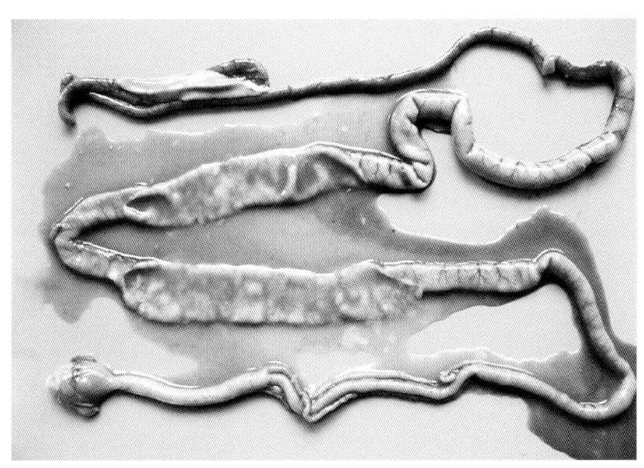

图3-1-27　鹅艾美耳球虫人工感染后期小肠黏膜增粗、渗出。（陶建平、许金俊）

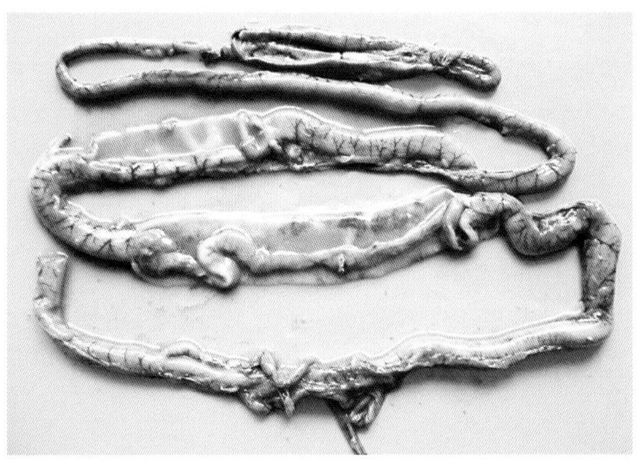

图3-1-28　鹅艾美耳球虫人工感染后期小肠黏膜坏死、脱落，并形成肠栓。（陶建平、许金俊）

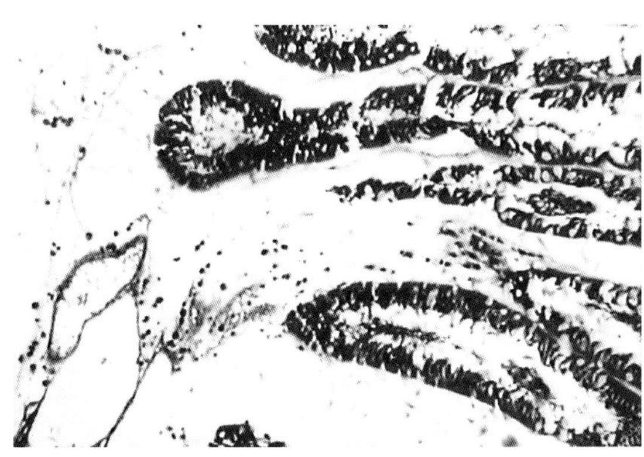

图3-1-29　鹅艾美耳球虫感染引起的组织病变：肠绒毛断裂，肠绒毛周围或肠内容物中有炎性渗出物和脱落的上皮细胞。（HE，×100）（陶建平、许金俊）

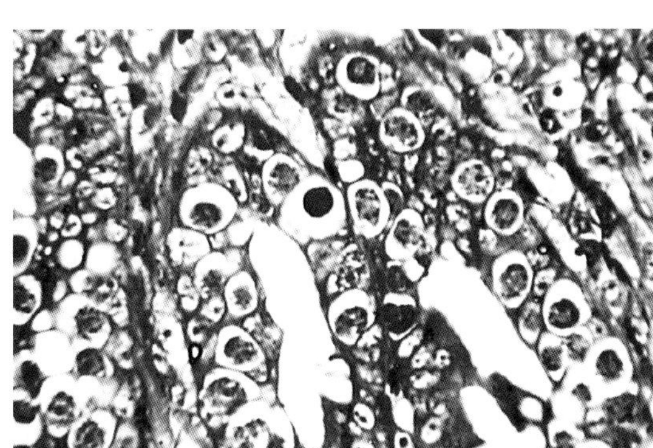

图3-1-30　鹅艾美耳球虫感染后，肠上皮细胞内大量配子体。（HE，×400）（陶建平、许金俊）

第二节　鸡和鹅蛔虫病

（一）病原

鸡蛔虫病是由禽蛔科（Ascaridiidae）禽蛔属（*Ascaridia*）的鸡蛔虫(*A.galli*)寄生于鸡的小肠内引起的一种寄生虫病。鹅蛔虫病是由鹅蛔虫（*A. anseris*）引起的，有人认为鹅蛔虫与鸡蛔虫是同一种。

（二）流行病学

该病呈世界性分布，我国各地均有本病。鸡感染蛔虫是由于吞食了感染性虫卵所致。鸡蛔虫虫卵对外界环境抵抗力很强，在土壤里一般能保持6个月的生活力。但对干燥和高温（50℃以上）敏感，在荫蔽潮湿的地方，可生存很长时间，蛔虫感染一般在潮湿季节。

（三）临床症状

雏鸡常表现为生长发育不良，精神委靡，翅膀下垂，黏膜贫血，消化机能障碍，食欲减退，下痢和便秘交替，有时稀粪中混有带血黏液，以后渐趋衰弱而死亡。成年鸡多属轻度感染，不表现症状，但亦有重症感染的情况，表现为下痢，产蛋量下降和贫血。

（四）病理变化

幼虫侵入黏膜时，在肠壁上常见有颗粒状化脓灶或结节形成。严重感染时，成虫大量聚集，造成肠管阻塞，甚至引起肠破裂和腹膜炎。其代谢产物被吸收后常引起中毒反应，使雏鸡发育迟缓，成年鸡产蛋力下降。

（五）诊断

粪便检查发现大量虫卵或剖检发现虫体即可确诊。

（六）防控

治疗药物较多，如阿苯达唑、左旋咪唑、伊维菌素等可依据实际选用。

本病的预防包括以下几方面：①在蛔虫流行的鸡场，进行定期驱虫。②雏鸡应与成鸡分群饲养，不使用公共运动场。③加强饲养管理。④粪便进行无害化处理。

图3-2-1 鸡蛔虫。 （王春仁、田思勤）

图3-2-2 大量蛔虫寄生于鸡小肠，造成肠管阻塞。
（王春仁、田思勤）

图3-2-3 大量蛔虫寄生于鸡小肠，造成肠管阻塞。
（许益民）

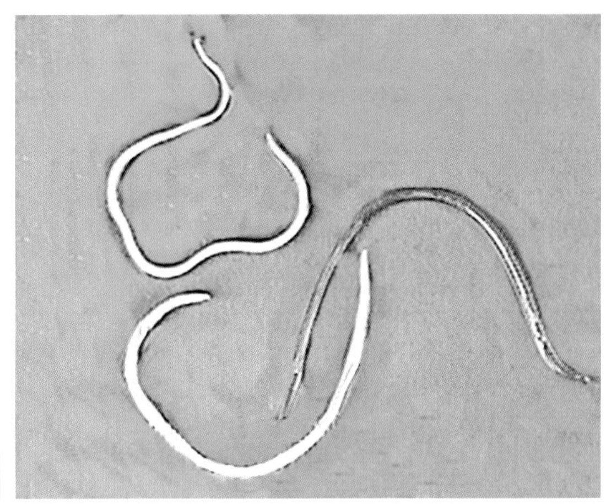
图3-2-4 鹅蛔虫。 （许金俊）

第三节 绦 虫 病

一、鸡赖利绦虫病

（一）病原

赖利绦虫病是由戴文科（Davdineidae）赖利属（*Raillietina*）的绦虫寄生于家鸡和火鸡的小肠中引起的一种绦虫病。赖利绦虫种类较多，我国最常见的有四角赖利绦虫（*R. tetragona*）、棘沟赖利绦虫（*R. echinobothrida*）和有轮赖利绦虫（*R. cesticillus*）三种。

（二）流行病学

赖利绦虫为世界性分布，我国各地均有记录。赖利绦虫的中间宿主为蝇类、甲虫或蚂蚁。在温暖潮湿的南方地区，其中间宿主可全年活动，动物几乎全年都可感染；而在寒冷干燥的北方地区，中间宿主要冬眠，动物的感染明显具有春、秋两季的特点。

（三）临床症状

患禽在临床上表现为腹泻，体弱消瘦，两翅下垂，羽毛逆立，黏膜黄染，蛋鸡产卵量减少或停产。雏鸡发育受阻或停止，也可继发其他疾病而死亡。

（四）病理变化

大量感染时虫体集聚成团，导致肠阻塞，甚至肠破裂而引起腹膜炎。其代谢产物被吸收后可引起中毒反应，出现神经症状。棘沟赖利绦虫的顶突深入肠黏膜，引起结核样病变。

（五）诊断

采用饱和盐水漂浮法进行粪便检查，发现虫卵或剖检鸡发现虫体即可确诊。

（六）防控

治疗药物较多，如氯硝柳胺、吡喹酮、阿苯达唑等，可依据实际选用。

本病的预防包括两个方面：①对鸡群进行定期检查，发现虫体或虫卵后，及时采用特效药进行驱虫，并对虫体进行处理。②消灭中间宿主，对蚂蚁、甲虫等应采用药物进行杀灭，并保持鸡舍场地坚实、平整，防止中间宿主滋生。

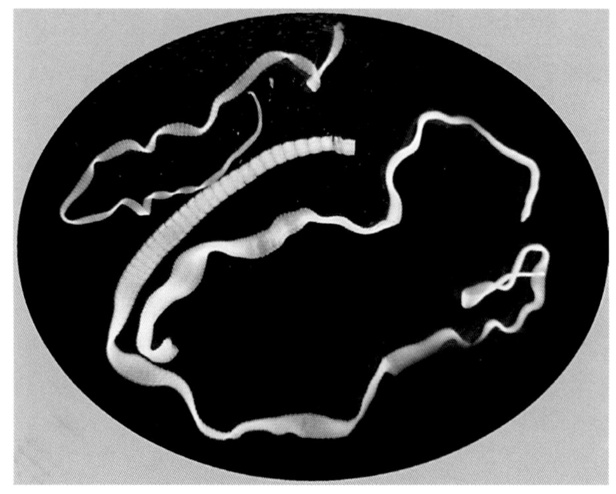

图3-3-1　赖利绦虫。
（王春仁、田思勤）

二、水禽绦虫病

鸭、鹅等水禽都能感染绦虫，分别称为鸭绦虫病和鹅绦虫病等。

（一）病原

能感染水禽的绦虫有多种，还属于不同的属。鸭、鹅不同水禽间的绦虫可以交互感染，在人工混养的情况下，甚至还能感染鸡。但引起不同水禽绦虫病的主要绦虫则不完全相同。

寄生于鸭、鹅的绦虫有矛形剑带绦虫（*Drepanidotaenia Lanceolata*）、片形皱褶绦虫（*Fimbriaria fasciolaris*）、冠状膜壳绦虫（*Hymenolepis coronula*）等3种，在鹅群最常见和致病力最强的是矛形剑带绦虫。矛形剑带绦虫长3 ～ 13cm，呈矛形（图6-5）。头节小，顶突上有8个小钩，颈短，链体有节片20 ～ 40个，前端窄，往后逐渐加宽，最后的节片宽5 ～ 18mm。睾丸3个，呈椭圆形，横列于卵巢内方生殖孔的一侧，卵巢和卵黄腺则在睾丸的外侧，生殖孔位于节片上角的侧缘。卵无色，椭圆形。绦虫成虫孕节或卵随粪便排出，被中间剑水蚤吞食，六钩蚴逸出，发育为成熟的矛形剑带绦虫寄生于鹅、鸭等水禽的小肠内。鹅吞食含有似囊尾蚴的中间宿主后，经16 ～ 19d发育为成虫。

矛形剑带绦虫也是鸭的主要寄生绦虫，但在我国的某些地区某些鸭场，则可能主要是感染皱褶绦虫和冠状膜壳绦虫二种绦虫中的某一种。

（二）流行病学

该病一般常发生于每年的5 ～ 9月份。各种年龄的鸭、鹅均可感染，但以雏鸭、雏鹅的易感性更强，25 ～ 40日龄的鸭发病率和死亡率最高。该病分布广泛，多呈地方性流行。中间宿主为剑水蚤，地势较低、岸边有植物的水塘、水池有利于剑水蚤的生存和发育，在这里放养的鸭、鹅就容易被感染。成熟的孕卵节片自动脱落，随粪便排到外界，在剑水蚤体内经2 ～ 3周发育为具感染能力的似囊尾蚴，鸭、鹅吃了带有似囊尾蚴的中间宿主而被感染。

（三）临床症状

雏鸭、鹅感染后，精神委顿，消瘦，虚弱，不愿活动，常离群独居，翅膀下垂，羽毛松乱，消化不良，排出淡黄色或淡绿色稀便，粪便中有水草碎片，可发现黏液和长短不一白色绦虫节片。食欲减少，而饮欲增加。病禽生长发育不良，并有神经症状，表现为步态不稳，突然倒地，头往后仰，做划水动作，两腿和头颈震颤，滚转几次后死亡。后期病禽极度贫血，多数在瘦弱中死亡。

（四）病理变化

小肠黏膜增厚、充血，小肠内黏液增多、恶臭，黏膜增厚，有出血点，并散布米粒大小结节状溃疡。肠腔内积有数条白色、扁平、分节状虫体。当虫体大量积聚时，可造成肠腔阻塞、肠扭转，有的肠段变硬、变粗甚至肠破裂。死于绦虫病的鸭、鹅尸体消瘦。

（五）诊断

在粪便中可找到白色米粒样的孕卵节片，在夏季气温高时，可见节片向粪便周围蠕动。通过漂浮法用显微镜检查粪便中虫卵或直接镜检孕卵节片，发现大量虫卵，即可确诊。

（六）防控

带病的成年鸭、鹅是主要传染源，它们可通过粪便大量排出虫卵。应改善环境卫生，加强粪便管理，随时注意感染情况，及时进行药物驱虫。

在每年的入冬及开春时，及时给成年鸭、鹅进行彻底驱虫。雏鸭、鹅应在18日龄（因虫体成熟为20d）全群驱虫1次。可用氯硝柳胺、吡喹酮，疗效良好。另外，还可用氢溴酸槟榔碱溶于水中内服，效果同样良好。

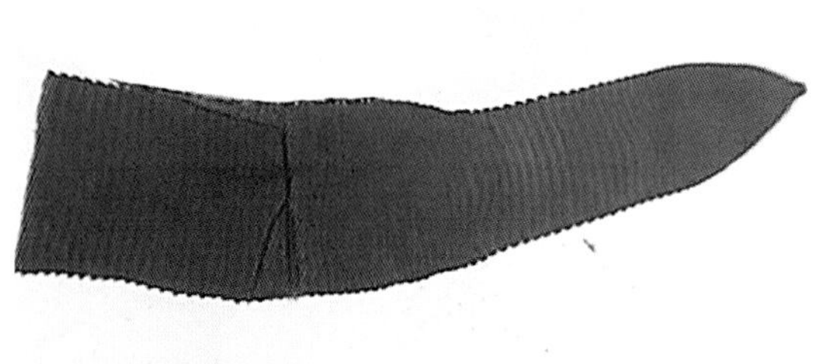

图3-3-2　鹅矛形剑带绦虫头部。（许金俊）

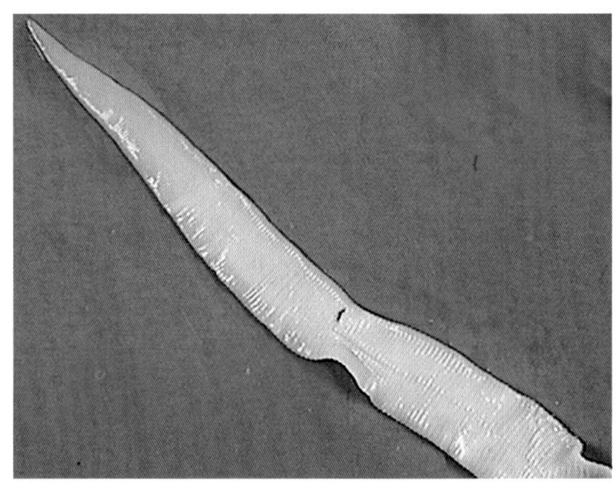

图3-3-3　鹅矛形剑带绦虫。（许金俊）

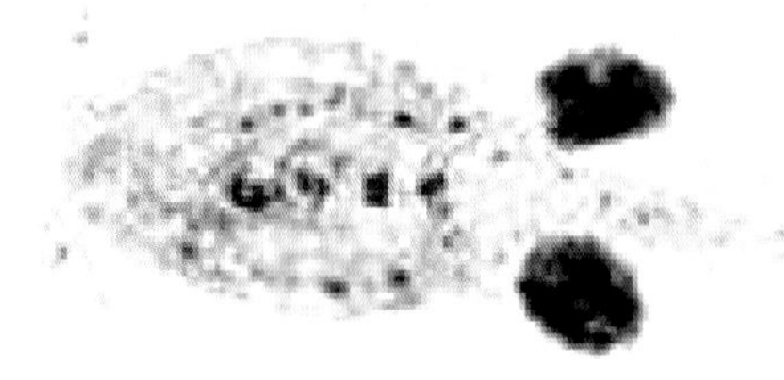

图3-3-4　鸭、鹅绦虫病的中间宿主剑水蚤。（许金俊）

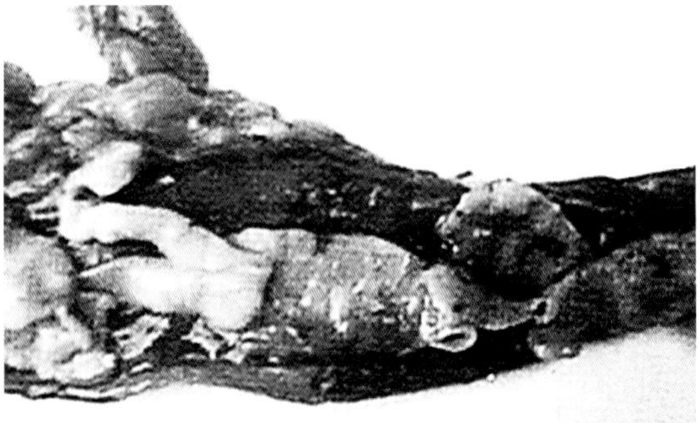

图3-3-5　病鹅小肠内的矛形剑带绦虫。（焦库华、许金俊）

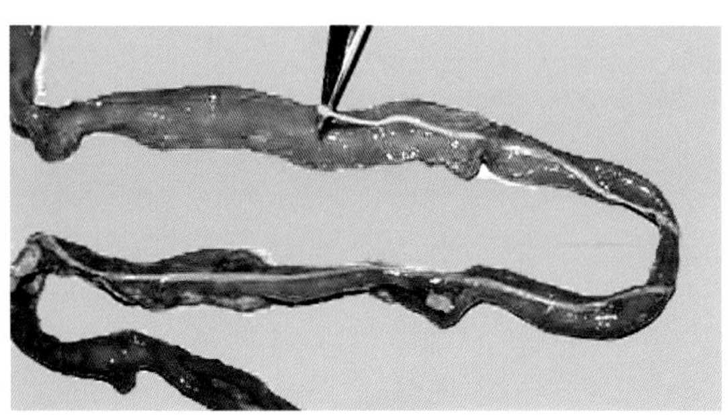

图3-3-6　病鸭肠道内的绦虫。（刁有祥）

第四节　前殖吸虫病

（一）病原

前殖吸虫病是由前殖科（Prosthogonimidae）前殖属（*Prosthogonimus*）的吸虫寄生于鸡、鸭、鹅、野禽及其他鸟类的输卵管、法氏囊、泄殖腔及直肠引起的吸虫病。较常见的病原有卵圆前殖吸虫（*P. ovatus*）、透明前殖吸虫（*P. pellucidus*）、楔形前殖吸虫（*P. cuneatus*）、罗氏前殖吸虫（*P. rudophii*）和鸭前殖吸虫（*P. anatinus*）等5种。

（二）流行病学

各种年龄的禽类均可感染，多发生于放养的禽类，常呈地方性流行，其流行季节与蜻蜓出现的季节相一致。禽类吃下含囊蚴的蜻蜓稚虫和成虫后感染。

（三）临床症状

主要危害雌性禽类。产蛋率下降，逐渐出现畸形蛋、软壳蛋或无壳蛋，最后停止产蛋。有时从泄殖腔排出蛋壳碎片或流出水样液体。腹部膨大，肛门潮红，肛门周围羽毛脱落。严重的因继发腹膜炎而死亡。

（四）病理变化

主要是输卵管炎和泄殖腔炎，黏膜增厚、充血和出血，其上可见虫体附着。有的发生输卵管破裂，进一步引起卵黄性腹膜炎，腹腔中可见外形皱缩、不整齐和内容物变质的卵子。

（五）诊断

剖检在输卵管等处发现虫体，或用水洗沉淀法检查粪便发现虫卵后确诊。

（六）防控

定期驱虫：病禽治疗或预防性驱虫可选用阿苯达唑或吡喹酮。在蜻蜓出现季节勿在清晨或傍晚及雨后到池塘边放牧采食，防止禽类啄食蜻蜓及其稚虫。

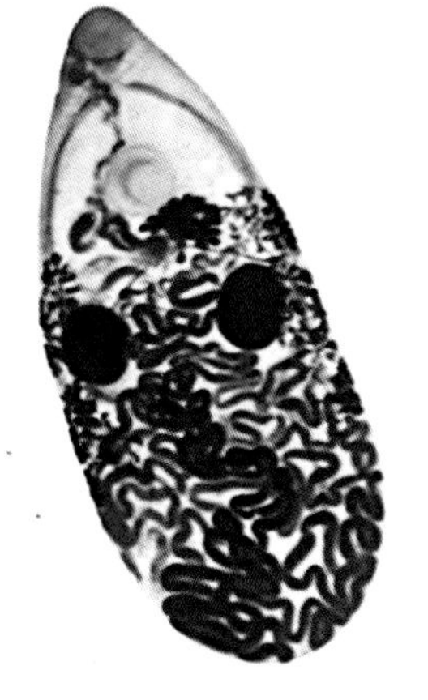
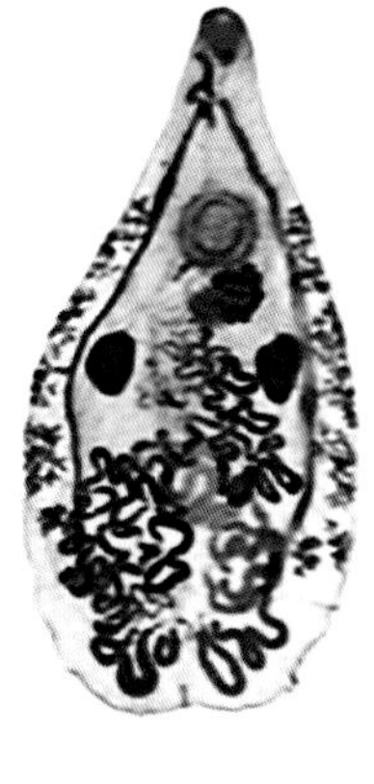

图3-4-1　透明前殖吸虫（左）和楔形前殖吸虫（右）。（陶建平）

第五节　棘口吸虫病

（一）病原

棘口吸虫病是由棘口科（Echinostomatidae）棘口属（*Echinostoma*）的吸虫寄生于鸡盲肠和直肠，偶在小肠引起的吸虫病。病原主要有卷棘口吸虫（*E. revolutum*）和宫川棘口吸虫（*E. miyagawai*）。

（二）流行病学

放养的禽类多发，尤其是以浮萍或水萍作为饲料的禽类，因螺蛳和蝌蚪多与水生植物一起滋生，禽类因随饲料食入而感染。对幼禽危害严重。分布较广，在长江流域以南各省普遍流行。

（三）临床症状

轻度感染时症状不明显，幼禽严重感染后症状严重，常表现为食欲不振，下痢，消瘦，贫血，生长发育受阻，严重的因极度衰竭而死亡。

（四）病理变化

剖检可见肠壁发炎，点状出血，肠内容物充满黏液，黏膜上附有不易脱落的虫体。

（五）诊断

病禽尸体剖检可发现大量虫体和病变，或用粪便直接涂片法或水洗沉淀法见大量虫卵后确诊。

（六）防控

治疗或预防驱虫可选用氯硝柳胺、阿苯达唑、奥芬达唑。水生植物经杀灭囊蚴后方可作为饲料，严禁以生鱼或螺类喂养禽，以防止感染。

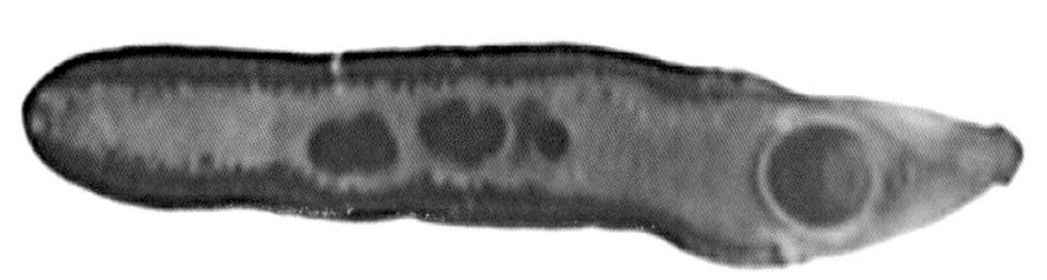

图3-5-1　卷棘口吸虫。　（陶建平）

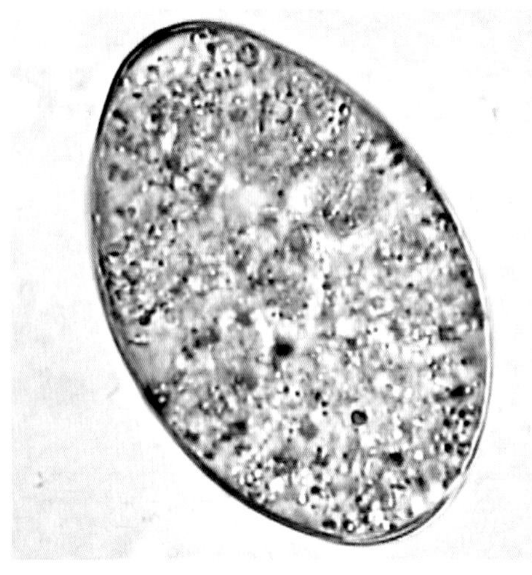

图3-5-2　棘口吸虫卵。（陶建平）

第六节　后睾吸虫病

（一）病原

鸡后睾吸虫病是由后睾科（Opisthorchiidae）次睾属（*Metorchis*）的吸虫寄生于鸡肝脏胆囊或胆管内引起的吸虫病。病原主要有东方次睾吸虫（*M. orientalis*）和台湾次睾吸虫（*M. taiwanensis*）。

（二）流行病学

放养的禽或用水生植物、不熟的鱼下脚料喂养的禽类多发。

（三）临床症状

轻度感染不表现临床症状。严重感染时，患禽食欲减退，消瘦，两腿发软。随着病情加剧，食欲废绝，眼结膜发绀，呼吸困难，贫血，衰竭死亡。

（四）病理变化

可引起胆囊肿大，囊壁增厚，胆汁变质或消失，肝肿大，色灰白，质地坚实，表面有白色小斑点。组织病理学为胆管炎、间质性肝炎，肝组织内可见吸虫幼虫及嗜酸性粒细胞弥漫浸润。

（五）诊断

病禽尸体剖检发现大量虫体及病变，或用饱和盐水漂浮法检查粪便发现大量虫卵后确诊。

（六）防控

治疗或预防驱虫可选用吡喹酮、阿苯达唑。在流行季节禽类应避免到水塘或稻田放养，以免直接采食到中间宿主。流行地区不能以生的或未煮熟的淡水鱼类作饲料。

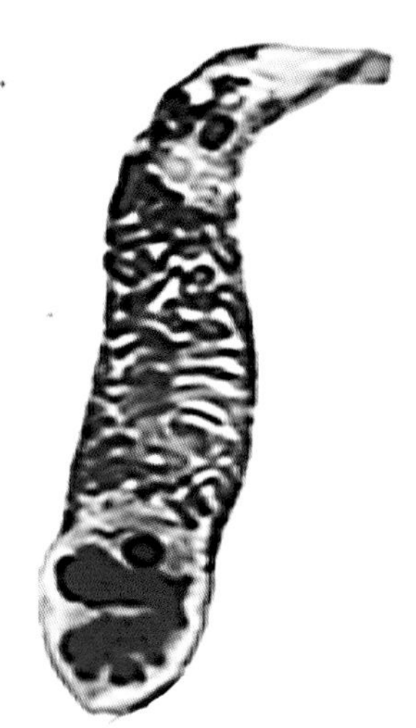

图3-6-1　次睾吸虫。

（陶建平）

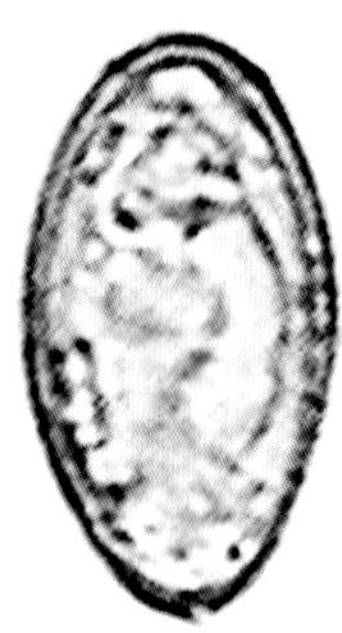

图3-6-2　次睾吸虫卵。

（陶建平）

第七节　鸡盲肠线虫病

（一）病原

鸡盲肠线虫病又称鸡异刺线虫病，是由异刺科（Heterakidae）异刺属（*Heterakis*）的鸡异刺线虫（*H. gallinae*）寄生在鸡的盲肠而引起的一种寄生虫病。此外，鸡还可感染毛细线虫及旋华首线虫。

（二）流行病学

鸡异刺线虫寄生在鸡、鸭、鹅、火鸡、珍珠鸡及孔雀的盲肠内，是家禽最常见的一种线虫病。本病分布广，遍及世界各地。鸡感染鸡异刺线虫主要是通过食入感染性虫卵，有时感染性虫卵或感染性幼虫被蚯蚓吞食，它能在蚯蚓体内长期存活，鸡吃到这种蚯蚓时，就能感染鸡异刺线虫病。

（三）临床症状

鸡异刺线虫的寄生能引起肠黏膜的损伤和出血，盲肠发炎和肠壁肥厚。虫体的代谢产物和分泌的毒素被宿主机体吸收后可引起宿主中毒。患鸡消化机能障碍，食欲不振，腹泻，排出绿色带有血液的稀便。雏鸡发育停滞，消瘦，严重时造成死亡。成鸡产蛋量下降。

（四）病理变化

病鸡死后尸体消瘦，盲肠肿大，肠壁发炎、增厚、间或溃疡，在盲肠的尖端有干酪样的乳白色的成虫团体。

（五）诊断

可用直接涂片法或漂浮法检查粪便中的虫卵，即可确诊。

在尸体剖检时，可见到盲肠发炎，盲肠黏膜肥厚，有的有溃疡，在盲肠的盲端有大量成虫成团存在，由此可确诊。

（六）防控

同鸡蛔虫病。

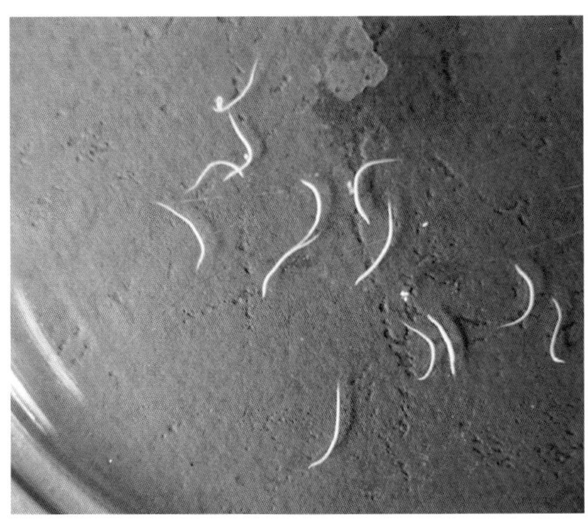

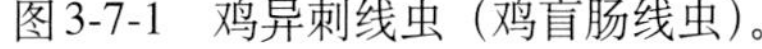

图3-7-1　鸡异刺线虫（鸡盲肠线虫）。（王春仁、田思勤）

图3-7-2　鸡异刺线虫（鸡盲肠线虫）。（陶建平）

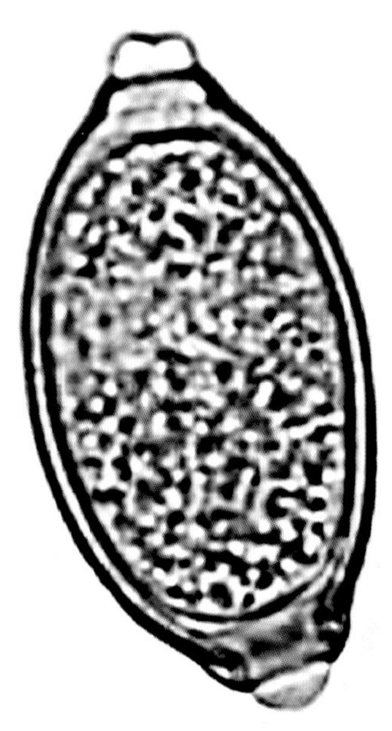

图3-7-3　鸡毛细线虫卵。（陶建平）

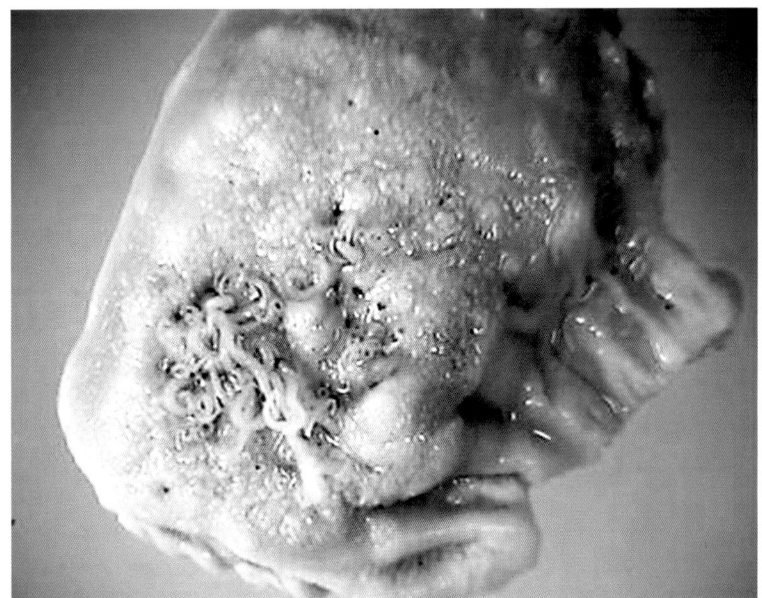

图3-7-4　旋华首线虫引起的鸡腺胃病变，病变处有虫体。（陶建平）

第八节　鹅裂口线虫和四棱线虫病

（一）病原

裂口线虫常见的是鹅裂口线虫（*Amidostomum anseris*）。四棱线虫主要是分棘四棱线虫（*Tetrameres fissispina*）。

（二）流行病学

鹅吞食含感染性幼虫的饲料、水草或水或带有感染性幼虫的中间宿主而感染。线虫病在各地流行较广，有的地区呈现地方性流行，危害小鹅，常造成大批死亡，较大日龄的鹅往往成为带虫者和传播者，饲养管理和卫生条件差的鹅场发病严重。

（三）临床症状

病鹅表现精神委靡，食欲减退或不食，生长发育受阻，体弱，贫血，消化障碍，有时腹泻，病鹅逐渐衰竭而死亡。

（四）病理变化

裂口线虫引起肌胃发生严重的溃疡、坏死、变色（呈棕黑色），大量红色细小的虫体寄生在肌胃角质层较薄部位，部分虫体埋在角质层内。四棱线虫引起腺胃黏膜溃疡、出血，形成暗红色血样突起，内含有暗红色的雌虫。

（五）诊断

通过漂浮法检查粪便虫卵即可确诊。

（六）防控

成年鹅和幼鹅分开饲养，避免使用同一场地。鹅舍和运动场定期消毒，用0.015%～0.03%的溴氰菊酯喷洒杀灭中间宿主。及时清除鹅粪便，堆积发酵，杀灭虫卵。雏鹅从放牧开始，经17～22d，进行第一次预防性驱虫，以后依据具体情况制定第二次驱虫。驱虫应在隔离鹅舍内进行，投药后2d内彻底清除粪便，并进行生物发酵处理。

治疗可用左旋咪唑、阿苯达唑、枸橼酸哌嗪和甲苯达唑，均有较好的疗效。

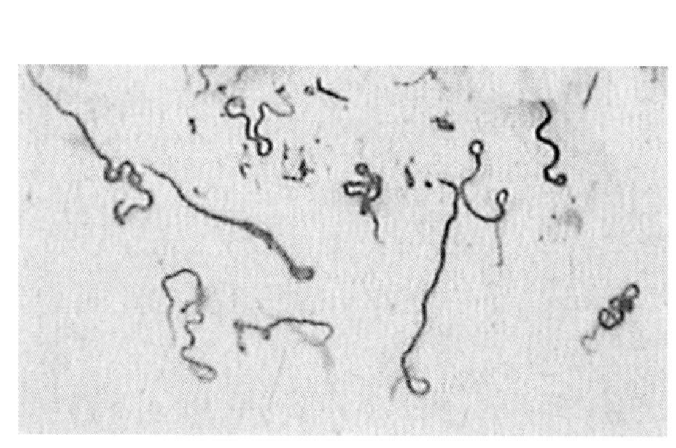

图3-8-1　鹅裂口线虫。（许金俊）

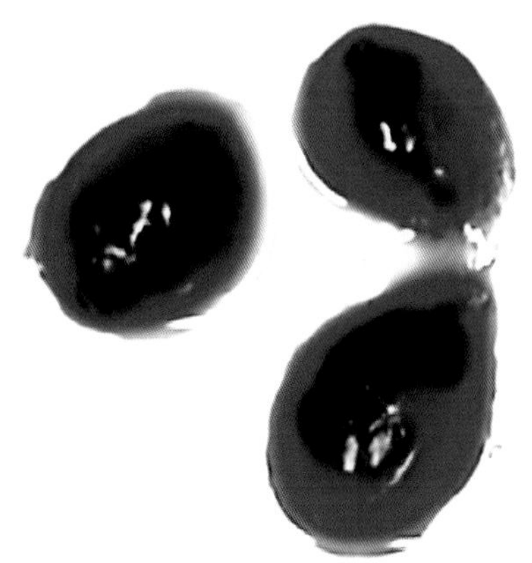

图3-8-2　分棘四棱线虫雌虫。（陶建平、许金俊）

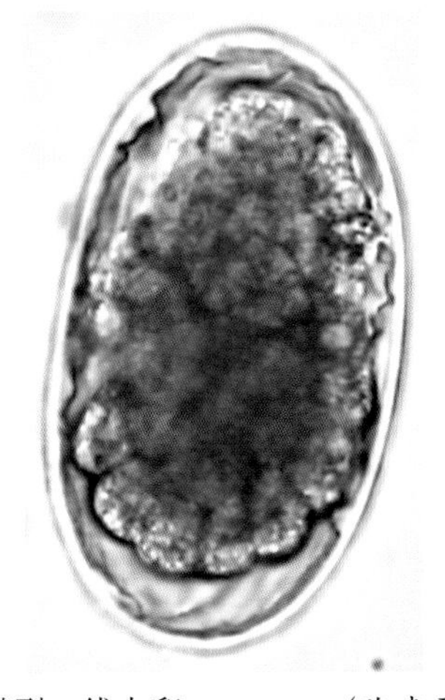

图3-8-3 鹅裂口线虫卵。 （陶建平、许金俊）

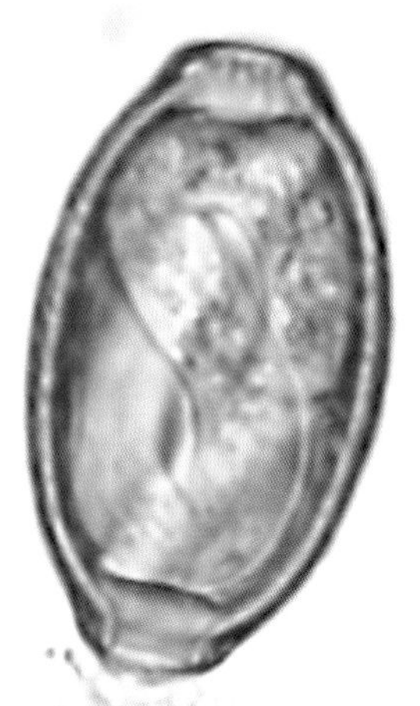

图3-8-4 分棘四棱线虫卵。 （陶建平、许金俊）

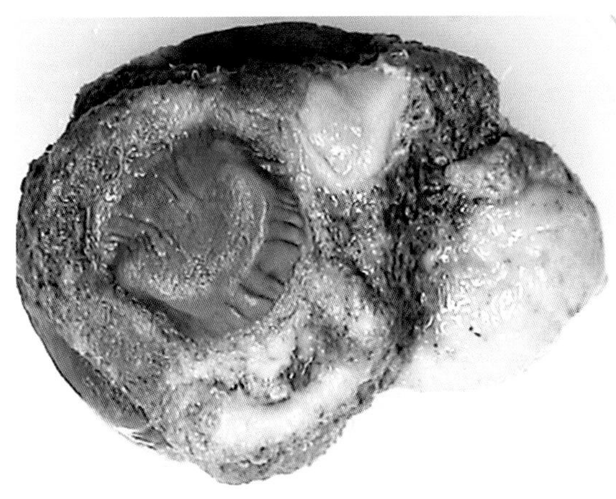

图3-8-5 鹅裂口线虫引起肌胃发生严重的溃疡、坏死。 （许金俊）

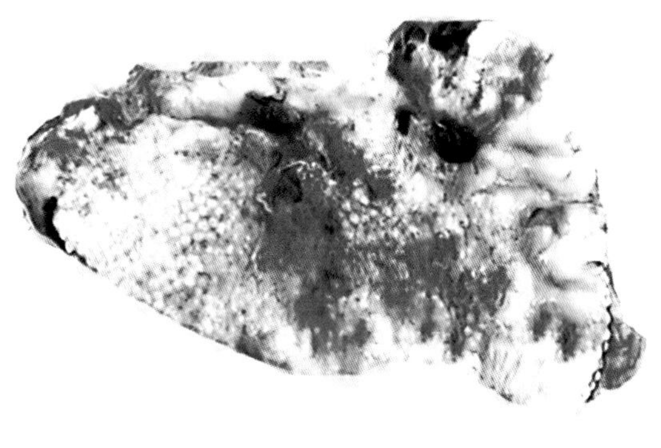

图3-8-6 分棘四棱线虫引起腺胃黏膜肿胀、出血。 （陶建平、许金俊）

第九节 鸡住白细胞虫病

（一）病原

鸡住白细胞虫病是由疟原虫科（Plasmodiidae）住白细胞虫属（*Leucocytozoon*）的卡氏住白细胞虫（*L. caulleryi*）和沙氏住白细胞虫（*L. sabrazesi*）引起的原虫病，它们寄生于鸡红细胞和白细胞（主要是单核细胞）内，可引起的全身性出血及相关病变。

（二）流行病学

本病由蚋或蠓传播，故本病的流行有较明显的季节性，如广州地区多发于4 ～ 10月份，严重发病见于4 ～ 6月份，最高峰为5月份，而江苏多发于7 ～ 10月份。雏鸡和青年鸡的感染和发病多且较严重，成年鸡也能感染发病。

（三）临床症状

该病的自然潜伏期为6 ～ 10d。雏鸡和青年鸡的症状明显。病初体温升高，食欲不振，精神沉郁，流口涎、下痢，粪呈绿色，贫血，鸡冠和肉垂苍白，生长发育迟缓，轻瘫，活动困难，病程一般约为数日，严重者死亡。

（四）病理变化

病变特征为鸡冠苍白，口流血，全身性出血。全身皮下出血，肌肉尤其是胸肌、腿肌、心肌有大小不等的出血点。各内脏器官肿大、出血，尤其是肾、肺出血严重。在胸肌、腿、心、肝、脾上出现白色小结节，针尖至粟粒大小，与周围组织有显著的界限。这是大裂殖体聚集的部位。裂殖体周围组织坏死，有上皮样细胞等炎性细胞浸润和出血。

（五）诊断

取病鸡翅下静脉或鸡冠血液涂片染色，或取脏器上小结节压片、染色、镜检，见有虫体即可诊断。

（六）防控

发现病鸡，立即隔离治疗，可选用磺胺二甲氧嘧啶、乙胺嘧啶等。

扑灭媒介昆虫蚋和蠓是防治本病的重要环节。在流行季节，对鸡舍内外，每隔6d或7d喷洒杀虫剂，以减少蚋、蠓的侵袭。也可在饲料中添加磺胺二甲氧嘧啶、磺胺喹噁啉、乙胺嘧啶等药物进行预防。

图3-9-1　沙氏住白细胞虫配子体。（HE，×400）

（陶建平）

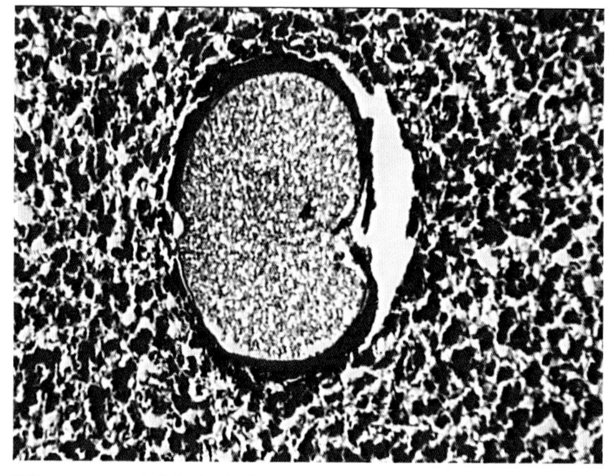

图3-9-2　肝脏组织内住白细胞虫裂殖体。（HE，×100）

（陶建平）

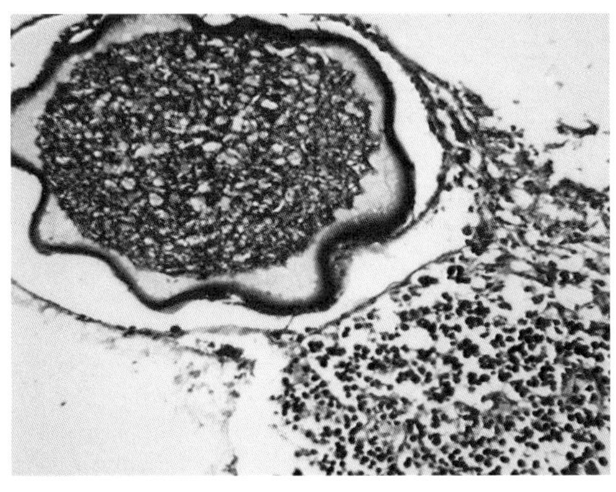

图3-9-3　法氏囊内的住白细胞虫的裂殖体。(HE，×200)　(许益民)

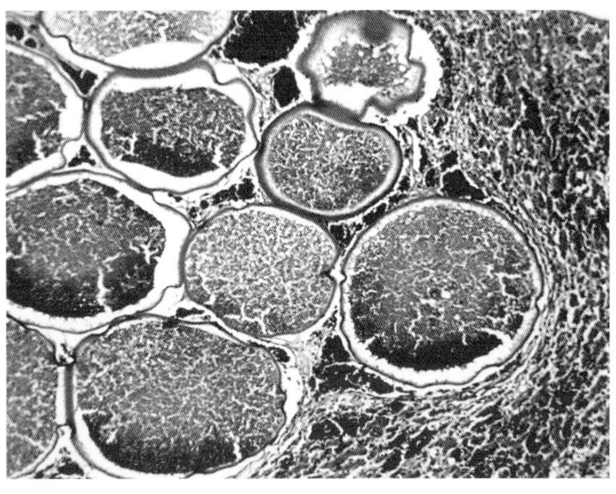

图3-9-4　肝脏血管内皮细胞肿胀、变性或坏死。血管内可见数量不等的大裂殖体。血管周围嗜异粒细胞和淋巴细胞浸润。(HE，×200)

(许益民)

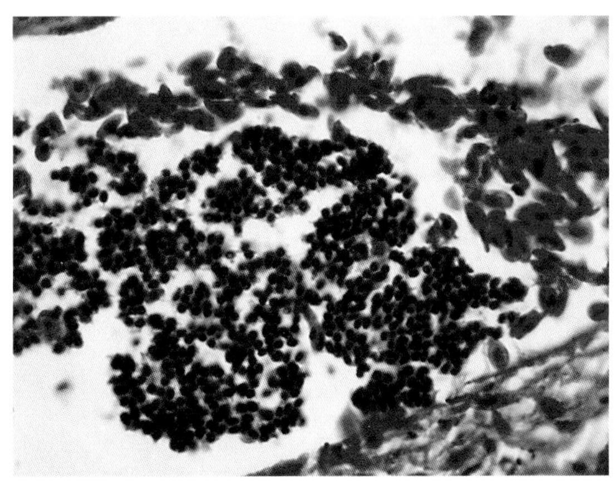

图3-9-5　肝脏血管的内皮细胞肿胀、变性或坏死。血管内裂殖体破裂，释放出成熟的球形裂殖子。血管周围嗜异细胞和淋巴细胞浸润。(HE，×1 000)　(许益民)

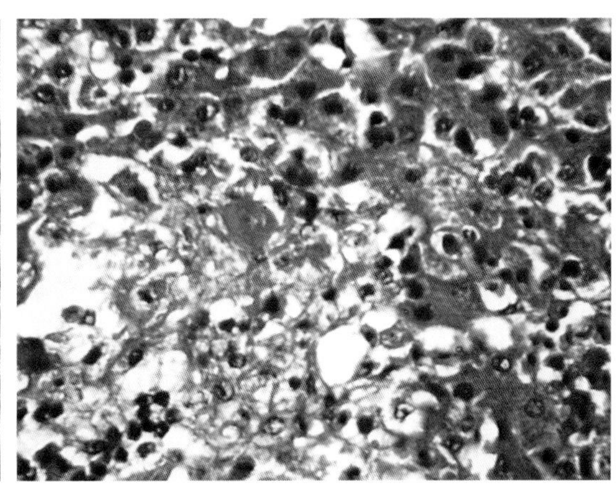

图3-9-6　病鸡肝脏局灶性坏死。(HE，×400)

(许益民)

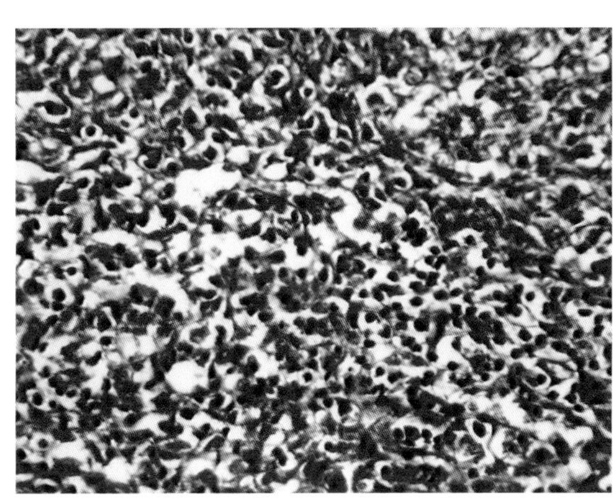

图3-9-7　病鸡脾脏淋巴组织萎缩。(HE，×400)

(许益民)

第十节　禽隐孢子虫病

（一）病原

禽隐孢子虫有贝氏隐孢子虫（*Cryptosporidium baileyi*）和火鸡隐孢子虫（*C. meleagridis*）两种。

（二）流行病学

隐孢子虫病是家禽、笼养和野生鸟类最为常见的一种寄生虫病。贝氏隐孢子虫流行较为广泛，尤其是肉鸡感染更为普遍。

（三）临床症状

自然条件下禽隐孢子虫主要引起呼吸道疾病，偶尔引起肠道、肾脏等疾病，但每次暴发一般只以一种疾病为主。呼吸道感染主要表现精神沉郁、嗜睡、厌食、消瘦、咳嗽、打喷嚏、啰音、呼吸困难和结膜炎等症状。

（四）病理变化

1.呼吸道感染　可见鼻腔、鼻窦、气管黏液分泌过多，充血，鼻窦肿大。肺有灰白色斑，气囊浑浊。眼结膜水肿。显微镜下：眼鼻和呼吸道器官的黏膜上皮中有大量的隐孢子虫寄生，黏膜表面有大量黏液和细胞碎片，上皮充血、坏死和化脓性炎症，黏液腺扩张或增生。

2.消化道感染　最常见的症状以嗜睡、增重下降、色素沉着减少和腹泻。大体病变主要是由黏液性内容物和气体引起的肠扩张，显微变化包括肠上皮细胞脱落，肠绒毛萎缩，肠腺增生。

3.肾脏　鸡、雀类和一些原鸡的肾中也有隐孢子虫寄生，但无明显症状，死后剖检可见肾肿大、苍白，镜检可见输尿管上皮增生，化脓性肾炎仅见于雀类。

4.法氏囊　法氏囊萎缩。法氏囊上皮细胞增生、淋巴滤泡萎缩、化脓性炎症和坏死。

（五）诊断

1.虫体检查　直接镜检时难以分辨出粪便和消化道或呼吸道黏膜涂片中的卵囊。常用的染色方法主要有金胺-酚染色法、Ziehl-Neelsen抗酸染色法和改良Kinyoun抗酸染色法等。在Kinyoun抗酸染色的涂片中，在蓝色背景下卵囊呈大小为4.0 ～ 7．5μm的亮粉红到鲜红色的圆形小体，有的囊内有一些暗棕色的颗粒。如有相差或Nomarski干涉显微镜，可直接进行卵囊检查，并可将它们与酵母细胞区分开来。用相差显微镜检查时，卵囊呈含有1 ～ 4个黑色颗粒的明亮物体，而酵母细胞不亮，且不含有黑色颗粒。

利用沉淀或漂浮法对粪样中的卵囊进行聚集浓缩后检查，可显著提高卵囊检出率。

2.内生殖阶段虫体检查　取相应的组织器官进行固定、切片和HE染色，光镜下可见隐孢子虫位于宿主上皮细胞的刷状缘，呈大小为2.0 ～ 7.5μm嗜碱性小体。借助于电镜可观察到位于上皮细胞微绒毛中带虫空泡中的内生殖阶段虫体。

3.血清学诊断方法 可采用免疫荧光技术（IFA）、ELISA和单抗技术等。

隐孢子虫感染临床上多呈隐性经过，它可在宿主体内繁殖而不引起任何症状，即使有也是非特异性的。因此，即使在病例中检查到虫体，只能作为参考，因为在自然条件下动物常伴有其他病原感染，需要作进一步的检查后确诊。

（六）防控

隐孢子虫引起感染的虫量较小（100个卵囊即可引起肠道或呼吸道感染），而且卵囊对许多消毒剂有较强的抵抗力，也没有一种有效的治疗方法，因此，一旦感染很难根除。改善卫生条件是主要手段。

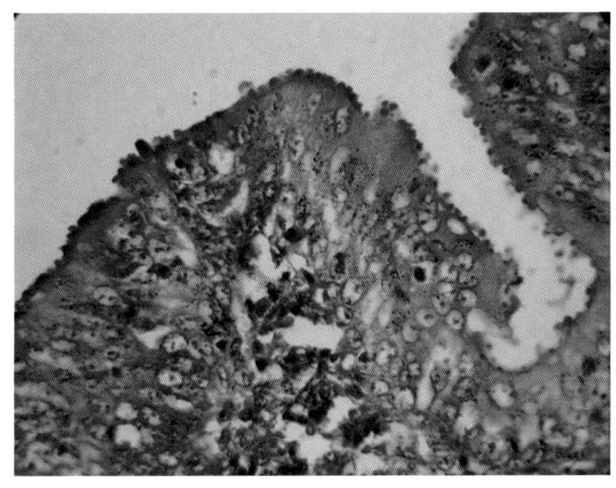

图3-10-1 雏鸭小肠黏膜上皮细胞表面寄生的隐孢子虫以及上皮糜烂与溃疡，固有层嗜酸性粒细胞浸润。（HE，×1 000） （许益民）

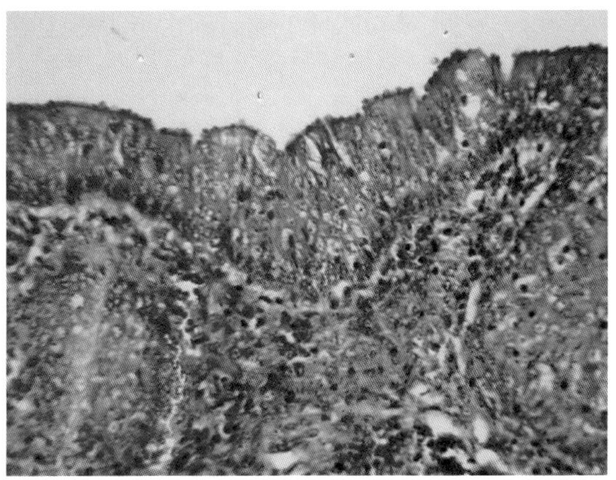

图3-10-2 雏鸭小肠黏膜上皮细胞表面寄生的隐孢子虫以及固有层嗜酸性粒细胞浸润。（HE，×1 000） （许益民）

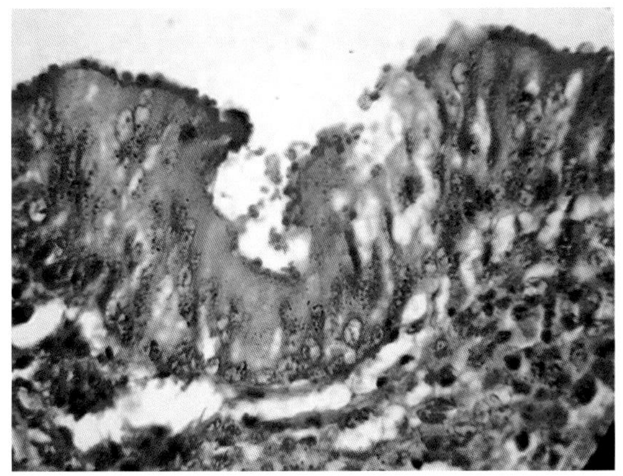

图3-10-3 雏鸭小肠黏膜上皮细胞表面寄生的隐孢子虫导致上皮细胞上半部胞浆破坏，上皮层局部糜烂，固有层嗜酸性粒细胞浸润。（HE，×1 000） （许益民）

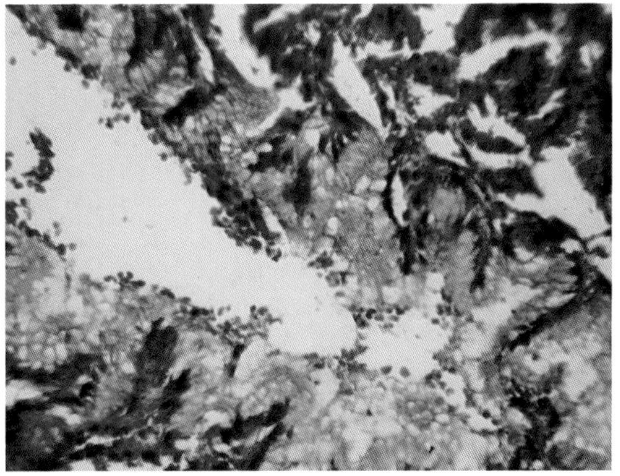

图3-10-4 腺胃上皮细胞表面的隐孢子虫。（HE，×400） （许益民）

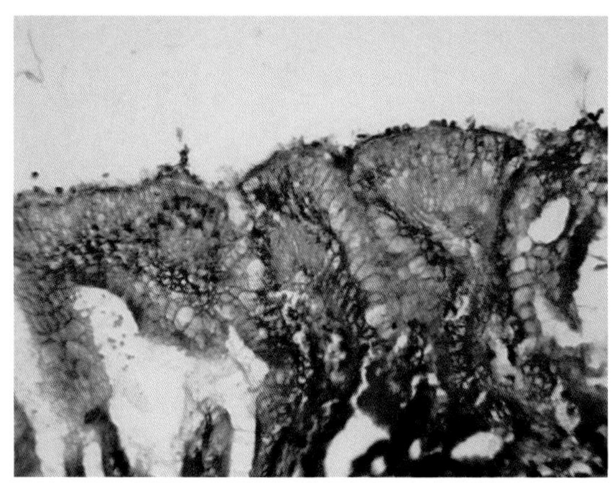

图3-10-5　腺胃上皮细胞表面的隐孢子虫。（HE，×400）（许益民）

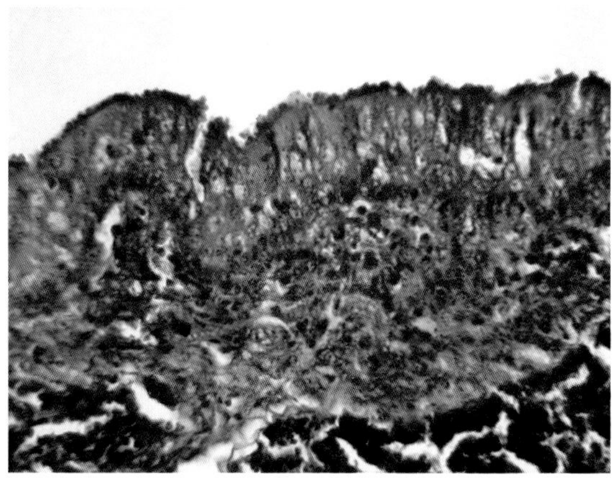

图3-10-6　法氏囊上皮表面的隐孢子虫和上皮固有层嗜酸性粒细胞浸润。（HE，×400）（许益民）

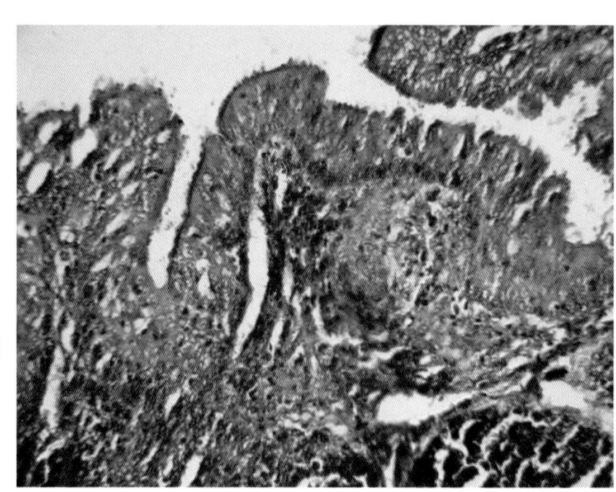

图3-10-7　法氏囊上皮表面的隐孢子虫和上皮层嗜酸性粒细胞浸润。（HE，×400）（许益民）

第十一节　虱　　病

（一）病原

虱是哺乳动物和鸟类体表的永久性寄生虫，常具有严格的宿主特异性。寄生于鸡体的虱为羽虱，常见的有长角羽虱科（Philopteridae）的广幅长羽虱（*Lipeurus heterographus*）、鸡翅长羽虱(*L. variabilis*)、鸡圆羽虱(*Goniocotes gallinae*)、大角羽虱(*Goniodes gigas*)及短角羽虱科（Menoponidae）的鸡羽虱(*Menopon gallinae*)。

（二）流行病学

本病呈世界性分布，世界各国都有发生。直接接触传播，一年四季均可发生。不同羽虱在鸡体寄生部位不同。多发于散养鸡，但集约化鸡场一旦发生，则很快在全群传播。

（三）临床症状

虱在采食时，分泌有毒素的唾液，刺激神经末梢，同时当鸡虱大量寄生时，会在寄生部位产下大量虱卵，幼虫孵出时刺激机体，引起皮肤发痒，病鸡不安，常啄食寄生处，引起羽毛脱落，食欲减退，生产力下降，降低对其他疾病的抵抗力。

（四）病理变化

鸡羽虱寄生时造成羽毛脱落、皮肤损伤。

（五）诊断

虱较大，肉眼即可看到，但要对虱子进行鉴定时，需要采用显微镜进行形态观察。

（六）防控

防治虱病可用杀虫药喷洒鸡体，常用药物有菊酯类（溴氰菊酯、氰戊菊酯等）、有机磷杀虫药（蝇毒磷、倍硫磷等），也可口服或皮下注射伊维菌素类药物。

在更新整个鸡群时，应对整个禽舍和饲养用具用蝇毒磷（0.06%）、甲萘威（5%）及其他除虫菊酯类药物进行灭虱。对饲养期较长的鸡可用马拉硫磷粉或硫黄粉拌沙进行沙药浴灭虱。

图3-11-1　鸡羽虱。（王春仁、田思勤）

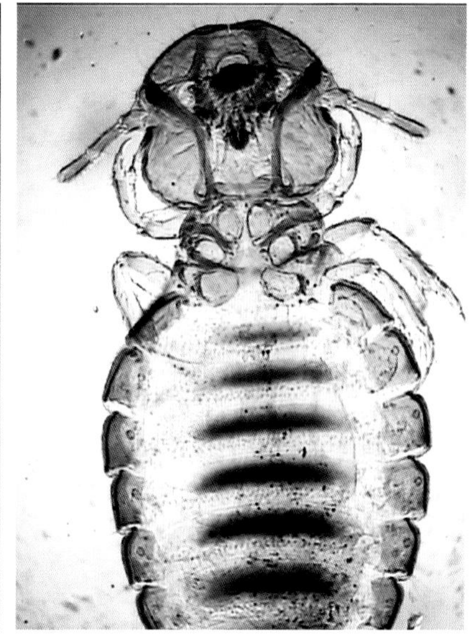

图3-11-2　鸡羽虱。（陶建平）

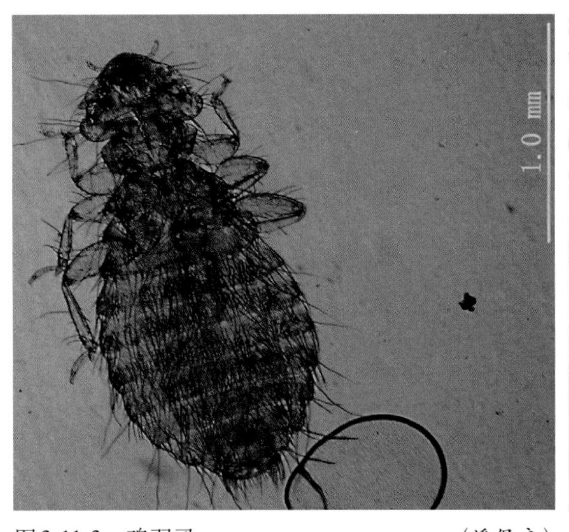

图3-11-3　鸡羽虱。（潘保良）

图3-11-4　大量虱卵黏附于病鸡羽毛上。（王春仁）

第十二节　鸡膝螨病

（一）病原

为疥螨科膝螨属（*Cnemidocoptes*）的突变膝螨（*C. mutans*）和鸡膝螨（*C. gallinae*）。此外，还有鸡皮刺螨（*Dermanyssus gallina*），又称为红螨或鸡螨。

（二）流行病学

突变膝螨通常寄生于鸡腿无羽毛处及脚趾。生活史全部在鸡体上进行，并在它们所造成的鸡爪部皮肤上的坑道中产卵，幼虫经蜕化发育为成虫，匿居于皮肤的鳞片下面。鸡膝螨主要在鸡背部、翅膀、臀部和腹部等处的羽毛根部寄生。鸡皮刺螨仅有部分生活史在鸡体上，通常在夜晚到达鸡身上，白天则待在饲料或裂缝中。

（三）临床症状和病理变化

突变膝螨寄生鸡腿无羽毛处及脚趾后，开始是胫上的大鳞片感染，虫体钻入皮肤，引起炎症，腿上先起鳞片，接着皮肤增生，变得粗糙，并发生裂缝，渗出物干燥后形成灰白色痂皮，如同涂石灰样，故称石灰脚病。患肢发痒，因瘙痒而致患部发生创伤。如病势蔓延，则病鸡行动困难，可发展成关节炎、趾骨坏死，食欲减退，生长和产蛋均受到影响。

鸡膝螨寄生鸡背部、翅膀、臀部和腹部等处的羽毛根部，在寄生部位挖凿隧道，诱发毛囊处皮肤发炎、潮红，羽毛变脆、脱落，有时病鸡自啄羽毛，造成脱羽病。体表形成红色丘疹样隆起的斑点，上覆鳞片状痂皮，痂下形成脓疱。镜检见毛囊周围有大量异嗜性细胞积聚，表皮细胞坏死、崩解，毛囊内及其周围的表皮层内见有膝螨虫体。

鸡皮刺螨可引起皮炎，严重感染时可引起体重和产蛋量下降。此外，这种螨虫还能传播禽零乱。

（四）诊断

在局部刮取病料，在显微镜下观察螨虫。而鸡刺螨则用肉眼就能看到。

（五）防控

可参照防治虱病的方法，选用一些对外寄生虫有效的抗虫药。

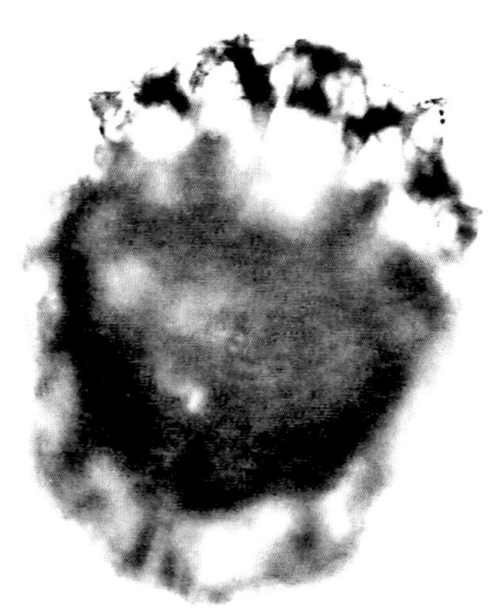

图3-12-1　突变膝螨成虫。（陶建平）

图3-12-2　突变膝螨引起的石灰脚。（陶建平）

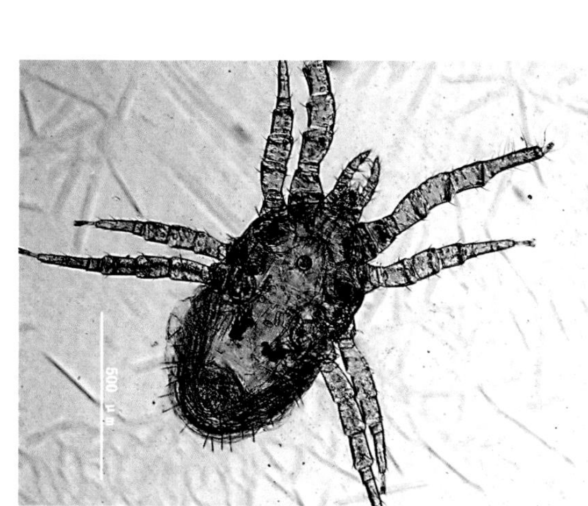

图3-12-3　皮刺螨腹面。（潘保良）

图3-12-4　北方羽螨临床症状。（潘保良）

图书在版编目（CIP）数据

禽病诊治彩色图谱/崔治中主编．—3版．—北京：中国农业出版社，2022.11

ISBN 978-7-109-30032-3

Ⅰ.①禽…　Ⅱ.①崔…　Ⅲ.①禽病－诊疗－图谱　Ⅳ.①S858.3-64

中国版本图书馆CIP数据核字（2022）第171450号

中国农业出版社出版

地址：北京市朝阳区麦子店街18号楼

邮编：100125

责任编辑：武旭峰

版式设计：杜　然　　责任校对：刘丽香　　责任印制：王　宏

印刷：北京缤索印刷有限公司

版次：2022年11月第3版

印次：2022年11月第3版北京第1次印刷

发行：新华书店北京发行所

开本：787mm×1092mm　1/16

印张：15.5

字数：386千字

定价：148.00元
